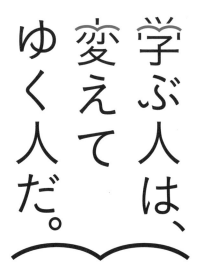

基礎からの ジャンプアップノート

物理 力学

[物理基礎・物理]

グラフ・作図問題演習ドリル

都立高校教諭
猪鼻真裕 著

旺文社

はじめに

世の中には，様々なグラフがあります。棒グラフ，折れ線グラフ，円グラフ，ヒストグラム，散布図…。これらは何かを人に伝えるために，ある現象の一部分を切り取って，そのようすを可視化する目的で用いられます。伝えたいこと，切り取りたいことによって，作成するべき適切なグラフは異なります。例えば，自宅でどのくらいの電力消費量があり，その推移がどうなっているのかを知りたければ棒グラフが適していますし，総電力消費量のうちエアコンの電力消費量がどのくらいの割合を占めているのかを知りたければ，円グラフの方が適しています。

このように，グラフを適切に用いることができれば，物理で考えるべき物体の運動についても，理解を深めることができます。この物体は，時間が経つにつれて一体どこに向かっていくのか？横軸に時刻，縦軸に物体の位置をとってグラフを描いてやれば，その答えがわかります。惑星の運動は，どのようにすれば納得のいくように説明することができるだろうか？その答えとして，今では楕円のグラフが得られています。ここに到達するのが，高校物理の力学分野の１つの目標です。

グラフを描くときは，単に線を引くだけでなく，物体の運動をイメージしながら描いてみてください。「等速直線運動のときはこのようなグラフが描けるんだ。一方，速度がだんだん増していく加速度運動のときは，グラフはこのように変わってくる。円運動のときはどうか…。」

運動のイメージとグラフの特徴を結びつけることができれば，最初は味気なく見えていたグラフも，だんだんとそのグラフを見ただけで特定の運動のようすを思い浮かべることができてきます。そうなれば，しめたもの。あとはグラフから読み取れる関係式を，数式に表していくだけです。

もう一つ，本書ではベクトル図という矢印を用いた図も扱います。速度や力は，その向きが大切です。大きさと向きを同時に表す図が，ベクトル図です。平行四辺形を描いて，矢印を引く，その作業が，ものすごく重要です。本書の内容をマスターし，ベクトル図が描けるようになることが，正しいグラフを描けることにつながります。

グラフに１つ１つ点を打って線でつなげていく作業は，とても地道な作業です。でも，最初はそれをやりましょう。運動を想像しながら，点を打って，線でつなげていく。その繰り返しをすることで，最終的には世界を眺める視点が変わってくると思います。それが，物理を学ぶ醍醐味です。

グラフが表す意味を理解し，実際の運動と結びつけること。そして，様々なグラフを使いこなせるようになること。そこから，物理法則を学ぶこと。これが，物理で苦戦しているみなさんや，物理をもっと深く勉強したいみなさんへの助けになると思い，本書を執筆しました。

高校物理を会得することで得られる力の１つに思考の整理法があると思っています。本書が，その一助になることを願っています。

猪鼻　真裕

この本の特長と使い方

本書は，物理［物理基礎・物理］の力学分野で，教科書によく出てくる「グラフ・図」の読み取り方・描き方を集中的にトレーニングする問題集です。入試問題でよく問われる物理現象や法則，公式の理解を深めることができます。

問題編（本冊）の構成

■テーマ

物理［物理基礎・物理］の力学分野において，教科書の単元にあわせて，特に重要な 52 のテーマを厳選しました。

■扱うグラフと図

各テーマで取り上げるグラフ・図のポイントをわかりやすくまとめました。

■覚えるべき定義・用語

各テーマで扱う重要な物理法則・公式，注意しておきたい物理特有の用語などをまとめました。

■練習問題

解説，問で学んだことを，練習問題で試してみましょう。数値で答える場合は，特に指定がない限り有効数字 2 桁で解答してください（表を除く）。

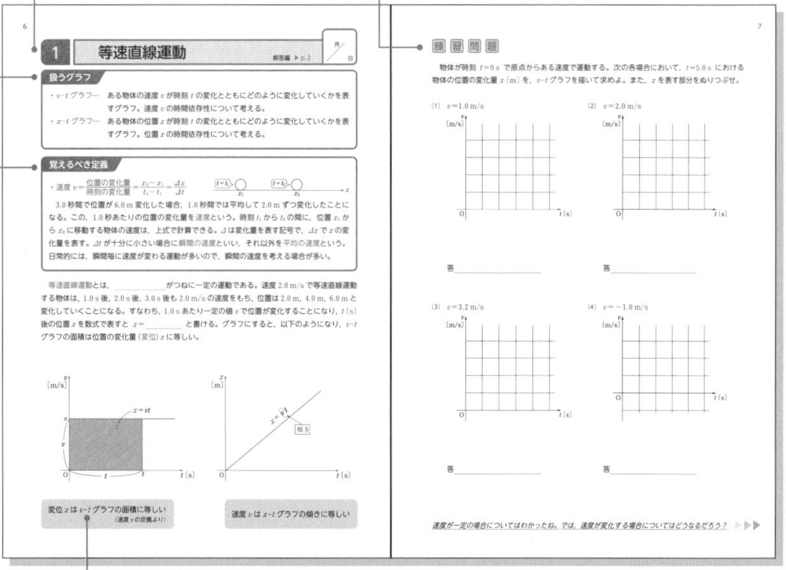
6

1 等速直線運動　解答編 ▶ p.2　月／日

扱うグラフ

・v-t グラフ…　ある物体の速度 v が時刻 t の変化とともにどのように変化していくかを表すグラフ。速度 v の時間依存性について考える。

・x-t グラフ…　ある物体の位置 x が時刻 t の変化とともにどのように変化していくかを表すグラフ。位置 x の時間依存性について考える。

覚えるべき定義

・速度 $v=\dfrac{\text{位置の変化量}}{\text{時刻の変化量}}=\dfrac{x_2-x_1}{t_2-t_1}=\dfrac{\Delta x}{\Delta t}$

3.0 秒間で位置が 6.0 m 変化した場合，1.0 秒間では平均して 2.0 m ずつ変化したことになる。この，1.0 秒あたりの位置の変化量を速度という。時刻 t_1 から t_2 の間に，位置 x_1 から x_2 に移動する物体の速度は，上式で計算できる。Δ は変化量を表す記号で，Δx で x の変化量を表す。Δt が十分に小さい場合に瞬間の速度といい，それ以外を平均の速度という。日常的には，瞬間毎に速度が変わる運動が多いので，瞬間の速度を考える場合が多い。

等速直線運動とは，＿＿＿＿がつねに一定の運動である。速度 2.0 m/s で等速直線運動する物体は，1.0 s 後，2.0 s 後，3.0 s 後も 2.0 m/s の速度をもち，位置は 2.0 m，4.0 m，6.0 m と変化していくことになる。すなわち，1.0 s あたり一定の値 v で位置が変化することになり，t〔s〕後の位置 x を数式で表すと $x=$＿＿＿＿と書ける。グラフにすると，以下のようになり，v-t グラフの面積は位置の変化量（変位）x に等しい。

変位 x は v-t グラフの面積に等しい（速度 v の定義より）

速度 v は x-t グラフの傾きに等しい

7

練習問題

物体が時刻 $t=0$ s で原点からある速度で運動する。次の各場合において，$t=5.0$ s における物体の位置の変化量 x〔m〕を，v-t グラフを描いて求めよ。また，x を表す部分をぬりつぶせ。

(1) $v=1.0$ m/s　答＿＿＿＿

(2) $v=2.0$ m/s　答＿＿＿＿

(3) $v=3.2$ m/s　答＿＿＿＿

(4) $v=-1.0$ m/s　答＿＿＿＿

速度が一定の場合についてはわかったね。では，速度が変化する場合についてはどうなるだろう？

■解説・問

各テーマの重要事項をていねいに解説しました。赤い下線部分には重要な用語・公式を埋めてみてください。また，解説に関連した問もあり，よく理解できているか確認してみてください。

解答編（別冊）の構成

まず，別冊解答の向きを回転させ，文字が読める向きにしてください。

別冊解答では，本冊の問題を縮小して再掲載してありますので，解答が探しやすくなっています。

《注》グラフや図を描く問題では時刻 1.0 s を 1 s などと見やすく表現しました。また，グラフの横軸・縦軸の目盛りの取り方は，一例として掲載しました。

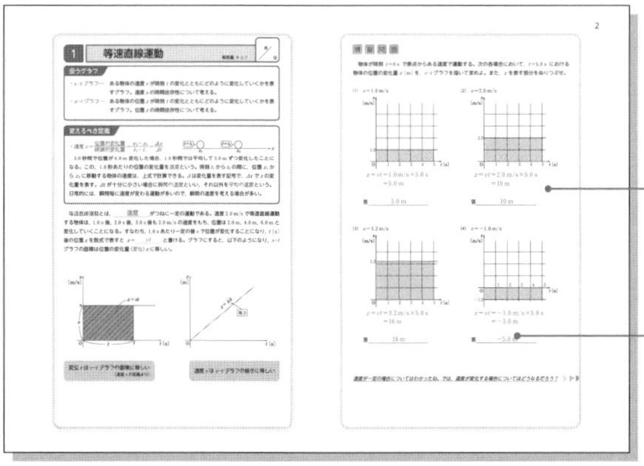

■解説

考え方や計算方法などの解き方を示しました。

■答

答は，解答欄に赤色で示しました（本冊で赤色の箇所は黒色で示してあります）。

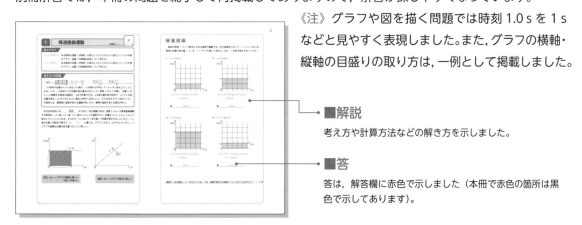

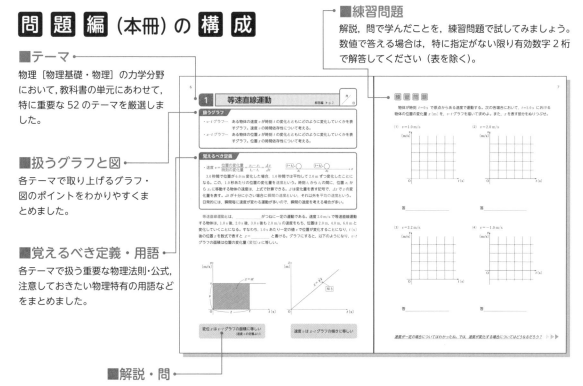

もくじ

有効数字について

物理は，自然現象の中からある部分のみを切り取って測定し，理論と合致するかを検証することで発展してきた学問なので，測定と理論を切り離すことができない。そのため，有効数字は重要な概念であるが，教科書や問題集で学んでいるのみではそれが実感しにくい。本書では，有効数字の取り扱いに慣れる，ということで割り切り，一貫して答えは有効数字 2 桁とする。ただし，グラフ中の目盛りは，表記が煩雑になるのを避けるために小数点以下の表記を省略することもある。「有効数字 2 桁で答える」とは，0 でない数字を先頭から数えて 2 つ採用し，3 つ目で四捨五入する操作をいう。300 m は 3 桁，1800 m は 4 桁表記なので，それぞれ 3.0×10^{2} m，1.8×10^{3} m と直すように注意する。0.0020 s などは確かに 2 桁表記だが，2.0×10^{-3} s と表記する方が一般的である。ただし，10^{1} や 10^{-1} が後ろに付くような場合だけは，5.0×10^{1} m や 4.0×10^{-1} m などとは書かずに，50 m や 0.40 m と書く方が一般的である。また，値が厳密に 0 となるときは，0.0 とは書かずに 0 と書く。

近似計算においては，$\sqrt{2}=1.41$，$\sqrt{3}=1.73$ の近似値を用いる。ただし数値でなく文字を用いて答える場合は，値を出すことに意味はないので根号（$\sqrt{\ }$）をつけたまま答えてよい。

また，計算の途中では与えられた数値を用いてなるべく正確な値で計算し，最後に答えを出すときに四捨五入をする。例えば，19.6 という数値が与えられているときに，20 として途中計算をすると誤差が生じてしまう。最終的な答えが 19.6 となったときにだけ，20 として答えるようにしよう。

1 等速直線運動

解答編 ▶ p.2

月／日

扱うグラフ

・v-t グラフ…　ある物体の速度 v が時刻 t の変化とともにどのように変化していくかを表すグラフ。速度 v の時間依存性について考える。

・x-t グラフ…　ある物体の位置 x が時刻 t の変化とともにどのように変化していくかを表すグラフ。位置 x の時間依存性について考える。

覚えるべき定義

・速度 $v=\dfrac{\text{位置の変化量}}{\text{時刻の変化量}}=\dfrac{x_2-x_1}{t_2-t_1}=\dfrac{\Delta x}{\Delta t}$

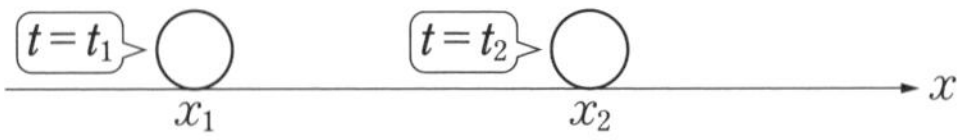

3.0 秒間で位置が 6.0 m 変化した場合，1.0 秒間では平均して 2.0 m ずつ変化したことになる。この，1.0 秒あたりの位置の変化量を速度という。時刻 t_1 から t_2 の間に，位置 x_1 から x_2 に移動する物体の速度は，上式で計算できる。Δ は変化量を表す記号で，Δx で x の変化量を表す。Δt が十分に小さい場合に瞬間の速度といい，それ以外を平均の速度という。日常的には，瞬間毎に速度が変わる運動が多いので，瞬間の速度を考える場合が多い。

等速直線運動とは，＿＿＿＿＿＿がつねに一定の運動である。速度 2.0 m/s で等速直線運動する物体は，1.0 s 後，2.0 s 後，3.0 s 後も 2.0 m/s の速度をもち，位置は 2.0 m，4.0 m，6.0 m と変化していくことになる。すなわち，1.0 s あたり一定の値 v で位置が変化することになり，t〔s〕後の位置 x を数式で表すと $x=$＿＿＿＿＿ と書ける。グラフにすると，以下のようになり，v-t グラフの面積は位置の変化量（変位）x に等しい。

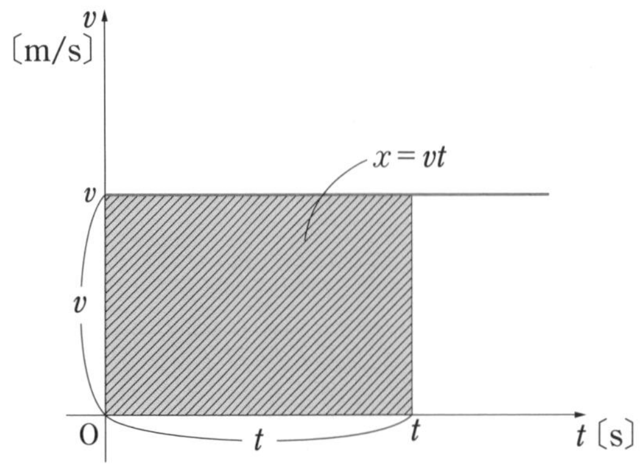

変位 x は v-t グラフの面積に等しい
（速度 v の定義より）

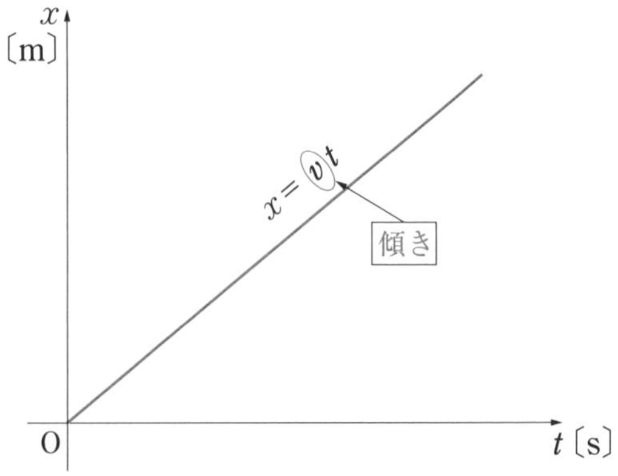

速度 v は x-t グラフの傾きに等しい

練習問題

物体が時刻 $t=0$ s で原点からある速度で運動する。次の各場合において，$t=5.0$ s における物体の位置の変化量 x〔m〕を，v-t グラフを描いて求めよ。また，x を表す部分をぬりつぶせ。

(1) $v=1.0$ m/s

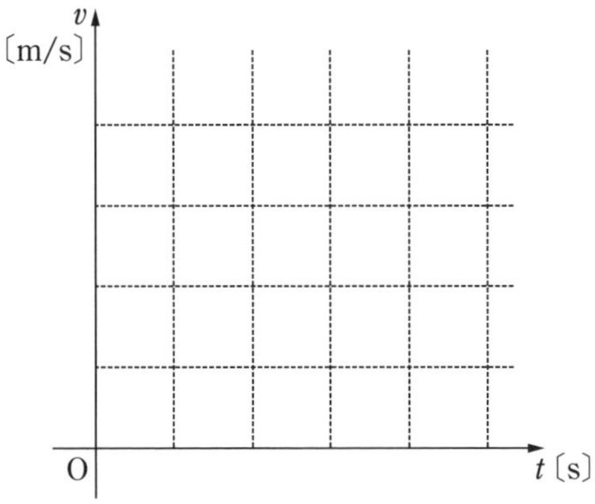

答

(2) $v=2.0$ m/s

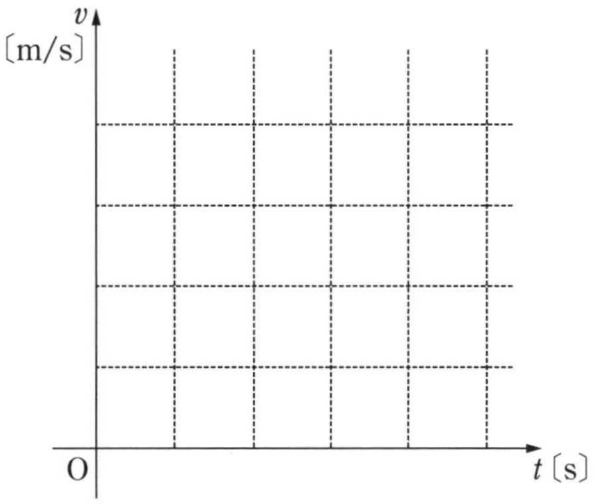

答

(3) $v=3.2$ m/s

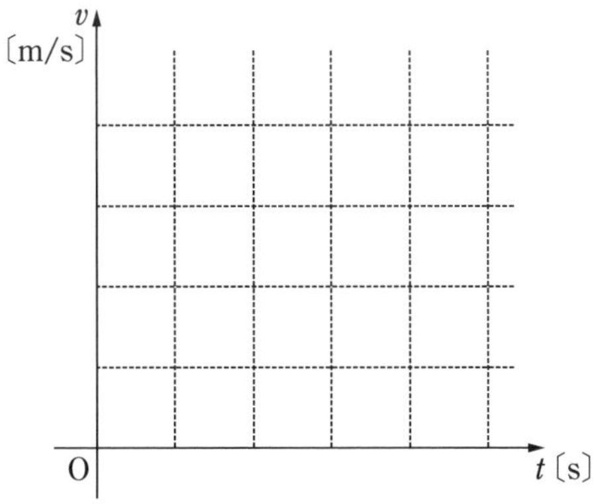

答

(4) $v=-1.0$ m/s

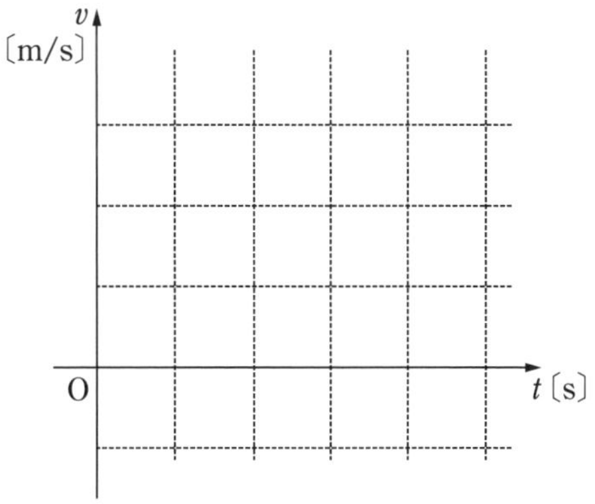

答

速度が一定の場合についてはわかったね。では，速度が変化する場合についてはどうなるだろう？

2 等加速度直線運動(1)

解答編 ▶ p.3

月 / 日

覚えるべき定義

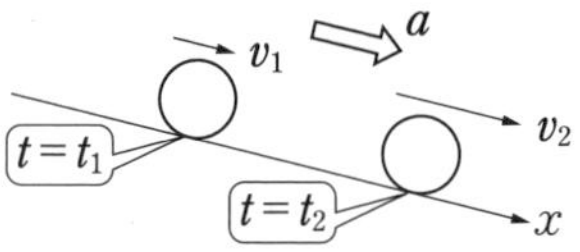

・加速度 $a=\dfrac{\text{速度の変化量}}{\text{時刻の変化量}}=\dfrac{v_2-v_1}{t_2-t_1}=\dfrac{\varDelta v}{\varDelta t}$

2.0 s 間で速度が 3.0 m/s だけ増加した場合，1.0 s 間では 1.5 m/s ずつ変化したことになる。この 1 s 間あたりの速度の変化量が加速度である。では，同じ 2.0 s 間で速度が $v_1=3.0$ m/s から $v_2=1.0$ m/s に変化したとき，$a=-1.0$ m/s^2 である。このように，減速する場合は，負の加速度と考える。$\varDelta t$ が十分小さいときを瞬間の加速度，それ以外を平均の加速度というが，等加速度直線運動のときは加速度は一定なので，どちらで考えても値は一致する。

等加速度直線運動とは＿＿＿＿＿＿が一定の運動である。$a=2.0$ m/s^2 のとき，速度は毎秒 2.0 m/s ずつ増えていくので，初速度 $v_0=1.0$ m/s だとすると，1.0 s 後の速度は $1.0+2.0\times1.0=3.0$ m/s，2.0 s 後の速度は $1.0+2.0\times2.0=5.0$ m/s，3.0 s 後は $1.0+2.0\times3.0=7.0$ m/s となり，数式で表すと，t〔s〕後の速度 v は $v=1.0+2.0t$ と書ける。このときの v-t グラフは，図 2-1 のようになる。

位置 x は v-t グラフの面積から求められることを思い出すと，$t=3.0$ s 後の位置の変化量（変位）x〔m〕は

$$x=\frac{1}{2}\times(1+7)\times3=12\ \mathrm{m}$$

と求めることができる。このように v-t グラフが斜めになっても，それが t 軸と囲む面積は変位 x に等しくなる。時刻 t においては，

$$x=\frac{1}{2}\{1+(1+2t)\}\times t=t+t^2$$

と求めることができ x-t グラフは図 2-2 のように 2 次関数のグラフとなる。

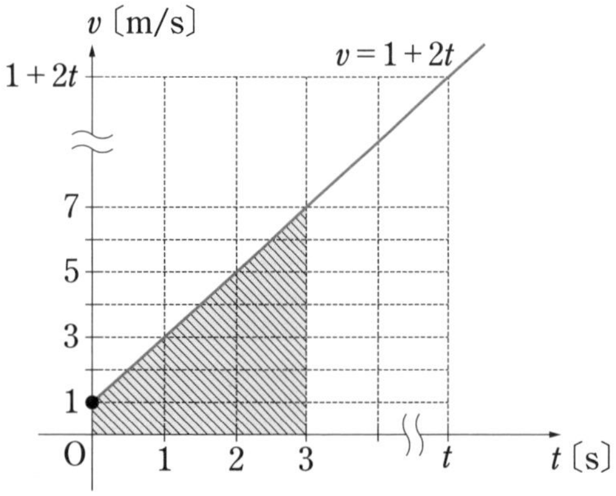

図 2－1

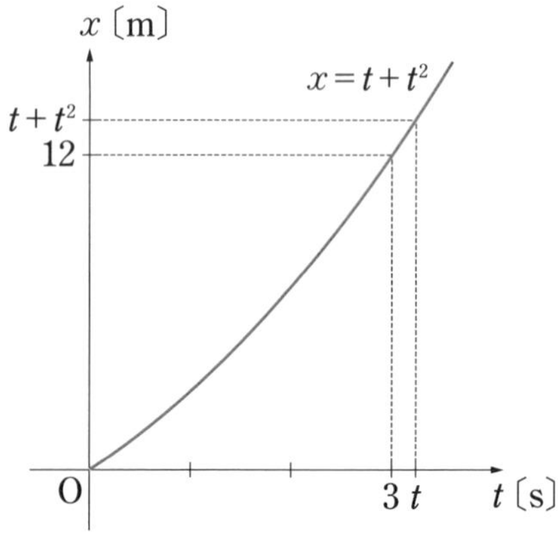

図 2－2

練習問題

以下の条件で物体が等加速度直線運動するとき，v-t グラフを描け。また，時刻 $t=0$ s から $t=5.0$ s までの位置の変化量 x〔m〕を，v-t グラフから求めよ。x を表す部分をぬりつぶせ。

(1)　$a=0.50$ m/s^2，$v_0=2.0$ m/s のとき

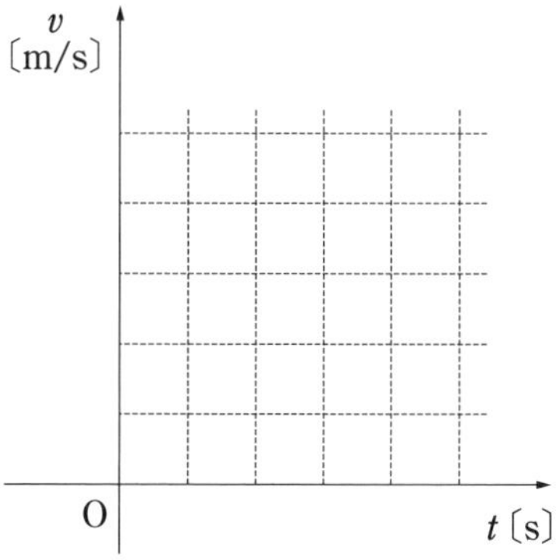

答＿＿＿＿＿＿＿＿＿＿＿＿

(2)　$a=-1.0$ m/s^2，$v_0=5.0$ m/s のとき

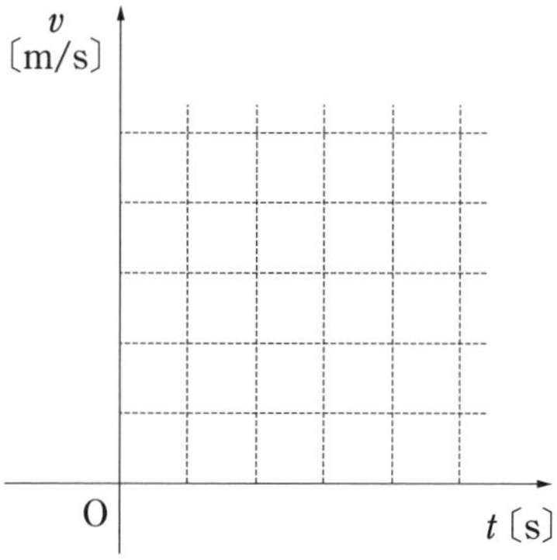

答＿＿＿＿＿＿＿＿＿＿＿＿

(3)　$a=1.0$ m/s^2，$v_0=-1.0$ m/s のとき

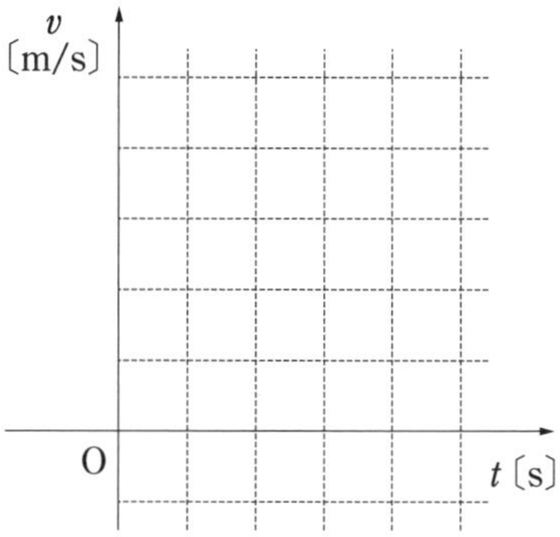

答＿＿＿＿＿＿＿＿＿＿＿＿

(4)　$a=-1.0$ m/s^2，$v_0=-0.50$ m/s のとき

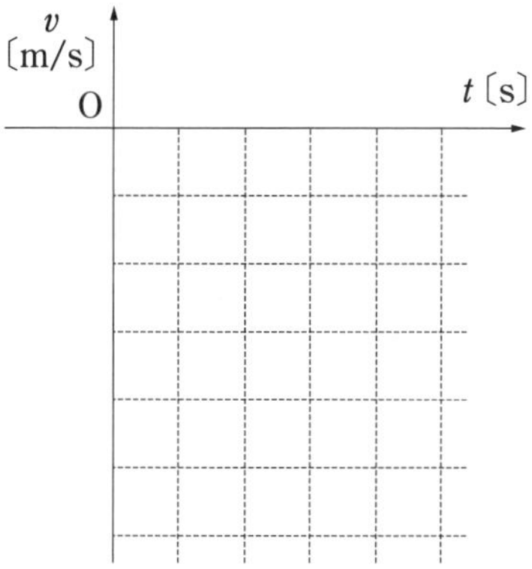

答＿＿＿＿＿＿＿＿＿＿＿＿

1 マスが 1 m/s×1 s で 1 m に対応しているから，マスの全面積が変位になるんだね。さらに色々な場合を確認していこう！

3 等加速度直線運動(2)

解答編 ▶ p.4

月　日

扱うグラフ

ポイント　x-t グラフは，等速直線運動のときは直線，等加速度直線運動のときは放物線となり，それらが組みあわさった運動のときは，区間によってグラフの形が変わる。

覚えるべき定義

・加速度 $a=\dfrac{\text{速度の変化量}}{\text{時刻の変化量}}=\dfrac{v_2-v_1}{t_2-t_1}=\dfrac{\Delta v}{\Delta t}$

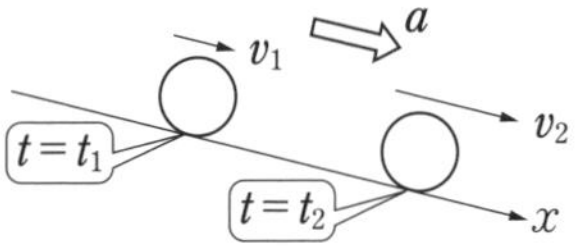

ボールが時刻 $t=0$ で初速度 v_0，加速度 a の等加速度直線運動する状況を考える。この運動の v-t グラフは，図 3-1 のように v 切片が v_0 で，傾き a の直線となる。このとき，t〔s〕後の速度 v はどうなるだろうか？加速度の定義式に，$t_1=0$ で $v_1=v_0$ (初期条件)，$t_2=t$ における速度 $v_2=v$ として代入すると，$v=v_0+at$ が得られる (問 1 へ)。これは，v-t グラフの直線を表す式そのものである。また，位置 x は v-t グラフの面積から求められることを思い出すと，下の図 3-1 のグラフより，運動が始まってから t〔s〕後の位置 x は，$x=v_0t+\dfrac{1}{2}at^2$ と数式で表すことができる (問 2 へ)。これを x-t グラフに表すと図 3-2 のようになる。この式・グラフにより，加速度 a が一定の場合には，あらゆる時刻 t における物体の位置 x を記述し，予測することが可能になった。

注意してほしい点は，以上の導出は単に「定義式の変形」を行ったに過ぎないことである。物理法則として自然現象から発見された関係式 (運動方程式) は，もっと後になってから登場することになる。今，速度や加速度を学ぶのは，運動方程式を理解するための準備である。

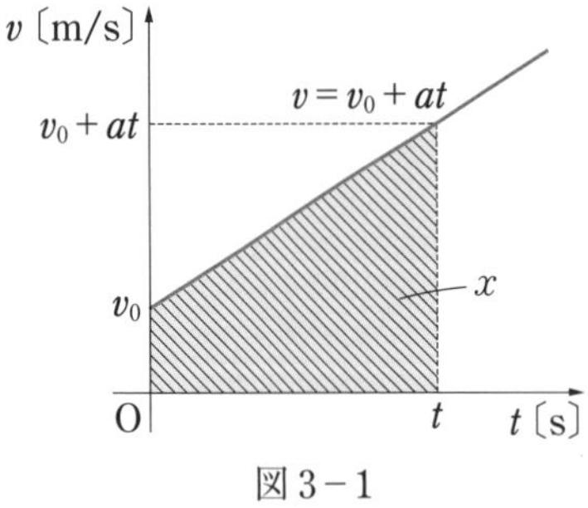

図 3－1

問 1　加速度 a の定義式から $v=v_0+at$ を導け。

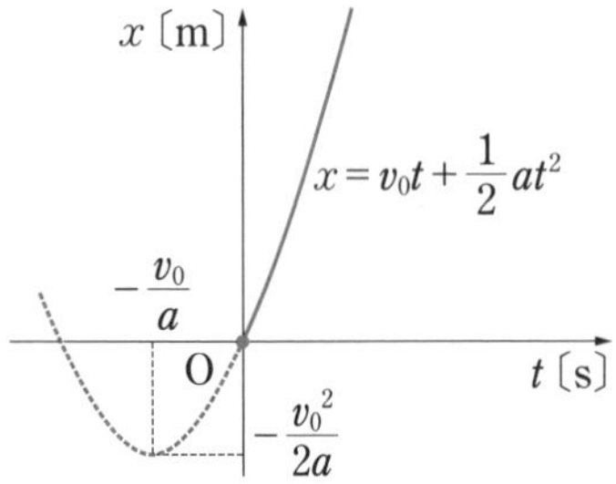

図 3－2

問 2　v-t グラフの面積から $x=v_0t+\dfrac{1}{2}at^2$ を導け。

練習問題

以下の運動は，つねに等加速度直線運動とする。グラフの軸の目盛りは適切に設定せよ。

問1　$t=0$ s で原点Oにあるボールが，初速度 $v_0=0$ m/s，加速度 $a=10$ m/s^2 で運動する。

(1)　v-t グラフを $t=0$～5.0 s まで描け。

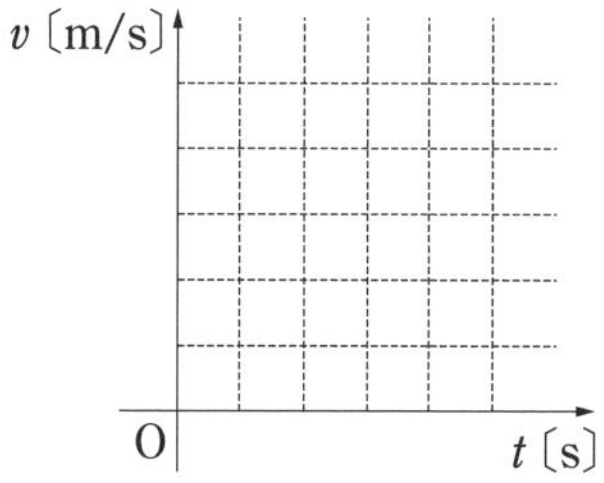

(2)　5.0 s 後のボールの速度 v〔m/s〕と位置 x〔m〕を求めよ。

答＿＿＿＿＿＿＿＿＿＿＿＿＿＿＿＿

(3)　t〔s〕後のボールの速度 v〔m/s〕と位置 x〔m〕を表す数式を書け。

答＿＿＿＿＿＿＿＿＿＿＿＿＿＿＿＿

(4)　x-t グラフを $t=0$～5.0 s まで描け。

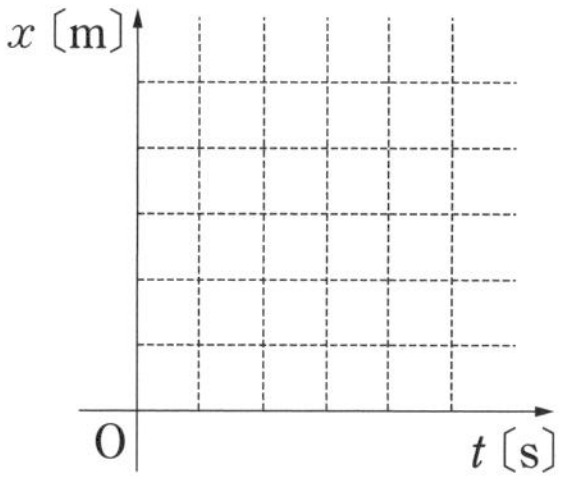

問2　$t=0$ s で原点Oにあるボールが，初速度 $v_0=20$ m/s，$t=5.0$ s 後の速度が 30 m/s となった。

(1)　v-t グラフを $t=0$～5.0 s まで描け。

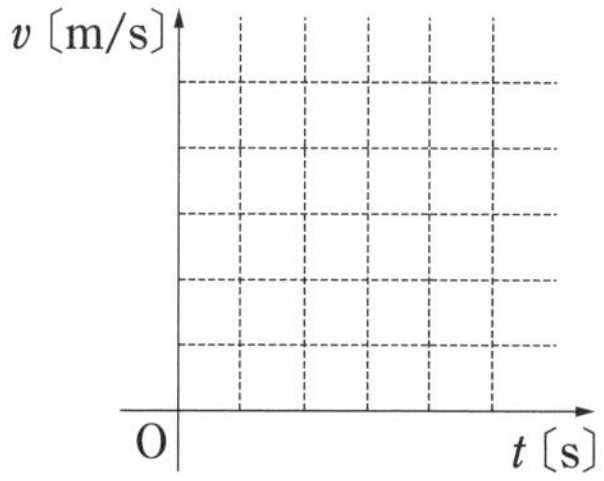

(2)　5.0 s 後のボールの位置 x〔m〕を求めよ。

答＿＿＿＿＿＿＿＿＿＿＿＿＿＿＿＿

(3)　t〔s〕後のボールの速度 v〔m/s〕と位置 x〔m〕を表す数式を書け。

答＿＿＿＿＿＿＿＿＿＿＿＿＿＿＿＿

(4)　x-t グラフを $t=0$～5.0 s まで描け。

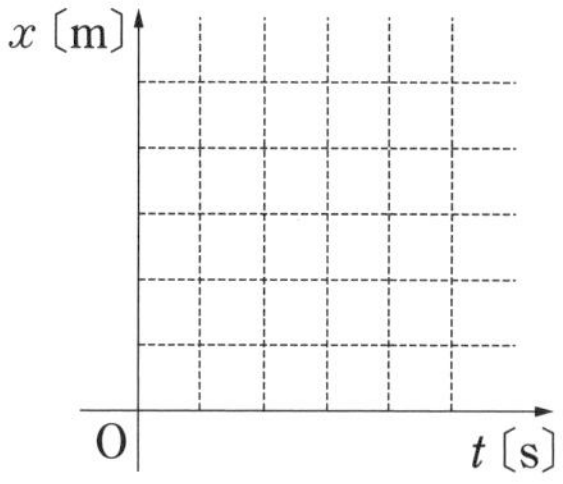

問 3　$t=0\ \mathrm{s}$ で原点Oにあるボールが，初速度 $20\ \mathrm{m/s}$，加速度 $a=-10\ \mathrm{m/s^2}$ で運動する。

(1)　v-t グラフを $t=0$〜$5.0\ \mathrm{s}$ まで描け。

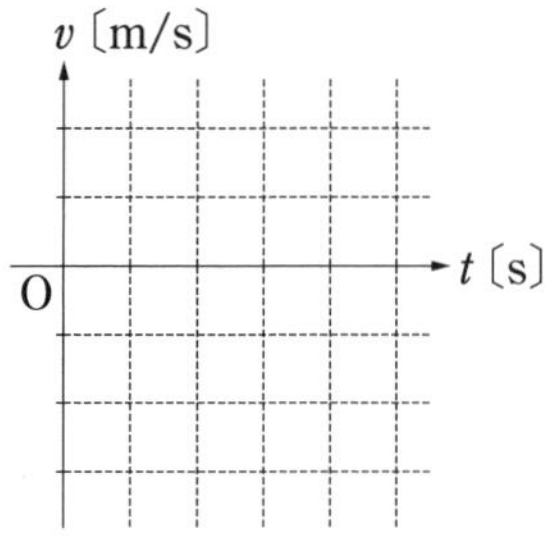

(2)　$5.0\ \mathrm{s}$ 後のボールの位置 x〔m〕を求めよ。

答＿＿＿＿＿＿＿＿＿＿＿＿＿＿

(3)　t〔s〕後のボールの速度 v〔m/s〕と位置 x〔m〕を表す数式を書け。

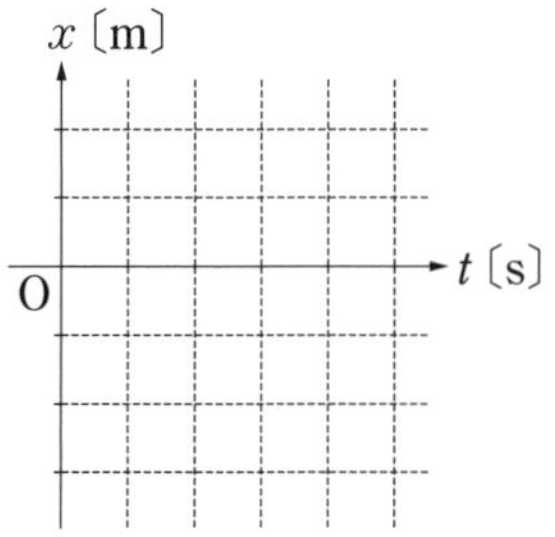

答＿＿＿＿＿＿＿＿＿＿＿＿＿＿

(4)　x-t グラフを $t=0$〜$5.0\ \mathrm{s}$ まで描け。

問 4　$t=0\ \mathrm{s}$ で原点Oにあるボールが，初速度 $-10\ \mathrm{m/s}$，$t=5.0\ \mathrm{s}$ 後の速度が $15\ \mathrm{m/s}$ になった。

(1)　v-t グラフを $t=0$〜$5.0\ \mathrm{s}$ まで描け。

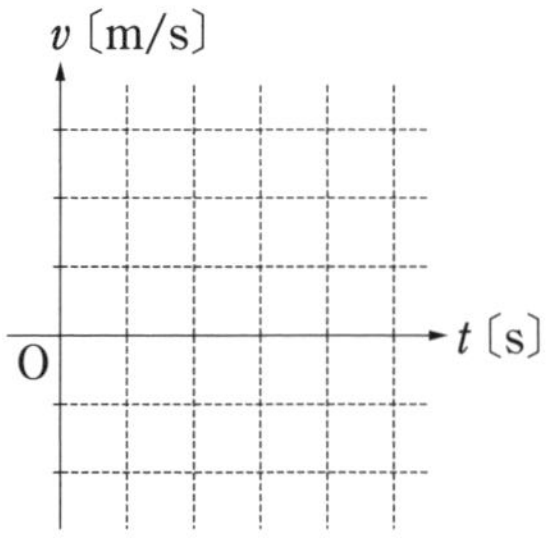

(2)　$5.0\ \mathrm{s}$ 後のボールの位置 x〔m〕を求めよ。

答＿＿＿＿＿＿＿＿＿＿＿＿＿＿

(3)　t〔s〕後のボールの速度 v〔m/s〕と位置 x〔m〕を表す数式を書け。

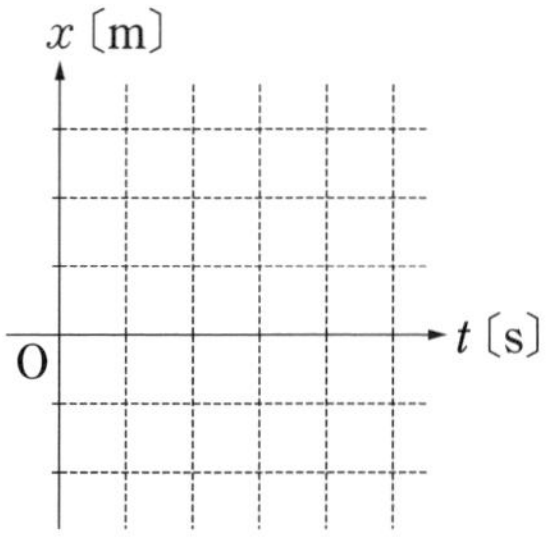

答＿＿＿＿＿＿＿＿＿＿＿＿＿＿

(4)　x-t グラフを $t=0$〜$5.0\ \mathrm{s}$ まで描け。

問 5　$t=0$ s で原点Oに静止していたカメが歩き出して加速し，$t=5.0$ s に 0.10 m/s で歩き，その後 $t=8.0$ s まで等速で歩いた。

⑴　v-t グラフを $t=0$〜8.0 s まで描け。

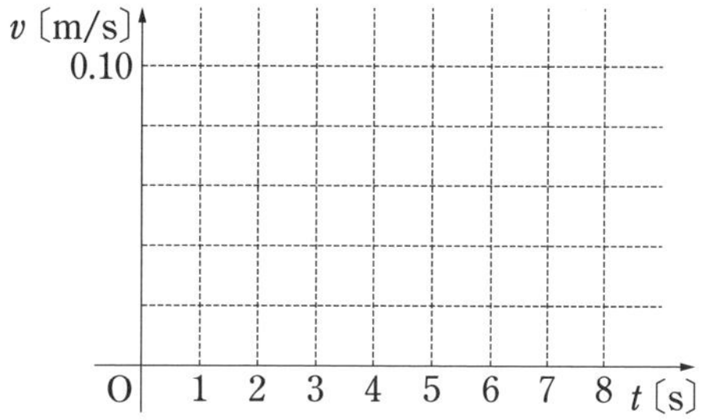

⑵　カメの加速度 a〔m/s^2〕を求めよ。

答________________

⑶　5.0 s 後のカメの位置 x〔m〕を求めよ。

答________________

⑷　x-t グラフを $t=0$〜8.0 s まで描け。

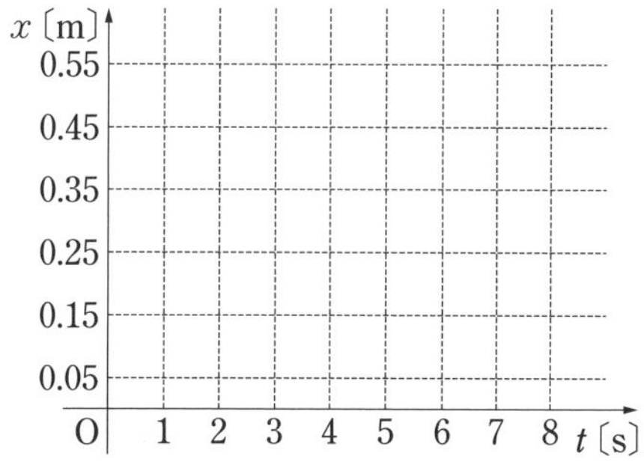

問 6　$t=0$ s で原点Oで静止していたエレベーターが上昇を始め，$t=3.0$ s で 3.0 m/s となった後，4.0 s 間等速で運動し，減速して $t=10$ s で停止した。

⑴　v-t グラフを $t=0$〜10 s まで描け。

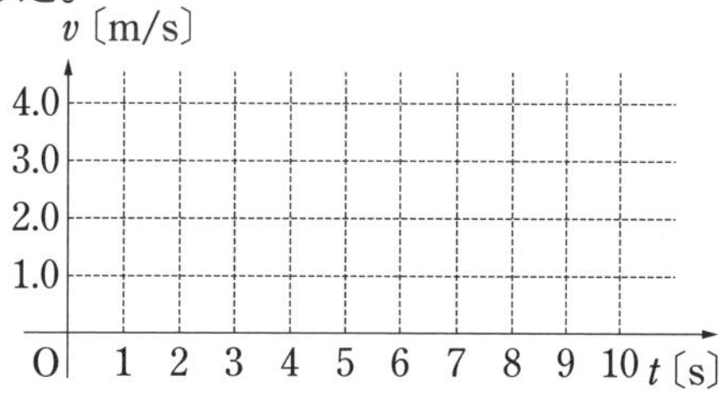

⑵　10 s 間でエレベーターが移動した距離を求めよ。

答________________

⑶　x-t グラフを $t=0$〜10 s まで描け。

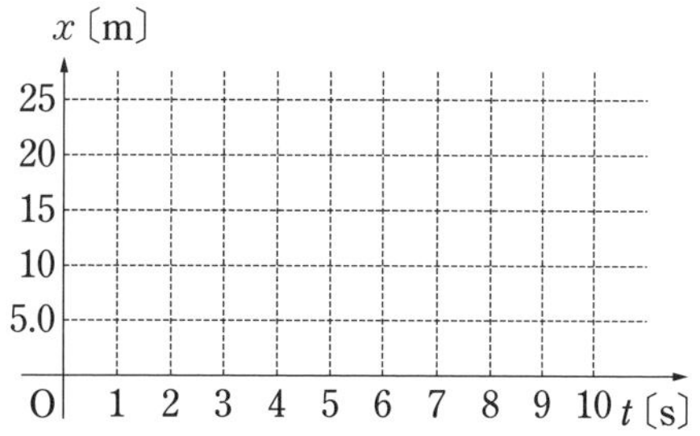

等加速度直線運動はどんな場合に起こるのだろう？最初に研究されたのは落下運動なんだよ。

4　自由落下

解答編 ▶ p.6

月／日

扱うグラフ

・y-t グラフ…　縦軸に物体の位置 y，横軸に時刻 t をとったグラフ。鉛直方向の運動を考える際，数学の y 軸に見立てて位置は y で表すことが多い。

覚えるべき定義

・水平方向と鉛直方向…　地面に水平な向きを水平方向という。それに直角な向きを，垂直方向という言葉と区別して，特別に鉛直方向という。垂直方向は，斜面に対して垂直，などというときにも用いるが，鉛直方向はそれ一語で地面に対して垂直という意味を表す。物理では，水平方向を x 軸，鉛直方向を y 軸として，それぞれの位置を x，y を用いて表すことが多い。

覚えるべき量

・重力加速度　$g=9.8\ \mathrm{m/s^2}$　(gravitational acceleration)

物体が地表付近で重力にしたがって運動するとき，物体の質量に関係なく，大きさが一定の加速度で等加速度運動をすることが知られている。その値は，厳密には緯度や地形などによって異なるが，有効数字 2 桁で $9.8\ \mathrm{m/s^2}$ である。

ある高さから物体を静かに (＝初速度 $0\ \mathrm{m/s}$ で) はなしたときの運動を，自由落下という。前回等加速度直線運動について一般的に考えたので，そこに初速度の条件と加速度 $g=9.8\ \mathrm{m/s^2}$ をあてはめれば自由落下の場合が記述できる。落下運動の場合は y 軸を下向きにとることも多いが，ここでは鉛直上向きを y 軸の正の向きとすると，t〔s〕後の物体の速度 v〔m/s〕は $v=-gt$ と書け，v-t グラフは図 4-1 となる。v-t グラフの面積より，t〔s〕後の物体の位置 y〔m〕は $y=-\dfrac{1}{2}gt^2$ と計算でき，y-t グラフは図 4-2 となる。

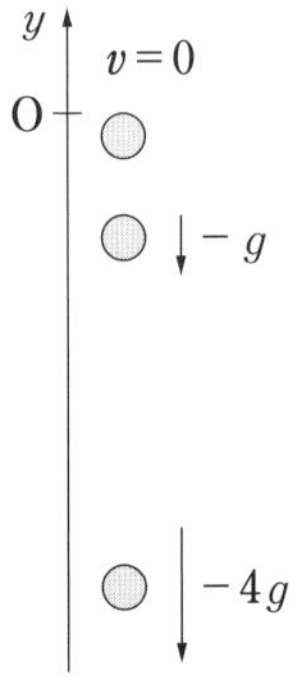

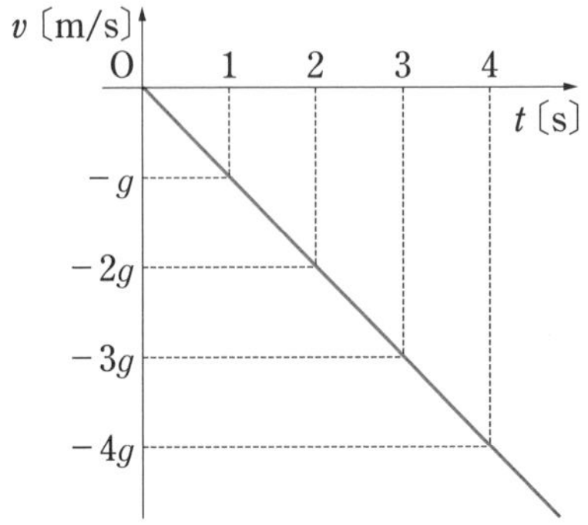

図 4－1

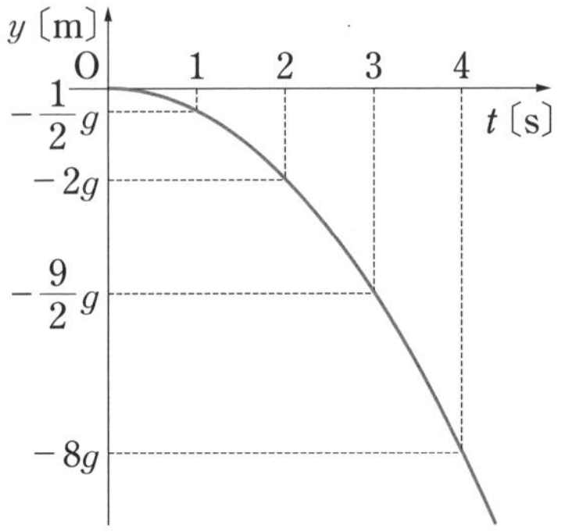

図 4－2

練習問題

問 1　物体が自由落下するとき，以下の問いに答えよ。ただし，鉛直下向きを y 軸正の向きとし，グラフの軸の目盛りは適切に設定せよ。また，$t=0$ s を落下し始めた時刻とし，重力加速度の大きさを $g=9.8\ \mathrm{m/s^2}$ とする。

(1)　時刻 $t=1.0,\ 2.0,\ 3.0,\ 4.0,\ 5.0$ s における速度 v〔m/s〕を求め下表を埋めよ。

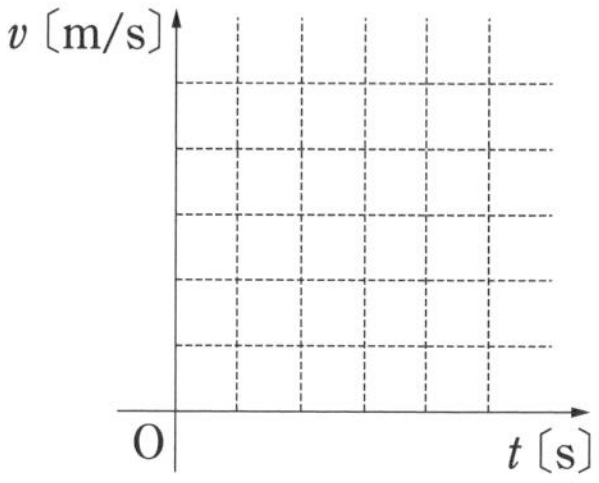

t〔s〕	1.0	2.0	3.0	4.0	5.0
v〔m/s〕					

(2)　(1)の結果より，右図に v-t グラフを描け。

(3)　t〔s〕後の速度 v〔m/s〕を g，t を用いて表せ。

答 ＿＿＿＿＿＿＿＿

(4)　時刻 $t=1.0,\ 2.0,\ 3.0,\ 4.0,\ 5.0$ s における位置 y〔m〕を(2)のグラフから求め，y-t グラフを描け。また，t〔s〕後の位置 y〔m〕を g，t を用いて表せ。

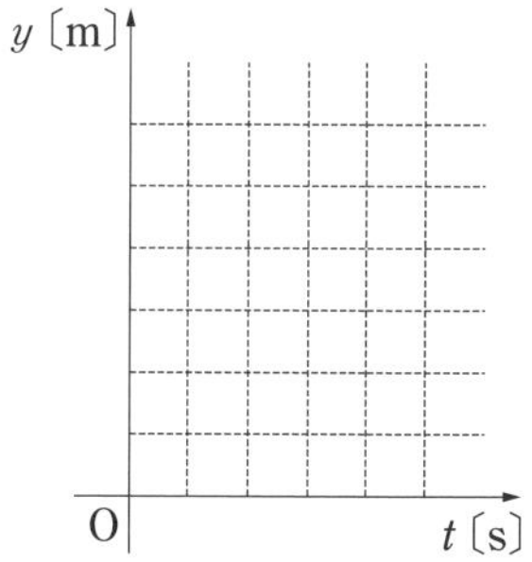

答 ＿＿＿＿＿＿＿＿

(5)　$t=2.0$～3.0 s までの間に物体が移動した距離を，(2)のグラフから求めよ。

答 ＿＿＿＿＿＿＿＿

問 2　物体が自由落下するとき，以下の問いに答えよ。$t=0$ s を落下し始めた時刻とし，重力加速度の大きさを $g=9.8\ \mathrm{m/s^2}$ とする。

(1)　自由落下が始まって，速さが 68.6 m/s になる時刻 t〔s〕を求めよ。

答 ＿＿＿＿＿＿＿＿

(2)　自由落下が始まって，490 m 落下するのにかかる時間 t〔s〕を求めよ。

答 ＿＿＿＿＿＿＿＿

初速度が 0 m/s でない落下運動はどうなるだろう？次で見てみよう！

5 鉛直投げおろし運動

解答編 ▶ p.7

月／日

扱うグラフ

ポイント　y 軸の正の向きをどちらにとるかで初速度の正負が異なってくる。向きを慎重に検討しながら，式やグラフを変えていこう。

ある高さから物体に鉛直下向きの初速度 v_0〔m/s〕を与えてはなしたときの運動を，鉛直投げおろし運動という。3 で等加速度直線運動について一般的に考えたので，そこに初速度の条件と加速度 $g=9.8\ \mathrm{m/s^2}$ をあてはめれば鉛直投げおろし運動の場合も記述できる。落下運動の場合は y 軸を下向きにとることも多いが，それは次ページの問題で扱うこととし，ここでは鉛直上向きを y 軸の正の向きとすると，t〔s〕後の物体の速度 v〔m/s〕は $\boldsymbol{v=-v_0-gt}$ と書け (問 1 へ)，v-t グラフは図 5-1 となる。v-t グラフの面積より，t〔s〕後の物体の位置 y〔m〕は $\boldsymbol{y=-v_0t-\frac{1}{2}gt^2}$ と計算でき (問 2 へ)，y-t グラフは図 5-2 となる。

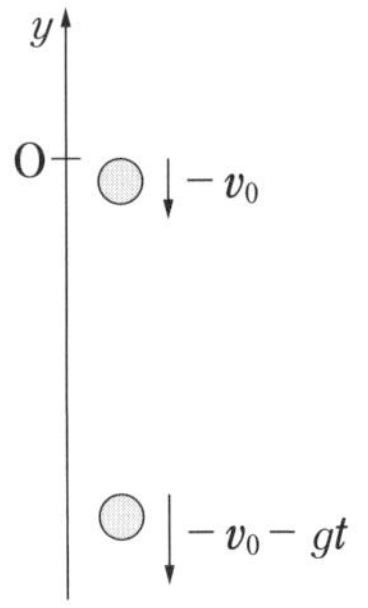

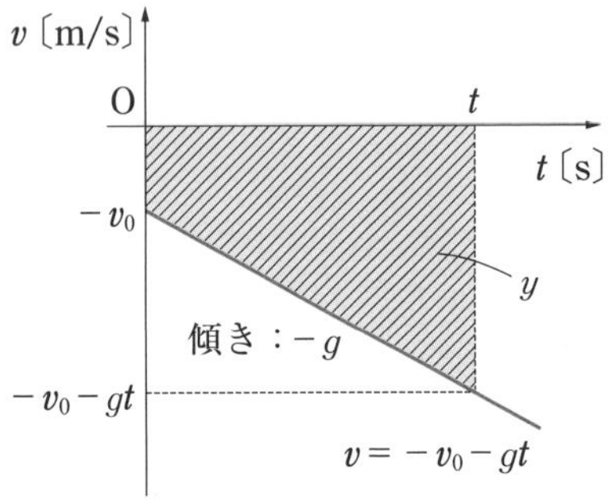

図 5－1

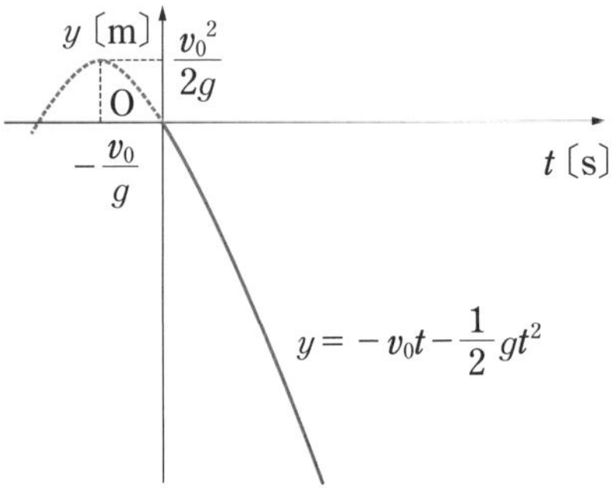

図 5－2

問 1　3 の加速度 a の定義式から $v=-v_0-gt$ を導け。

問 2　v-t グラフの面積から $y=-v_0t-\frac{1}{2}at^2$ を導け。

練習問題

問1　物体を鉛直に投げおろすとき，以下の問いに答えよ。ただし，鉛直下向きを y 軸正の向きとし，グラフの軸の目盛りは適切に設定せよ。重力加速度の大きさを $g=9.8\,\mathrm{m/s^2}$ とする。

⑴　時刻 $t=0\,\mathrm{s}$ で物体を原点Oから初速度 $v_0=9.8\,\mathrm{m/s}$ で投げおろす。$t=1.0$，2.0，3.0，4.0，5.0 s における速度 v〔m/s〕を求め下表を埋めよ。

t〔s〕	1.0	2.0	3.0	4.0	5.0
v〔m/s〕					

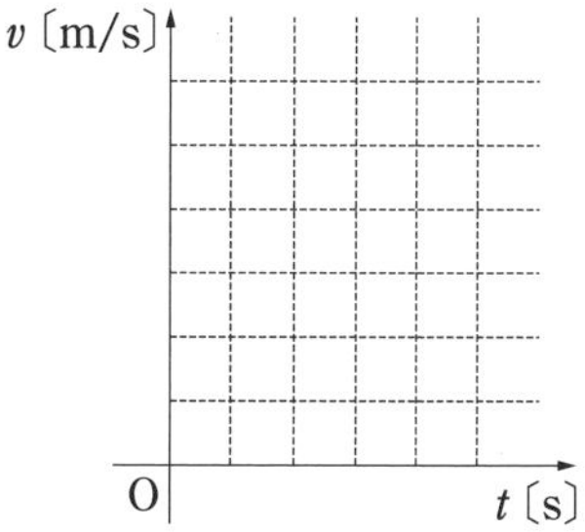

⑵　⑴の結果より，右図に v-t グラフを描け。

⑶　t〔s〕後の速度 v〔m/s〕を g，t を用いて表せ。

答＿＿＿＿＿＿＿＿＿＿

⑷　$t=1.0$，2.0，3.0，4.0，5.0 s における位置 y〔m〕を⑵のグラフから求め，y-t グラフを描け。また，t〔s〕後の位置 y を g，t を用いて表せ。

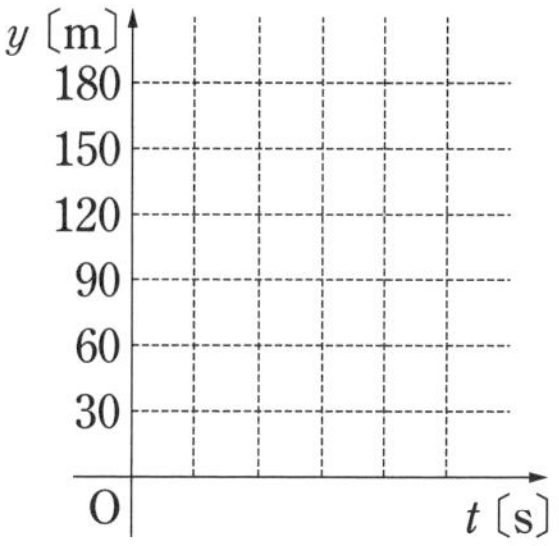

答＿＿＿＿＿＿＿＿＿＿

問2　高さ 39.2 m の橋の上から初速度 $v_0=9.8\,\mathrm{m/s}$ でボールを投げおろした。水面に着くまでの時間は何 s か。鉛直下向きを y 軸正の向きとし，重力加速度の大きさを $g=9.8\,\mathrm{m/s^2}$ とする。

答＿＿＿＿＿＿＿＿＿＿

問3　ボールAを自由落下させた 1.0 s 後，同じ位置からボールBを初速度 19.6 m/s で投げおろした。ボール A，B それぞれの y-t グラフを描いて，B がAと衝突するまでの時間 (s) を求めよ。鉛直下向きを y 軸正の向きとし，重力加速度の大きさを $g=9.8\,\mathrm{m/s^2}$ とする。

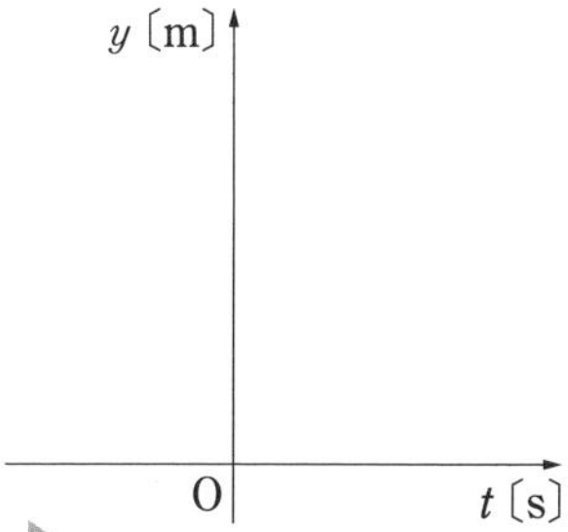

答＿＿＿＿＿＿＿＿＿＿

初速度が鉛直上向きの落下運動はどうなるだろう？次で見てみよう！

6 鉛直投げ上げ運動

解答編 ▶ p.8

月／日

扱うグラフ

ポイント 投げ上げ運動の場合は，上向きを正にとることがほとんどである。このとき加速度は負になる。負の加速度に慣れていこう。

ある高さから物体を鉛直上向きの初速度を与えて放り投げたときの運動を，鉛直投げ上げ運動という。3で等加速度直線運動について一般的に考えたので，そこに初速度の条件と加速度 $g=9.8\ \mathrm{m/s^2}$ をあてはめれば，鉛直投げ上げ運動の場合も記述できる。鉛直投げ上げ運動の場合は，鉛直上向きを y 軸の正の向きとすることが多い。ここでは鉛直上向きを y 軸の正の向きとすると，ある物体を原点Oから初速度 v_0〔m/s〕で投げ上げたとき，t〔s〕後の物体の速度 v〔m/s〕は $v=v_0-gt$ と書け，v-t グラフは図 6-1 となる。このような場合，グラフは t 軸と交点をもつ。この点は，$v=0$ であることを表しているので，最高点に達するまでの時間が計算できる。その時刻以降は負の速度をもち落下するため，v-t グラフと t 軸が囲む面積は落下距離を表す。すなわち，v が負の領域の面積は負の変位を表す。v-t グラフの面積より t〔s〕後の物体の位置 y〔m〕は $y=v_0t-\dfrac{1}{2}gt^2$ と計算でき，y-t グラフは図 6-2 となる。

問 1　初速度 v_0〔m/s〕で鉛直投げ上げ運動をする。最高点に達するまでの時間 t〔s〕を求め，図 6-1 の空欄を埋めよ。ただし鉛直上向きを正とし，重力加速度の大きさを g とする。

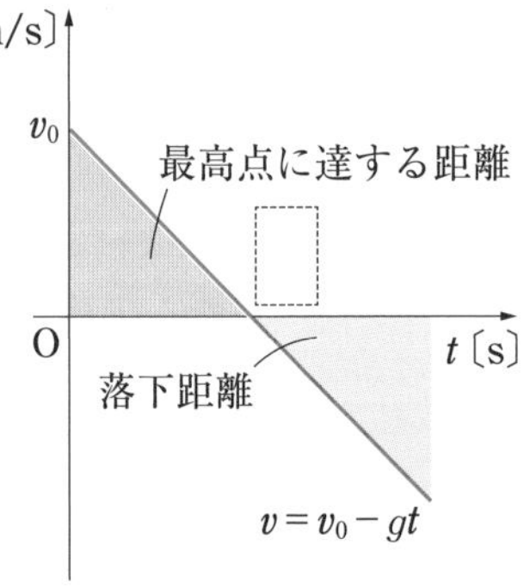

図 6－1

問 2　初速度 v_0〔m/s〕で鉛直投げ上げ運動をする。最高点に達するまでに移動した距離（＝最高点の高さ）y〔m〕を求め，図 6-2 の空欄を埋めよ。ただし鉛直上向きを正とし，重力加速度の大きさを g とする。

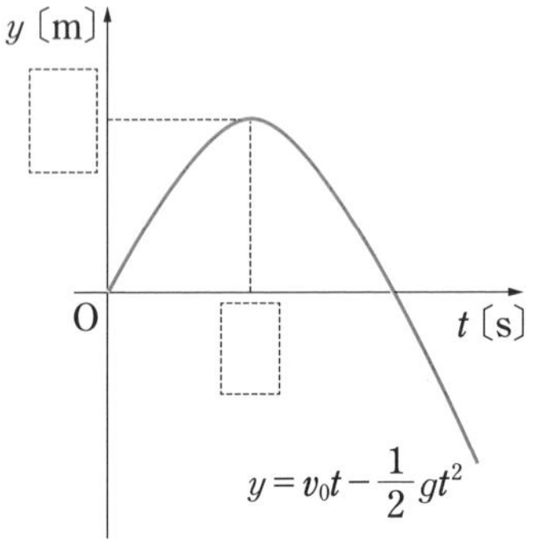

図 6－2

練習問題

物体を鉛直投げ上げ運動させるとき，以下の問いに答えよ。ただし，鉛直上向きを y 軸正の向きとし，グラフの軸の目盛りは適切に設定せよ。重力加速度の大きさを $g=9.8\ \mathrm{m/s^2}$ とする。

(1) 時刻 $t=0\ \mathrm{s}$ でボールを原点Oから初速度 $v_0=19.6\ \mathrm{m/s}$ で投げ上げる。$t=1.0$，2.0，3.0，4.0，$5.0\ \mathrm{s}$ における速度 v〔m/s〕を求め下表を埋めよ。

t〔s〕	1.0	2.0	3.0	4.0	5.0
v〔m/s〕					

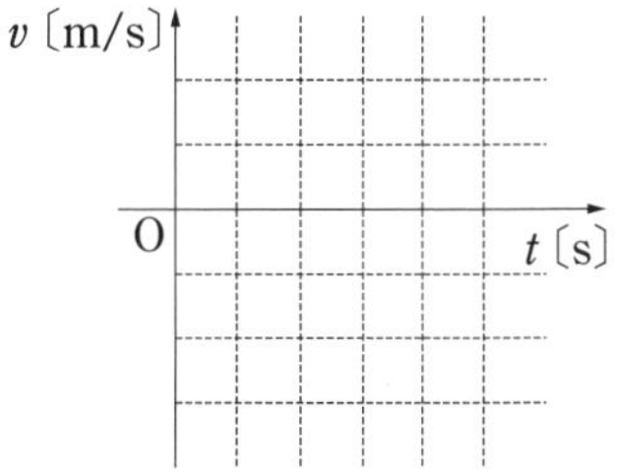

(2) (1)の結果より，右図に v-t グラフを描け。

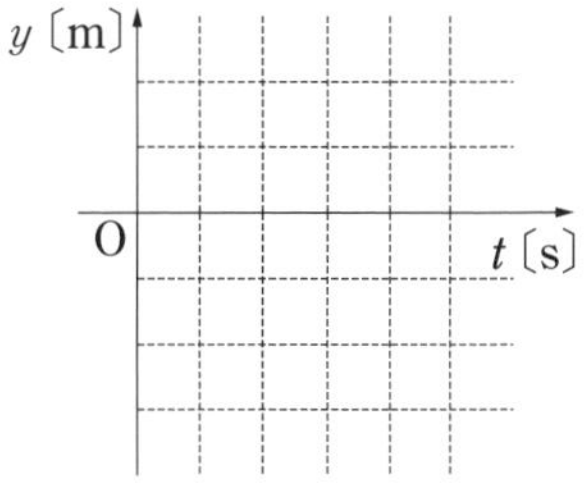

(3) t〔s〕後の速度 v〔m/s〕を g，t を用いて表せ。

答＿＿＿＿＿＿＿＿＿＿

(4) $t=2.0$，$3.0\ \mathrm{s}$ における位置 y〔m〕を(2)のグラフから求め，y-t グラフを描け。また，t〔s〕後の位置 y〔m〕を g，t を用いて表せ。

答＿＿＿＿＿＿＿＿＿＿

(5) ボールが最高点に達する時刻 t〔s〕を求めよ。また，最高点の高さ y〔m〕を求めよ。

答＿＿＿＿＿＿＿＿＿＿

今回のように運動の向きが途中で変わるとき，特徴的なグラフになるね。
何か一般的な規則があるのだろうか？

7 向きが変わる運動と運動の対称性

解答編 ▶ p.9

月／日

扱うグラフ

ポイント 加速度が負のときは，正の速度と負の速度が途中で変わるような v-t グラフとなる。このとき，グラフから多くの情報が読み取れる。

覚えるべき用語

・「なめらかな○○」…なめらかな床，なめらかな面，などのように用いられる場合，摩擦力を無視してよい，という意味である。「摩擦の無視できる○○」という表現より簡潔に表せるため，高校物理ではよく用いられる表現であり，特定の意味をもつ。

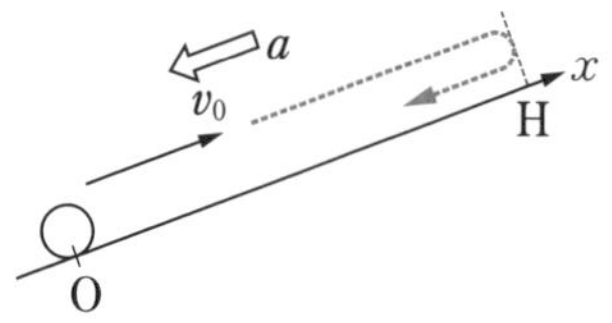

なめらかな坂道の上で，時刻 $t=0\,\mathrm{s}$ のとき上向きに初速度 v_0〔m/s〕でボールを転がすと，やがて運動の向きが変わり，斜面に沿って落下してくる。斜面に平行に上向きを x 軸正の向きとなるように座標を設定すると，加速度は斜面に沿って下向きに生じるため，x 軸負の向きとなり，等加速度であることが後に習う方程式からわかる。その加速度の大きさを a〔m/s²〕とすると，t〔s〕後の速度 v〔m/s〕は $v=v_0-at$ と書け，v-t グラフは図 7-1 のようになる。これは 6 の鉛直投げ上げ運動の v-t グラフと同じ形をしているため，同様に解析できる。すなわち，グラフと t 軸との交点Hの t の値が最高点に達するときの時刻であり，グラフと t 軸が囲む三角形Aの面積が最高点までの距離である。ここで，同じ面積の合同な三角形Bを，点Hを中心に点対称に考えると，三角形Bの面積は，三角形Aの面積と同じ距離だけ移動（落下）した位置を表す。三角形AとBは合同なので，各辺の長さは等しい。すなわち，ボールが初期位置Oに戻ってきたことを示し，上りにかかる時間と下りにかかる時間は同じであり，初期位置Oに戻ってきたときの速度は，大きさは同じで向きは逆である。この関係は，運動の向きが変わる等加速度直線運動の場合はつねに成り立ち，運動の対称性という。

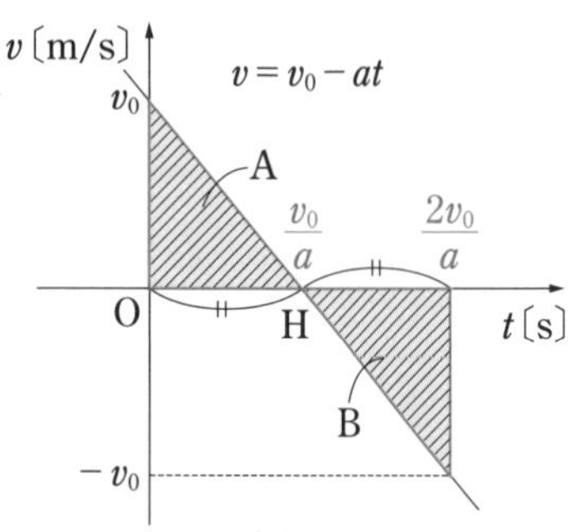

図 7－1

問 1　上の例で，最高点に達するまでの時刻 t〔s〕を，v_0，a を用いて表せ。

答 ______________________

問 2　上の例で，最高点Hの高さ h〔m〕を v_0，a を用いて表せ。

答 ______________________

練習問題

問 1　なめらかな斜面上の点Oにボールを静止させている。時刻 $t=0\ \mathrm{s}$ において初速度 $v_0=5.0\ \mathrm{m/s}$ で斜面上向きにボールを運動させるとき，以下の問いに答えよ。ただし，斜面上向きを正の向きとし，加速度は斜面下向きに大きさ $a=1.0\ \mathrm{m/s^2}$ であるとする。

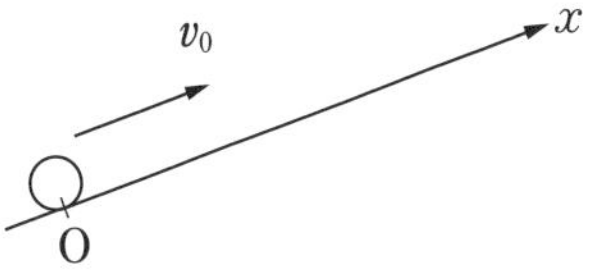

(1)　$t=0$〜$10\ \mathrm{s}$ までの v-t グラフを右図に描け。グラフの目盛りは適切に示せ。

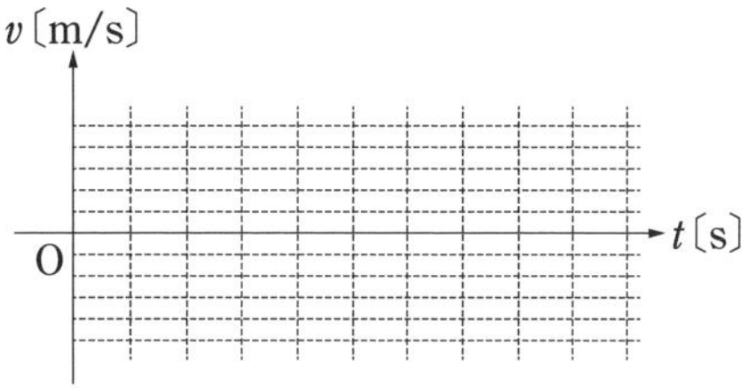

(2)　最高点に達するまでの時間を求めよ。

答＿＿＿＿＿

(3)　点Oから最高点までの距離を求めよ。

答＿＿＿＿＿

(4)　点Oに戻ってくるまでの時間 t〔s〕と，そのときの速度 v〔m/s〕を求めよ。

答＿＿＿＿＿

問 2　なめらかな斜面上の点Oにボールを静止させている。斜面下向きを正の向きとする。時刻 $t=0\ \mathrm{s}$ において初速度 $v_0=4.0\ \mathrm{m/s}$ で斜面上向きにボールを運動させるとき，以下の問いに答えよ。ただし，加速度は斜面下向きに大きさ $a=2.0\ \mathrm{m/s^2}$ であるとする。

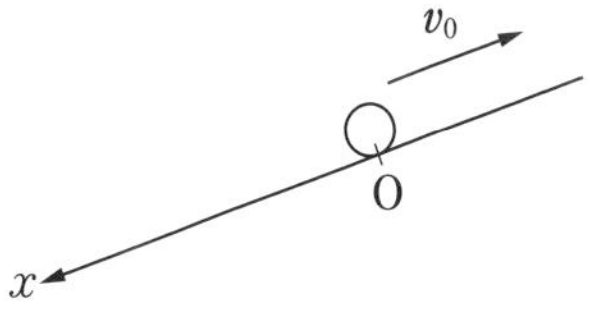

(1)　$t=0$〜$5.0\ \mathrm{s}$ までの v-t グラフを描け。グラフの目盛りは適切に示せ。

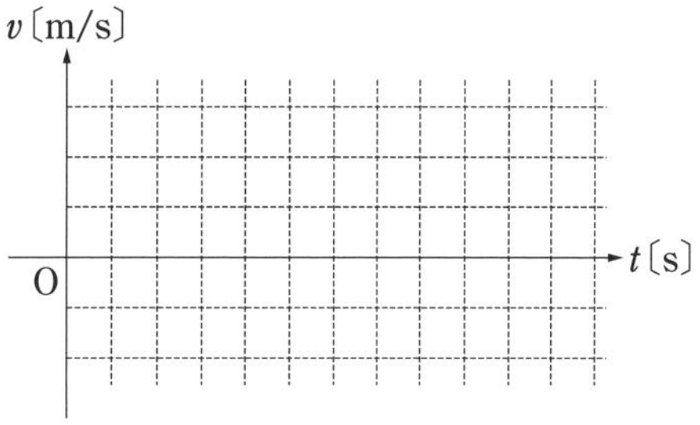

(2)　最高点に達するまでの時間を求めよ。

答＿＿＿＿＿

(3)　点Oから最高点までの距離を求めよ。

答＿＿＿＿＿

等加速度直線運動の解析はだいぶ慣れてきたかな？次は，等速運動や等加速度運動が混ざった場合についても見てみよう！

8　いろいろな運動

解答編 ▶ p.10

月／日

扱うグラフ

・a-t グラフ…　縦軸に物体の加速度 a，横軸に時刻 t をとったグラフ。
高校の範囲では多くの場合が等加速度運動であり，水平なグラフとなる。

飛行機が離陸してから着陸するまでの運動を考えてみると，最初は空港で静止しており，だんだん速度を上げて(加速して)飛び立ち，一定の速度で運動した後，減速して着陸する。これらを簡略化して v-t グラフにすると，図 8-1 のようになる。

これは，今までに習った等速度運動と等加速度運動の組みあわせであるので，区間ごとに分解すれば各運動を解析できる。

加速する部分は正で一定の加速度をもつ運動，等速運動の部分は加速度 0，減速する部分は負の加速度運動である。これらを a-t グラフにすると図 8-2 のようになる。

位置 x についても v-t グラフから計算することができる。正の加速度運動の部分は下に凸な放物線，等速運動の部分は直線，負の加速度運動の部分は上に凸な放物線のグラフとなる。x-t グラフは図 8-3 のようになる。

このようにして，日常の物体の運動は複雑なものではあるが，部分部分に分解すれば解析することは可能である。これは，物理の重要な考え方の 1 つである。

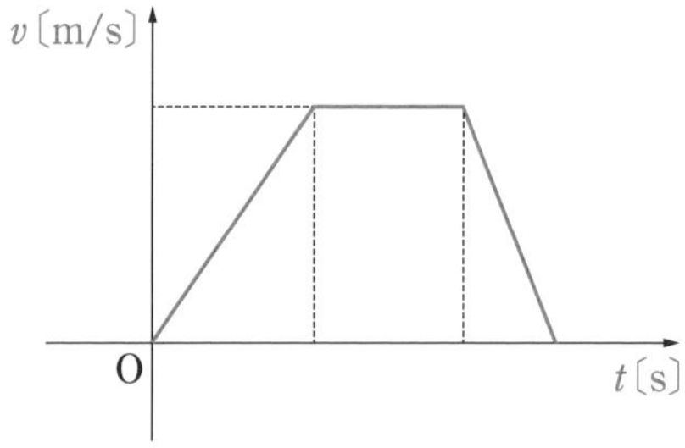

図 8－1

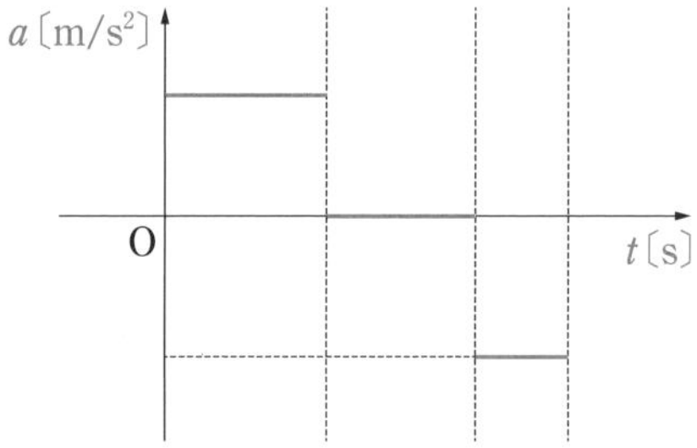

図 8－2

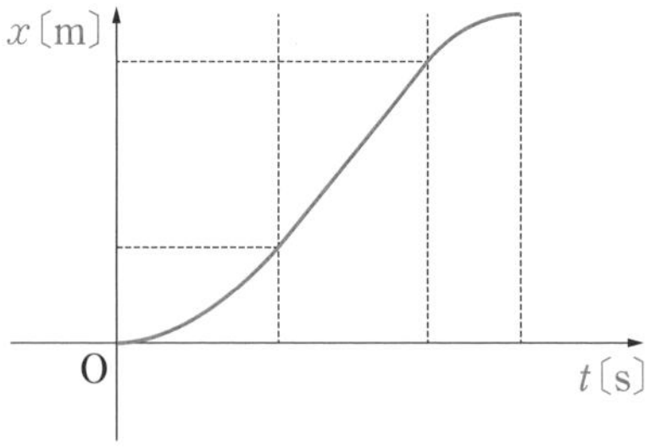

図 8－3

練 習 問 題

問 1　1 F からエレベーターに乗って 50 F まで上がった。鉛直上向きを正の向きとして，このときの速さ v〔m/s〕をスピードメーターで計ったら，図のような v-t グラフになった。1 F の高さを原点 O として，以下の問いに答えよ。

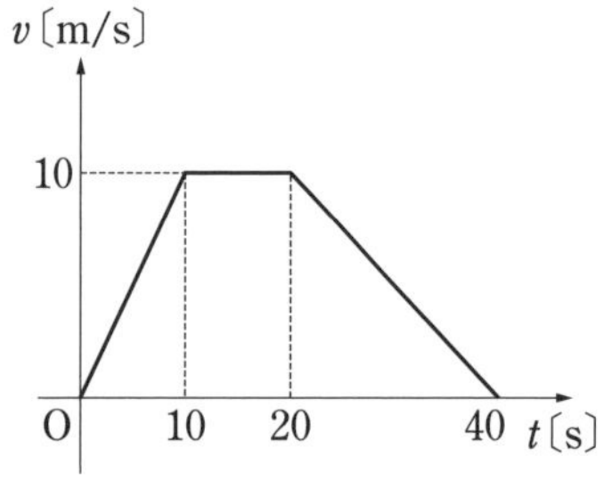

(1)　時刻 $t=0$～40 s までの a-t グラフを描け。
グラフの目盛りは適切に示せ。

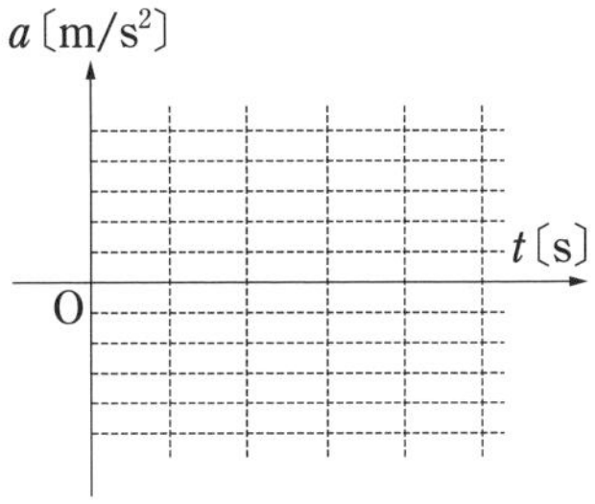

(2)　10 s 後，20 s 後，40 s 後の高さをそれぞれ求めよ。

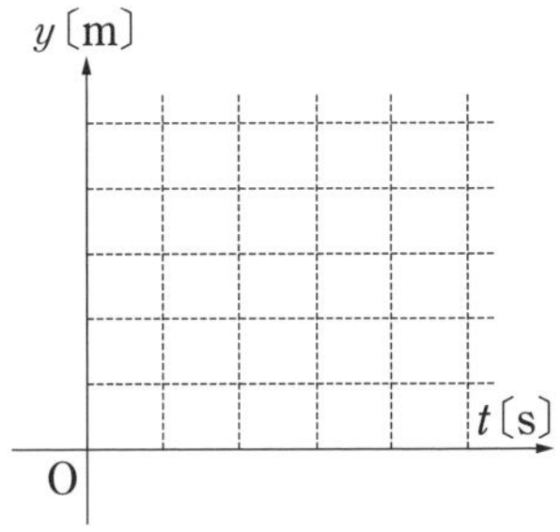

答

(3)　$t=0$～40 s までの y-t グラフを描け。グラフの目盛りは適切に示せ。

問 2　ドローンを操縦して，上下方向（鉛直上向きを正）に動かしたところ，v-t グラフは図のようになった。時刻 $t=0$ s の位置を原点Oとして，以下の問いに答えよ。

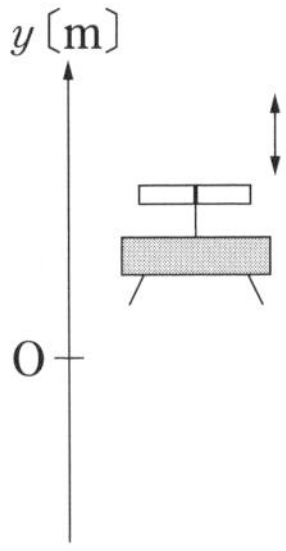

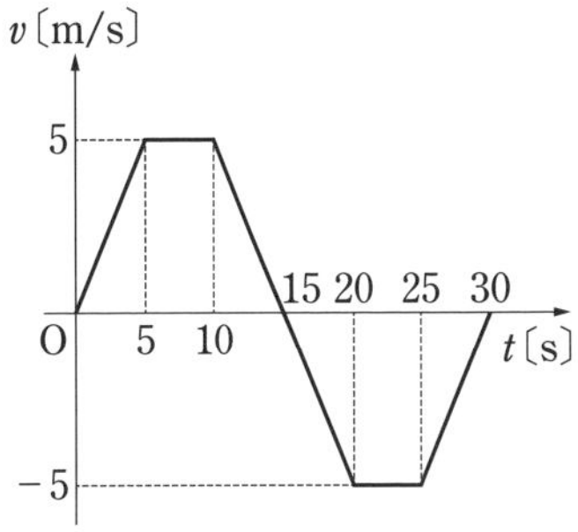

(1)　$t=0$～30 s までの a-t グラフを描け。
グラフの目盛りは適切に示せ。

(2)　ドローンの最高点の高さを求めよ。

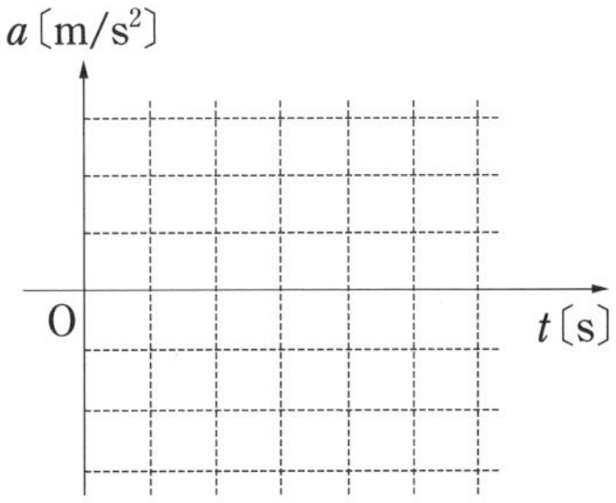

答

(3)　$t=0$～30 s までの y-t グラフを描け。グラフの目盛りは適切に示せ。

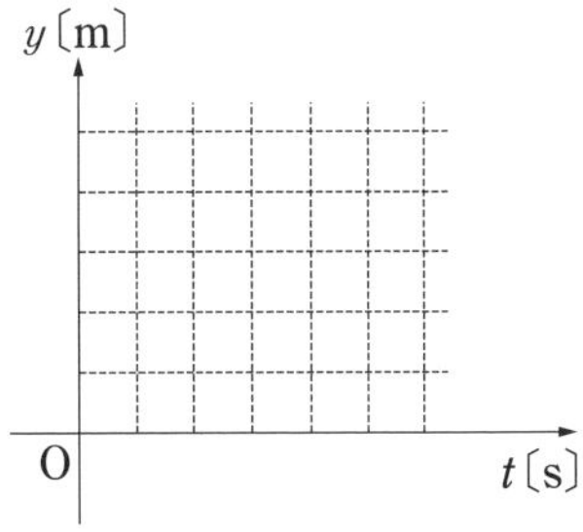

等速運動と等加速度運動の組み合わせで，色々な場合の運動を予測し，計算することができるんだね！

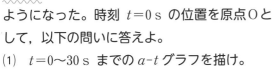

月／日

9 水平投射

解答編 ▶ p.11

扱うグラフ

・y-x グラフ… 物体が平面上でどの点を通って運動するのか，その軌跡を表すグラフ。
現実の空間で物体がどの位置にあるのかを理解するのに用いる。
時刻 t は現れないため，時刻にしたがってどう運動するかは別に考える必要がある。

物体を水平方向に初速度 v_0 で投げ出したときの運動を水平投射という。物体には鉛直下向きに大きさ g の重力加速度がはたらくので，x 軸方向は加速度がなく（＿＿＿＿＿＿運動）をし，y 軸方向は＿＿＿＿＿＿運動をする。

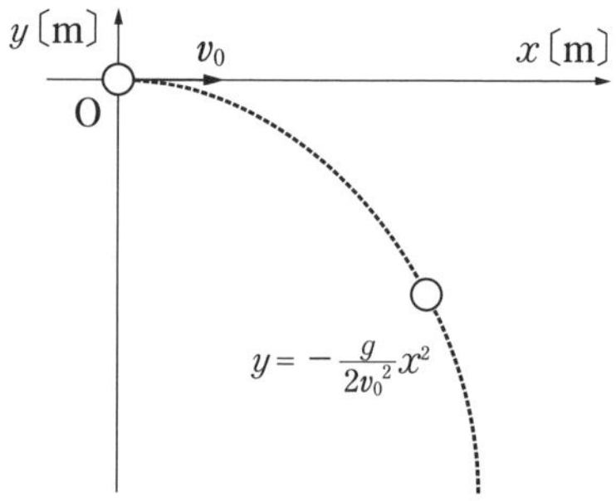

図 9－1

図 9-1 のように水平右向きに x 軸，鉛直上向きに y 軸をとると，t〔s〕後の速度と位置はそれぞれ，

$$\begin{cases} x\text{ 軸方向の速度 } \boldsymbol{v_x = v_0} \\ y\text{ 軸方向の速度 } \boldsymbol{v_y = -gt} \end{cases} \qquad \begin{cases} \text{位置 } \boldsymbol{x = v_0 t} \\ \text{位置 } \boldsymbol{y = -\frac{1}{2}gt^2} \end{cases}$$

と表せる。y 軸方向には初速度はないことに注意する。位置の 2 式から時刻 t の文字を消去すると，$\boldsymbol{y=-\frac{g}{2{v_0}^2}x^2}$ の 2 次関数が得られる（図 9-1）。これが，ボールの軌道を定める位置 y と位置 x の関係式である。2 次関数を放物線とよぶのは，放物運動の y-x グラフが 2 次関数となることに由来する。

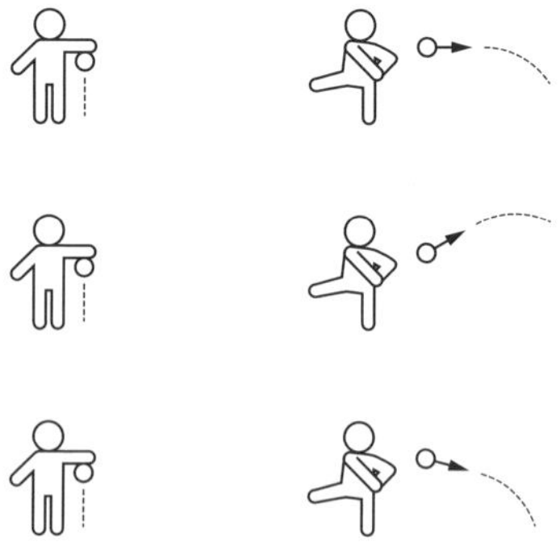

問 1　ボールを静かにはなす動作と，水平に投げる動作を同時に行う。どちらの方が先に地面に落ちるか。

答＿＿＿＿＿＿＿＿＿＿

また，そのような実験をやろうと思っても，ちょうど水平に投げるのはなかなか難しい。少し上や下にずれて投げてしまった場合は，落下までの時間はどうなるだろうか。

答＿＿＿＿＿＿＿＿＿＿＿＿＿＿＿＿

問 2　位置 x と y の式から，$y=-\frac{g}{2{v_0}^2}x^2$ の式を導け。

練習問題

問 1　水平右向きに x 軸，鉛直上向きに y 軸をとる。物体を原点Oから x 軸方向に初速度 $v_0=9.8\ \mathrm{m/s}$ で水平投射した。重力加速度の大きさを $g=9.8\ \mathrm{m/s^2}$ とする。

(1)　時刻 $t=1.0\sim5.0\ \mathrm{s}$ までの x 座標，y 座標を求め下表を埋めよ。

t〔s〕	1.0	2.0	3.0	4.0	5.0
x〔m〕					
y〔m〕					

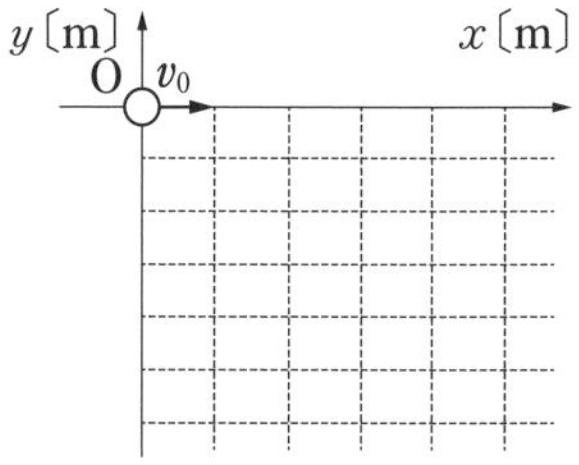

(2)　(1)の結果より，物体の軌跡を y-x グラフで右図に示せ。

問 2　水平右向きに x 軸，鉛直上向きに y 軸をとる。高さ $176.4\ \mathrm{m}$ のビルの屋上を原点Oとし，ここから，初速度 $2.0\ \mathrm{m/s}$ でボールを水平方向に投射した。

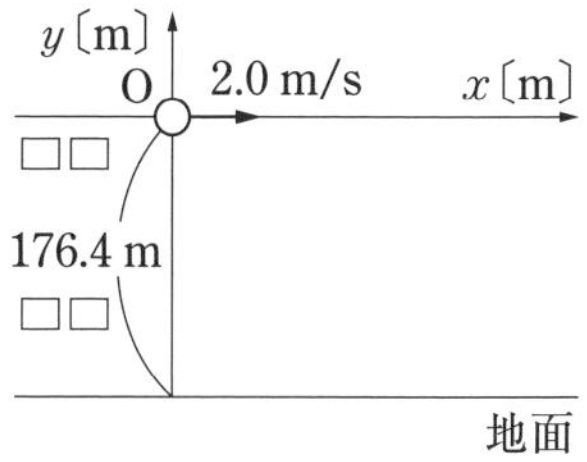

(1)　ボールが地面に着地するまでにかかる時間 t〔s〕を求めよ。

答

(2)　投射点から着地点までの水平方向の距離 x〔m〕を求めよ。

答

問 3　水平右向きに x 軸，鉛直上向きに y 軸をとる。図のように，y 軸負の向きとなす角 45° の斜面がある。時刻 $t=0$ で，原点Oから，x 軸方向に初速度 v_0 でボールを投射した。重力加速度の大きさを g とする。

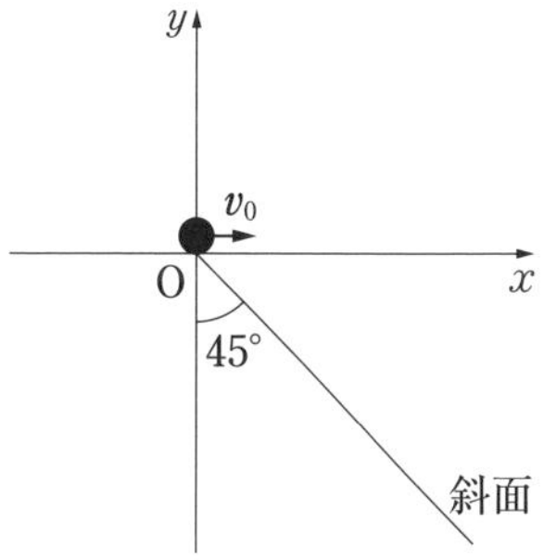

(1)　時刻 t におけるボールの位置 x，y を v_0，g，t のうち必要なものを用いて表せ。

答

(2)　y と x の関係式を求め，y-x グラフの概略を図中に示せ。

(3)　斜面上に落下した地点の x 座標を求めよ。

答

初速度の向きが水平でない場合は，どのように解析できるかな？

10 斜方投射

解答編 ▶ p. 12

月／日

扱うグラフ

・y-x グラフ… 水平投射では y 軸負の領域しか用いなかった。
斜方投射では，上向きを正にとって y 軸正の領域も用いる。重力加速度は負となるので鉛直投げ上げ運動が応用できる。

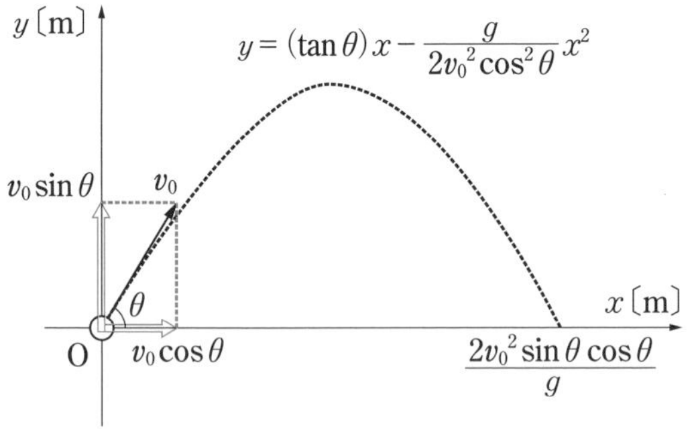

図 10－1

速度の分解

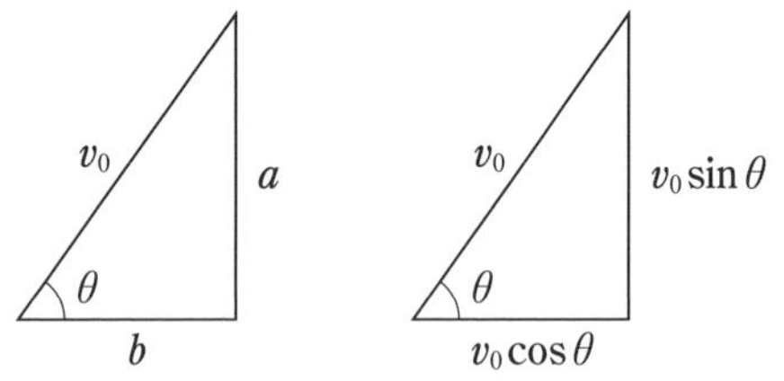

$\sin\theta=\dfrac{a}{v_0}$ ⟶ $a=v_0\sin\theta$

$\cos\theta=\dfrac{b}{v_0}$ ⟶ $b=v_0\cos\theta$

物体を水平面となす角 θ で，初速度 v_0 で投げ出したときの運動を斜方投射という。水平投射の場合と同様に，物体には鉛直下向きに大きさ g の重力加速度がはたらくので，x 軸方向は加速度がなく＿＿＿＿＿＿運動をし，y 軸方向は＿＿＿＿＿＿運動をする。

そのため，初速度を x 軸方向の $v_0\cos\theta$ と y 軸方向の $v_0\sin\theta$ に分解し，図 10-1 のように水平右向きに x 軸，鉛直上向きに y 軸をとり，それぞれの方向での時刻 t での速度と位置を考えると，

$$\begin{cases} x\text{ 軸方向の速度 } v_x=v_0\cos\theta \\ y\text{ 軸方向の速度 } v_y=v_0\sin\theta-gt \end{cases}$$

$$\begin{cases} \text{位置 } x=(v_0\cos\theta)t \\ \text{位置 } y=(v_0\sin\theta)t-\dfrac{1}{2}gt^2 \end{cases}$$

と表せる。また，位置 x，y を表す 2 式から時刻 t の文字を消去すると，x と y の関係式が得られて，$y=(\tan\theta)x-\dfrac{g}{2v_0{}^2\cos^2\theta}x^2$ の 2 次関数が得られる。この式とそれに対応するグラフは，斜方投射された物体が描く軌跡を表す。また，$y=0$ として 2 次方程式を解くことで，着地点の位置 $x=\dfrac{2v_0{}^2\sin\theta\cos\theta}{g}$ がわかる。

問　$y=(\tan\theta)x-\dfrac{g}{2v_0{}^2\cos^2\theta}x^2$ の式を導け。

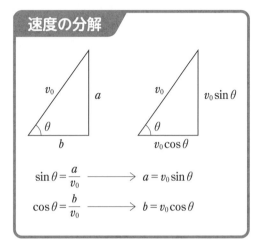

練習問題

問 1　図のように x 軸，y 軸をとり，物体を原点Oから鉛直上向きに 9.8 m/s，水平右向きに 2.0 m/s の初速度を与えて斜め上方に投げ上げた。重力加速度の大きさを 9.8 m/s^2 とする。

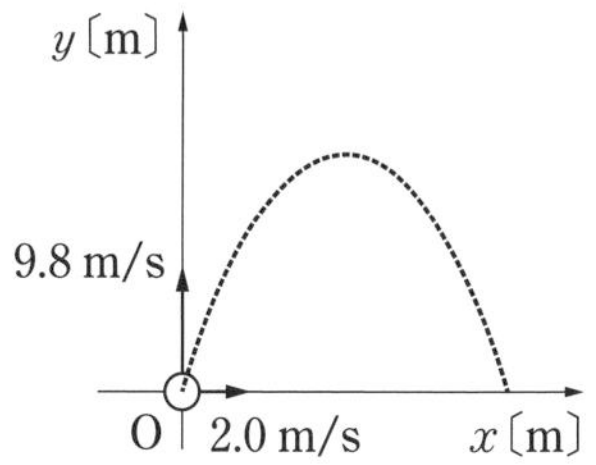

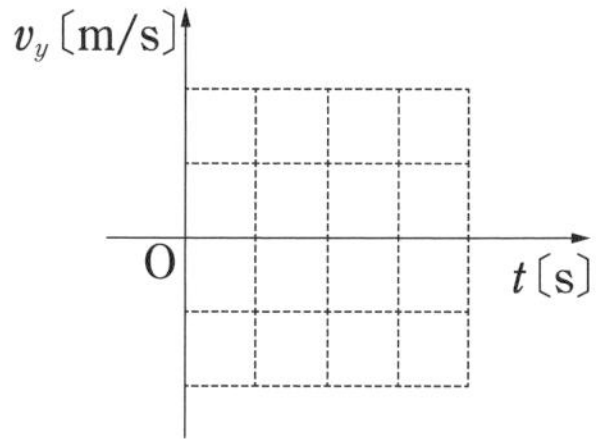

(1)　鉛直方向の速度 v_y〔m/s〕と時刻 t〔s〕のグラフ（v_y-t グラフ）の概形を描け。$0\,\mathrm{s} \leqq t \leqq 2.0\,\mathrm{s}$ とする。

(2)　物体が頂点に達するときの時刻 t_1〔s〕と，地面に落下するときの時刻 t_2〔s〕を求めよ。

答 ＿＿＿＿＿＿＿＿

(3)　最高点の高さを求めよ。

答 ＿＿＿＿＿＿＿＿

(4)　地面に着地した地点の，原点Oからの距離 x〔m〕を求めよ。

答 ＿＿＿＿＿＿＿＿

問 2　図のように，x 軸，y 軸をとり，物体を原点Oから x 軸となす角 60° 上方に初速度 $\dfrac{39.2}{\sqrt{3}}$ m/s で投げ上げた。重力加速度の大きさを 9.8 m/s^2 とする。(4)は根号（$\sqrt{}$）を用いて答えよ。

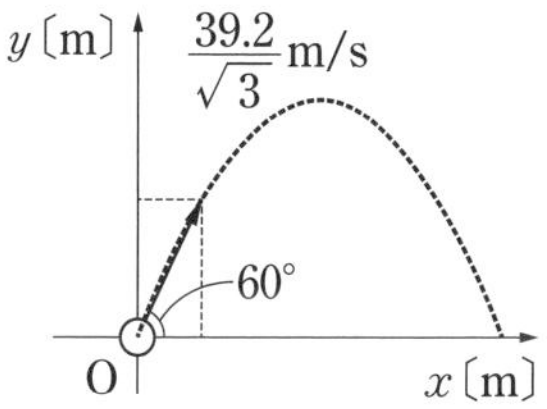

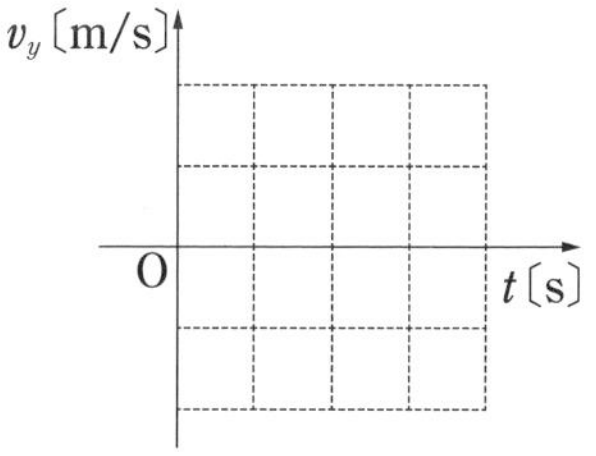

(1)　鉛直方向の速度 v_y〔m/s〕と時刻 t〔s〕のグラフ（v_y-t グラフ）の概形を描け。$0\,\mathrm{s} \leqq t \leqq 4.0\,\mathrm{s}$ とする。

(2)　物体が頂点に達するときの時刻 t_1〔s〕と，地面に落下するときの時刻 t_2〔s〕を求めよ。

答 ＿＿＿＿＿＿＿＿

(3)　最高点の高さを，有効数字 3 桁で求めよ。

答 ＿＿＿＿＿＿＿＿

(4)　地面に着地した地点の，原点Oからの距離 x〔m〕を，有効数字 3 桁で求めよ。

答 ＿＿＿＿＿＿＿＿

斜方投射で解ける有名な問題も見てみよう！ ▶▶▶

11 モンキーハンティング

解答編 ▶ p.13

月／日

扱うグラフ

ポイント 本テーマでは，自由落下と斜方投射や，水平投射と斜方投射が組みあわさった問題を扱う。それぞれの運動についてはこれまでに見ているので，それらを統一的に1つの y-x グラフ上で扱う。

猟師が木の枝にぶら下がっている猿を射止めようと，図11-1のように銃口を真っすぐ猿に向けた。そのとき，猿は銃口が自分に向けられていることに気づき，考えた。「今逃げ出せば，結局銃で撃たれてしまう。一発撃たせてしまえば，次の弾丸をこめている間に逃げられるのではないか？よし！弾丸が発射された瞬間，それと同時に木から手をはなせば，弾丸は自分に当たらず逃げられる」。

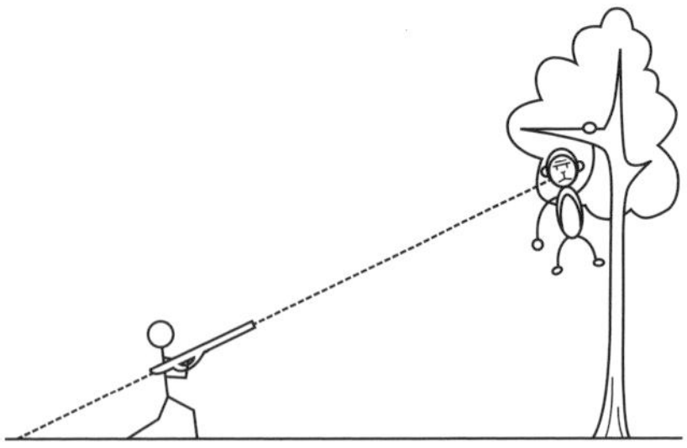

図 11－1

さて，このとき猿は逃げることができただろうか。これを考える問題をモンキーハンティングといい，次のようにモデル化して考える。

図11-2のように，水平右向きに x 軸，鉛直上向きに y 軸をとり，物体Aを原点Oから初速度 v_0，x 軸とのなす角 θ で斜方投射し，同時に点 $(L,\ h)$ から物体Bを自由落下させる。このとき，物体A，Bが衝突するかどうかを考える。時刻 t におけるA，Bそれぞれの位置 x，y は，重力加速度の大きさを g とすると，

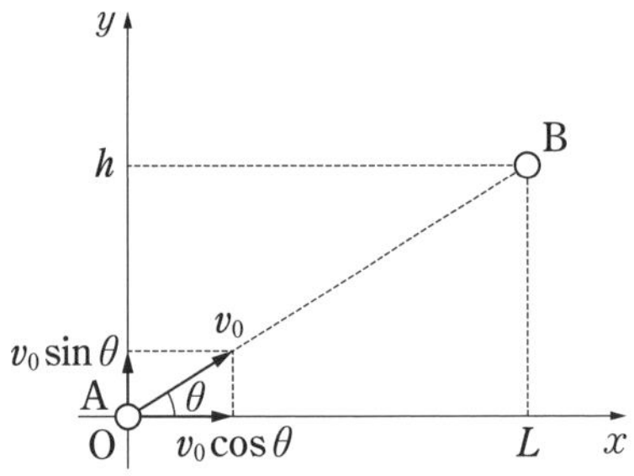

図 11－2

$$\text{A}：\begin{cases} x=(v_0\cos\theta)t \\ y=(v_0\sin\theta)t-\dfrac{1}{2}gt^2 \end{cases} \qquad \text{B}：\begin{cases} x=L \\ y=h-\dfrac{1}{2}gt^2 \end{cases}$$

と表せる。x，y の位置が同時刻に一致すれば，物体A，Bは同時刻に同じ座標に存在することになり，衝突が起こる条件となる。x 座標が一致する時刻と y 座標が一致する時刻が等しい，という条件式は，$\dfrac{L}{v_0\cos\theta}=\dfrac{h}{v_0\sin\theta}$ となる。θ の条件式で表すと $\tan\theta=\dfrac{h}{L}$ となる。すなわち，Aを発射する際に照準がBにあっていれば，AとBは必ず衝突する。

問1　上の例で，物体A，Bの x 座標が一致する時刻を求めよ。

答＿＿＿＿＿＿＿＿＿＿

問2　上の例で，物体A，Bの y 座標が一致する時刻を求めよ。

答＿＿＿＿＿＿＿＿＿＿

練習問題

問1　図のように，水平右向きに x 軸，鉛直上向きに y 軸をとる。ボールAを 103.8 m の高さから水平方向に 20 m/s で発射すると同時に，その真下の原点OからボールBを x 軸となす角 60° 上方に，速度 V〔m/s〕で発射すると，A，B は空中で衝突した。重力加速度の大きさを $g=9.8\ \mathrm{m/s^2}$，$\sqrt{3}=1.73$ とする。

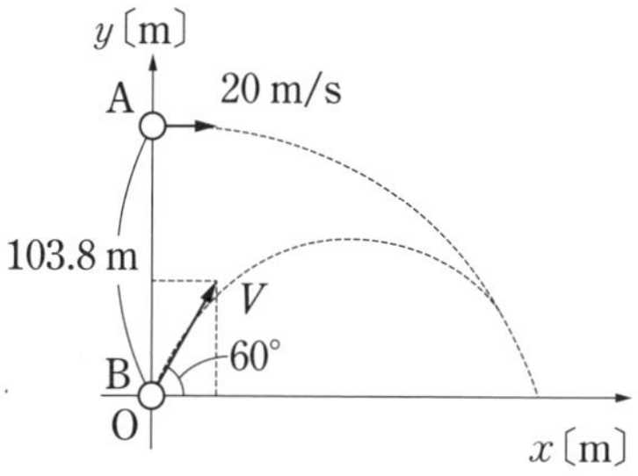

(1)　x 軸方向の運動について考え，速度 V〔m/s〕の大きさを求めよ。

答 ＿＿＿＿＿＿＿＿

(2)　y 軸方向の運動について考え，衝突する時刻 t〔s〕を求めよ。

答 ＿＿＿＿＿＿＿＿

問2　図のように，水平右向きに x 軸，鉛直上向きに y 軸をとる。原点OにあるボールAを，水平面から 30° 上方に 19.6 m/s で発射すると同時に，ボールBをOから L〔m〕だけ離れた x 軸上から，鉛直上向きに速度 v〔m/s〕で発射すると，Aが最高点に達したときに，A はBと衝突した。重力加速度の大きさを $g=9.8\ \mathrm{m/s^2}$，$\sqrt{3}=1.73$ とする。

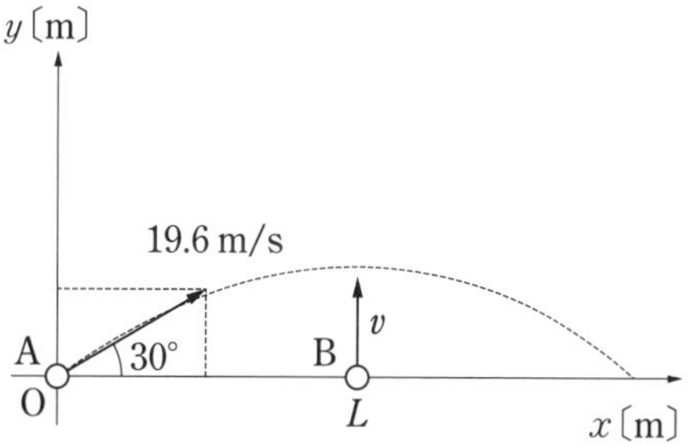

(1)　y 軸方向の運動について考え，速度 v〔m/s〕の大きさを求めよ。

答 ＿＿＿＿＿＿＿＿

(2)　A，B が衝突する時刻 t〔s〕を求めよ。

答 ＿＿＿＿＿＿＿＿

(3)　x 軸方向の運動について考え，距離 L〔m〕を求めよ。

答 ＿＿＿＿＿＿＿＿

12 合成速度

解答編 ▶ p.14

月／日

扱う図

・速度ベクトル図… 物体の運動を考える際，運動の向きを知ることは重要である。
複数の速度の和や差をとって，その向きを決定するときに用いる。

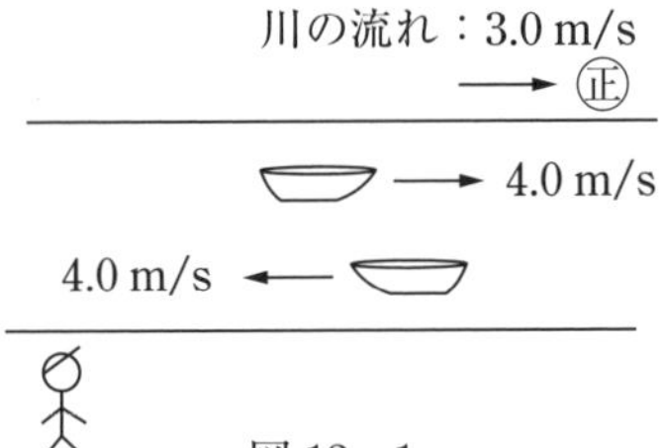

図 12−1

3.0 m/s で流れる川の上を，静水上で 4.0 m/s で進む船を岸から観察する。川下の向きを正とし，船が川下に向かうとき，岸からは 3.0 m/s＋4.0 m/s＝7.0 m/s で川下に向かうように見え，船が川上に向かうとき，岸からは 3.0 m/s−4.0 m/s＝−1.0 m/s，すなわち川上に 1.0 m/s で向かうように見える。1.0 s 間に進む距離を速さというが，このように向き（正負の符号）まで考えあわせたものを速度といい，矢印で表すと便利である。上記の計算は，下図のような速度ベクトル図で表される。

速度ベクトル図

もとになる 2 つの矢印の始点をそろえて作図する

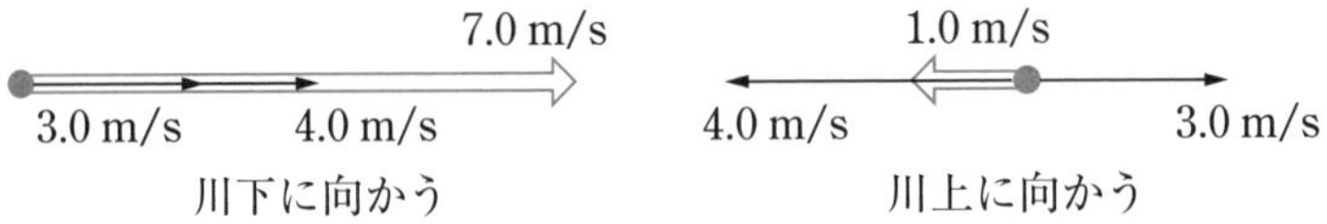

同じ川を，船首を岸に直交するように対岸に向けて渡る場合は，1.0 s 間に対岸へ 4.0 m 進む間に川下へ 3.0 m 流され，図 12-2 のようにナナメに進む。このように，向きの異なる速度の和を考える場合は，矢印の始点をそろえて平行四辺形をつくり，その対角線を速度の和とすればよい。この作図・計算方法は数学で習うベクトルと同じものである。式で表すと，A から見たB上でのCの速度は $\overrightarrow{v_{C\leftarrow A}}=\overrightarrow{v_B}+\overrightarrow{v_C}$ と表せる。これを，合成速度という。

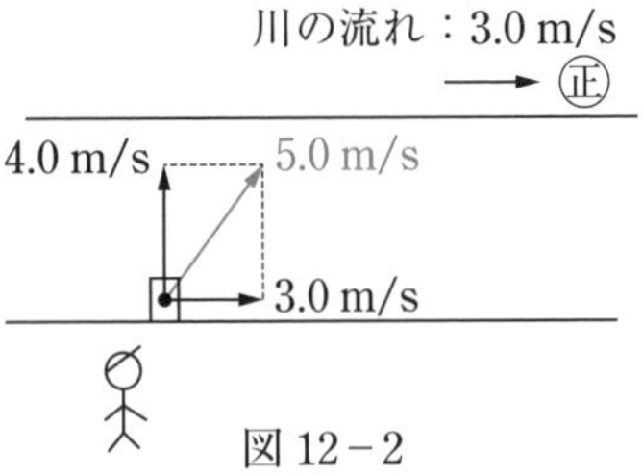

図 12−2

平面上での合成速度の速度ベクトル図は，図 12-3 のようにも表せる。図 12-2 のように平行四辺形の対角線を作図してもよいし，図 12-3 のように 2 つの矢印をたどるのもよい。どちらも同じ向きと大きさを示す矢印（ベクトル）となる。

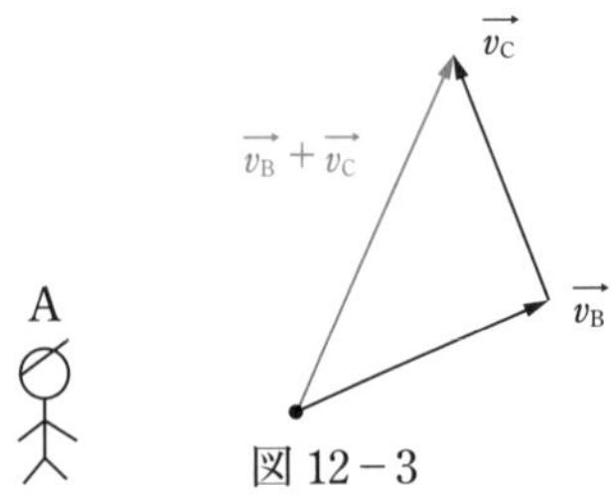

図 12−3

練習問題

問 1　以下の図において，観測者 A から見た B，C の速度を，速度ベクトル図を描いて求めよ。図の右向きを正とする。

(1)　5.0 m/s で流れる川の上を進む船 B，C を岸から A が見る場合。

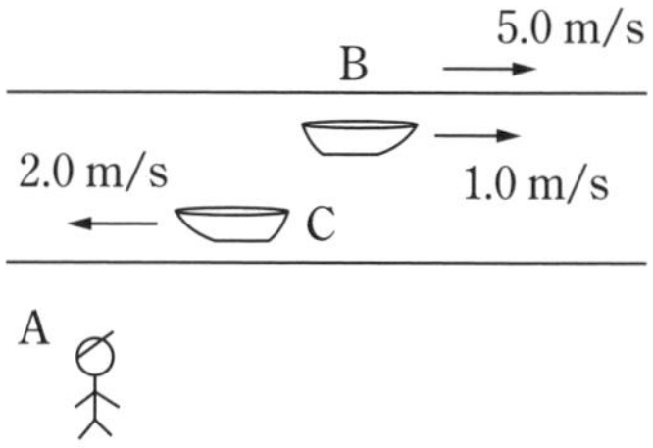

答

(2)　1.0 m/s で動く歩道の上を運動する B，C を，歩道の外から A が見る場合。

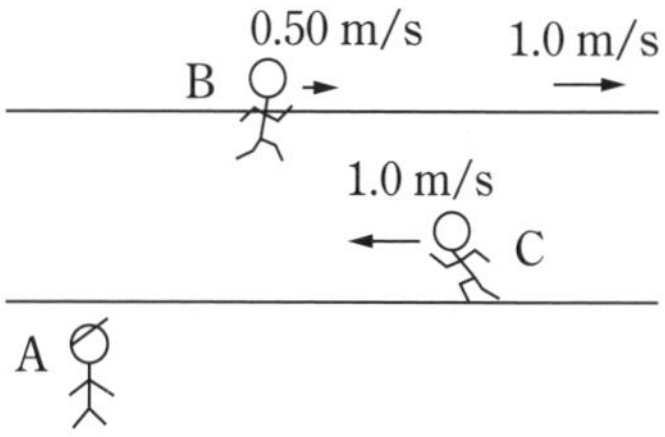

答

問 2　右図のように 0.90 m/s で流れる川の上を，静水上で 1.2 m/s で進むボートで，船首を岸に直交するように対岸に向けて渡ることを考える。川下の向きを正とする。

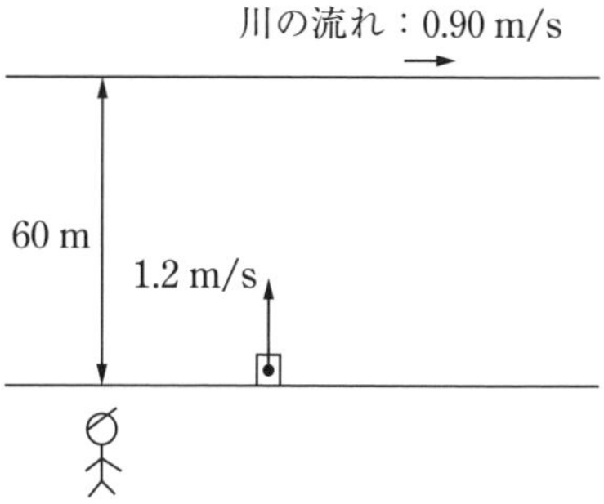

(1)　1.0 s 後，2.0 s 後，3.0 s 後のボートの位置の概略を右図に示せ。

(2)　岸から見たボートの速さを，速度ベクトル図を描いて求めよ。

答

(3)　川幅が 60 m のとき，ボートが対岸に着くまで何 s かかるか。

答

13 相対速度

解答編 ▶ p.15

月／日

扱う図

・速度ベクトル図… 合成速度では，足し算（和）の場合のベクトル図を考えた。
相対速度では，引き算（差）の場合のベクトル図について考える。

高速道路を正の向きに 30 m/s で移動する観測者Aから見える外の世界を考える。車の外から見れば静止している木も，速さ 30 m/s で走る車の車内から見れば逆向きに 30 m/s で進むように，すなわち −30 m/s で進むように見える。他のものも同様であり，車内からは外の世界が −30 m/s で流れる川のように見える。一方，Aから，正の向きに 20 m/s で進む車Bを見るとき，その速度は 20 m/s−30 m/s＝−10 m/s，すなわち負の向きに 10 m/s で進むように見える（図 13-1）。このように，動いている観測者Aから他の物体Bを見るときは，自分の速度を引いて計算すればよい。

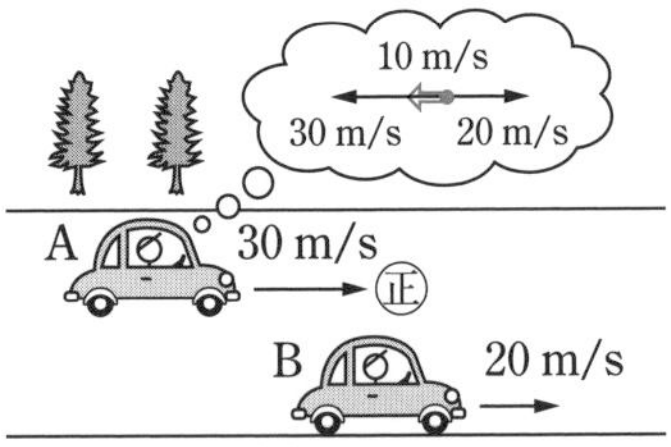

図 13－1

車内から外に降る雨を観測する場合は，雨はナナメに落ちるように見える。これは，1.0 s 間で雨が鉛直下向きに落ちる間に，車も水平方向に 30 m 進む運動が合成されているからである。これも，図 13-2 のようにそれぞれの速度を表す矢印の始点をそろえ，平行四辺形を描き，その対角線で車から見た雨の速さと向きを考えればよい。

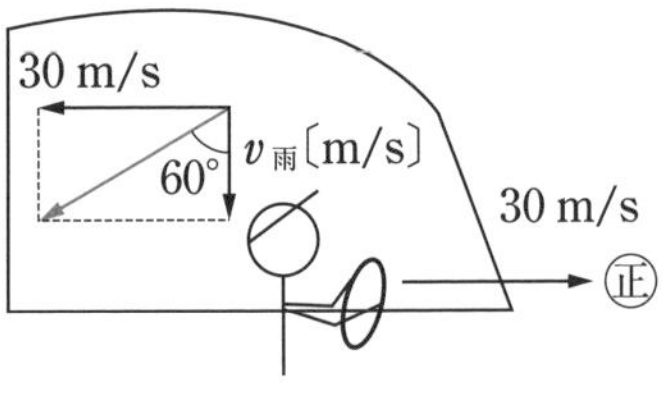

図 13－2

このことをベクトル表記で表すと，$\overrightarrow{v_{B\leftarrow A}}=\overrightarrow{v_B}-\overrightarrow{v_A}$ と書き，「BのAに対する速度（相対速度）」という。

$\overrightarrow{v_B}$ から $\overrightarrow{v_A}$ を引いたベクトルを作図するときは，$\overrightarrow{v_A}$ に $\overrightarrow{v_B}-\overrightarrow{v_A}$ を足すと $\overrightarrow{v_B}$ になるベクトルと考えて作図してもよいし（図 13-3：①），$\overrightarrow{v_B}$ に $(-\overrightarrow{v_A})$ を足したベクトルと考えて作図してもよい（図 13-3：②）。どちらで作図しても同じ向き・大きさのベクトルとなる。ベクトル図の作図から向き・大きさがわかった後は，等速運動や等加速度運動の式を用いて物体の運動を予測できる。ベクトルの大きさは絶対値記号を用いて $|\overrightarrow{v_B}-\overrightarrow{v_A}|$ で表し，$|\overrightarrow{v_B}-\overrightarrow{v_A}|=v$ のように文字 v を用いることも多い。しかし運動をきちんと考えるには，ベクトル図を描いて向きを把握することを毎回やっていく必要がある。

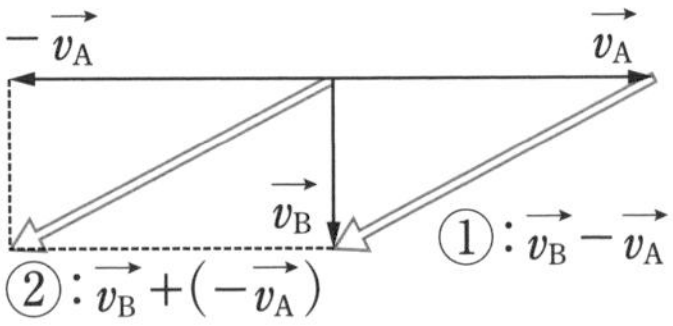

図 13－3

練習問題

問1　以下の図において，観測者Aから見たB，Cの速度を，速度ベクトル図を描いて求めよ。図の右向きを正とする。

⑴　10 m/s で道路を走る車Aから，車B，人Cを見る場合。

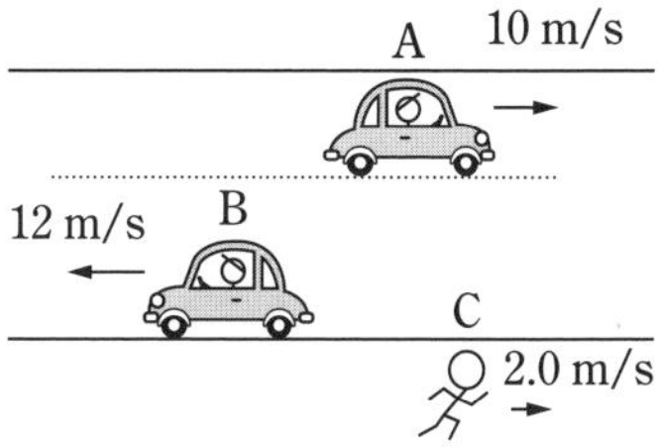

答＿＿＿＿＿＿＿＿＿＿＿＿＿＿

⑵　30 m/s で走る電車Aから，電車B，車Cを見る場合。

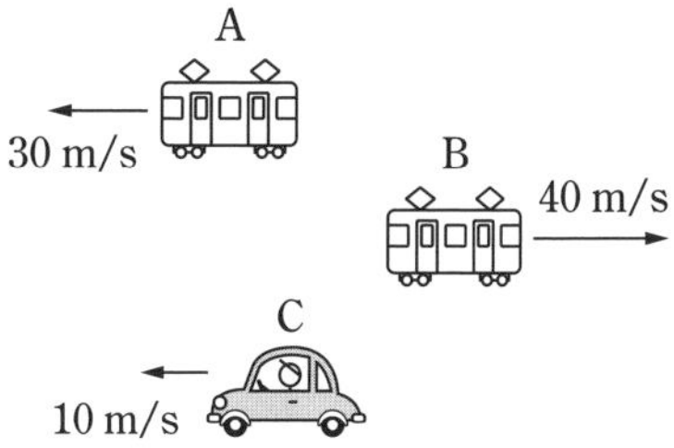

答＿＿＿＿＿＿＿＿＿＿＿＿＿＿

問2　東に 30 m/s で走る車Aから，南に 40 m/s で走る車Bを観測する。図の目盛りと矢印の長さは対応している。

⑴　1.0 s 後，2.0 s 後，3.0 s 後の A，B の位置を，図の矢印の始点を出発点として●で表し，AからBに矢印を描いてAから見たBの向きを示せ。

⑵　Aから見たBは，1.0 s 間に何 m 運動しているように見えるか。

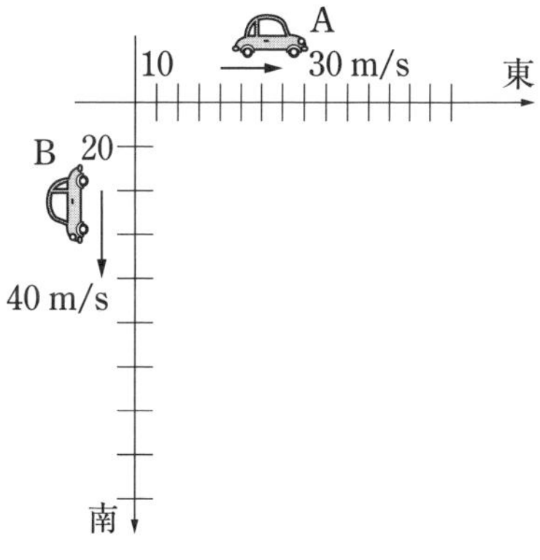

答＿＿＿＿＿＿＿＿＿＿＿＿＿＿

⑶　Aから見たBの相対速度を求める速度ベクトル図を描き，相対速度の大きさと向きを求めよ。

答＿＿＿＿＿＿＿＿＿＿＿＿＿＿

速度だけでなく，向きがある量にはすべてベクトル図が使えるよ！
次は力の場合を見てみよう！

14 力の合成とつりあい

解答編 ▶ p.16

月／日

扱う図

・力ベクトル図… 複数の力の和（合力という）や差を計算するときに用いる図。

注意すべきポイント

・合力… 物体の運動は，受けた力の和（合力）で決まる。多くの場合，物体は複数の力を受けるので，その和を求めることは運動を決定する上で大切なことである。

・質点… 質量はあるが，大きさを考えない「点」のことを質点という。一方，大きさを考えるものを剛体という。剛体になると回転運動を考えなければならないため，高校物理では質点を多く扱い，それを明示するために物体を点で表すことがある。これは，非現実的に思われるかもしれないが，物体が回転しない条件下では，剛体でも質点として扱う場合と同じ運動が生じる。

覚えるべき式

・重力 $= mg$〔N〕… 重力加速度の大きさ g〔$\mathrm{m/s^2}$〕に物体の質量 m〔kg〕を掛けたものが重力に等しい。力の向きは，つねに鉛直下向きである。

質量 m〔kg〕のおもりを 2 本の糸 1 と糸 2 で天井からつるす場合を考える。おもりにはたらく力は，重力 mg〔N〕，糸 1 の張力 T_1〔N〕，糸 2 の張力 T_2〔N〕の 3 つである。これらが右図のようにはたらいていると，T_1 と T_2 の合力が mg と同じ大きさで逆向きとなり，3 力の合力は 0 となる。静止している場合，物体にはたらくすべての力の合力は 0 である。これを力のつりあいという。

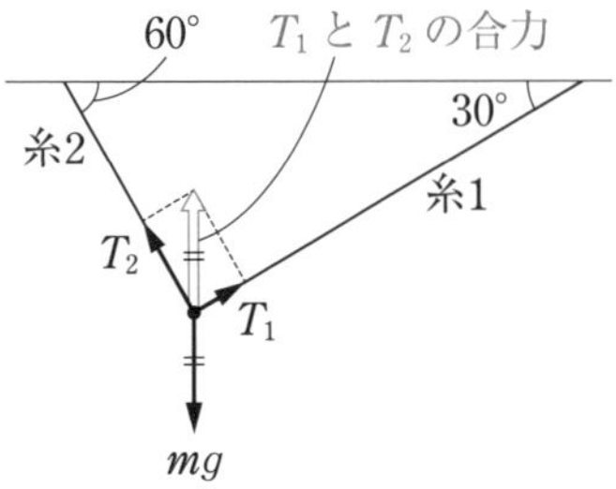

力の合成も，速度や加速度の合成と同じように平行四辺形の対角線を引けばよい。力の向きと大きさは，矢印を用いて表す。このようにつくられる図を力ベクトル図とよぶ。

問　上の例で，重力の大きさ $mg = 9.8$ N のとき，糸の張力の大きさ T_1〔N〕，T_2〔N〕を求めよ。$\sqrt{3} = 1.73$ とする。

答 ＿＿＿＿＿＿＿＿＿＿

練習問題

問1　次の力Fとつりあう力F'を作図し，力F'を糸1，糸2の張力T_1，T_2の合力として表せ。

(1)

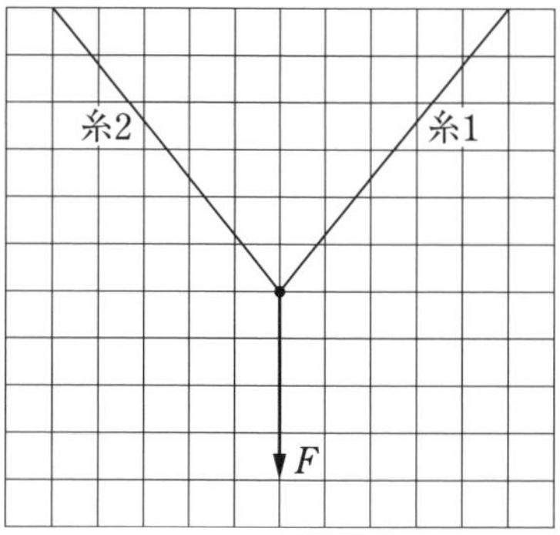

(2)

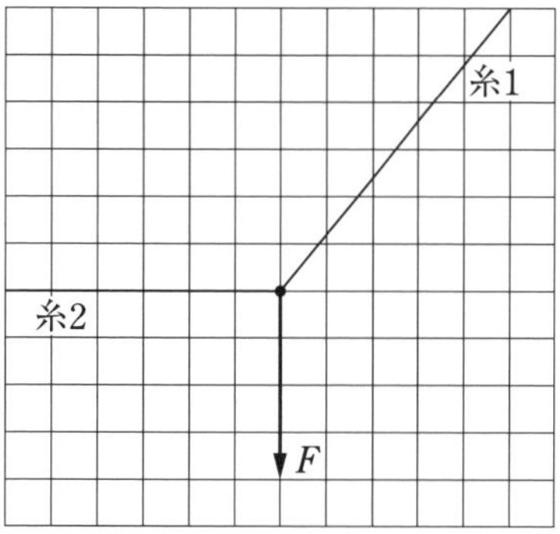

問2　斜面に静止する物体にはたらく重力とそれ以外の力が以下のように示されるとき，重力以外の力を作図し，合力が0となるようにせよ。

(1)　あらい斜面から受ける垂直抗力Nと静止摩擦力f。

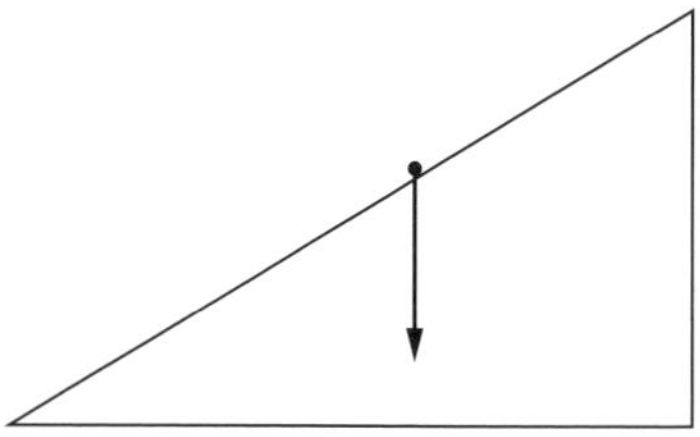

(2)　なめらかな斜面から受ける垂直抗力Nと指から受ける水平方向の力F。

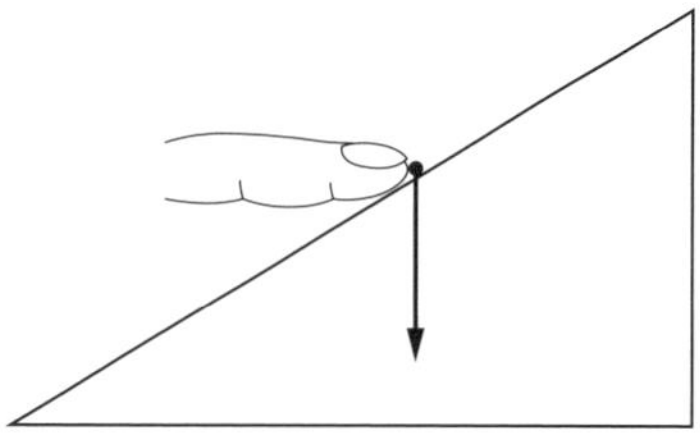

問3　図のように，質量mのおもりを2本の糸1，糸2で支えるとき，それぞれの張力の大きさT_1，T_2をm，g，θを用いて求めよ。重力加速度の大きさをgとする。

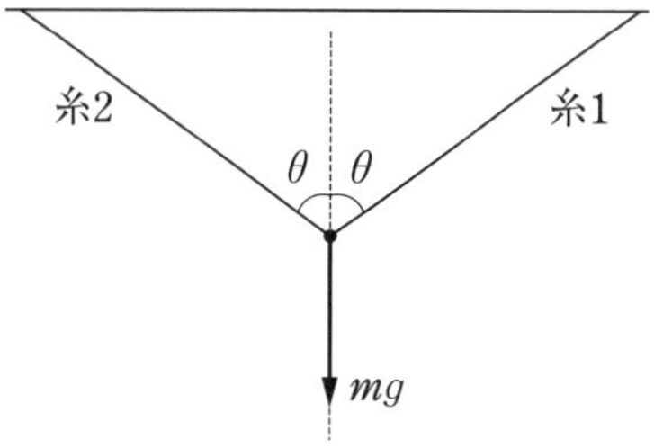

答 ______________________

次は，力を「分解」する方法を学んでみよう！

15 力の分解とつりあい

解答編 ▶ p.17

月／日

扱う図

・力ベクトル図… 複数の力の和（合力という）や差を計算するときに用いる図。

覚えるべき定義

・物理量… 位置や速度，加速度，力など，測定可能な量を物理量という。物理量の未来予測を行うことが，物理学の目標である。

・成分…… 空間に座標軸（x 軸，y 軸など）を設定し，その方向の力や速度などの物理量を成分という。高校物理では，座標軸ごとの x 成分，y 成分を求める方針を立てれば，多くの問題が解決できる。

色々な方向にはたらいている力を，x 軸や y 軸など，一定の方向に統一して考えることは，便利であることが多い。図 15-1 では，3 つの力（重力 mg，糸 1 の張力 T_1，糸 2 の張力 T_2）の向きはばらばらだが，水平方向と鉛直方向の成分に分解して考えると，重力は水平方向にはたらいていないので楽である。

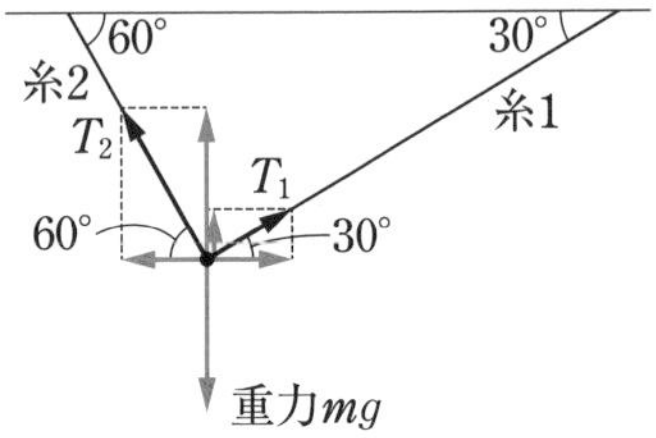

図 15－1

また，物体が静止しているということは，分解したそれぞれの方向で力がつりあっているということである。すなわち，

$$\begin{cases} \text{水平方向：} T_1\cos 30^\circ = T_2\cos 60^\circ \\ \text{鉛直方向：} T_1\sin 30^\circ + T_2\sin 60^\circ = mg \end{cases}$$

という力の大きさに関する連立方程式を立式できる。

問　上の例で重力の大きさ $mg=9.8\,\mathrm{N}$ のとき，上の連立方程式を解いて糸の張力の大きさ T_1〔N〕，T_2〔N〕を求めよ。$\sqrt{3}=1.73$ とし，結果を 14 の問で求めたものと比較せよ。

答 ＿＿＿＿＿＿＿＿＿＿＿＿＿＿

練習問題

問 1　次の力Fをx軸，y軸方向に分解し，それぞれの成分F_x，F_yを求めよ。$\sqrt{3}$ ≒ 1.73 とする。

(1)

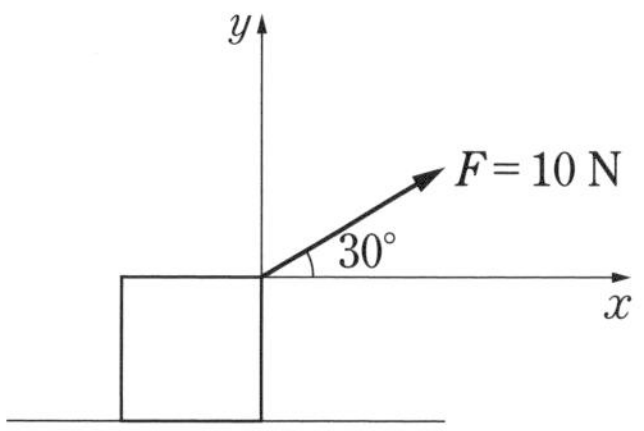

(2)

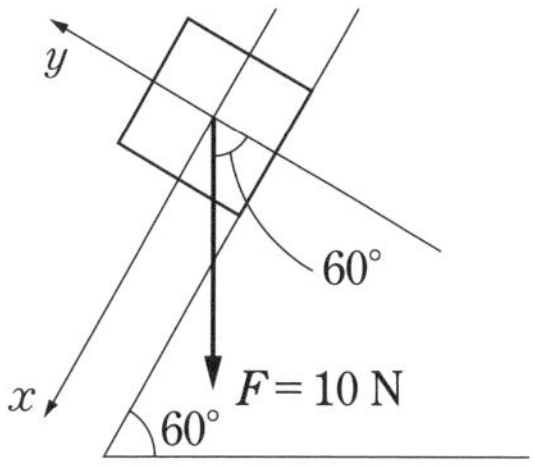

答 ＿＿＿＿＿＿＿＿＿＿　　答 ＿＿＿＿＿＿＿＿＿＿

問 2　ある点に物体（質点）が静止している。以下に示す力を，水平方向と鉛直方向に分解し，それぞれの方向での力のつりあいの式を立てよ。平方根はそのまま用いよ。

(1)　糸 1 の張力T_1，糸 2 の張力T_2，重力mgの 3 力。

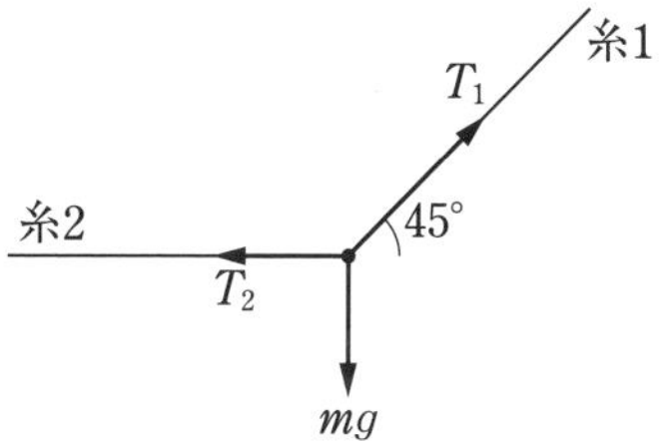

(2)　重力mg，垂直抗力N，静止摩擦力fの 3 力。

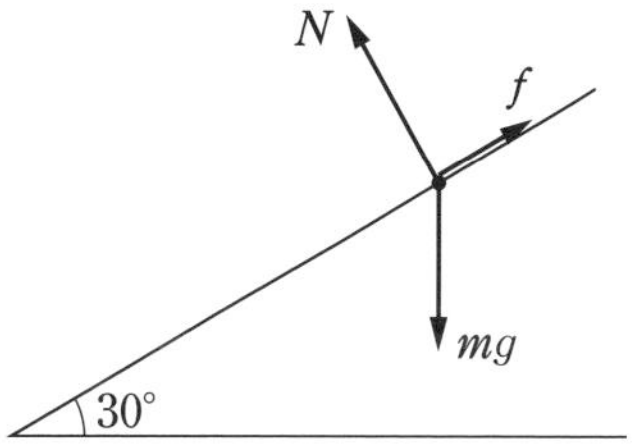

答 ＿＿＿＿＿＿＿＿＿＿　　答 ＿＿＿＿＿＿＿＿＿＿

問 3　図のように，質量mのおもりを 2 本の糸 1，糸 2 で支えるとき，水平方向・鉛直方向の力の成分を考えることで，それぞれの張力の大きさT_1，T_2を，m，g，θを用いて求めよ。重力加速度の大きさをgとする。

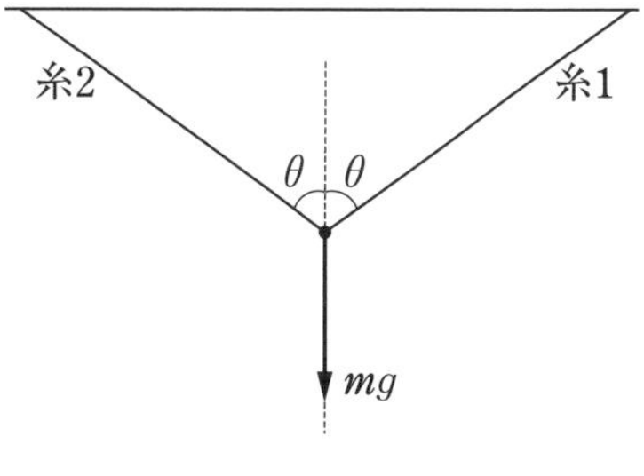

答 ＿＿＿＿＿＿＿＿＿＿

力の合成・分解ができるようになったら，次は力に関する法則だ！

16 運動方程式(1)

解答編 ▶ p.18

月／日

扱うグラフ

・v-t グラフ… ここでは，v-t グラフの傾きが加速度 a であることから，加速度 a を求めるのに用いる。

・a-F グラフ… 物体の加速度 a が，物体に加える力の大きさ F に応じてどのように変化するかを見るのに用いる。

・a-m グラフ… 一定の力 F を加えたときに，物体の質量 m と生じる加速度 a の関係を見るのに用いる。

問　なめらかな床上に静止している質量 m〔kg〕の物体に，一定の大きさの力 F〔N〕を加え続けると，物体はどのように運動するか。次の選択肢①～③のうちから正解を 1 つ答えよ。

① 一定の速度で運動し続ける

② 最初は加速するが，やがて一定の速度で運動する

③ 一定の加速度で運動し続ける

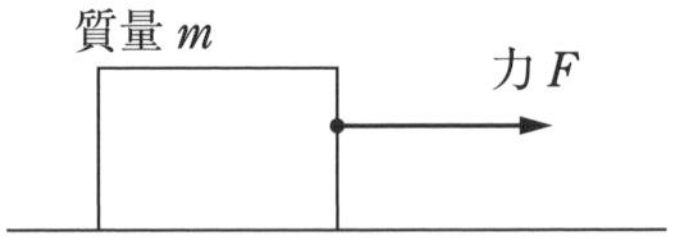

図 16－1

答 ＿＿＿＿＿＿＿＿

力の大きさを F，$2F$，$3F$，$4F$ と変えて上記の実験を行うと，図 16-2 のような v-t グラフが得られる。すなわち，どの条件においても一定の加速度で運動し続ける(上の問の答)。このとき，力 F と加速度 a の関係を示しているのが図 16-3 の a-F グラフである。グラフより，a と F には比例の関係があることがわかる。

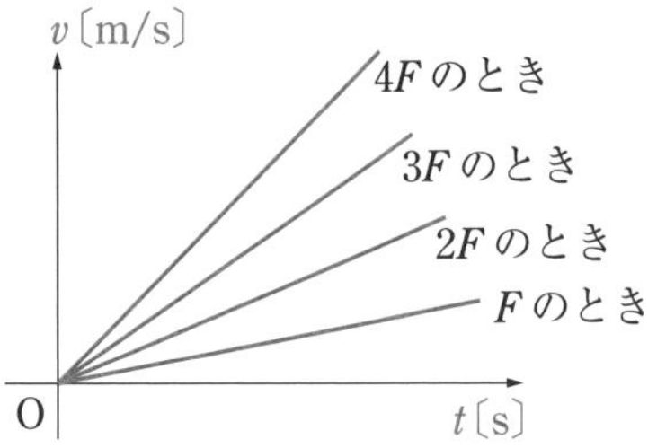

図 16－2

次に力 F を固定して，物体の質量 m を変えて，同様に加速度 a を測定する。すると，図 16-4 のような a-m グラフが得られる。グラフより，質量 m が増えるほど加速しにくくなり，a は m に反比例することがわかる。

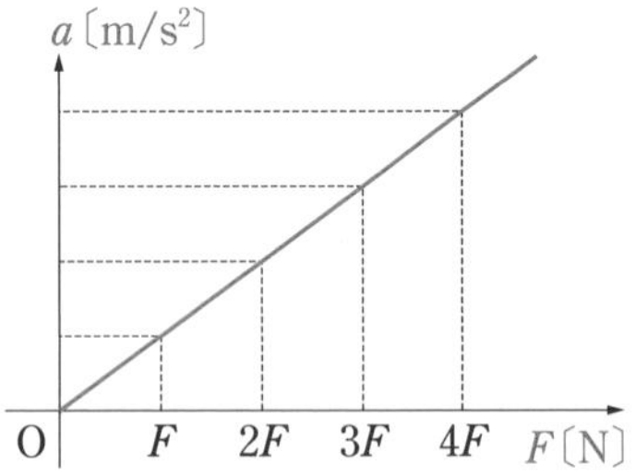

図 16－3

以上をまとめると，加速度 a は F に比例し，m に反比例するので，$a=k\dfrac{F}{m}$ と書ける。ここで，$k=1$ となるように力 F の単位を〔N〕(ニュートン) と定めると，

$$ma=F$$

となり，これを運動方程式とよぶ。

上式は，力 F によって質量 m の物体に加速度 a が生じるという意味の式であり，力 F によって速度 v が変わるという因果関係を表している。また，加速度 a が重力加速度 g のとき，その原因となる力は，運動方程式の a に g を代入して，$mg=F$ と書ける。この F が，重力である。

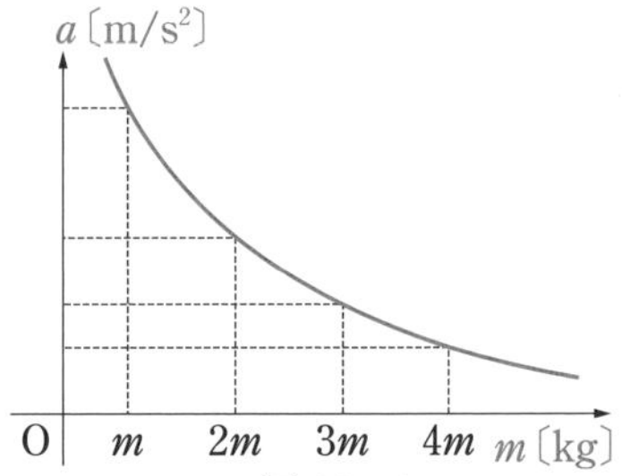

図 16－4

練習問題

問1　質量 $m=2.0\,\mathrm{kg}$ の物体に，さまざまな大きさの力 F を加え続ける実験を行う。$ma=F$ が成り立つとすると，力 F を $F=0〜5.0\,\mathrm{N}$ まで一定の割合で変化させたとき，物体の a-F グラフはどのようになるか。また，力 F を $F=1.0,\ 2.0,\ 3.0,\ 4.0,\ 5.0\,\mathrm{N}$ で固定し，力を加え始めてからの時刻 $t=0〜5.0\,\mathrm{s}$ における v-t グラフはどのようになるか。概形を示せ。

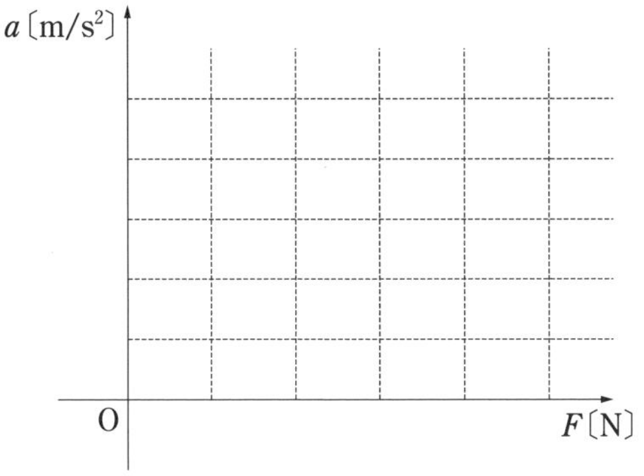

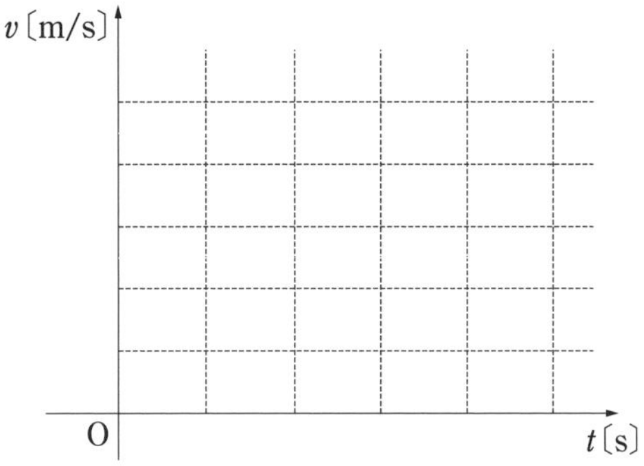

問2　一定の大きさの力 $F=5.0\,\mathrm{N}$ を加え続ける実験を，いろいろな質量 m の物体に対して行う。$ma=F$ が成り立つとすると，$m=1.0〜5.0\,\mathrm{kg}$ と変化させたとき，物体の a-m グラフはどのようになるか。また，質量 m を $m=1.0,\ 2.0,\ 3.0,\ 4.0,\ 5.0\,\mathrm{kg}$ に固定し，力 F を加え始めてからの時刻 $t=0〜5.0\,\mathrm{s}$ における v-t グラフはどのようになるか。概形を示せ。

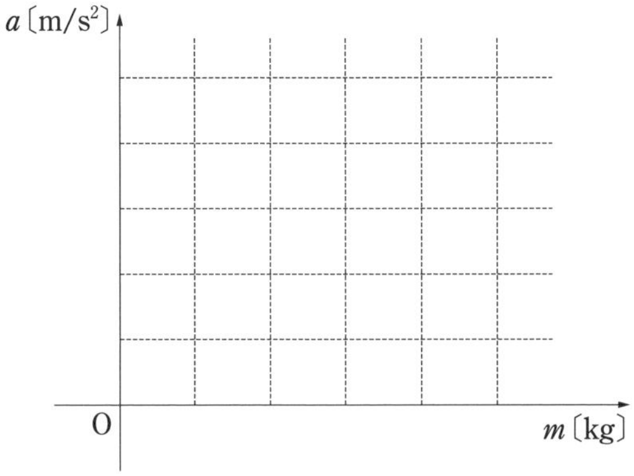

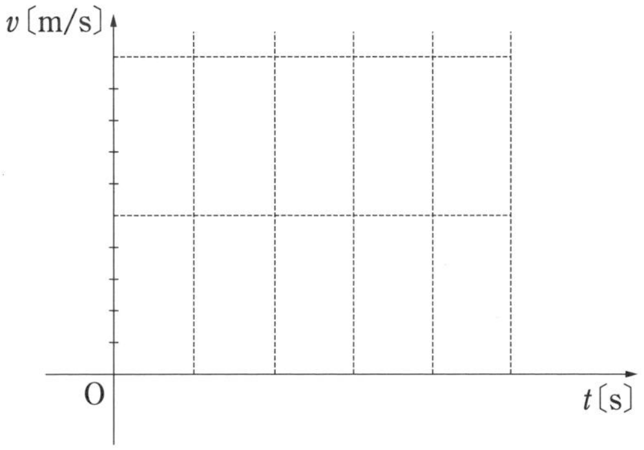

17 記録タイマーの使い方

解答編 ▶ p.19

月／日

扱うグラフ

・v-t グラフ… ここでは，v-t グラフの傾きが加速度 a であることから，加速度 a を求めるのに用いる。

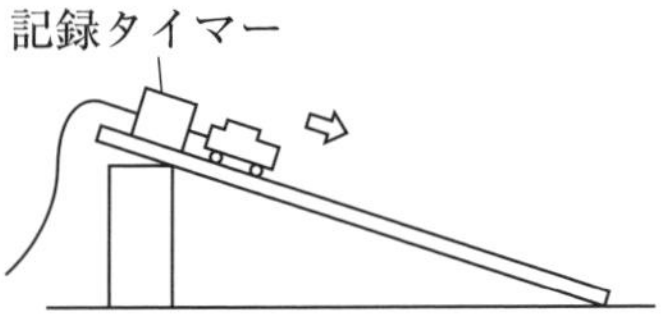

図 17－1

物体の速度を調べる簡単な方法の 1 つに，記録タイマーを用いる方法がある（図 17-1）。記録タイマーは，打点式や電子式などいろいろな仕組みのものがあるが，一定の時間間隔で記録テープに点を打つことができる。

電源によって，打点数は 50 Hz や 60 Hz の場合があり，前者は 1.0 s 間に 50 回，後者は 1.0 s 間に 60 回点を打つ。50 Hz の場合，5 打点ごとに長さを計ると，ちょうど＿＿＿＿＿＿ s 間に進んだ距離に対応する（60 Hz なら 6 打点とるのがよい）。また，静止した状態から実験を始めることが多いので，最初の方は打点が密集し，見づらいことが多い。この場合は，先頭のいくつかの点は無視し，はっきり見える点を時刻 $t=0$ s として解析する。

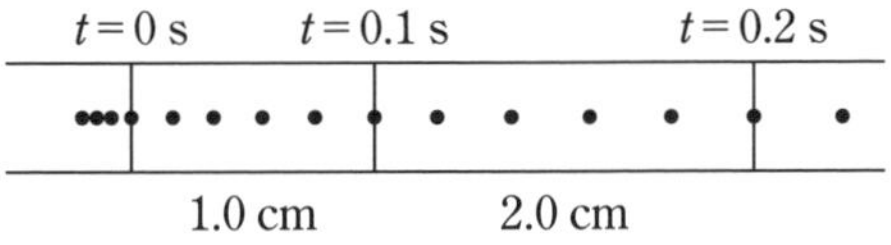

区間	0～0.1 s	0.1～0.2 s	0.2～0.3 s
長さ	1.0 cm	2.0 cm	3.0 cm

表 17-1

例として，表 17-1 のようなデータが得られたとする。これを v-t グラフにするときに，よくある間違いが「$t=0.10$ s のところに $v=0.10$ m/s の点を打つ」ことである。この打ち方では「$t=0.10$ s の瞬間に $v=0.10$ m/s である」ことになる。しかし，実際は $t=0$～0.10 s の間に速度が上がり続けて合計で 1.0 cm 進んだので，この区間の平均の速度が $v=0.10$ m/s である。これを表すためには，$t=0$～0.10 s の間の $t=0.05$ s のところに $v=0.10$ m/s の点を打てばよい。このことに気を付けて v-t グラフを作成すると，図 17-2 のようになる。

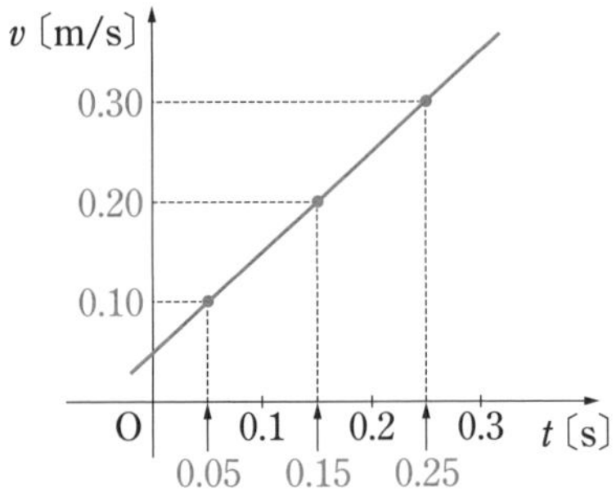

図 17－2

グラフの概形が直線になることから，この運動は等加速度直線運動であることがわかり，運動方程式 $ma=F$ から，加速度 a が一定なので一定の力 F を受けて運動したことがわかる。

問　0.10 s 間で 5.0 cm 進むときの速さ v を，〔m/s〕の単位で求めよ。

答＿＿＿＿＿＿＿＿＿＿

練習問題

問 1　質量 1.0 kg の力学台車をある条件下で，なめらかな台上で運動させ，50 Hz の記録タイマーで記録したところ，表のようなデータが得られた。

区間	0〜0.1 s	0.1〜0.2 s	0.2〜0.3 s	0.3〜0.4 s	0.4〜0.5 s
長さ	10 cm	10 cm	10 cm	10 cm	10 cm

⑴　v-t グラフを右図に描け。

⑵　グラフから加速度 a〔m/s²〕を求めよ。

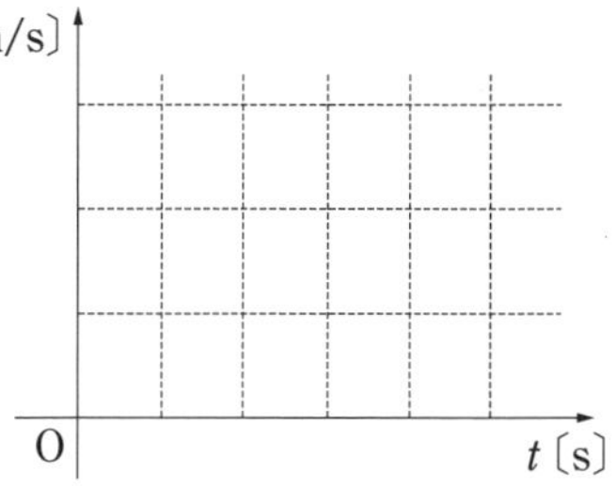

答＿＿＿＿＿＿＿＿＿＿

⑶　どのような条件下で運動させたか，物体にはたらく力を考えよ。

答＿＿＿＿＿＿＿＿＿＿

問 2　質量 1.0 kg の力学台車を 3 つの異なる条件下で，なめらかな台上で運動させ，50 Hz の記録タイマーで記録したところ，表のようなデータが得られた。

区間	0〜0.1 s	0.1〜0.2 s	0.2〜0.3 s	0.3〜0.4 s	0.4〜0.5 s
条件①	2.5 cm	7.5 cm	12.5 cm	17.5 cm	22.5 cm
条件②	5 cm	15 cm	25 cm	35 cm	45 cm
条件③	10 cm	30 cm	50 cm	70 cm	90 cm

⑴　各条件を表す v-t グラフを，右図にそれぞれ描け。

⑵　グラフからそれぞれの加速度 a〔m/s²〕を求めよ。

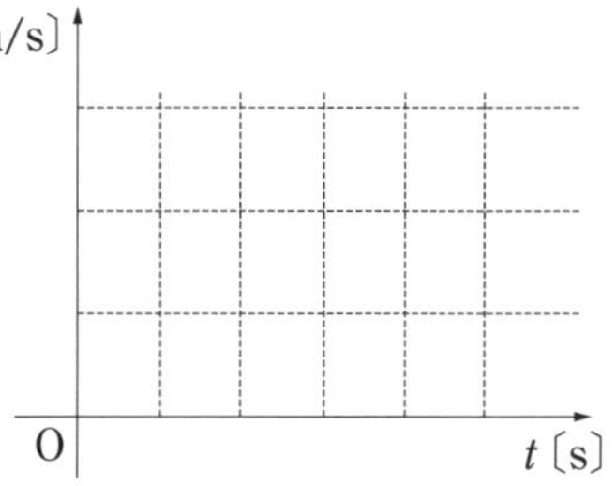

答　条件①：＿＿＿＿＿＿

　　条件②：＿＿＿＿＿＿

　　条件③：＿＿＿＿＿＿

⑶　どのような条件下で運動させたか，物体にはたらく力を考えよ。

答＿＿＿＿＿＿＿＿＿＿

このような実験から運動方程式を確かめることができるんだね！

18 運動方程式(2)

解答編 ▶ p.20

月／日

扱うグラフと図

・v-t グラフ… 運動方程式から加速度 a が求まると，v-t グラフが描ける。そうすると，v-t グラフから将来の時刻 t での速度や位置を求めることができる。

・力ベクトル図… 複数の力がはたらくとき，その合力がどちらを向くかで物体の運動が決まる。その向きを求めるのに用いる。

物体の運動は受けたすべての力で決まる。力を 2 つ受けていたらその 2 つの和，3 つ受けていたら 3 つの和で決まる。そのため，物体にはたらくすべての力を描き出して，力ベクトル図で合力を求めることができれば，あとはその合力 F を運動方程式 $ma=F$ に代入することで物体の運動を記述することができる。

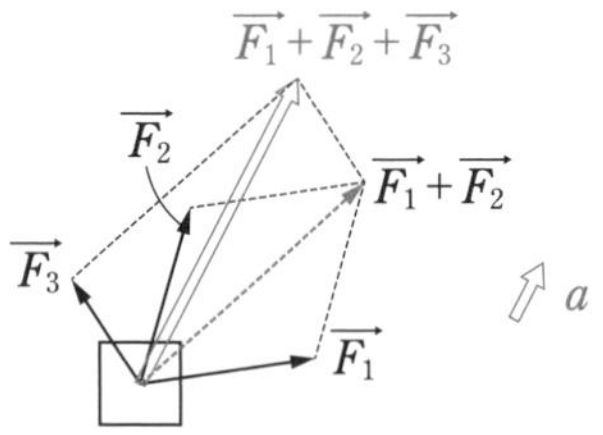

図 18－1

図 18-1 は，なめらかな水平面上で 3 力がはたらいている場合のようすである。力の向きと大きさがつねに一定ならば，$ma=F$ より加速度の向き，大きさもつねに一定であり，等加速度運動を行うことがわかる。

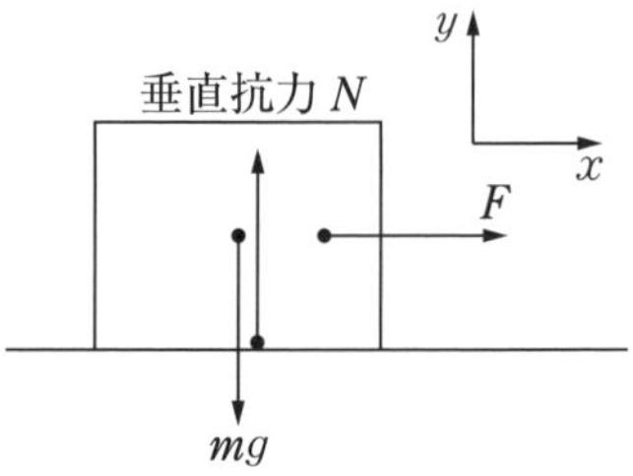

図 18－2

図 18-2 は，なめらかな水平面上に置かれた物体が面上を等加速度直線運動する最もシンプルな例である。このとき，「面上を運動する」という条件から，鉛直方向には加速度は生じないことがわかる（生じたら鉛直方向に運動してしまう）。x，y 軸方向の加速度を a_x，a_y として，これを運動方程式にあてはめると，

鉛直方向：$ma_y=N-mg$

水平方向：$ma_x=F$

となり，$a_y=0$ から鉛直方向は力がつりあい，水平方向は

$a_x=\dfrac{F}{m}$ の等加速度直線運動を行うことがわかる。

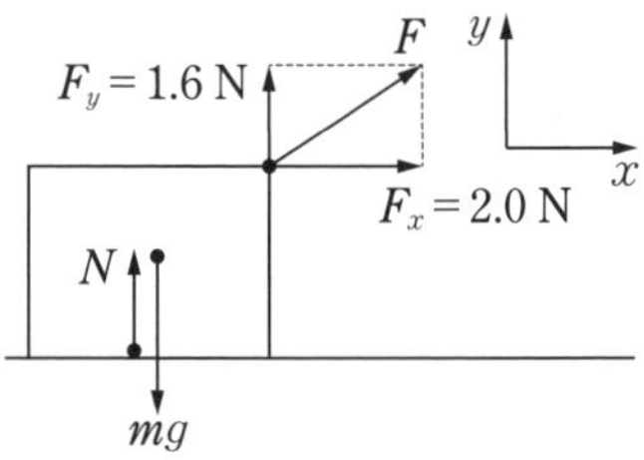

図 18－3

最後に，図 18-3 のように力がはたらき，物体は「水平面上を運動する」状況を考える。図 18-2 との比較から，力 F を水平成分 F_x と鉛直成分 F_y に分解して考えると考えやすい。質量 $m=2.0\ \mathrm{kg}$，$F_x=2.0\ \mathrm{N}$，$F_y=1.6\ \mathrm{N}$，重力加速度の大きさ $g=9.8\ \mathrm{m/s^2}$ のとき，運動方程式は，

鉛直方向：$ma_y=N+F_y-mg$

水平方向：$ma_x=F_x$

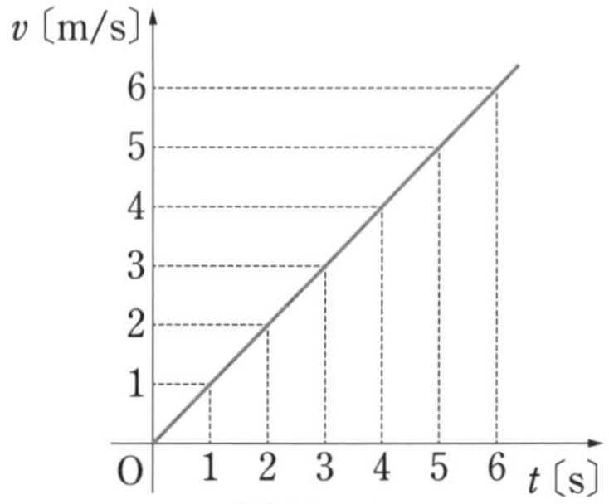

図 18－4

となり，$a_y=0$ から垂直抗力 $N=18\ \mathrm{N}$，水平方向の加速度 $a_x=1.0\ \mathrm{m/s^2}$ がわかり，v-t グラフは図 18-4 となる。時刻 t〔s〕後の位置 x も v-t グラフの面積から求まる。

練習問題

問1　なめらかな水平面上に，質量 1.0 kg の物体が静止している。図のように，x 軸正の向きに 15 N，x 軸負の向きに 10 N の大きさの力を加えて運動させる。

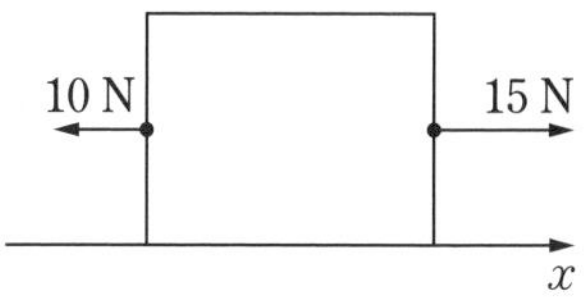

⑴　この物体に生じる加速度 a〔m/s^2〕の大きさを求めよ。

答＿＿＿＿＿＿＿＿＿＿＿＿

⑵　力を加えた瞬間を時刻 0 s とし，5.0 s 間の v-t グラフを右図に描け。

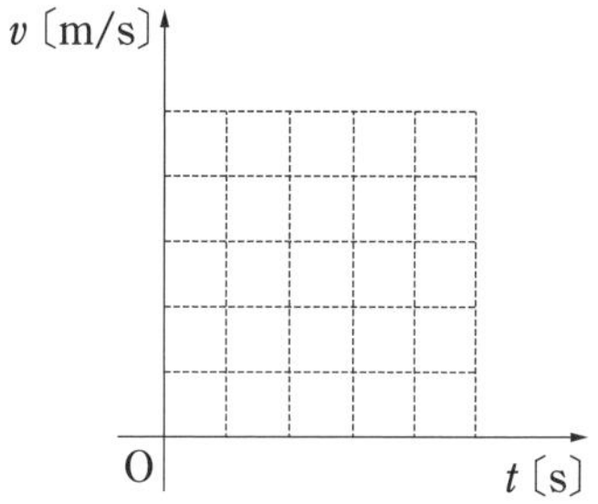

⑶　運動開始から 5.0 s 後の物体の位置 x を求めよ。

答＿＿＿＿＿＿＿＿＿＿＿＿

問2　図のように，原点Oに静止している質量 1.0 kg の物体に，x 軸となす角 30° だけ y 軸正の向きに大きさ F〔N〕の力を，x 軸となす角 60° だけ y 軸負の向きに 1.0 N の力を加えると，物体は x 軸上を正の向きに等加速度直線運動した。$\sqrt{3}=1.73$ とする。

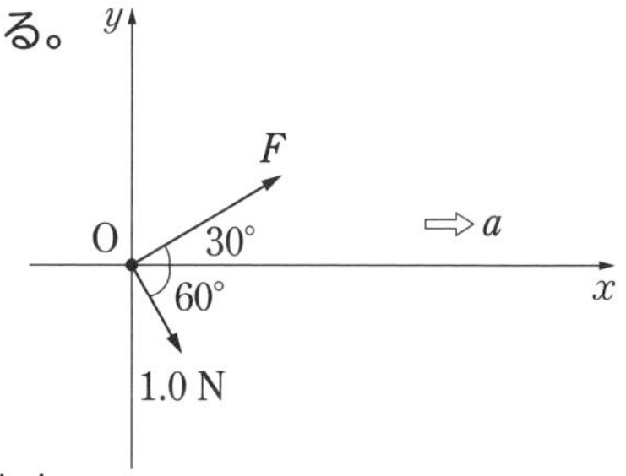

⑴　物体にはたらく力ベクトル図を作図し，合力の大きさと F の値をそれぞれ求めよ。

答＿＿＿＿＿＿＿＿＿＿＿＿

⑵　物体の x 軸方向，y 軸方向の加速度 a_x，a_y をそれぞれ求めよ。

答＿＿＿＿＿＿＿＿＿＿＿＿

⑶　力を加えた瞬間を時刻 0 s とし，5.0 s 間の v-t グラフを描け。

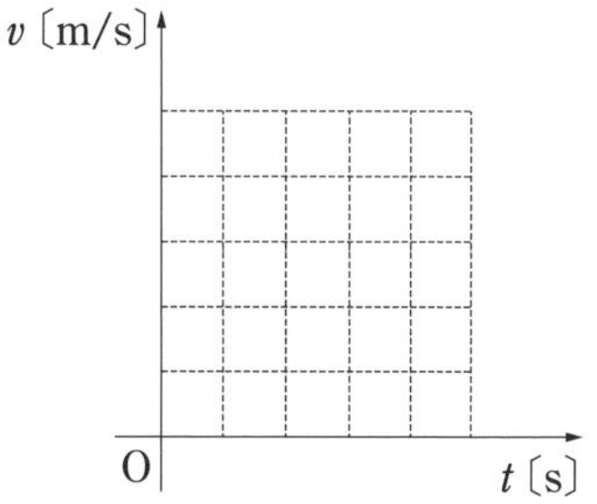

ベクトル図では，三角比が頻繁に出てくるね！ここは，しっかり練習をしておこう！

19 徹底練習　～三角比～

解答編 ▶ p.21

月／日

扱う図

・ベクトル図… ベクトル図を描くときは，合成にせよ，分解にせよ，三角比を用いて各辺の大きさを求めることになる。この操作に慣れることで，問題を解く際に物理的な考察に集中できる。

復習～三角比

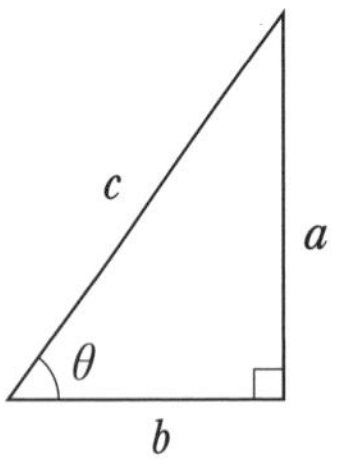

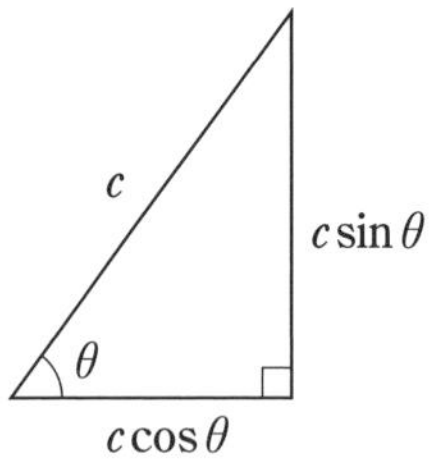

$\sin\theta=\dfrac{a}{c}$ ⟶ $a=c\sin\theta$

$\cos\theta=\dfrac{b}{c}$ ⟶ $b=c\cos\theta$

練習問題

問 1　下図の直角三角形において，与えられた角の sin，cos，tan を用いて x，y の大きさを求めよ。

(1)

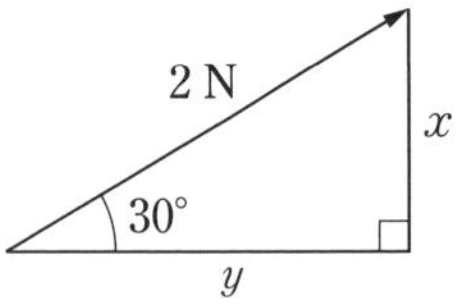

(2)

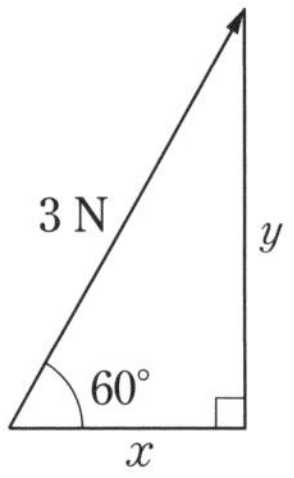

(3)

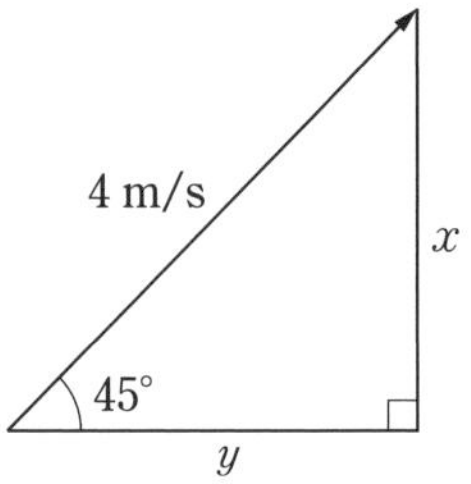

(1) 答　$x=$
$y=$

(2) 答　$x=$
$y=$

(3) 答　$x=$
$y=$

(4)

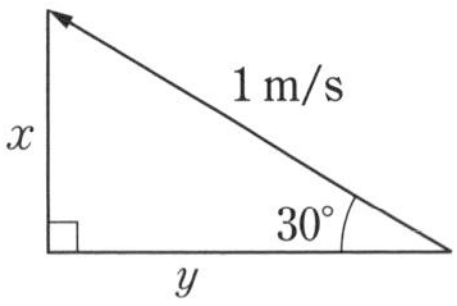

(5)

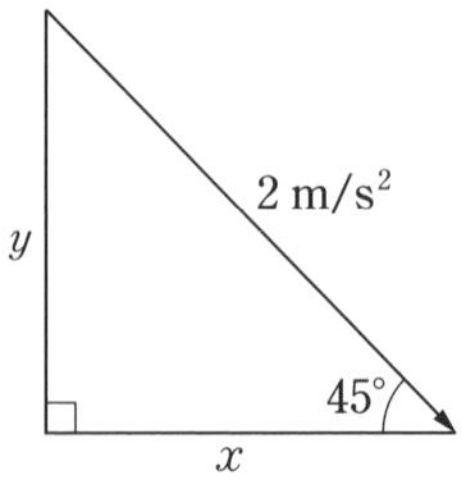

(6)

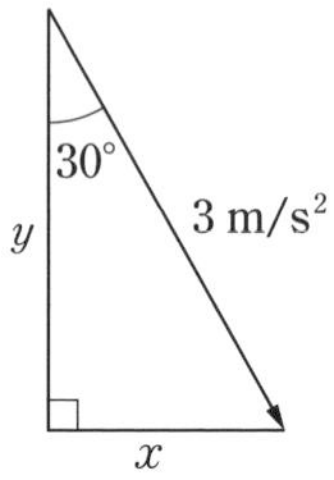

(4) 答　$x=$
$y=$

(5) 答　$x=$
$y=$

(6) 答　$x=$
$y=$

問 2　下図の直角三角形において，与えられた角の sin，cos，tan を用いて x，y の大きさを求めよ。

(1)

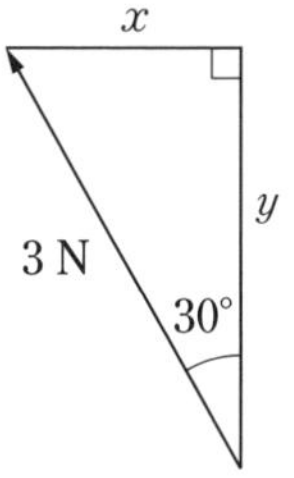

$x=$

答　$y=$

(2)

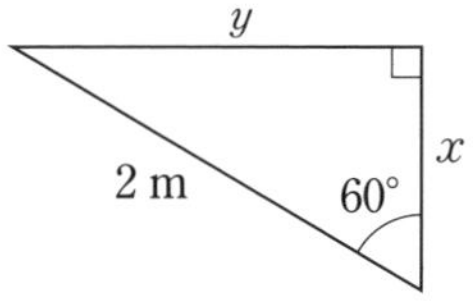

$x=$

答　$y=$

(3)

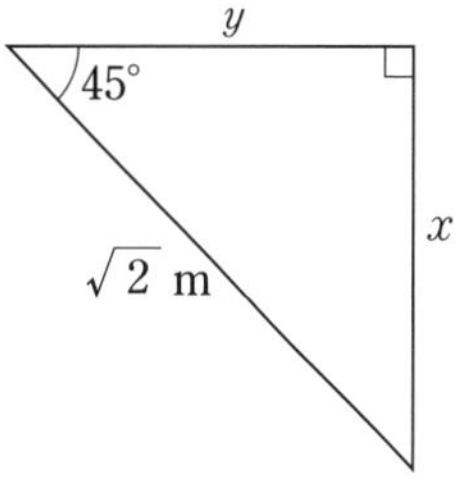

$x=$

答　$y=$

(4)

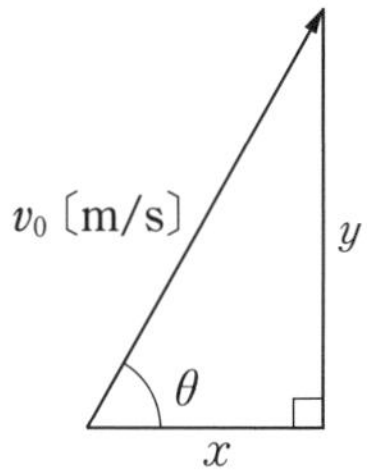

$x=$

答　$y=$

(5)

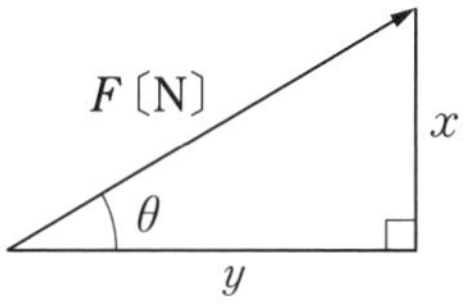

$x=$

答　$y=$

(6)

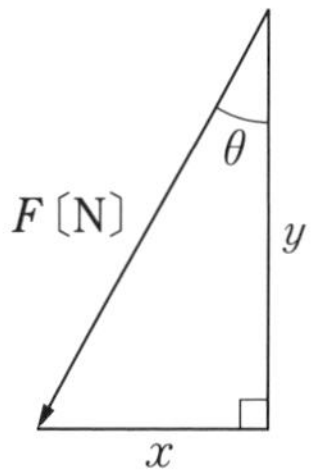

$x=$

答　$y=$

(7)

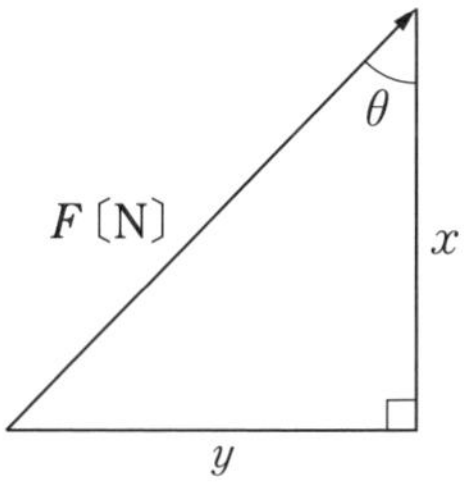

$x=$

答　$y=$

(8)

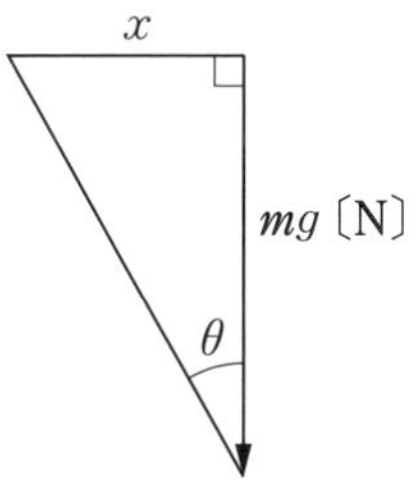

答　$x=$

(9)

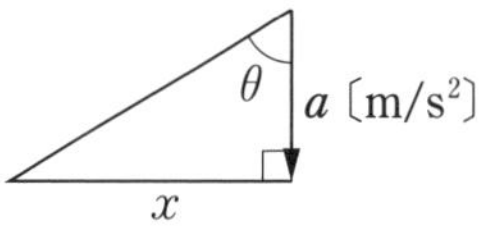

答　$x=$

目標はこのページを 3 分以内に解けること！コピーして何回も練習しよう！

20 斜面上の物体の運動方程式

解答編 ▶ p.22

月／日

扱う図

・力ベクトル図… 運動の方向が決まっているときは，合力の向きも決まる。斜面上の運動の場合は，合力は斜面方向を向くため，そのように力を合成・分解する。

水平面となす角 θ で固定された，なめらかな斜面上の物体の運動を考える。いきなり計算式を書き始める前に，まずは「運動のようすや条件」について考えよう。自分がすべり台を，真っすぐすべり降りることを想像してみよう。そうすると，他に特殊な条件がなければ，斜面上の物体は「斜面上を直線運動する」ことがわかる。ということは，運動を記述する運動方程式中の言葉を使うと，どういう言い換えができそうか？以下の 2 つの可能性があり得る。

① 合力が 0 になり，加速度も 0 の等速直線運動をする
② 斜面下向きに合力がはたらき，等加速度直線運動する

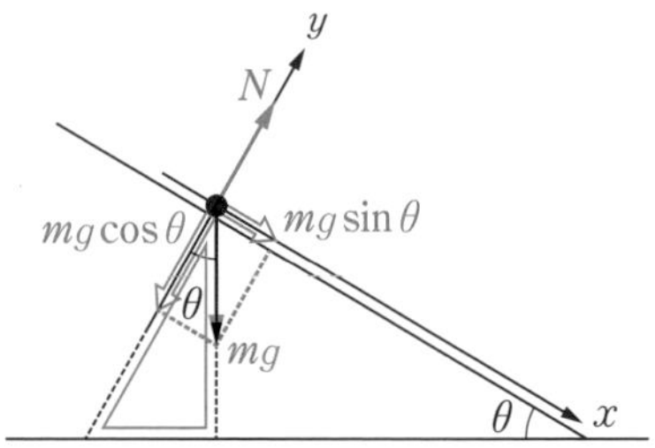

（三角形の相似より，重力と y 軸のなす角は θ）

図 20－1

質量 m の物体にはたらく力を作図すると，重力加速度の大きさを g として重力 mg は鉛直下向きで，垂直抗力 N は斜面に垂直な向きなので，摩擦力などがはたらかない限り，合力は 0 にはならないことがわかる。よって，②の「等加速度直線運動」しか起こり得ないことがわかる。ここまで考えて，ようやく運動方程式を立てる作業に移る。

斜面に平行な方向に x 軸をとり，斜面に垂直な方向に y 軸をとって，力ベクトル図を描いてそれぞれの成分を求め，x，y 軸方向の加速度を a_x，a_y として運動方程式 $ma=F$ の F に代入すると，

斜面に平行な方向：$ma_x=mg\sin\theta$
斜面に垂直な方向：$ma_y=N-mg\cos\theta$

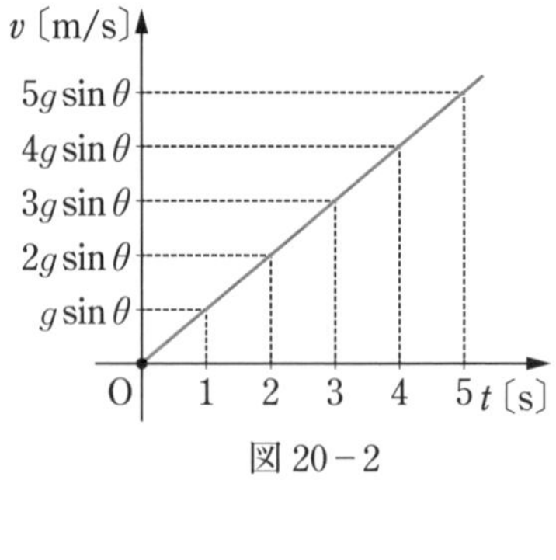

図 20－2

となり，$a_y=0$ から垂直抗力 $N=mg\cos\theta$，斜面に平行な方向の加速度 $a_x=g\sin\theta$ がわかり，v-t グラフは図 20-2 となる。運動が始まってから t〔s〕後の位置 x も v-t グラフの面積から求まる。

このように，物理は，状況設定を読み取る作業が非常に大切である。運動の条件によって，似たような図から，まったく異なる立式をすることもある。習熟した人にとっては「当たり前」であり，初学者にとっては「意味不明」になってしまう。物理にまだ慣れていない人は，立式をしたり計算をしたりする前に，この「運動の条件を考える」作業を，一生懸命行ってほしい。

練習問題

問1　図のように，水平面となす角 30° で固定されたなめらかな斜面上に質量 m の物体をばねばかりを用いて静止させると，斜面下向きに 9.8 N の力が加わっていることがわかった。重力加速度の大きさを 9.8 m/s^2 とする。

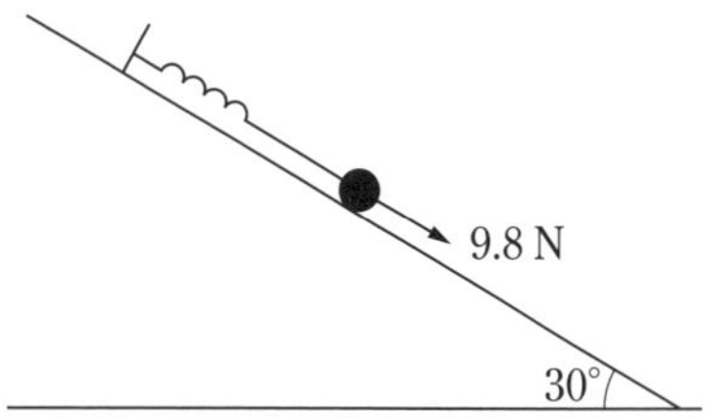

(1)　重力と垂直抗力を表す力ベクトル図を右図中に示し，それぞれの大きさを求めよ。$\sqrt{3}=1.73$ とする。

答　重力：＿＿＿＿＿＿

垂直抗力：＿＿＿＿＿＿

(2)　物体の質量 m を求めよ。

答＿＿＿＿＿＿

(3)　時刻 $t=0$ s でばねばかりを物体から外して運動させた。このときの加速度 a の大きさを求めよ。また，$t=0$〜5.0 s における v-t グラフを右図に描け。

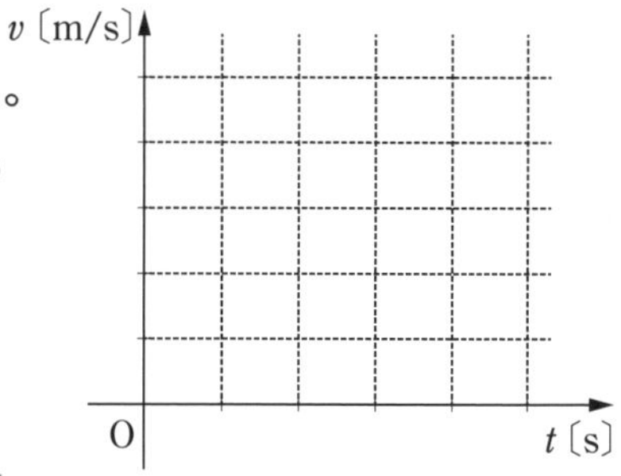

答＿＿＿＿＿＿

問2　図のように，水平面となす角 θ で固定されたなめらかな斜面上に質量 m の物体を置き，水平右向きに大きさ F の力を指で加えて物体を静止させた。重力加速度の大きさを g とする。

(1)　物体にはたらく力をすべて図示せよ。

(2)　指の力 F を m，g，θ を用いて表せ。

答＿＿＿＿＿＿

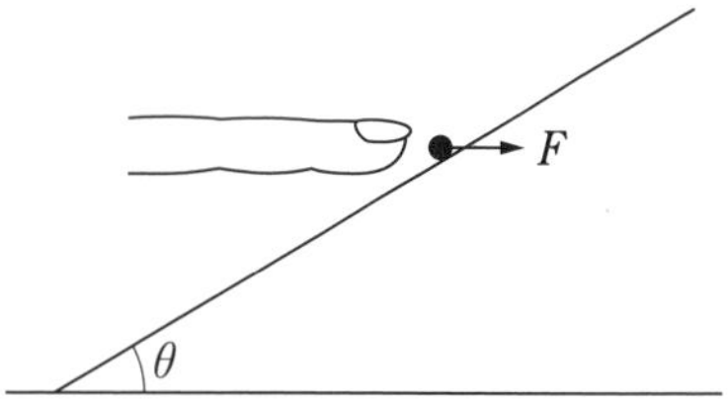

(3)　指をはなすと，物体はすべり出した。このときの加速度の大きさ a を求めよ。

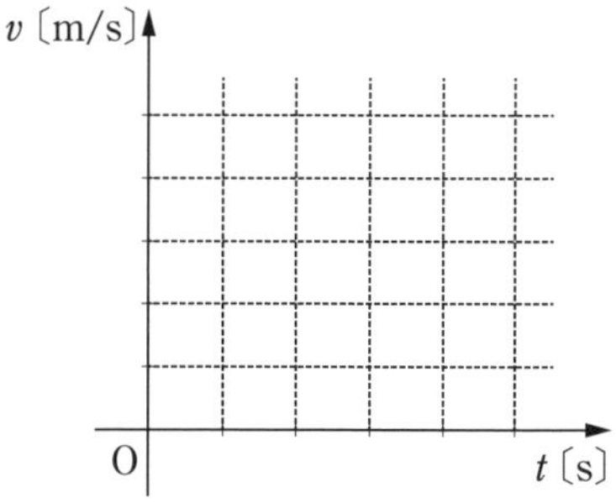

答＿＿＿＿＿＿

(4)　時刻 $t=0$ s に指をはなした。$t=0$〜5.0 s における，v-t グラフの概形を右図に描け。

(5)　5.0 s で物体が最下点に達したとき，物体がすべった距離を求めよ。

答＿＿＿＿＿＿

次は，物体が 2 つ出てくる場合を見てみよう！

21 2物体の運動方程式(1)

解答編 ▶ p.23

月／日

扱う図

・力ベクトル図… ここでは“1つの物体に注目”して，その物体にはたらく力ベクトル図を，それぞれの物体で考えることが重要である。

覚えるべき法則

・作用・反作用の法則… 物体Aから物体Bに力fがはたらくとき，物体Aも物体Bから逆向きで同じ大きさの力fを受ける。これはニュートンの運動の第3法則であり，すべての力について成り立つ。

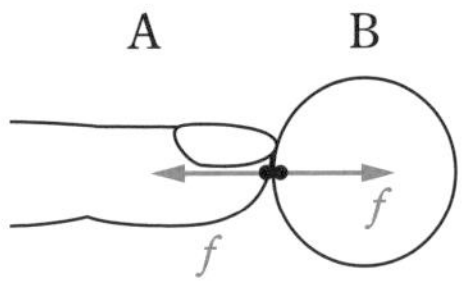

図21-1のように，なめらかな水平面上に置かれた，質量1.0 kgの物体A，質量2.0 kgの物体Bが接している状態で，物体Aにx軸正の向きに12 Nの力を加えたところ，A，Bは一体となって運動した。このときの運動のようすを考えよう。

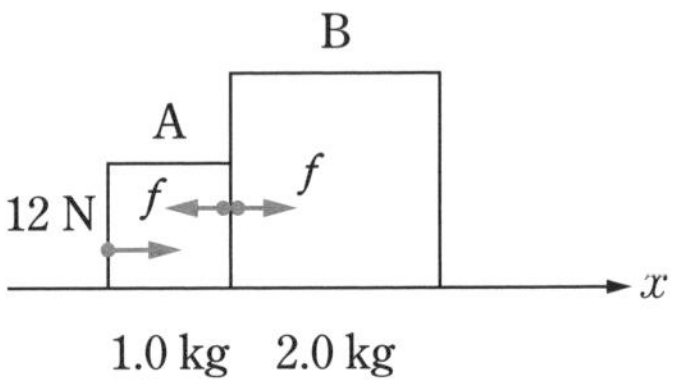

図21－1

「一体となって」運動するので，合計3.0 kgの物体に12 Nの力が加わっているものとして計算してよい。本来は，これらの物体には水平方向の力の他に，重力，垂直抗力がはたらいているが，運動の方向と関係ない場合は煩雑さを避けるため省略されることがある。省略した場合も，これらの力のことは念頭に置いておこう。では，水平方向の運動方程式は，加速度の大きさをa〔m/s²〕とすると，$3.0\ \mathrm{kg}\times a=12\ \mathrm{N}$より，$a=4.0\ \mathrm{m/s^2}$と求まる。加速度は，A，Bともに共通である。

ここで，物体Bにはたらく力は何Nだろうか？12 Nだろうか？もし12 Nだとすると，作用・反作用の法則より物体Aは物体Bから12 Nの逆向きの力を受ける。そうすると，Aにはたらく合力は0になり，加速度が生じない。これではおかしいので，Bが受ける力は12 Nより小さくなくてはならない。これをf〔N〕とすると，物体A，Bのそれぞれの運動方程式は，

物体A：$1.0\times a=12-f$，物体B：$2.0\times a=f$

と書ける。加速度aは共通なので，同じ文字としておける。これらを辺々足すと，1物体として考えた場合と同じ式となる。$a=4.0\ \mathrm{m/s^2}$を代入すると，Bが受ける力$f=8.0\ \mathrm{N}$が求まる。

図21-2のように，質量mの物体Aが板の上で加速度aで鉛直上向きに運動している場合を考える。Aにはたらく力は重力mgと垂直抗力Nであるので，Aの運動方程式は，鉛直上向き（運動方向）を正として，

$$ma=N-mg$$

と書ける。$m=1.0\ \mathrm{kg}$，$a=1.0\ \mathrm{m/s^2}$，$g=9.8\ \mathrm{m/s^2}$のとき，$N=10.8\ \mathrm{N}$であることがわかる。このように，垂直抗力の値は運動の状態によって変わる。

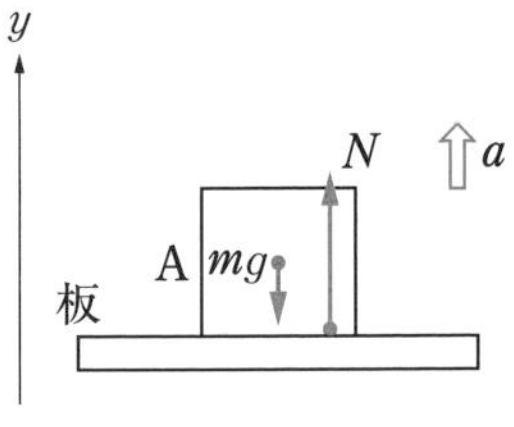

図21－2

練習問題

問１　なめらかな水平面上に質量 m，M の物体 A，B が置かれ，互いに接している。いま，A を右向きを正として力 F で押すとき，以下の問いに答えよ。

(1)　物体 A，B にはたらく力を図中に矢印で示せ。ただし，重力加速度の大きさを g，物体 A，B 間にはたらく力の大きさを f，物体 A，B が水平面から受ける垂直抗力の大きさを N_A，N_B とする。

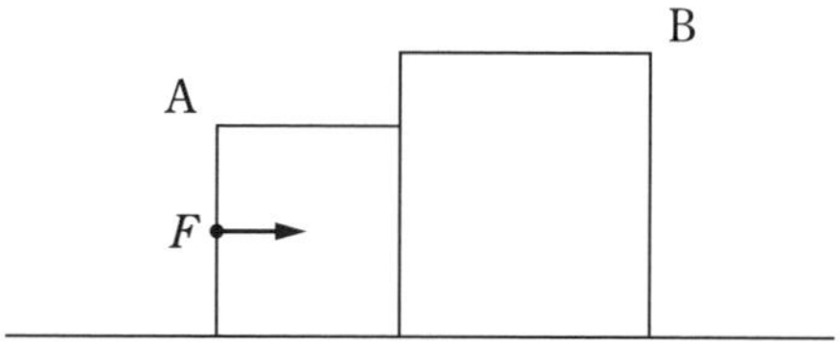

(2)　A，B に生じる加速度 a の大きさと，物体間にはたらく力 f の大きさを求めよ。

答

問２　質量 60 kg の観測者Aがエレベーターに乗り，図のような v-t グラフで表される運動をした。鉛直上向きを正として，以下の問いに答えよ。重力加速度の大きさを $9.8\ \mathrm{m/s^2}$ とする。

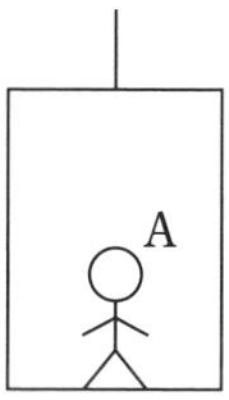

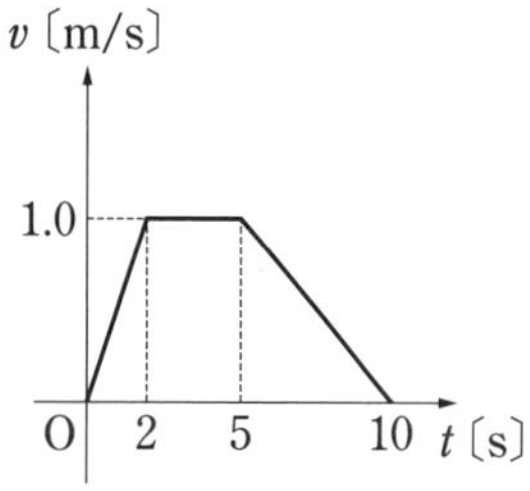

(1)　$t=0$〜$2.0\ \mathrm{s}$ のとき，A が床から受ける力 N の大きさを求めよ。

答

(2)　$t=2.0$〜$5.0\ \mathrm{s}$ のとき，A が床から受ける力 N の大きさを求めよ。

答

(3)　$t=5.0$〜$10\ \mathrm{s}$ のとき，A が床から受ける力 N の大きさを求めよ。

答

22 2物体の運動方程式(2)

解答編 ▶ p.24

月／日

覚えるべき用語

・軽い糸…　「軽い」とは，質量 m が無視できる，$m \fallingdotseq 0\ \mathrm{kg}$ という意味である。このとき，糸の両端の張力 (Tension) を T_1，T_2 とすると，以下で議論するように $T_1 = T_2$ が成り立つ。そのため，糸の両端の張力の大きさはつねに等しい。

図 22-1 のように，なめらかな水平面上に置かれた質量 m，M の物体 A，B が質量 Δm の糸で結ばれており，B を右向き (正の向き) に力 F で引く場合を考える。

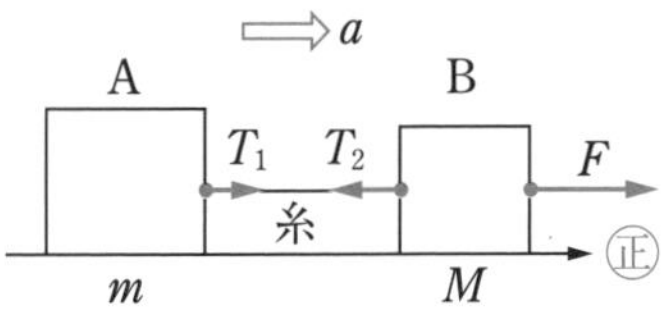

図 22－1

図 22－2

A と糸と B の加速度を a，A，B にはたらく張力を T_1，T_2 とすると，作用・反作用の法則より糸にはたらく力は図 22-2 のようになる。それぞれの運動方程式は，

A：$ma = T_1$　　……①

糸：$\Delta ma = T_2 - T_1$　　……②

B：$Ma = F - T_2$　　……③

となる。辺々足すと $(m + \Delta m + M)a = F$ となり，$a = \dfrac{F}{m + \Delta m + M}$，①，③に代入して

$T_1 = \dfrac{m}{m + \Delta m + M}F$，$T_2 = \dfrac{m + \Delta m}{m + \Delta m + M}F$ がわかる。ここで糸の質量 Δm を無視 ($\Delta m \fallingdotseq 0$) すると，$T_1 = \dfrac{m}{m + M} = T_2$ となり，糸の両端にはたらく張力は一致する。これが軽い糸の条件である。

次に，図 22-3 のように，質量 3.0 kg の物体 A，質量 4.0 kg の物体 B が定滑車に軽い糸でつるされている場合を考える。運動方程式を立てる際の正の向きに注意しておこう。糸の張力を T〔N〕，重力加速度の大きさを $g = 9.8\ \mathrm{m/s^2}$ とし，①鉛直上向きを正とした場合，②運動の方向を正とした場合，それぞれの物体 A，B の運動方程式を書くと，

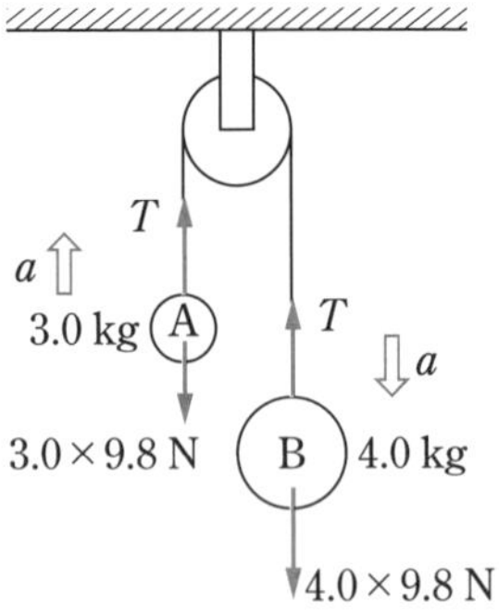

図 22－3

① $\begin{cases} \mathrm{A}：3.0 \times a = T - 3.0 \times 9.8 \\ \mathrm{B}：4.0 \times (-a) = T - 4.0 \times 9.8 \end{cases}$

② $\begin{cases} \mathrm{A}：3.0 \times a = T - 3.0 \times 9.8 \\ \mathrm{B}：4.0 \times a = 4.0 \times 9.8 - T \end{cases}$

となる。どちらを解いても，$a = 1.4\ \mathrm{m/s^2}$，$T = 33.6\ \mathrm{N}$ と同じ答えが出る。

練習問題

以下の条件で，物体 A，B の加速度 a と A，B の間にはたらく張力 T の大きさを求めよ。

(1)　質量 2.0 kg，3.0 kg の物体 A，B が軽い糸でつながれており，B を右向きを正とした力 F〔N〕で引く場合。F を用い，分数は小数に直さず答えよ。

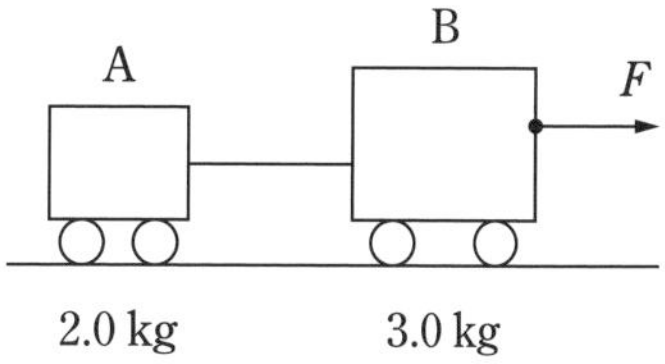

答 ____________________

(2)　質量 m，M ($m<M$) の物体 A，B が軽い糸で定滑車でつるされている場合。重力加速度の大きさを g とし，運動の方向を正の向きとする。

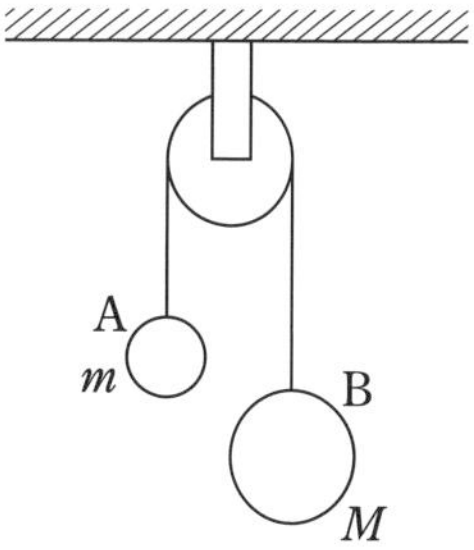

答 ____________________

(3)　質量 m，M の物体 A，B が軽い糸でつながれており，なめらかな斜面上にある場合。斜面は水平面に固定されており，なす角を θ，重力加速度の大きさを g，斜面下向きを正とする。

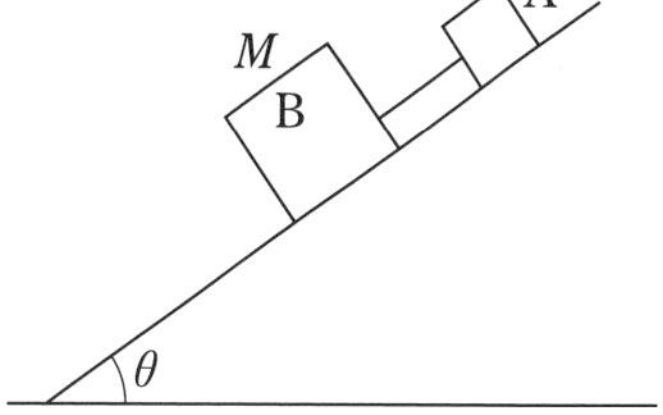

答 ____________________

次は，摩擦力がある場合を見てみよう！

23　3つの摩擦力

解答編 ▶ p.25

月／日

扱うグラフ

・f-F グラフ…　摩擦力 f は，物体にはたらく摩擦力以外の合力 F に応じて値が変わる。そのため，F の大きさに応じて f の大きさがどのように変わるかをグラフにまとめることは，摩擦力の理解の助けとなる。

覚えるべき用語

・「粗い○○」…　粗い床，粗い面，などのように用いる。「なめらかな」とは逆に，摩擦力を考慮する，という意味である。

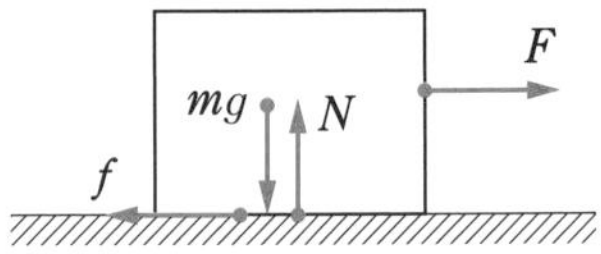

静止している物体にはたらく摩擦力を静止摩擦力という。粗い面上にある物体を力 F の大きさで引いても静止しているとき，水平方向の力のつりあいより静止摩擦力の大きさ $f=F$ である。$F=1.0\,\mathrm{N}$ で引くとき $f=1.0\,\mathrm{N}$，$F=2.0\,\mathrm{N}$ のとき $f=2.0\,\mathrm{N}$，…，と f は F に応じて大きくなり，やがて物体はすべり出す。すべり出す直前の静止摩擦力が最大摩擦力であり，それを f_0 と書くと，面からの垂直抗力の大きさ N を用いて，$f_0=\mu N$ と表せることが知られている。μ を静止摩擦係数という。一般に，$0\leqq\mu<1$ であるため，物体をすべらせる方がもち上げるより小さい力でよい。

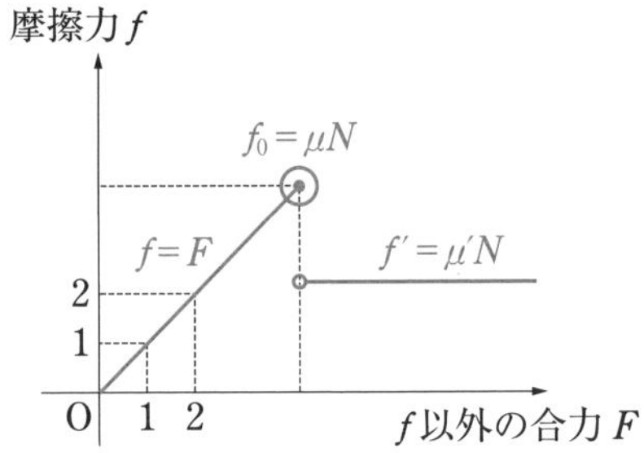

図 23－1

物体が面上をすべり出すと面との接触が弱まり，摩擦力は小さくなる。物体が面上を動くときに面から受ける摩擦力を動摩擦力といい，それを f' と書くと，$f'=\mu' N$ と表せることが知られている。μ' を動摩擦係数という。最大摩擦力より動摩擦力が小さいことより，$0\leqq\mu'<\mu<1$ が成り立つ。これら 3 つの摩擦力を f-F グラフにすると，図 23-1 のようになる。

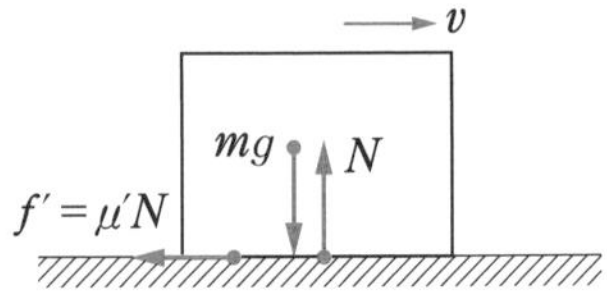

図 23－2

粗い床上で物体が運動しているとき，摩擦力以外の合力が 0 でも運動の方向を妨げる向きに動摩擦力 $f'=\mu' N$ がはたらく。水平右向きを正，加速度の大きさを a とすると，運動方程式 $ma=-\mu' N$ より物体は負の加速度を生じて減速し，やがて静止する。加速度 a を求め v-t グラフを描くことで，静止するまでにすべる距離などがわかる。

問　図 23-2 の物体の加速度 a を μ'，g を用いて表せ。

答 ＿＿＿＿＿＿＿＿＿＿

練習問題

問1　質量 $m=2.0\,\mathrm{kg}$ の物体が，静止摩擦係数 $\mu=0.20$，動摩擦係数 $\mu'=0.10$ の水平な粗い床に置かれ，静止している。重力加速度の大きさを $g=9.8\,\mathrm{m/s^2}$ とする。

(1)　図のように物体を力 $F=1.0\,\mathrm{N}$ で引くときの静止摩擦力の大きさを求めよ。

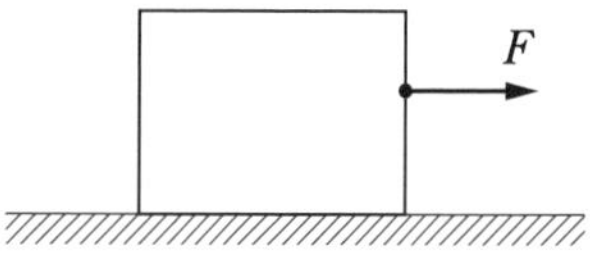

答＿＿＿＿＿＿＿＿＿＿

(2)　物体が動き出すときの引く力 F_0 の大きさを求めよ。

答＿＿＿＿＿＿＿＿＿＿

(3)　引く力 F と，摩擦力 f の関係を表す f-F グラフの概略を右図に描け。

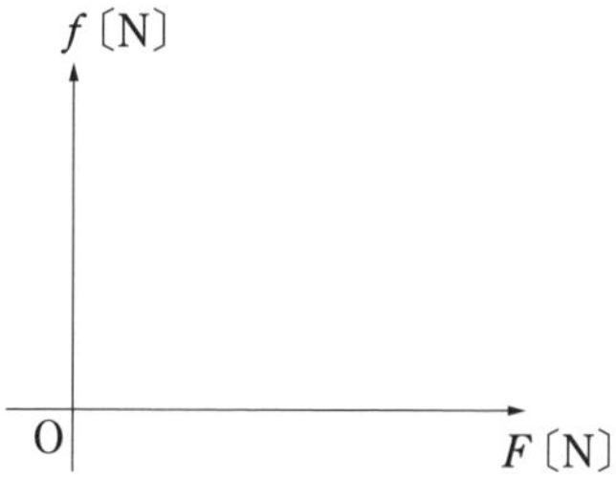

問2　質量 m の物体が，水平面となす角 θ の粗い斜面上を，時刻 $t=0\,\mathrm{s}$ に速さ v_0 で斜面下向き（x 軸正の向き）に運動している。しばらくすべった後，物体は斜面上で静止した。物体と斜面の間の動摩擦係数を μ'，重力加速度の大きさを g，$\mu'>\tan\theta$ が成り立つものとする。

(1)　斜面からの垂直抗力の大きさを N，動摩擦力の大きさを f' として，物体にはたらく力をすべて図示し，x 軸，y 軸方向の成分を記せ。

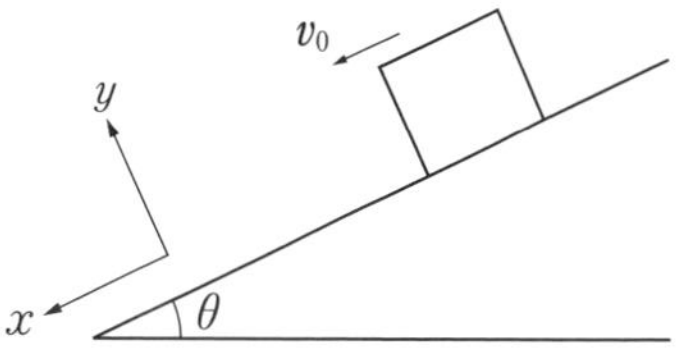

(2)　物体にはたらく動摩擦力の大きさ f' を求め，物体の加速度 a を求めよ。

答＿＿＿＿＿＿＿＿＿＿

(3)　v-t グラフの概形を右図に描き，静止するまでに斜面上をすべる距離を求めよ。

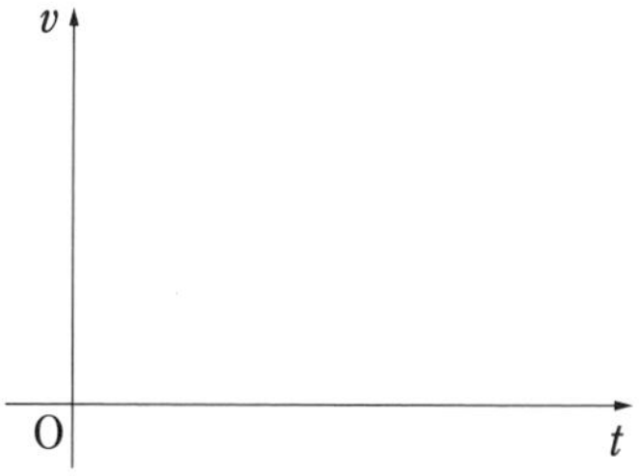

答＿＿＿＿＿＿＿＿＿＿

次は，摩擦力がはたらく２物体の運動だ！

24 摩擦力と２物体の運動

解答編 ▶ p.26

月／日

扱うグラフ

・v-t グラフ…　２物体の運動を１つの v-t グラフに描くことで，相対的な運動を比較することができる。

質量 M の台Bがなめらかな床の上にあり，その上を質量 m の物体Aが初速度 v_0 ですべるときの運動を考える。台Bの上面は粗く，物体Aと台Bの間には動摩擦係数 μ' の摩擦力がはたらく。このとき，物体Aは運動を妨げられる向きに動摩擦力を受け減速し，その反作用で台Bは物体Aから右向きの力を受け，加速する。やがて２物体は同じ速度で等速直線運動を行う。このとき，Aが B上をすべった距離を求めよう。x，y 軸方向を正とする。

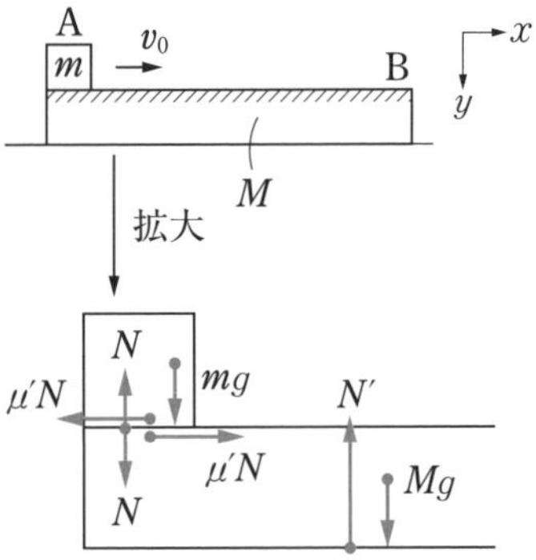

図 24－1

Aにはたらく力は，重力，垂直抗力，動摩擦力の３つである。重力加速度の大きさを g，AとBの間の垂直抗力の大きさを N，Bと床の間の垂直抗力を N' とし，水平方向と鉛直方向に分けてAの運動方程式を書くと，

$$\begin{cases} \text{鉛直方向：} ma_{\mathrm{A}y} = mg - N \\ \text{水平方向：} ma_{\mathrm{A}x} = -\mu' N \end{cases}$$

となる。$a_{\mathrm{A}y}=0$ より，$N=mg$ であり，水平方向の式に代入して，$a_{\mathrm{A}x}=-\mu' g$ である。Aには負の加速度が生じて減速し，Bと同じ速度になったとき動摩擦力ははたらかなくなり，台上で静止する。すなわち，台と同じ速度で運動する。

同様に，Bにはたらく力は重力，垂直抗力，Aから受ける鉛直方向・水平方向の力の４つである。Aとの作用・反作用の法則に気をつけて，Bについても運動方程式を書くと，

$$\begin{cases} \text{鉛直方向：} Ma_{\mathrm{B}y} = Mg + N - N' \\ \text{水平方向：} Ma_{\mathrm{B}x} = \mu' N \end{cases}$$

となる。運動の方向である水平方向の式から，$a_{\mathrm{B}x}=\dfrac{\mu' mg}{M}$ がわかり，Bには正の加速度が生じて加速し，Aと同じ速度になった瞬間 (t)，動摩擦力の反作用がなくなり，水平方向には力ははたらかず等速直線運動をする。これを v-t グラフにすると図 25-2 のようになる。A，Bの進んだ距離の差が，AがB上ですべった距離 d であり，グラフの三角形の面積から $d=x_{\mathrm{A}}-x_{\mathrm{B}}$ を求めることができる。

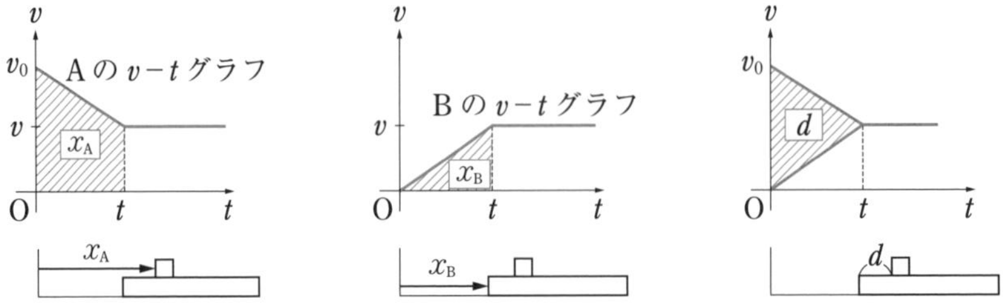

図 24－2

練習問題

図のように，なめらかな水平面上に置かれた質量 M の台B上を，質量 m の物体Aが時刻 $t=0\,\mathrm{s}$ に初速度 v_0 ですべる状況を考える。A，B間の動摩擦力の大きさを f'，動摩擦係数を μ'，垂直抗力の大きさを N，Bが面から受ける垂直抗力の大きさを N'，重力加速度の大きさを g，図の右向きを正とする。

問1　はじめ，台Bはストッパーで床に固定されている。

(1)　物体Aにはたらく力を右図に描け。

(2)　物体Aの加速度 a の向きと大きさを求めよ。

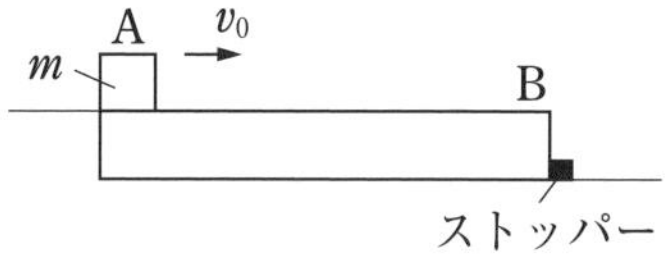

答

(3)　物体Aの v-t グラフの概略を右図に示せ。

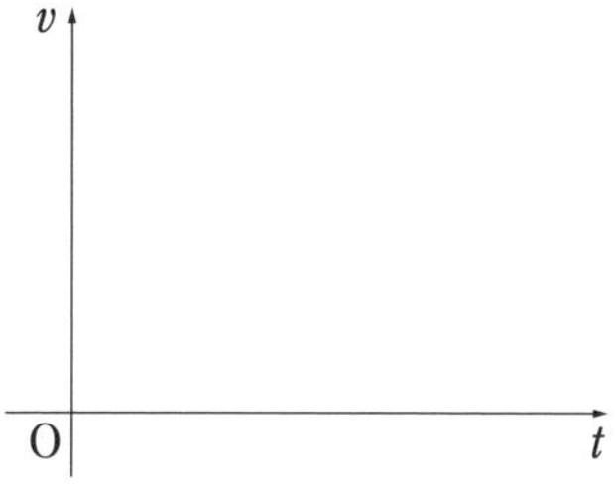

(4)　物体Aが台B上をすべった距離を求めよ。

答

問2　次にストッパーを外し，台Bはなめらかな床上を運動できるものとする。

(1)　物体A，台Bにはたらく力を右図に描け。

(2)　物体A，台Bの加速度 a_A，a_B の向きと大きさを求めよ。

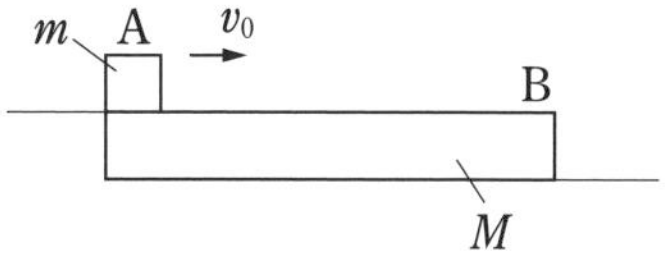

答

(3)　やがて2物体は一体となり同じ速度で運動する。速度の条件式から，同じ速度になる時刻 t を求めよ。

答

(4)　物体Aの v-t グラフの概略を右図に示せ。

(5)　物体Aが台B上をすべった距離を求めよ。

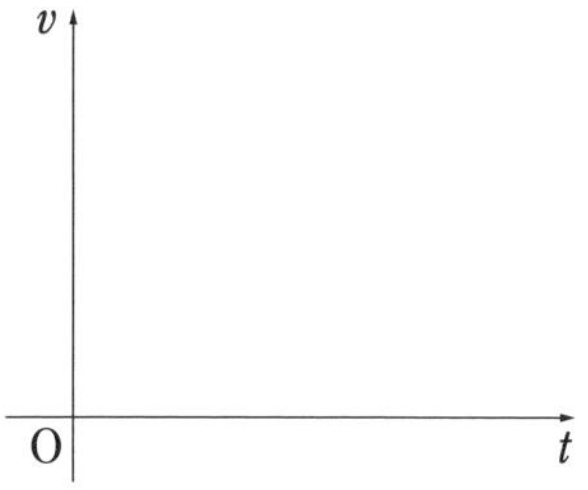

答

25 空気抵抗 ～速度に比例する抵抗力～

解答編 ▶ p.27

月／日

扱うグラフ

・v-t グラフ… 速度に比例する抵抗力を受ける場合の運動は，速度が大きくなるほど加速度が小さくなり，曲線を描く v-t グラフとなる。ここでは，その特徴を扱う。

床上を物体が運動する場合，物体にはたらく抵抗力（動摩擦力）は一定であったので，等加速度運動をしたが，空気中や水中などの液体中を物体が運動する際に受ける抵抗力 f は，その速さ v に応じて変化する。

その比例定数を k とすると，速さが小さいときは $f=kv$ と書け，速さに比例する抵抗力を受ける。これを粘性抵抗とよぶ。

速さが大きいときは，$f=kv^2$ と書け，速さの 2 乗に比例する抵抗力を受け，影響が大きい。これを慣性抵抗とよぶ。

以下では，$f=kv$ と書ける粘性抵抗が空気抵抗となる場合の運動を考える。

物体の自由落下において，空気抵抗は，図 25-1 より

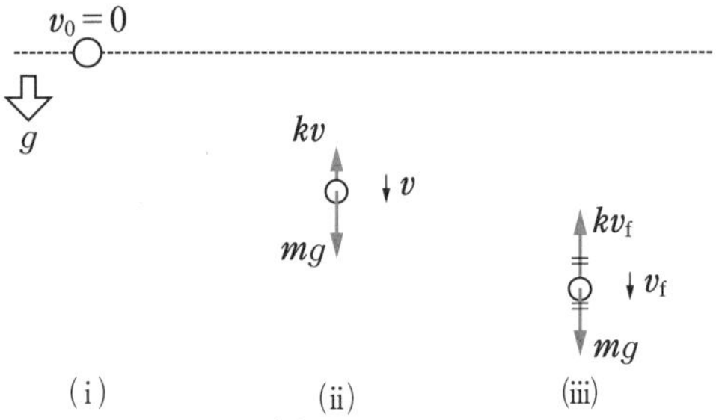

図 25－1

(i) 初速度 0 m/s で落下直後は，粘性抵抗も 0 N であり，重力加速度の大きさ g で落下する。

(ii) 速度 v で落下中の運動方程式は，

$$ma=mg-kv \qquad a=g-\frac{kv}{m}$$

となり，g よりも小さい加速度 a で落下する。

(iii) v が増加し，抵抗力と重力が等しくなると，加速は止まり，等速直線運動になる。この時の速度を終端速度といい，v_f (final の f) と書くと，

$$mg=kv_f \qquad v_f=\frac{mg}{k}$$

となる。

以上を v-t グラフにまとめると，図 25-2 のようになる。

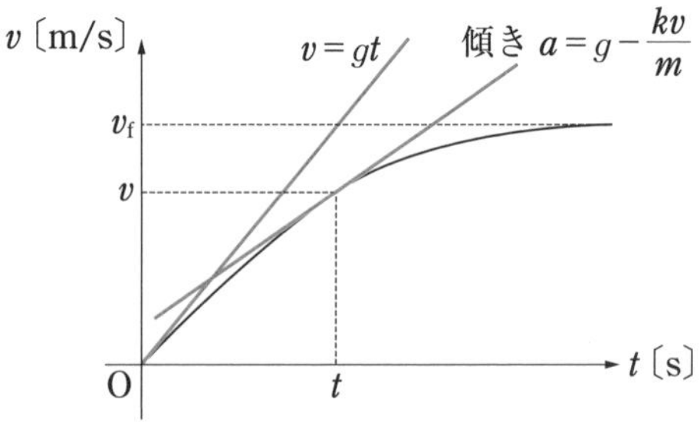

図 25－2

加速度 a は v-t グラフの傾きなので，原点の瞬間は傾き g であるが，徐々に傾きは小さくなり，やがて 0 になって終端速度に落ち着く。

練習問題

物体が $f=kv$ と書ける粘性抵抗を受けて落下する運動の v-t グラフが次のように与えられている。このとき，グラフから比例定数 k を読み取り，終端速度 v_{f}〔m/s〕を求めよ。ただし，質量 $m=10\,\mathrm{kg}$，重力加速度の大きさを $g=9.8\,\mathrm{m/s^2}$ とする。

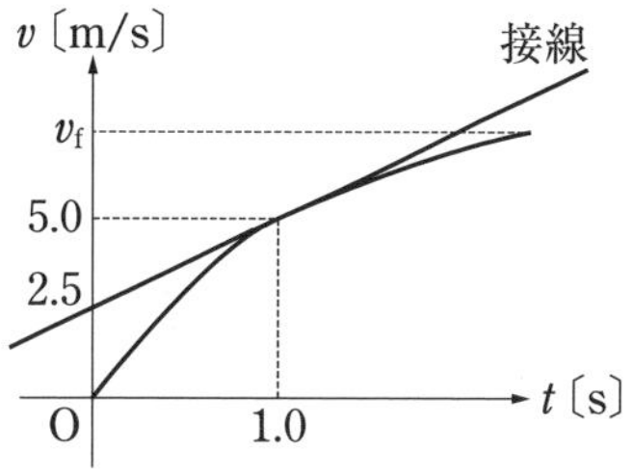

答 ＿＿＿＿＿＿＿＿＿＿

微分方程式を習った人たちへ

微分・積分の計算は，物理学を考えるときにニュートンら当時の科学者たちが生み出した。そのため，物理の計算と深い関係がある。微分方程式を使うと，粘性抵抗を受ける運動の運動方程式は，以下のように解くことができる。

$$a=\frac{\varDelta v}{\varDelta t} \rightarrow a=\frac{dv}{dt}$$

$$m\cdot\frac{dv}{dt}=mg-kv \qquad \frac{dv}{dt}=-\frac{k}{m}\left(v-\frac{mg}{k}\right)=-\frac{k}{m}(v-v_{\mathrm{f}})$$

$$\int\frac{1}{v-v_{\mathrm{f}}}dv=-\frac{k}{m}\int dt \qquad \log|v-v_{\mathrm{f}}|=-\frac{k}{m}t+C$$

$$|v-v_{\mathrm{f}}|=e^{-\frac{k}{m}t}\cdot e^{C}=Ae^{-\frac{k}{m}t}$$

$v \leqq v_{\mathrm{f}}$ より，$v_{\mathrm{f}}-v=Ae^{-\frac{k}{m}t}$

ここで，$t=0\,\mathrm{s}$ で $v=0\,\mathrm{m/s}$ の条件を満たすには，
$A=v_{\mathrm{f}}$ であればよいので，
これを代入すると，

$$v_{\mathrm{f}}-v=v_{\mathrm{f}}e^{-\frac{k}{m}t} \qquad v=v_{\mathrm{f}}\left(1-e^{-\frac{k}{m}t}\right)$$

と解ける。グラフに表すと，右図のようになる。

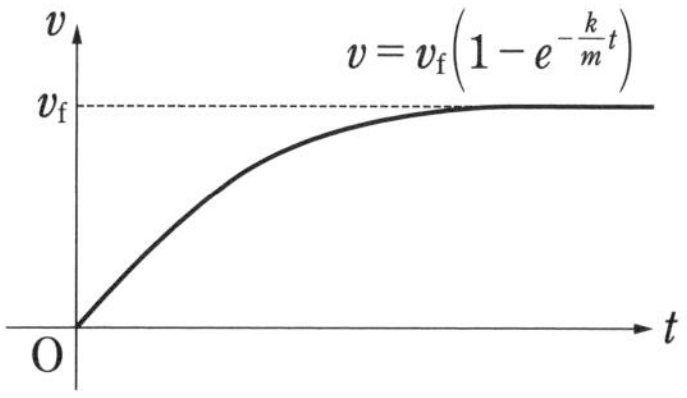

これで運動学の基礎は OK！次は新しい概念を学んでみよう！

26 仕事とエネルギー

解答編 ▶ p.28

月／日

扱うグラフ

・F-x グラフ… 位置 x において，物体にはたらく力 F を表すグラフ。ここでは F がつねに一定の場合を見る。

覚えるべき定義

・仕事 $\boldsymbol{W=Fx\cos\theta}$〔J〕（$F$〔N〕：力の大きさ，$x$〔m〕：移動距離，$\theta$〔rad〕：力の向きと移動方向とのなす角）

図 26-1 のように，力 F〔N〕を加え続け，物体を水平方向に x〔m〕だけ移動させるとき，移動方向の力の成分は $F\cos\theta$ であり，

$$W=(F\cos\theta)\times x=Fx\cos\theta$$

で表される量を仕事とよぶ。単位を〔J〕（ジュール）とする。どんなに力 F を加えても，$x=0$ であったり，$\cos\theta=0$ であれば，仕事は 0 J である。また，$\cos\theta<0$ ($\theta>90°$) であれば，仕事の値は負となる。

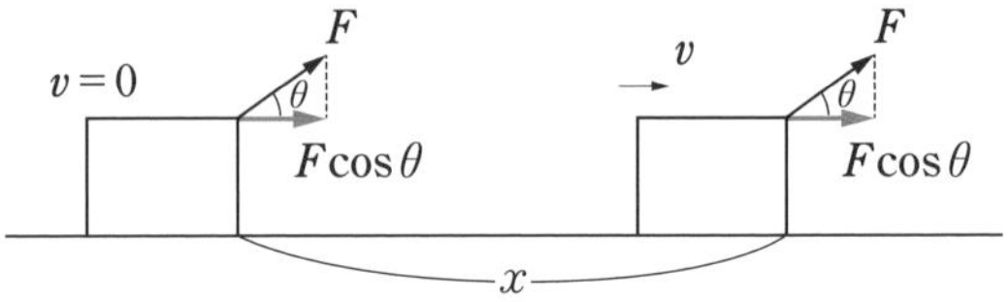

図 26－1

・（エネルギーの変化量）＝（外力から受けた仕事）

考えている系（世界）の外から加えられる力を外力という。外力から受けた仕事そのものを，エネルギーの変化量とよぶ。このように，エネルギーは変化量として定義され，その量は受けた仕事に等しい。

なめらかな面上で，質量 m〔kg〕の静止している物体を，一定の力 f〔N〕で x〔m〕引くと，その地点での速さが v〔m/s〕になった。このとき，運動方程式より，

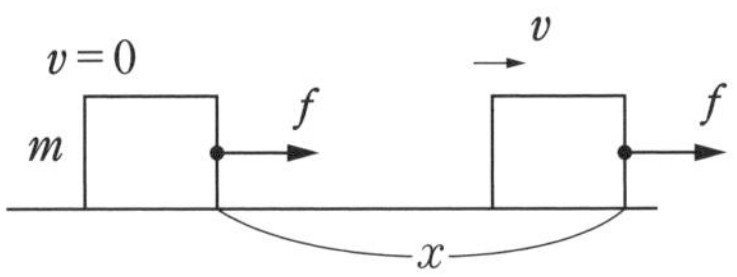

図 26－2

$$ma=f \qquad a=\frac{f}{m}$$

また，等加速度直線運動の式 $v^2-v_0{}^2=2ax$ より，$v_0=0$ として，

$$v^2=2\times\frac{f}{m}\times x$$

上の式より，物体が受けた仕事 $W=fx=\dfrac{1}{2}mv^2$ が計算できる。エネルギーの定義より，これを，質量 m〔kg〕の物体が，速度 v〔m/s〕で運動するときの運動エネルギーとよび，$\boldsymbol{K=\frac{1}{2}mv^2}$〔J〕と表す。$K$ は運動（Kenetic）の頭文字である。

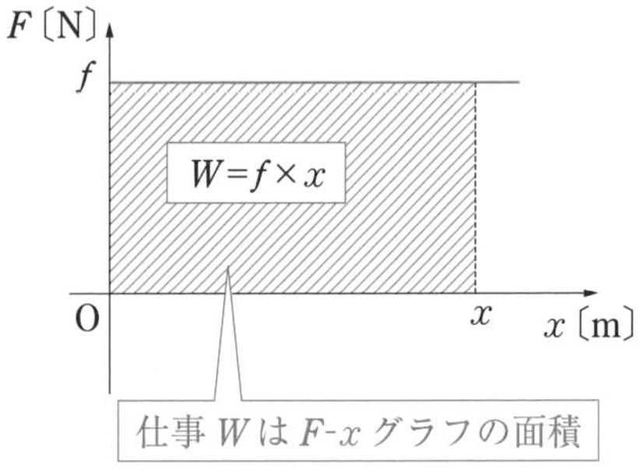

図 26－3

練習問題

次の問いの力に着目し，移動方向（x 軸に平行な向き）にはたらく力の成分 F〔N〕と，位置 x〔m〕の関係を表す F-x グラフを描き，$x=2.0\ \mathrm{m}$ のときの仕事 W〔J〕と物体の運動エネルギー K〔J〕を求めよ。ただし，重力加速度の大きさを $g=9.8\ \mathrm{m/s^2}$ とする。

(1) なめらかな水平面上で静止している質量 $1.0\ \mathrm{kg}$ の物体を，水平面となす角 $60°$ で引く $2.0\ \mathrm{N}$ の力。

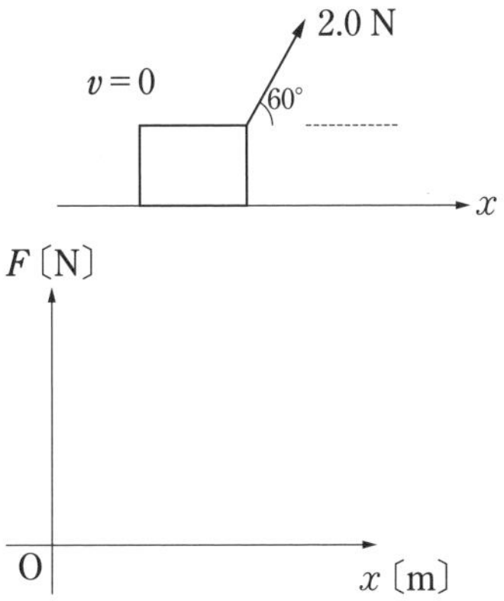

答 ＿＿＿＿＿＿＿＿＿＿

(2) なめらかな水平面上を速さ $v=2.0\ \mathrm{m/s}$ で運動している質量 $1.0\ \mathrm{kg}$ の物体にはたらく垂直抗力 N〔N〕。

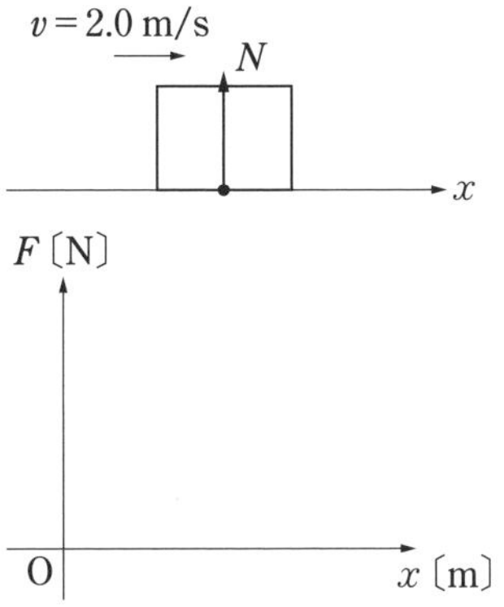

答 ＿＿＿＿＿＿＿＿＿＿

(3) 粗い水平面上を速さ $v=2.0\ \mathrm{m/s}$ で運動している質量 $1.0\ \mathrm{kg}$ の物体にはたらく動摩擦力 f'〔N〕。動摩擦係数を $\mu'=0.10$ とし，右向きを正とする。

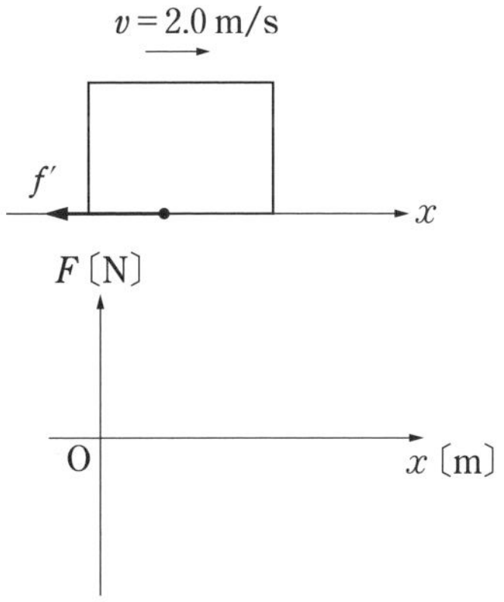

答 ＿＿＿＿＿＿＿＿＿＿

普段使っている「仕事」という言葉と，物理の「仕事」は違うんだね。
エネルギーも，もっとたくさん種類がありそうだ。

27 位置エネルギー

解答編 ▶ p.29

月 / 日

扱うグラフ

・F-x グラフ… 位置 x において，物体にはたらく力 F を表すグラフ。今回は F が x によって変化するので，グラフを描くことが特に重要である。

覚えるべき用語

・「ゆっくりと移動する」… 加速させないで，力のつりあった状態で，という意味。物体にわずかな力を加え十分小さな初速を与えた後，等速で運動させる状況。移動終了の直前に逆向きで同じ力を加えることで停止し，仕事は相殺する。

●重力による位置エネルギー

質量 m〔kg〕の静止している物体を，基準面から高さ h〔m〕までゆっくりともち上げるとき，重力加速度の大きさを g〔m/s^2〕とすると，外力 $F(=mg)$〔N〕のする仕事 W〔J〕は，

$$W=mg\times h=mgh\ \text{〔J〕}$$

である (図 27-1)。これを重力による位置エネルギーとよぶ。このとき，基準をどこにとるかで位置エネルギーの値は変わるため，基準はつねに意識する必要がある。基準より低い位置に移動させるとき，外力と移動方向とのなす角 $\theta=180°$ となり負の仕事をするので，位置エネルギーは負の値になる。

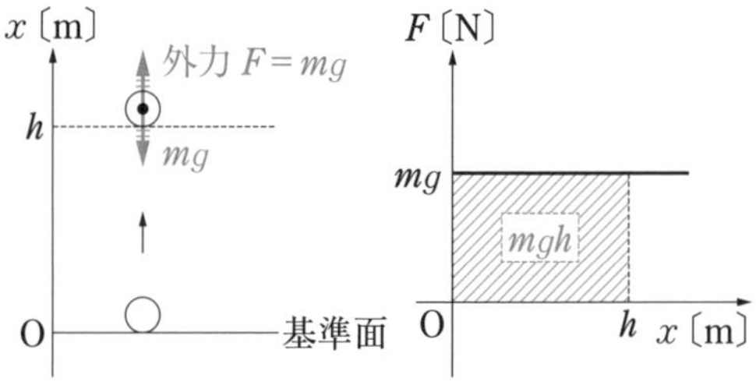

図 27－1

●弾性力（ばね）による位置エネルギー

質量 m〔kg〕の物体をばね定数 k〔N/m〕のばねにつないで，自然長から x〔m〕の位置まで伸ばすとき，外力 $F(=kx)$〔N〕のする仕事 W〔J〕は図 27-2 の F-x グラフの面積から求められ，

$$W=\frac{1}{2}\times x\times kx=\frac{1}{2}kx^2\ \text{〔J〕}$$

となる。これを弾性力による位置エネルギーとよぶ。このときの基準は，自然長の位置である。

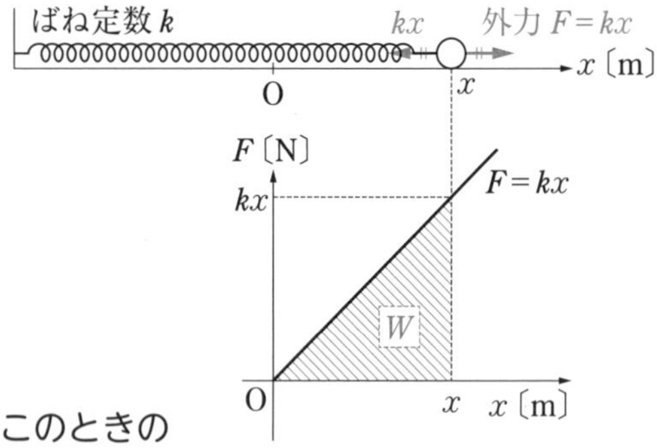

図 27－2

《補足》 図 27-2 のばねのように，位置 x に応じて力の大きさが変わる場合，単位長さあたりの仕事の大きさも少しずつ変化していく。微小な区間 Δx の移動に必要な仕事 ΔW を足していくことで，全仕事 W が F-x グラフの面積で計算できることがわかる。

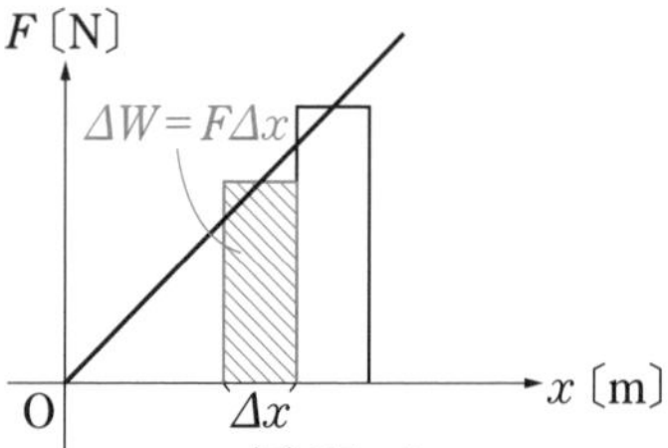

図 27－3

練習問題

問1　質量 m の物体を自由落下させ，距離 h だけ落下したときの速さを v とする。重力加速度の大きさを g として次の問いに答えよ。

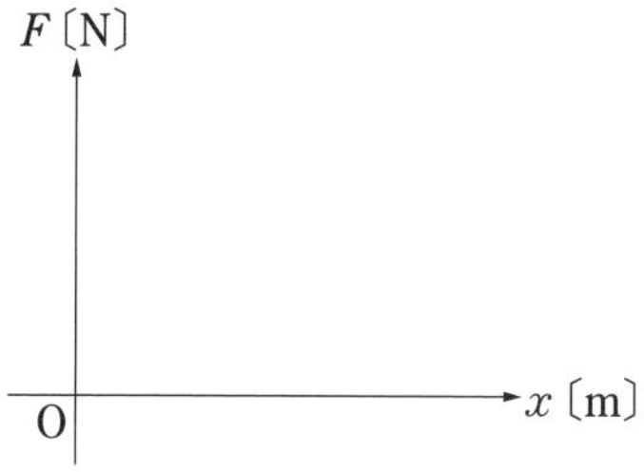

(1)　重力の大きさ F と移動距離 x の関係を表す F-x グラフを右図に描き，重力のした仕事 W を求めよ。

答 ＿＿＿＿＿＿＿＿

(2)　重力のした仕事が運動エネルギーの変化に等しいことから，速さ v を求めよ。

答 ＿＿＿＿＿＿＿＿

問2　図のように，質量 m の物体をばね定数 k のばねにつなぎ，自然長から x だけ伸ばして静かにはなした。自然長の位置Oでの物体の速さを v として，次の問いに答えよ。

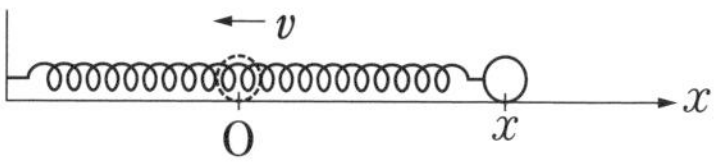

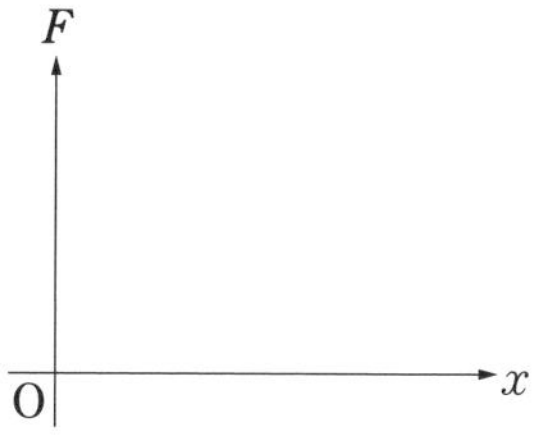

(1)　弾性力に逆らってばねを伸ばした外力の大きさ F と，移動距離 x の関係を表す F-x グラフを右図に描き，自然長から位置 x の位置まで伸ばした際に外力がした仕事 W を求めよ。

答 ＿＿＿＿＿＿＿＿

(2)　弾性力のした仕事が運動エネルギーの変化に等しいことから，速さ v を求めよ。

答 ＿＿＿＿＿＿＿＿

問3　質量 m の物体をばね定数 k のばねにつなぎ，自然長からの伸びが x_1 の状態から x_2 までゆっくりと伸ばした。

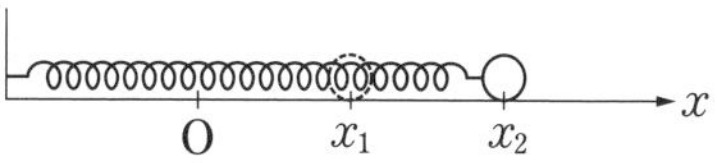

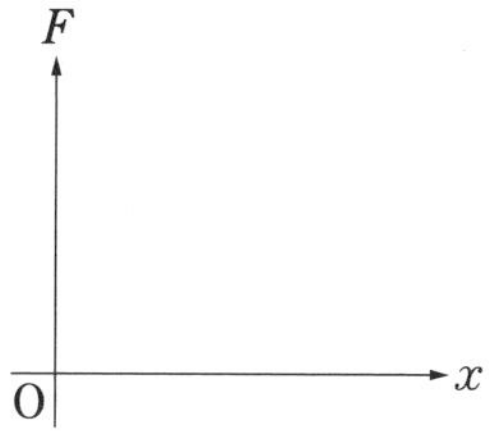

(1)　弾性力に逆らってばねを伸ばした外力の大きさ F と，移動距離 x の関係を表す F-x グラフを右図に描き，位置 x_1 から x_2 まで伸ばした際に外力がした仕事 W を求めよ。

答 ＿＿＿＿＿＿＿＿

(2)　(1)の仕事をエネルギーの変化量から説明せよ。

「運動エネルギー」と「位置エネルギー」，これが力学で登場する具体的なエネルギーだね。

28 力学的エネルギー保存則

解答編 ▶ p.30

月／日

扱うグラフ

・x-v グラフ… 縦軸に位置 x，横軸に速度 v をとったグラフ。位置 x と速度 v が運動の過程でどのように変化していくかを見るのに用いる。

●保存力

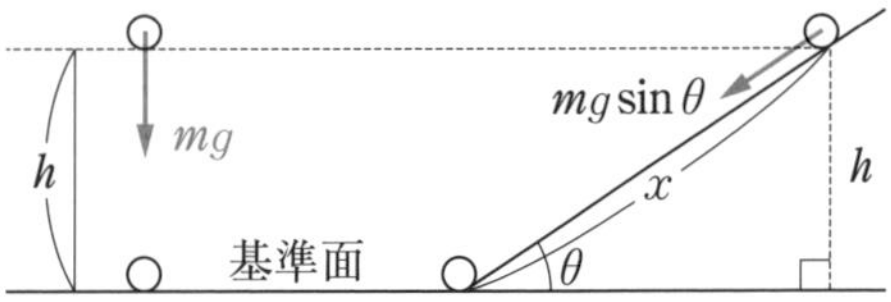

質量 m〔kg〕の静止している物体を，基準面から高さ h〔m〕まで鉛直にゆっくりともち上げる運動と，水平面との角度が θ のなめらかな斜面上を，高さ h〔m〕までゆっくりともち上げる運動を比較する。斜面方向にはたらく重力の大きさは，重力加速度の大きさを g〔m/s²〕とすると，$mg\sin\theta$〔N〕である。また，移動距離 $x=\dfrac{h}{\sin\theta}$ なので，外力 F〔N〕のする仕事 W〔J〕は，$W=mg\sin\theta\times\dfrac{h}{\sin\theta}=mgh$〔J〕となり，鉛直にもち上げた場合と一致する。

このように，移動の経路によらず，最初と最後の状態だけで位置エネルギーが決まる力を保存力という。高校物理で登場する保存力は，重力，弾性力，万有引力，静電気力などがある。

●力学的エネルギー保存則

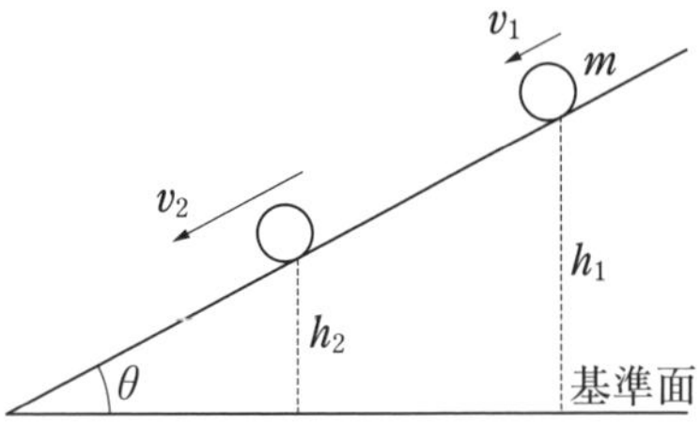

なめらかな斜面上を運動する質量 m の物体を考える。基準面からの高さが h_1 のときの速さを v_1，h_2 のときの速さを v_2 とすると，運動エネルギーの変化量が重力のする仕事に等しいことから，$\dfrac{1}{2}mv_2{}^2-\dfrac{1}{2}mv_1{}^2=mg(h_1-h_2)$ と書け，変形すると $\boldsymbol{\dfrac{1}{2}mv_1{}^2+mgh_1=\dfrac{1}{2}mv_2{}^2+mgh_2}$ となる。また，なめらかな水平面上をばねにつながれて運動する質量 m の物体を考える。自然長からの伸びが x_1 のときの速さを v_1，x_2 のときの速さを v_2 とすると，運動エネルギーの変化量が弾性力のする仕事に等しいことから，

$$\frac{1}{2}mv_2{}^2-\frac{1}{2}mv_1{}^2=\frac{1}{2}kx_1{}^2-\frac{1}{2}kx_2{}^2$$

が成り立ち，変形すると

$$\boldsymbol{\frac{1}{2}mv_1{}^2+\frac{1}{2}kx_1{}^2=\frac{1}{2}mv_2{}^2+\frac{1}{2}kx_2{}^2}$$

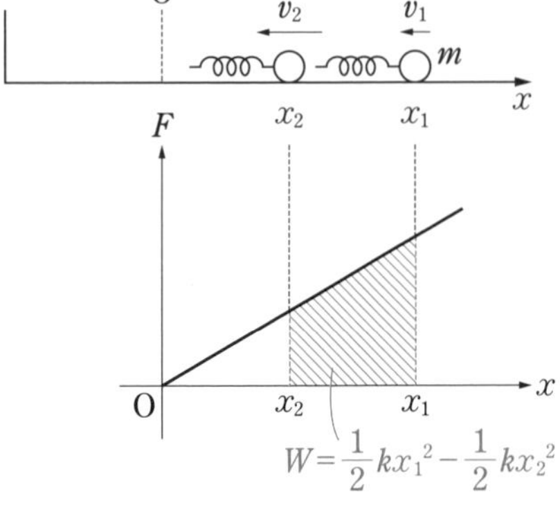

となる。運動エネルギー K と位置エネルギー U の和を力学的エネルギー E とよぶと，どちらの場合も 2 つの状態で力学的エネルギーの値が等しくなっていることがわかり $\boldsymbol{K+U=E=}$**一定** となる。これを力学的エネルギー保存則といい，保存力しか仕事をしない場合に成り立つ。摩擦力などがはたらく場合は，成り立たない。

練習問題

問1　質量 2.0 kg のボールが水平面となす角 30° のなめらかな斜面上にあり，水平面から 10 m の高さから静かにはなす。斜面に沿って下向きを正に x 軸をとり，斜面と水平面との交点を原点Oとし，水平面を重力の位置エネルギーの基準とする。重力加速度の大きさを 9.8 $\mathrm{m/s^2}$ として次の問いに答えよ。

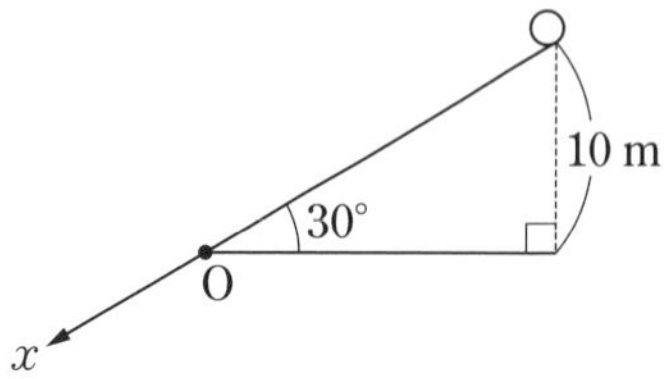

(1)　最初の位置でのボールの力学的エネルギーを求めよ。

答＿＿＿＿＿＿＿＿

(2)　位置 x におけるボールの速さを v とする。力学的エネルギー保存則の式を立式し，v と x を用いて表せ。

答＿＿＿＿＿＿＿＿

(3)　x-v グラフの概形を右図に描け。

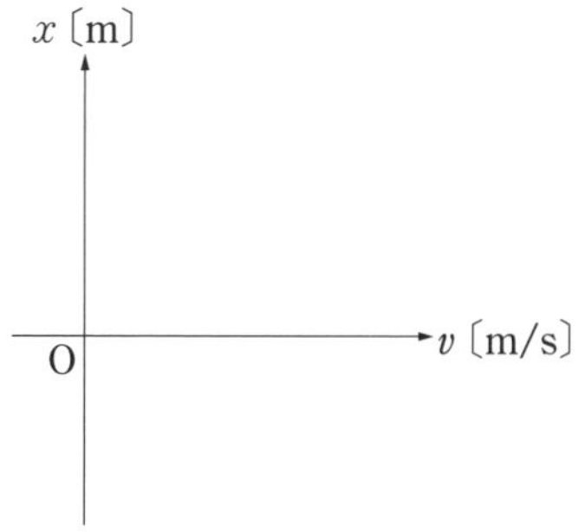

(4)　原点Oでのボールの速さを求めよ。

答＿＿＿＿＿＿＿＿

問2　図のように，質量 2.0 kg の物体をなめらかな水平面上でばね定数 2.0 N/m のばねにつなぎ，自然長から 1.0 m 伸ばして静かにはなす。その後，位置 x と速さ v の関係を調べると，表のようになった。

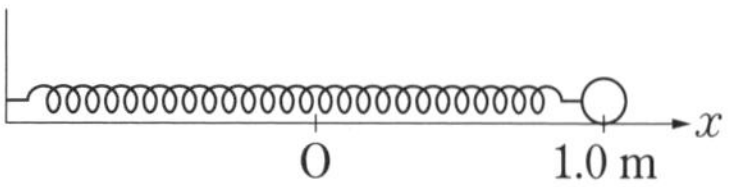

x〔m〕	1.0	$\frac{3}{5}$	$\frac{1}{2}$	0
v〔m/s〕	0	$\frac{4}{5}$	$\frac{\sqrt{3}}{2}$	

(1)　最初の位置での力学的エネルギーを求めよ。

答＿＿＿＿＿＿＿＿

(2)　位置 x における物体の速さを v とする。力学的エネルギー保存の式を立式し，v と x を用いて表せ。

答＿＿＿＿＿＿＿＿

(3)　自然長の位置での物体の速さを求め，表に記入せよ。

答＿＿＿＿＿＿＿＿

(4)　x-v グラフの概形を右図に描け。

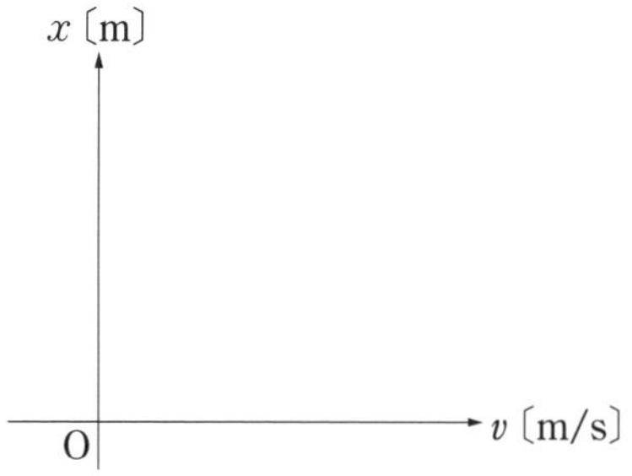

運動エネルギーと位置エネルギーの和に意味があるんだね。

29 鉛直方向のばねの振動と力学的エネルギー

解答編 ▶ p.31

月／日

扱うグラフ

・K-x グラフ… 縦軸に運動エネルギー K，横軸に位置 x をとったグラフ。x と K が運動の過程でどのように変化するかを見るのに用いる。

●鉛直方向のばねの振動

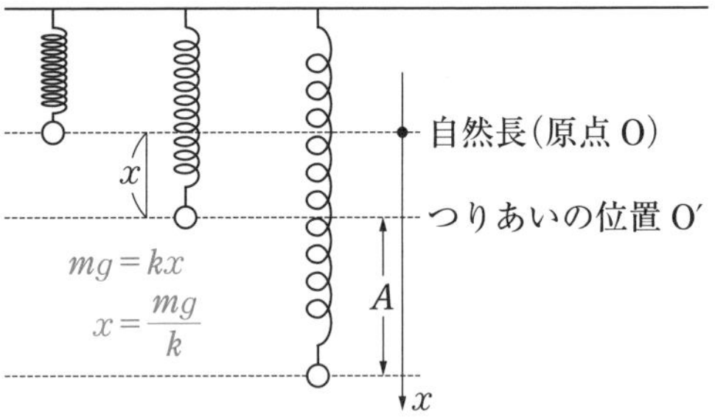

図 29－1

質量 m〔kg〕の物体を天井からばね定数 k〔N/m〕のばねにつなげてつるし，静止させる。このとき，ばねの自然長からの伸びは，力のつりあいの式から重力加速度 g を用いて $x=\frac{mg}{k}$ と計算できる。

この状態からさらに物体を A〔m〕だけ引き下げて静かにはなすと，物体は重力と弾性力を受けて振動する。自然長の位置を原点Oとし，鉛直方向下向きを x 軸正の向きとすると，位置 x での物体の運動方程式は，

$$ma=-kx+mg=-k\left(x-\frac{mg}{k}\right)=-kx'$$

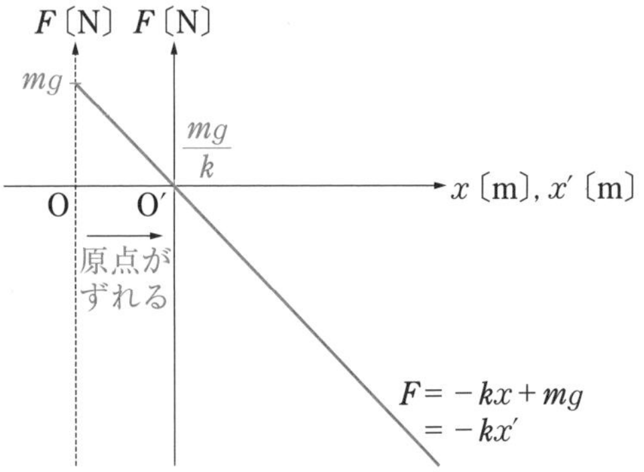

図 29－2

と書け，F-x グラフは図 29-2 のようになる。すなわちこの運動は，$x=\frac{mg}{k}$（つりあいの位置）が自然長の位置（振動の中心）となるような振動をすると解釈できる。重力は振動の中心をずらすように作用し，その後は弾性力のみを考えて水平面でのばねの振動と同じように考えてよい。

実際，つりあいの位置 O′ を重力の位置エネルギーの基準とし，O′ からの伸びが x' のときの速さを v' として力学的エネルギー保存則の式を立てると，

$$\frac{1}{2}mv'^2-mgx'+\frac{1}{2}k\left(\frac{mg}{k}+x'\right)^2=-mgA+\frac{1}{2}k\left(\frac{mg}{k}+A\right)^2$$

$$\frac{1}{2}mv'^2+\frac{1}{2}kx'^2=\frac{1}{2}kA^2$$

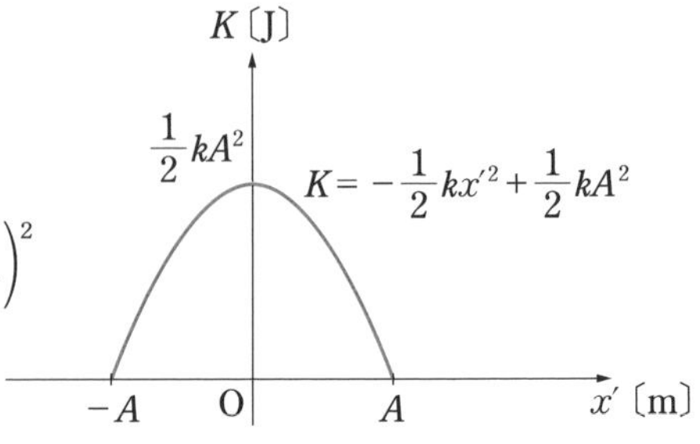

図 29－3

となり，重力の位置エネルギーの項は消えて，水平面上で自然長から A だけ伸ばして運動させたときの式と一致する。このとき，運動エネルギー $\frac{1}{2}mv'^2$ を K とおくと，$K=-\frac{1}{2}kx'^2+\frac{1}{2}kA^2$ と変形でき，K-x' グラフは図 29-3 のようになり，振幅 A の振動をすることがわかる。

練習問題

問1　図のように，質量 m のボールを天井からばね定数 k のばねにつなげてつるし，ばねの自然長の位置（原点O）で静止させていた状態からぱっと手をはなすと，ボールは鉛直方向に振動した。重力加速度の大きさを g として次の問いに答えよ。

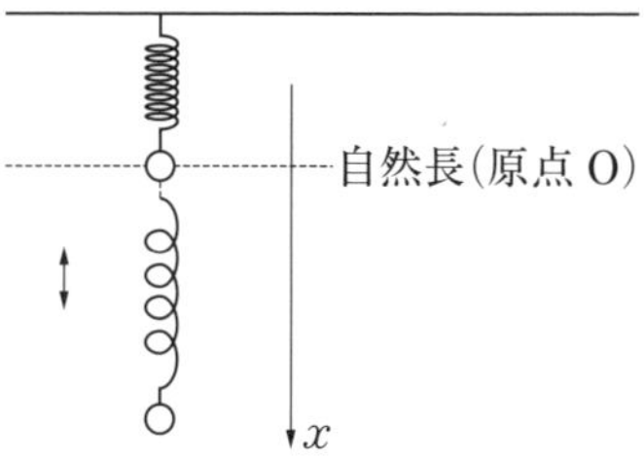

(1)　振動の中心の位置 x_1 を求めよ。

答

(2)　振動の最下点の位置 x_2 を求めよ。

答

(3)　位置 x における速度を v として，力学的エネルギー保存則の式を立式せよ。原点を重力の位置エネルギーの基準とする。

答

(4)　K-x グラフの概形を右図に描け。

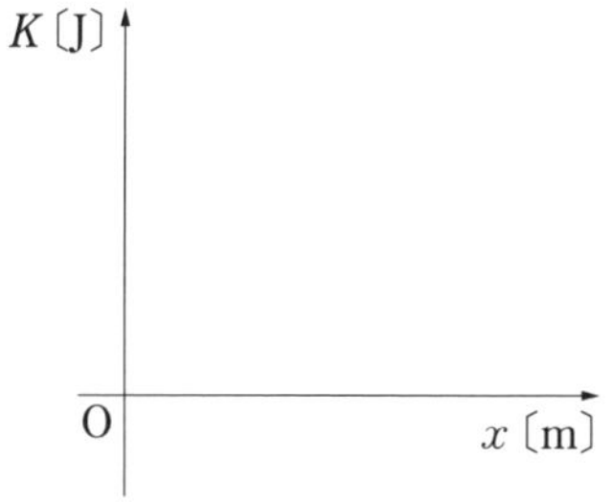

(5)　速さの最大値を求めよ。

答

問2　図のように，質量 m のボールを天井からばね定数 k のばねにつなげてつるし，つりあいの位置から d だけ伸ばして静かにはなし，振動させた。はなす直前の位置を原点Oとし，重力の位置エネルギーの基準とし，鉛直方向上向きに x 軸正の向きをとる。重力加速度の大きさを g として次の問いに答えよ。

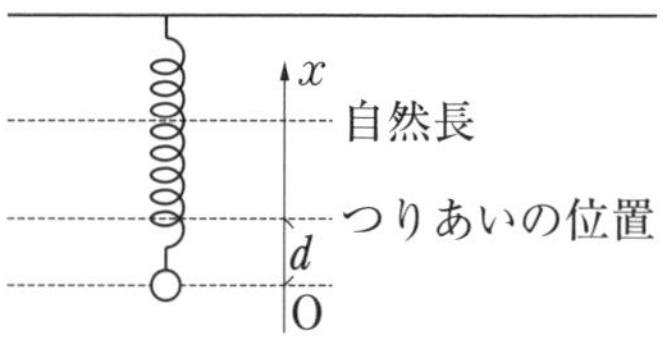

(1)　位置 x における速さを v とする。最初の位置での力学的エネルギーを用いて，力学的エネルギー保存則の式を立式せよ。

答

(2)　K-x グラフの概形を描け。

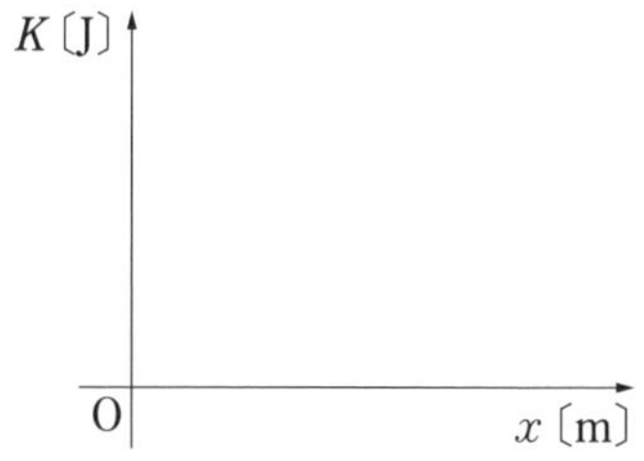

30 鉛直方向のばねの振動と垂直抗力のする仕事

解答編 ▶ p.32

月　日

扱うグラフ

・F-x グラフ… 力学的エネルギーが保存されない場合において，F-x グラフを用いることで外力のする仕事を求めることができる。

● 2 つの実験

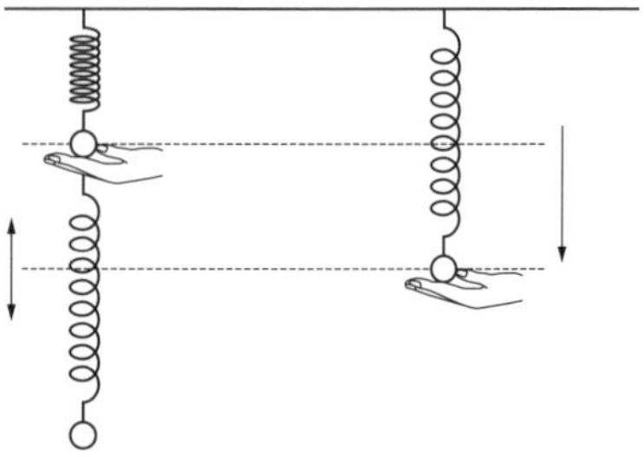

図 30－1

質量 m〔kg〕の物体を天井からばね定数 k〔N/m〕のばねにつなげてつるす。自然長の位置からぱっと手をはなすと，ばねは鉛直方向に振動した。しかし，手をゆっくりと鉛直下向きに移動させていくと，つりあいの位置で物体は静止し，その後も静止し続けた。重力加速度の大きさを g〔m/s^2〕とする。

物体を手からはなすことは一緒なのに，ぱっとはなすか，ゆっくり移動させるかで運動のようすが変わってしまうのはなぜだろう？　このとき，ぱっと手をはなす方は保存力（重力と弾性力）しかはたらかず，力学的エネルギーが保存するのに対して，ゆっくり移動させる方は運動の途中で手から受ける垂直抗力 N〔N〕が仕事をしてしまうのが原因である。自然長の位置を原点Oとし，鉛直下向きに x 軸正の向きをとって位置 x〔m〕における物体の運動方程式を考えると，ゆっくり移動させているので加速度は 0 であり，

$$m\times 0=mg-kx-N \text{ より，} N=-kx+mg$$

である。これを F-x グラフに表すと図 30-2 のようになり，その面積から垂直抗力 N のする仕事 $W=-\dfrac{(mg)^2}{2k}$〔J〕が求められる。この仕事を受けて，物体が自然長の位置にあるときに物体がもつ力学的エネルギーが 0 になり，物体は静止する。

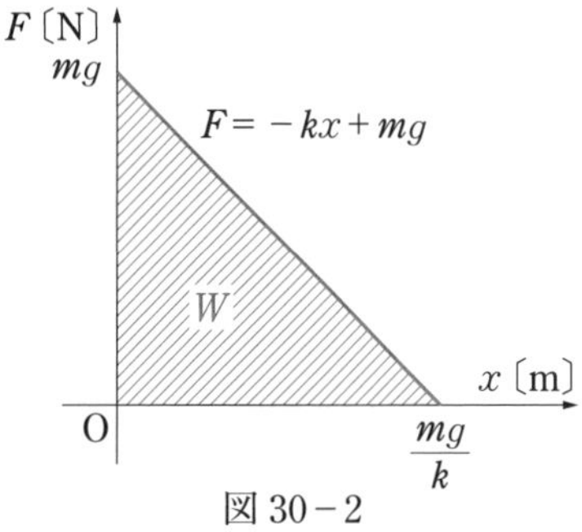

図 30－2

問 1　図 30-2 の F-x グラフから垂直抗力のする仕事を求めよ。

答＿＿＿＿＿＿

問 2　上の振動する運動について，つりあいの位置を振動の中心と考えたとき，最初の位置でのばねの位置エネルギーを求めよ。

答＿＿＿＿＿＿

練習問題

問1　図のように，質量 2.0 kg のボールを天井からばね定数 196 N/m のばねにつなげてつるし，自然長の位置から手でゆっくりと鉛直下向きに移動させると，ある位置で静止した。ばねの自然長の位置を原点Oとし，鉛直下向きに x 軸をとる。重力加速度の大きさを $9.8\ \mathrm{m/s^2}$ として次の問いに答えよ。

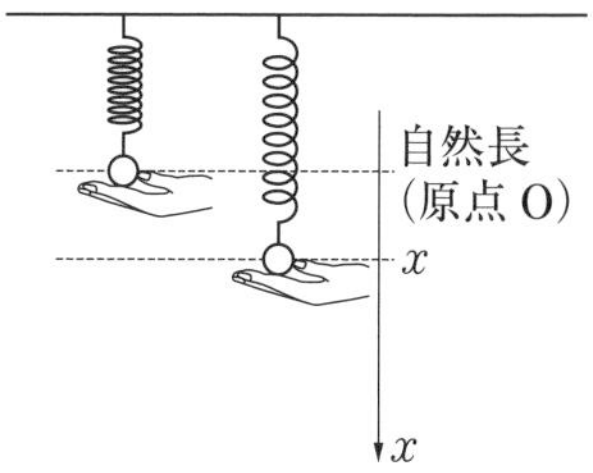

(1)　位置 x における垂直抗力 N を x を用いて表せ。

答＿＿＿＿＿＿＿＿＿＿

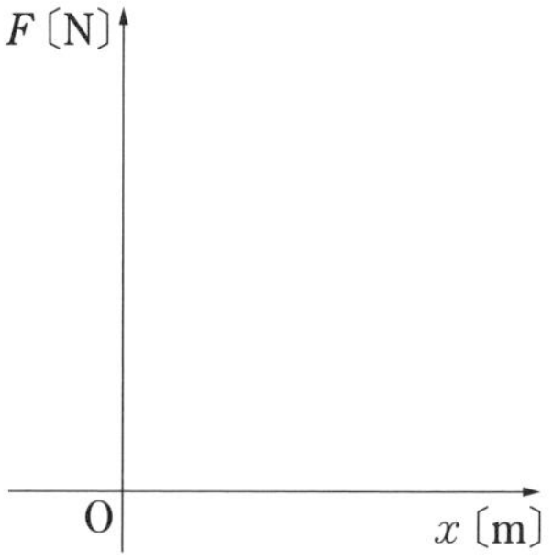

(2)　N と x の関係を右の F-x グラフに描け。

(3)　手がボールにした仕事を求めよ。

答＿＿＿＿＿＿＿＿＿＿

問2　図のように，床にばね定数 k のばねを鉛直に固定し，他端に軽い板をつけ，その上に質量 m のボールを置いて静止させる。その後，さらにばねを $\dfrac{2mg}{k}$ だけ縮めて手をはなすと，ばねは鉛直方向に振動した。ばねの自然長の位置を原点Oとし，鉛直上向きに x 軸をとる。重力加速度の大きさを g として次の問いに答えよ。

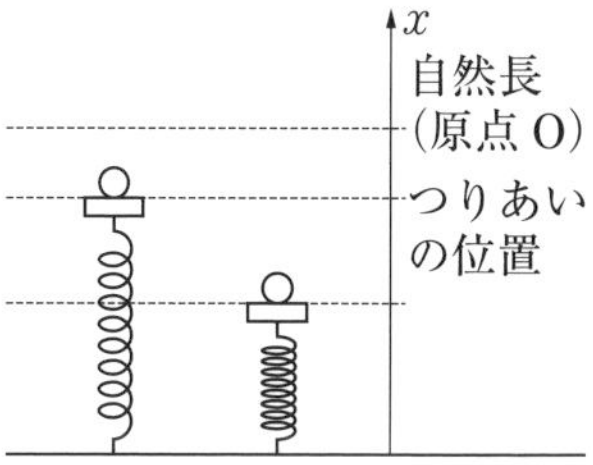

(1)　つりあいの位置 x を求めよ。

答＿＿＿＿＿＿＿＿＿＿

(2)　$x\ (x<0)$ における垂直抗力 N を求めよ。

答＿＿＿＿＿＿＿＿＿＿

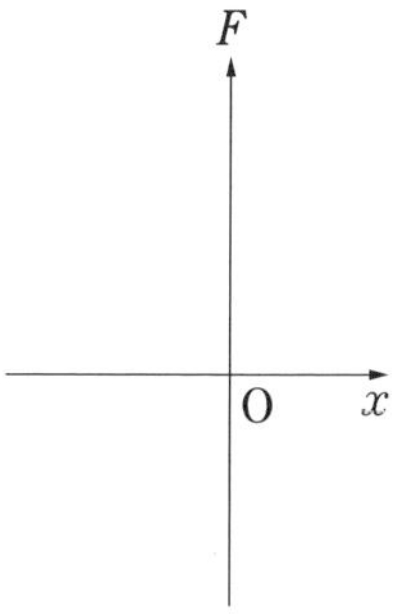

(3)　垂直抗力 N について，F-x グラフの概形を右図に描け。

(4)　ボールが板から離れるときの位置 x を求めよ。

答＿＿＿＿＿＿＿＿＿＿

(5)　ボールが板から離れるときの速さ v を求めよ。

答＿＿＿＿＿＿＿＿＿＿

31　運動量と力積

解答編 ▶ p.33

月／日

扱う図

・運動量ベクトル図…　運動量変化の向きと大きさを表す図。力積の向きや大きさを求めるのに用いることができる。

覚えるべき定義・用語

・運動量 $\vec{p}$＝質量 m×速度 $\vec{v}$〔kg·m/s〕
（$\vec{p}$，$\vec{v}$ には向きが必要（ベクトル）。m には向きがない（スカラーという）。）
・力積 $\vec{I}$＝力 $\vec{F}$×力がはたらいた時間 Δt〔N·s〕
（$\vec{I}$，$\vec{F}$ には向きが必要。Δt には向きがない。）

●物体Aの運動量の変化量はその間に物体が受けた力積に等しい

速度 $\vec{v}$ で飛んできた質量 m のボールをバットで打ち返すと，$\vec{v}'$ で飛んでいった（図 31-1）。これは，ボールがバットから力 $\vec{F}$ を受けたからである。運動方程式で表すと

$$m\frac{\vec{v}'-\vec{v}}{\Delta t}=\vec{F}\ \text{であり}\qquad m\vec{v}'-m\vec{v}=\vec{F}\Delta t\quad\cdots(*)$$

と変形できる。

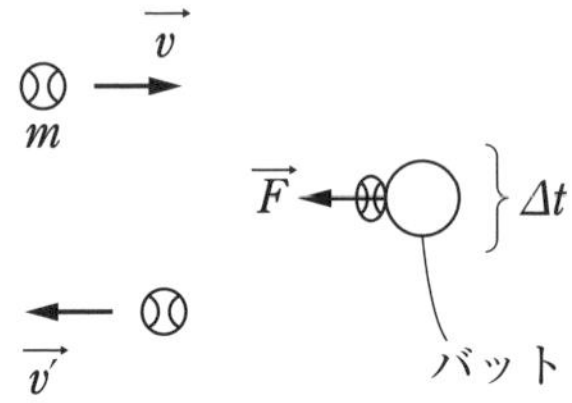

図 31－1

これより，力積や力を求めたければ，運動量の変化量から求められることがわかる。これを運動量ベクトル図にすると，図 31-2 のようになる。変化量を求めたいときは，変化前の矢印の先端から変化後の矢印の先端に向かうベクトルを考えればよい。

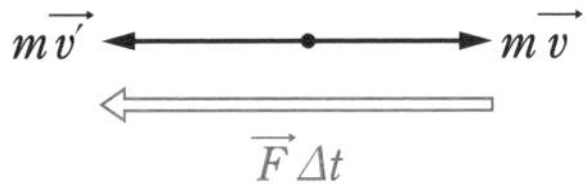

図 31－2

●平面運動における力積

例えば，東向きに速度 $\vec{v}$ で飛んできた質量 m のボールを北向きに速度 $\vec{v}'$ で打ち返すとき，バットの与えた力積を運動量の変化量から求めることを考える（図 31-3）。図 31-4 のように運動量ベクトルの始点を揃え，衝突前後の運動量ベクトルの差に対応するベクトルを図示すると，（＊）式よりその差のベクトルの向きと大きさが力積に対応する。すなわち，差のベクトルの矢印の方向が力を加えた方向であり，その大きさ（長さ）を接触時間 Δt で割ることで，Δt〔s〕間に与えた平均の力の大きさを求めることができる。

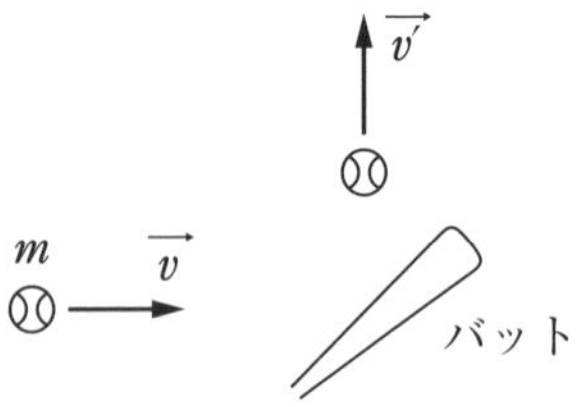

図 31－3

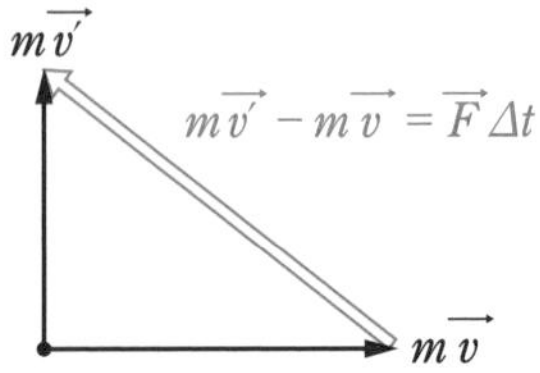

図 31－4

練習問題

東向きに 4.0 m/s で飛ぶ質量 0.20 kg のボールの運動が，以下のように変化するとき，ボールが受けた力積を，運動量ベクトル図を描いて求めよ。重力の影響は考えないとする。また，$\sqrt{2}\fallingdotseq 1.41$，$\sqrt{3}\fallingdotseq 1.73$ として計算せよ。

(1) 変化後：東向きに 6.0 m/s

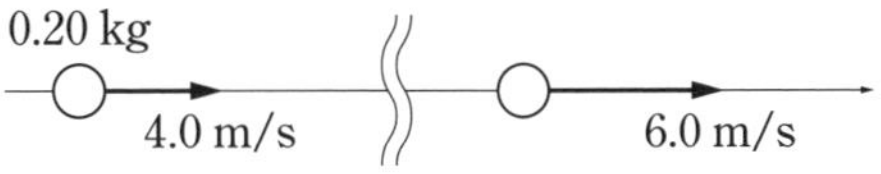

答

(2) 変化後：西向きに 2.0 m/s

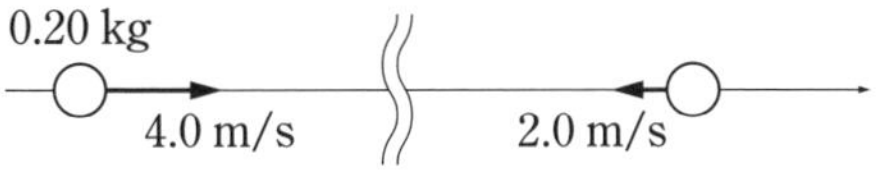

答

(3) 変化後：北向きに 4.0 m/s

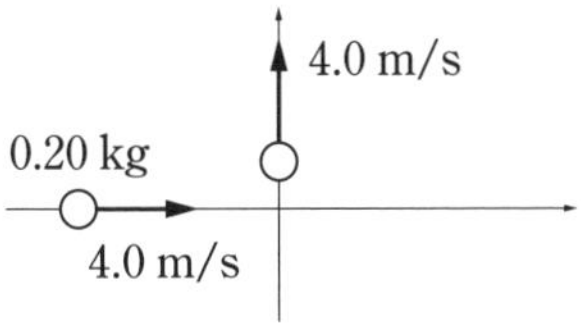

答

(4) 変化後：西向きとなす角 60° 北向きに 4.0 m/s

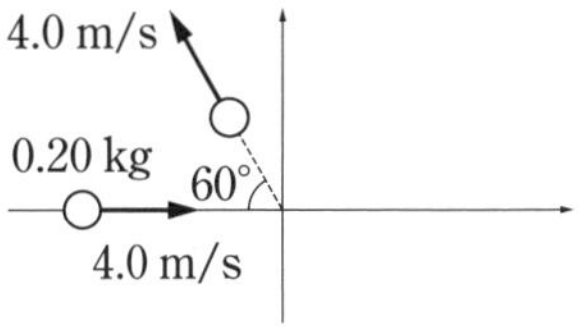

答

(5) 変化後：東向きとなす角 60° 北向きに 4.0 m/s

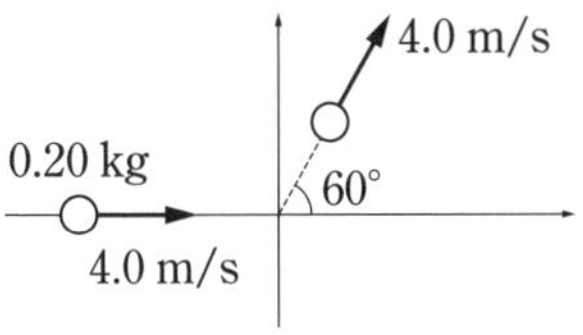

答

(6) 変化後：西向きとなす角 60° 南向きに 4.0 m/s

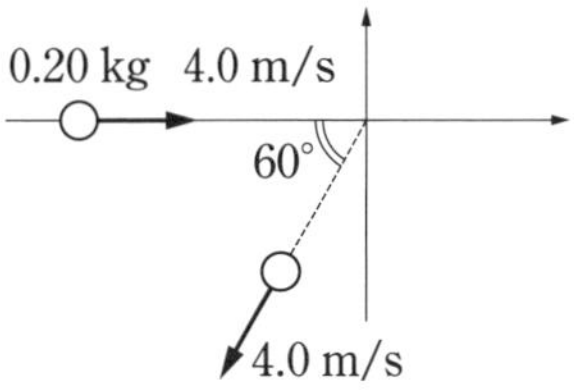

答

運動量は向きも含めた量だということを頭に染み込ませておこう！

32 力積と作用・反作用の法則

解答編 ▶ p.34

月／日

扱うグラフ

・F-t グラフ… 縦軸に力 F，横軸に時刻 t をとったグラフ。ある物体にかかる力が時刻 t とともにどう変化するかを表す。物体どうしの衝突を考える際に用いられることが多い。

●衝突の場合の F-t グラフ

テニスボールをラケットで打ち返すようすのスローモーションを想像すると，ボールはラケットの面上で変形し，その後運動の方向を変えるようすが浮かんでくる。このように，物体どうしが衝突する際は，ある微小時間 Δt〔s〕の間に力 F〔N〕が値を変えながらはたらいている。これを F-t グラフにすると図 32-1 のようになる。この斜線の面積は，衝突中に受けた $F\Delta t$（力積）の大きさに等しく，運動量の変化量から求められる量である。力積を Δt で割ると，単位時間あたり何 N の力を受け続けたのかが求まり，これを平均の力とよび，$\overline{F}$ と書く。

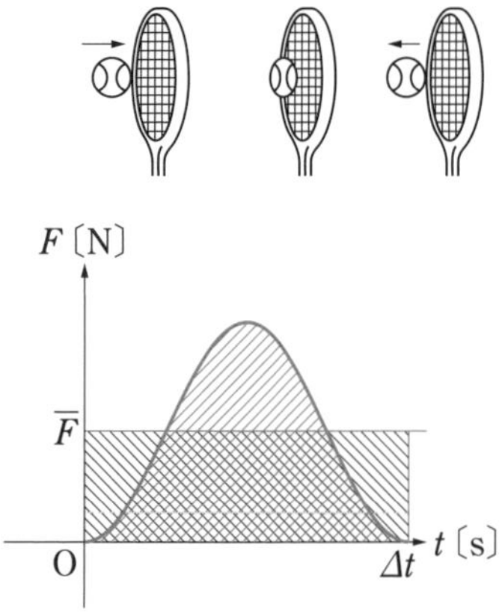

図 32－1

● 2 物体の衝突

ボールAとボールBが衝突することを考える。このとき，衝突中の微小時間 Δt〔s〕の間，A，B にはそれぞれ力がはたらくが，作用・反作用の法則よりその大きさはつねに等しく，向きは逆向きである。

よって 1 回の衝突における A，B の F-t グラフは図 32-2 のように，t 軸に関して対称な図形となる。

大きい物体と小さい物体の衝突では，小さい物体の受ける力の方が大きいように感じてしまうが，実際およぼしあう力積は等しく，質量の違いから生じる加速度が異なるため，衝突後の運動が異なるように見える。質量の大きい物体は速度の変化が小さく，小さい物体は速度の変化が大きい。

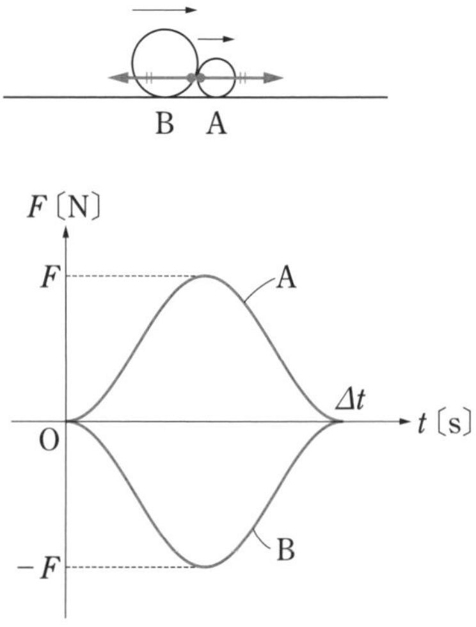

図 32－2

練習問題

問1　質量 0.20 kg のボールをバットで打ち返したら，右図のような F-t グラフが得られた。接触時間は 1.0×10^{-2} s とし，重力の影響は考えないとして次の問いに答えよ。

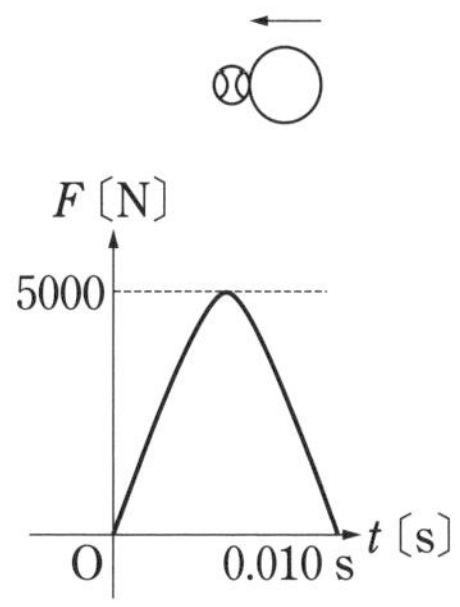

(1)　F-t グラフを三角形として近似し，ボールが 1.0×10^{-2} s 間で受けた力積の大きさを求めよ。

答＿＿＿＿＿＿＿＿＿＿

(2)　バットが与えた平均の力を求めよ。

答＿＿＿＿＿＿＿＿＿＿

問2　質量 2.0×10^{-2} kg の弾丸が 1.0×10^{2} m/s の速さで壁に打ち込まれ，一定の抗力を受けて 0.50 m 進んで静止した。重力の影響は考えない。

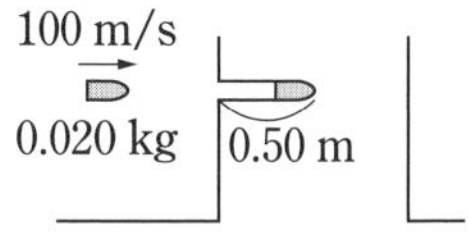

(1)　運動エネルギーと壁がした仕事の関係から，壁の抗力 F の大きさを求めよ。

答＿＿＿＿＿＿＿＿＿＿

(2)　弾丸が壁に衝突してから静止するまでの時間を求めよ。

答＿＿＿＿＿＿＿＿＿＿

(3)　弾丸が受けた抗力の大きさを F-t グラフに描け。

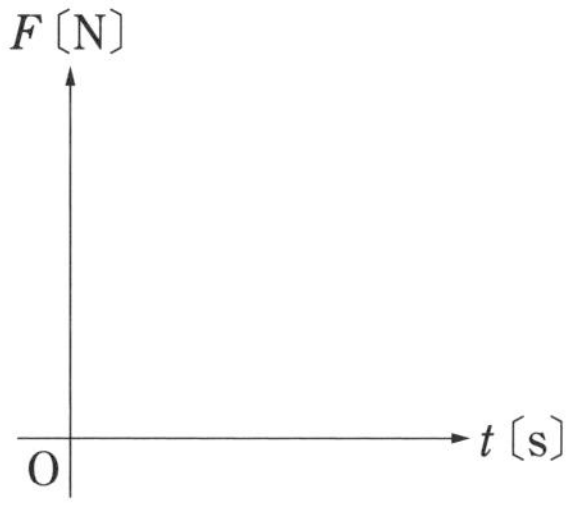

問3　質量 m の物体Aが，静止している質量 m の物体Bに速さ v で衝突すると，A は静止しBは速さ v で運動した。そのときのBが受けた力の F-t グラフが右図のように表されている。このとき次の問いに答えよ。

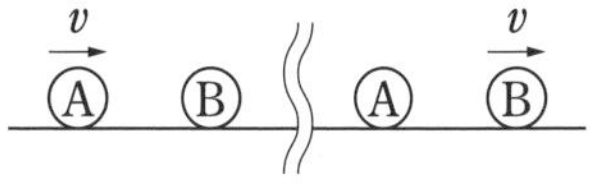

(1)　A が受けた力の F-t グラフの概形を右図に描け。

(2)　次に，A を速さ $2v$ で静止しているBに衝突させると，A は静止し，B は速さ $2v$ で運動した。接触時間は同じであるとして，このときの A，B の F-t グラフの概形を右図に描け。

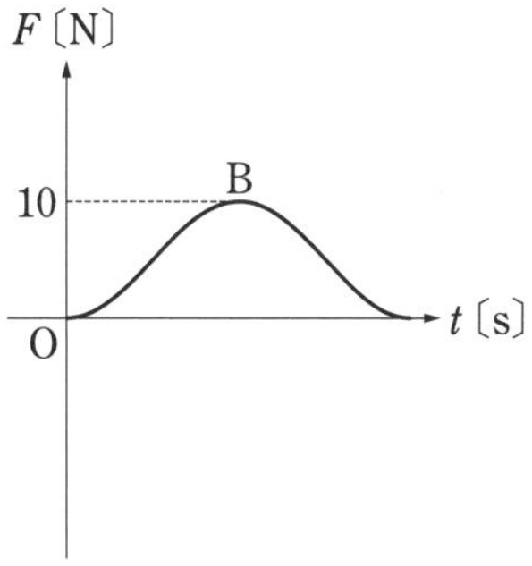

なぜ「平均の」力と修飾語が付くのか，イメージできたかな？

33 運動量保存則

解答編 ▶ p.35

月／日

扱う図

・運動量ベクトル図…　ここでは，衝突前後の 2 物体の運動量を比較するのに用いる。

● 2 物体の衝突

質量 m_A で速度 $\vec{v_A}$ で運動するボール A が，質量 m_B で速度 $\vec{v_B}$ で運動するボール B に衝突することを考える。このとき，接触時間 $\varDelta t$ の間に，作用・反作用の法則より A と B がおよぼしあう力 $\vec{F}$ は同じ大きさで逆向きであるので，衝突後の A，B の速度をそれぞれ $\vec{v_A'}$，$\vec{v_B'}$ とすると，運動量の変化量と力積の関係式より

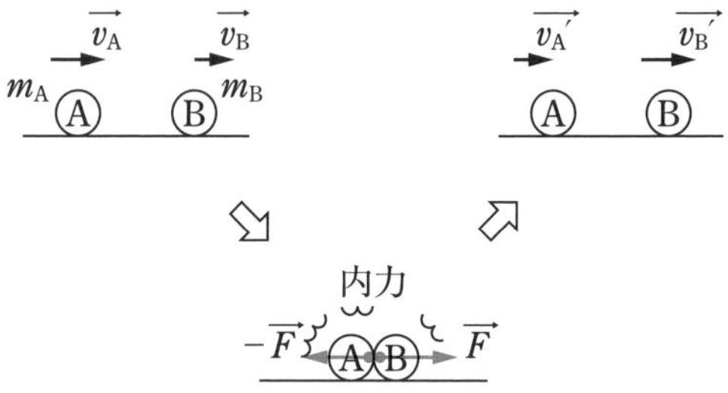

A について：$m_A\vec{v_A'} - m_A\vec{v_A} = -\vec{F}\varDelta t$

B について：$m_B\vec{v_B'} - m_B\vec{v_B} = \vec{F}\varDelta t$

と表せる。辺々足すと，$m_A\vec{v_A} + m_B\vec{v_B} = m_A\vec{v_A'} + m_B\vec{v_B'}$ と変形でき，運動量の和が衝突前後で保たれていることがわかる。これを運動量保存則という。運動量保存則が成り立つのは，作用・反作用の法則より F-t グラフが図 33-1 のように，互いにおよぼしあう力積が相殺されるからである。このように，考えている系で作用・反作用の関係にある力を内力といい，内力しかはたらかない場合はつねに系内の運動量の和は保存する。

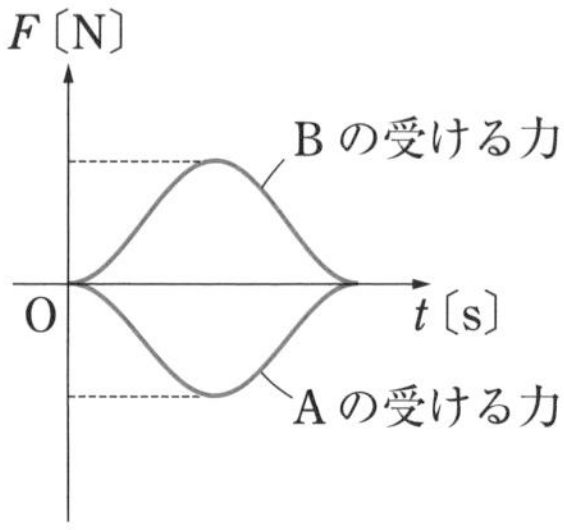

図 33 − 1

運動の方向が異なる場合も，衝突の前後で運動量は保存する。衝突前の運動量の和は運動量ベクトル図から求めることができ，運動量ベクトルの和は衝突後も同じベクトルとなる。この条件から，衝突後の物体の速さや運動の方向を求めることができる。例えば，衝突前の運動量の和の大きさが 5.0〔kg·m/s〕で衝突後 2 物体は垂直な方向に進み（図 33-2），A の運動量の大きさが 3.0〔kg·m/s〕だった場合，B の運動量の大きさは 4.0〔kg·m/s〕に決まる（図 33-3）。

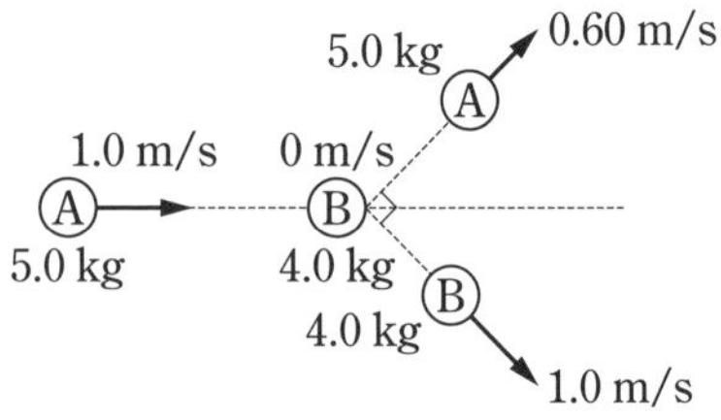

図 33 − 2

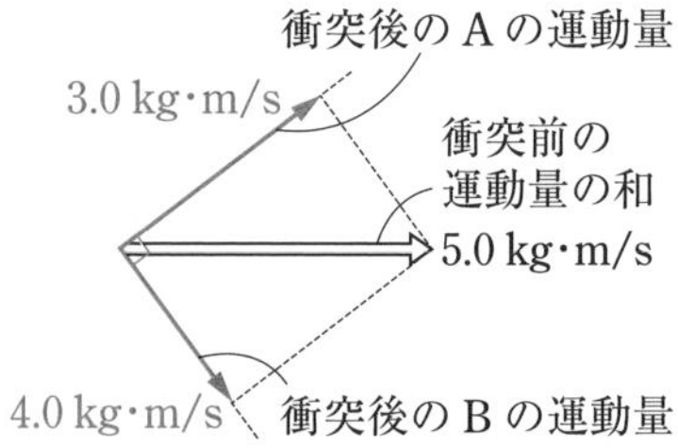

図 33 − 3

練習問題

問1　次の各図のように，静止している物体Bに物体Aが衝突し平面運動する場合について，運動量ベクトル図を描き，運動量保存則を用いて衝突後のA，Bの速さを求めよ。$\sqrt{3}=1.73$ とする。

(1)

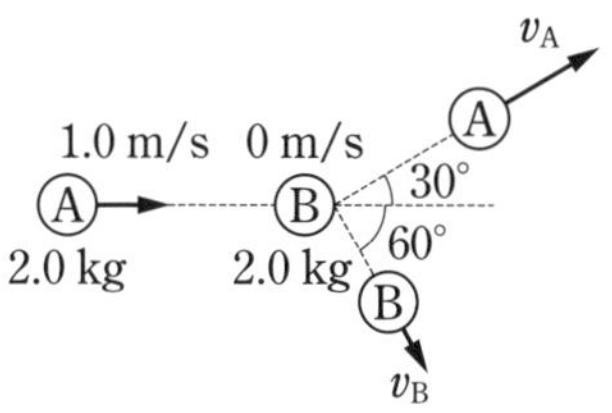

(2)

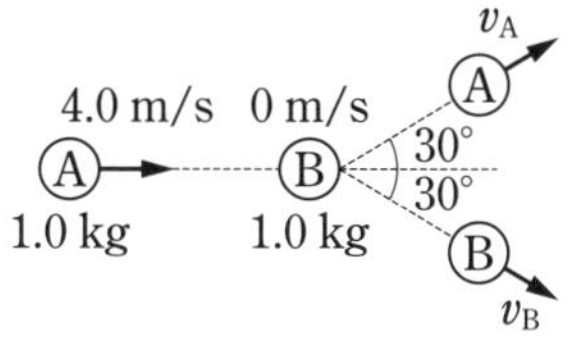

答＿＿＿＿＿＿＿＿＿＿　　答＿＿＿＿＿＿＿＿＿＿

問2　質量 1.0 kg の物体Aが速さ 1.0 m/s で x 軸上を正の向きに運動し，質量 2.0 kg の物体Bが速さ 1.0 m/s で y 軸上を正の向きに運動し，原点Oで衝突した。衝突後，物体Aは y 軸上を正の向きに 1.0 m/s で運動した。重力の影響は無視して次の問いに答えよ。$\sqrt{2}=1.41$，$\sqrt{3}=1.73$ とする。

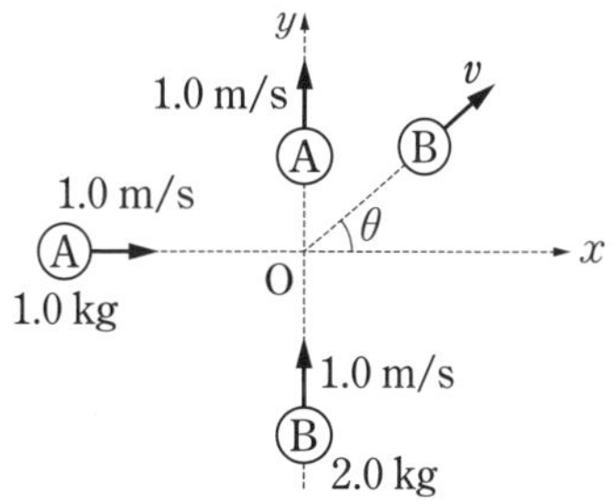

(1)　運動量ベクトル図を描き，運動量保存則を用いて，衝突後のBの速さ v〔m/s〕と x 軸とのなす角 θ を求めよ。

答＿＿＿＿＿＿＿＿＿＿

(2)　運動量の x 成分，y 成分のそれぞれで運動量保存則を立式し，衝突後のBの速さと x 軸とのなす角 θ を求めよ。

答＿＿＿＿＿＿＿＿＿＿

34 反発係数と運動量保存則

解答編 ▶ p.36

月／日

扱う図

・速度ベクトル図… 速度変化の向きと大きさを表す図。運動量ベクトルとは質量の分だけ異なるので注意が必要。

●反発係数

ボールを床に静かに落とすとき，多くの場合もとの高さまで戻ってこない (図 34-1)。力学的に考えると，はね返った直後の速度 v' の大きさが衝突前の速度 v の大きさより小さいためである。よって，はね返りやすさを衝突前後の速さを用いて

$$e=\frac{|v'|}{|v|}=-\frac{v'}{v}$$

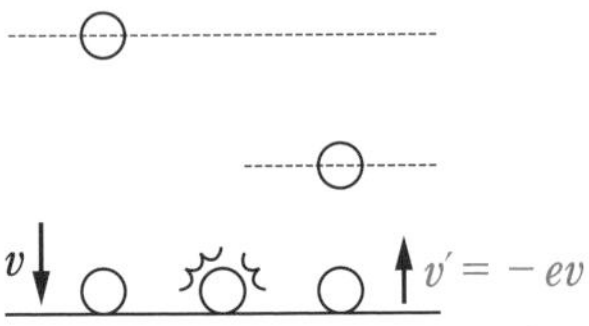

図 34－1

と反発係数 e を定義する。v と v' は向きが逆なので，−（マイナス）を付けて絶対値を外す。式変形すると $v'=-ev$ となり，衝突前と逆向きに e 倍されてはね返る。図 34-2 のように運動している物体どうしの衝突の場合は，物体Bから見た物体Aの相対速度で考えると，床との反発と同じように考えられ

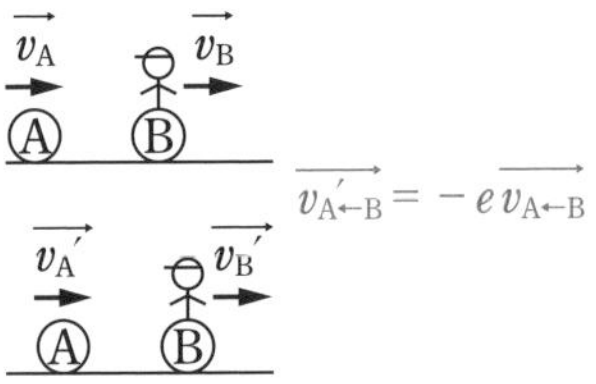

図 34－2

$$e=\frac{|v_A'-v_B'|}{|v_A-v_B|}=-\frac{v_A'-v_B'}{v_A-v_B}$$

とすればよい。式変形すると $v_A'-v_B'=-e(v_A-v_B)$ となり，衝突後の相対速度が衝突前の相対速度の $-e$ 倍となる。

《例》 $v_A=3.0$ m/s，$v_B=1.0$ m/s，$e=0.50$ のとき

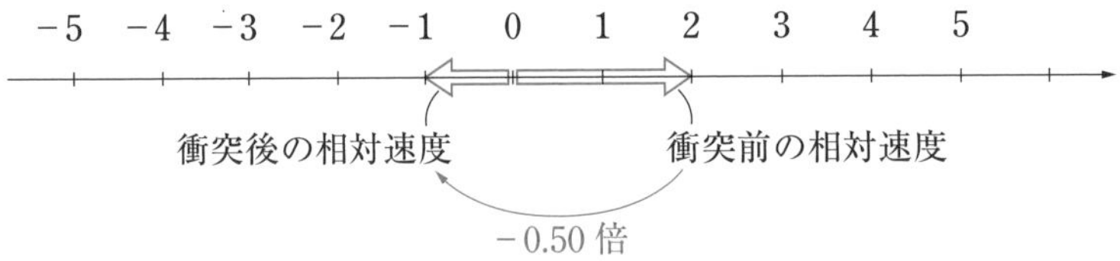

●反発係数と運動量保存則

衝突前の 2 物体の速度がわかっているとき，衝突後どのような速度になるか予測したい。運動量保存則は立式できるが，求めたい変数が 2 つあるため，それだけでは求まらない。

もし，反発係数の値がわかっていればその式を立式し，連立方程式を解くことで衝突後の 2 物体の速度を求めることができる。

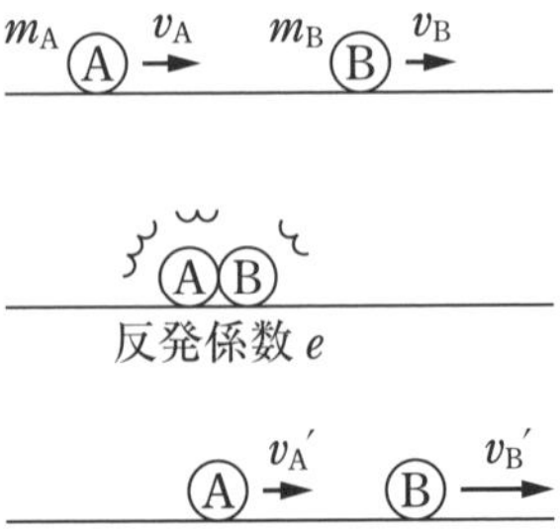

図 34－3

運動量保存則 $m_Av_A+m_Bv_B=m_Av_A'+m_Bv_B'$ ……①

反発係数の式 $e=-\dfrac{v_A'-v_B'}{v_A-v_B}$ ……②

①，②より v_A'，v_B' が求まる。

練習問題

次の各図のように，衝突前の物体 A，B の質量と速度と，物体どうしの反発係数がわかっているとき，衝突後の 2 物体の速度をそれぞれ求めよ。右向きを正とする。

(1)

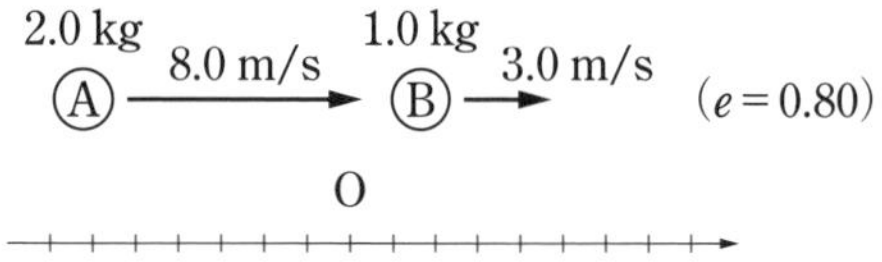

① 衝突前後のBに対するAの相対速度を，相対速度ベクトル図に描け。

② 相対速度の式と運動量保存則を連立して，衝突後の A，B の速度 v_A'，v_B' を求めよ。

答

(2)

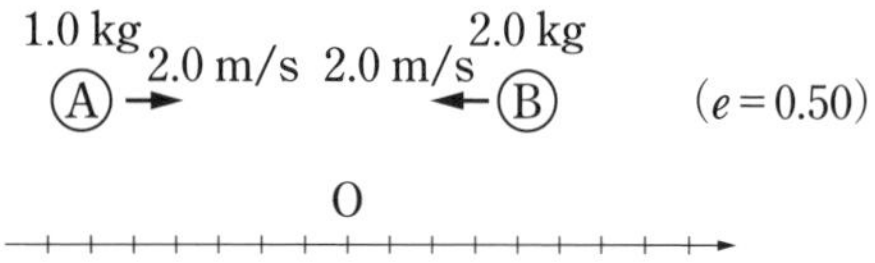

① 衝突前後のBに対するAの相対速度を，相対速度ベクトル図に描け。

② 相対速度の式と運動量保存則を連立して，衝突後の A，B の速度 v_A'，v_B' を求めよ。

答

(3)

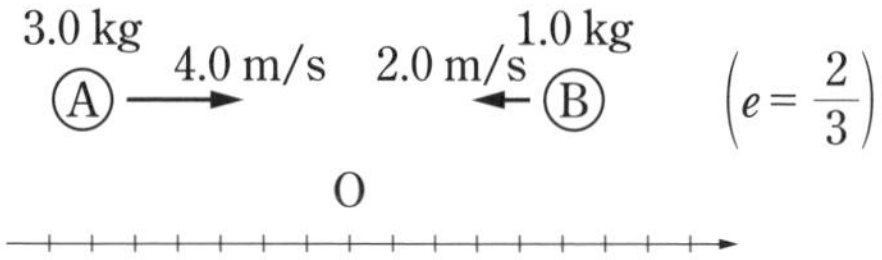

① 衝突前後のBに対するAの相対速度を，相対速度ベクトル図に示せ。

② 相対速度の式と運動量保存則を連立して，衝突後の A，B の速度 v_A'，v_B' を求めよ。

答

(4)

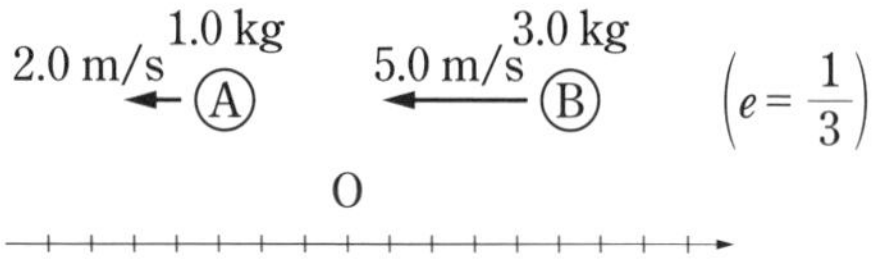

① 衝突前後のBに対するAの相対速度を，相対速度ベクトル図に示せ。

② 相対速度の式と運動量保存則を連立して，衝突後の A，B の速度 v_A'，v_B' を求めよ。

答

速度ベクトルと運動量ベクトルをしっかり区別しておこう！

35 斜め衝突と反発係数

解答編 ▶ p.37

月／日

扱う図

・速度ベクトル図… 速度変化の向きと大きさを表す図。物体が面に斜めに衝突してはね返るとき，面に垂直な方向と平行な方向で速度のようすが異なる。それを速度ベクトル図を用いて理解する。

光が鏡面で反射するとき，入射角と反射角は等しい。しかし，ボールが壁に衝突して反射する場合，入射角と反射角は必ずしも同じにならない（図 35-1）。

これを x 成分，y 成分に分けて考えてみる。x 成分は衝突の前後で向きは変わらない。面がなめらかな場合は速度変化も生じず，$v_x = v_x'$ である（図 35-2）。y 成分は速度の向きも大きさも変わり，反発係数が e だとすると $v_y' = -ev_y$ が成り立つ（図 35-3）。入射角を θ，反射角を θ' とすると，速度ベクトル図から

$$\tan\theta = \frac{v_x}{v_y},\quad \tan\theta' = \frac{|v_x'|}{|v_y'|} = \frac{v_x}{ev_y} = \frac{1}{e}\tan\theta$$

がわかる。よって，$e \neq 1$ ならば入射角と反射角は等しくない。

衝突前後の速度ベクトルを始点を揃えて描くと，図 35-4 のようになる。x 成分は変わらないので，その変化ベクトルは面と直交する。

速度ベクトル図に質量 m をかけると運動量ベクトル図になる。このとき，矢印の向きは変わらず大きさだけ変わるので，ベクトル図の形は相似な図形となる。運動量ベクトルの変化量から力積が求まるので，壁から受ける力積は壁と垂直な方向であることがわかる（図 35-5）。

●速度ベクトル図

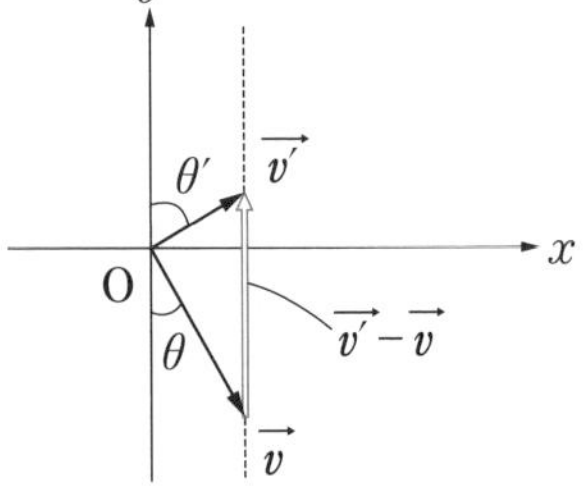

図 35－4

●運動量ベクトル図

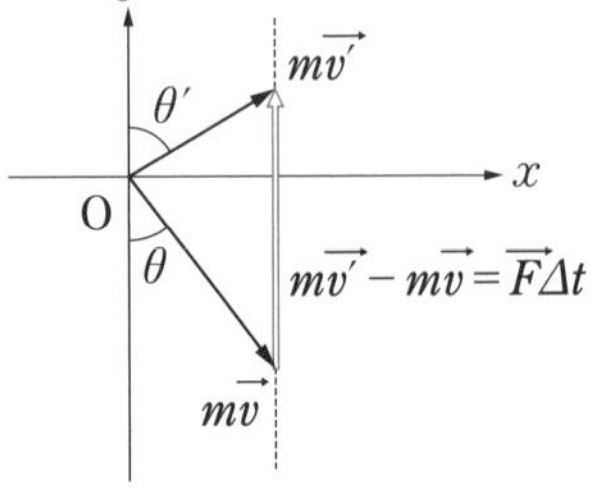

図 35－5

●斜めに衝突するとき

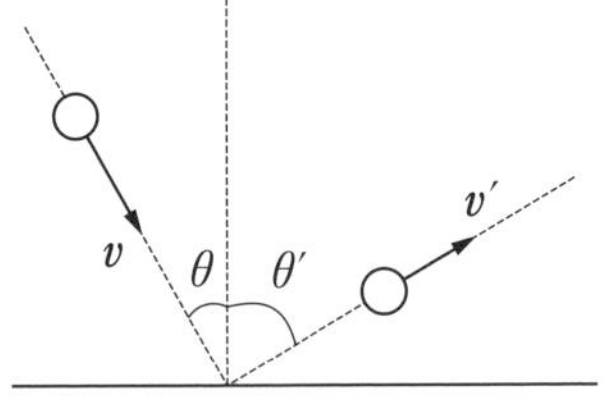

図 35－1

● x 成分

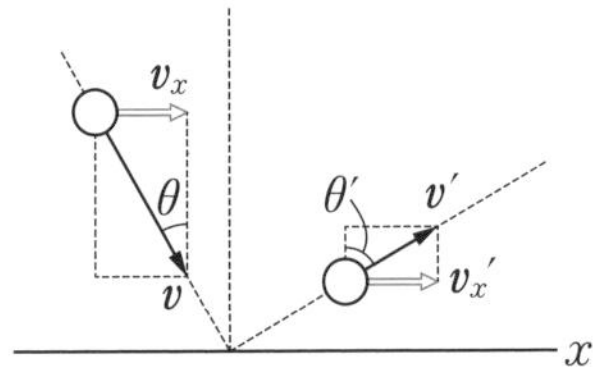

$v_x = v_x'$

$v\sin\theta = v'\sin\theta'$

図 35－2

● y 成分

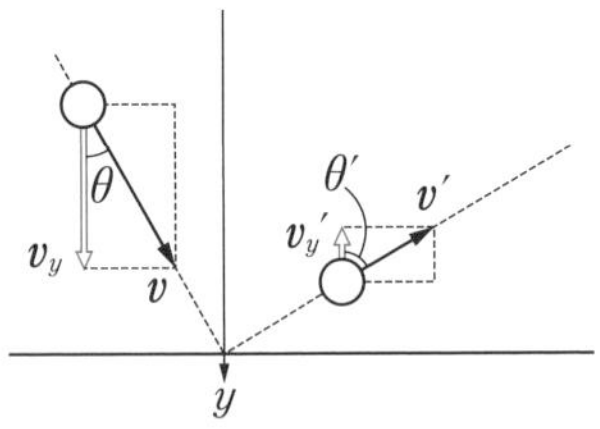

$v_y' = -ev_y$

$v'\cos\theta' = -ev\cos\theta$

図 35－3

練習問題

次の各図のような座標軸上で，質量 1.0 kg の物体Aがなめらかな壁と衝突し，はね返った。Aの速さ v，入射角 θ，反射角 θ' が以下のとき，各問いに根号や分数を用いてそれぞれ答えよ。

(1)　$v=2\sqrt{3}$ m/s，$\theta=30°$，$\theta'=60°$

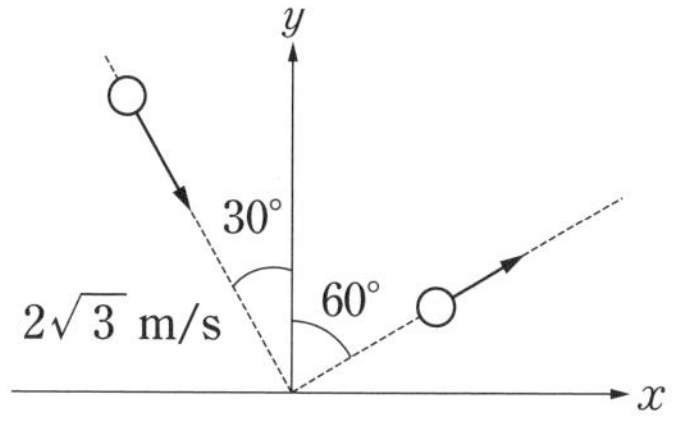

①　速度ベクトル図を描き，衝突前後の速度の x 成分，y 成分を求めよ。

答 ____________________

②　反発係数 e を求めよ。

答 ____________________

③　壁から受ける力積の大きさを求めよ。

答 ____________________

(2)　速度$=\sqrt{2}\,v$，$\theta=45°$，$\theta'=60°$

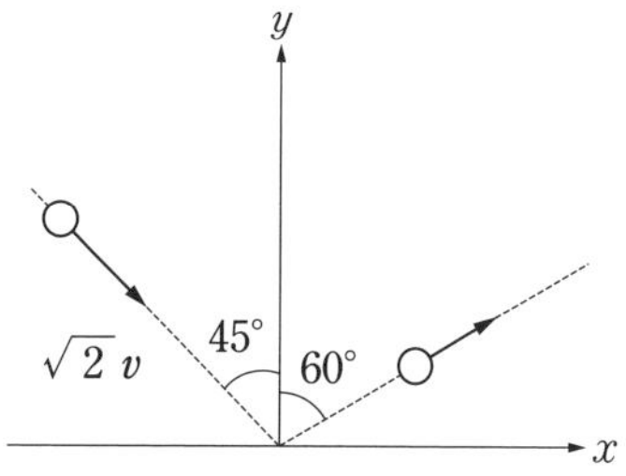

①　速度ベクトル図を描き，衝突前後の速度の x 成分，y 成分を求めよ。

答 ____________________

②　反発係数 e を求めよ。

答 ____________________

③　壁から受ける力積の大きさを求めよ。

答 ____________________

36 剛体と力のモーメント

解答編 ▶ p.38

月／日

扱うグラフと図

・力ベクトル図，y-x グラフ… 力のモーメントの計算をする際，力ベクトルと回転の中心からの距離を求める必要がある。そのため，y-x グラフのような座標平面上で力ベクトル図を描くことになる。

覚えるべき定義

・剛体… 図 36-1 のスパナのように，長さや大きさを考える物体で，変形は考えないものを剛体という。高校物理で剛体ではないものは，基本的に質点と考えてよい。また，物体の変形は明記されている場合を除いて考えない。

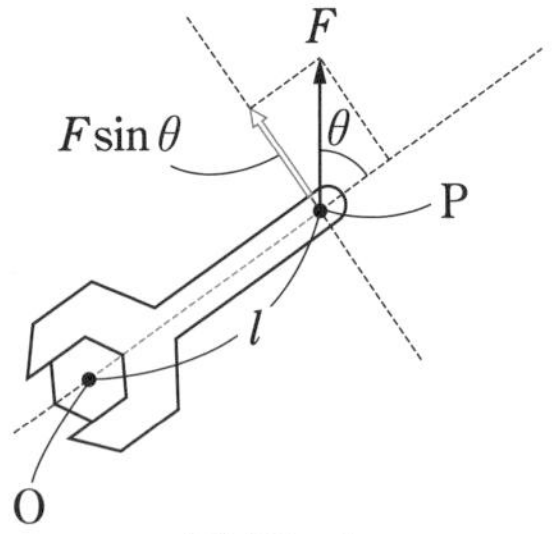

図 36－1

・力のモーメント $M = Fl\sin\theta$〔N·m〕

（F：力の大きさ，l：支点Oから作用点Pまでの距離，θ：力の向きと直線 OP のなす角）

物体を回転させるとき，支点から離れたところに回転の向きに力を加えると回しやすい（てこの原理）。これを式に表したものがモーメント M であり，$\theta = 90°$ のときは $M = Fl$ である。M は回転の中心をどこかに決めたときの，回転の度合いを表す量である。

●力のモーメントのつりあい

図 36-2 のように，一様な細い棒の両端に異なる質量のおもりをつり下げて水平に保つとき，つりあう位置は重い方にずれる。棒の長さが 30 cm，おもりの重さがそれぞれ 10 N，20 N でつりあうとき，糸の接点を回転の中心として左右のモーメントは等しくなるため，糸の位置は左端から 20 cm の位置になる。また，合計で 30 N のおもりを支えているため，張力の大きさは 30 N である。このように，剛体が静止しているとき

① 力のつりあい（並進運動しない条件）

② 力のモーメントのつりあい（回転運動しない条件）

の両方が成り立たないといけない。ただし，モーメントを計算する際の回転の中心はどこにとってもよい。作用線が中心を通る力のモーメントは 0 になるため，計算しやすいように中心を設定すればよい。これらの条件から，張力や抗力などの位置や大きさが求まる。また，単に平行な 3 力のつりあいの場合は，比で作用点を求めることができる（図 36-3）。

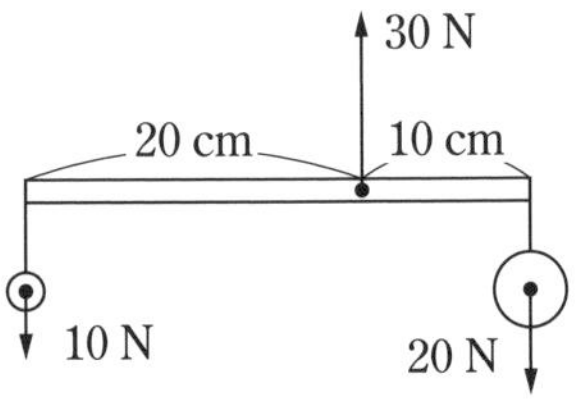

10 N × 20 cm = 20 N × 10 cm

図 36－2

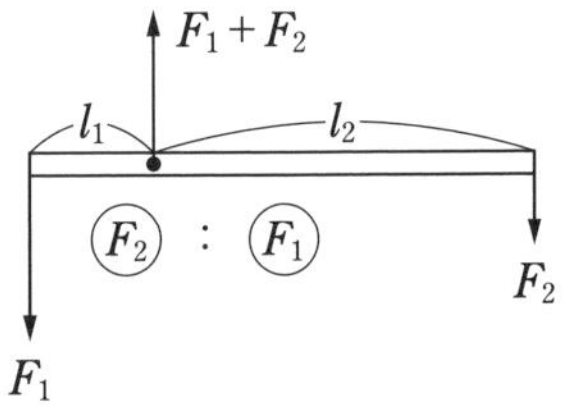

条件②：$F_1 l_1 = F_2 l_2$

$l_1 : l_2 = F_2 : F_1$

図 36－3

練習問題

問　次のそれぞれの図の力ベクトル図のように，細い一様な棒に力がはたらいて静止しているとき，距離 x や力 F_1，F_2，張力 T などの大きさを求めよ。ただし重力は，その大きさと作用点が既に示されているものとして次の問いに答えよ。

(1)

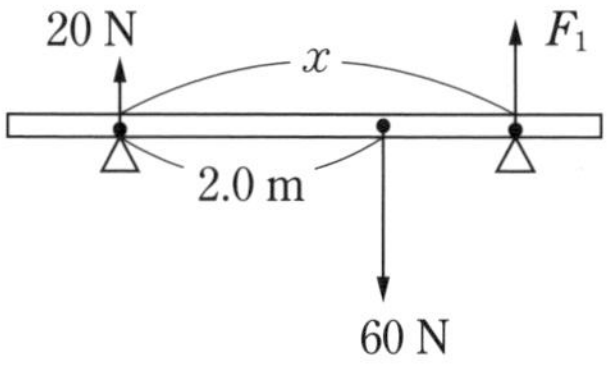

(2)

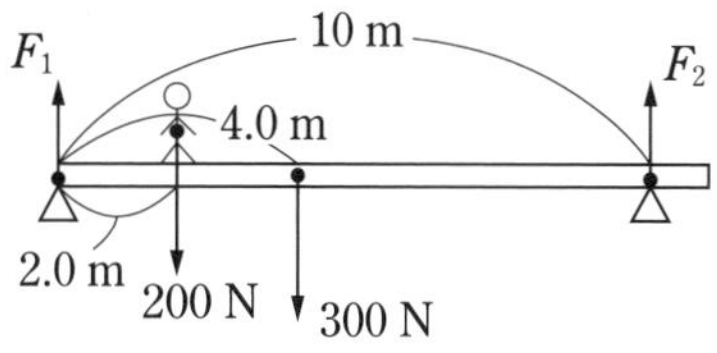

答 ______________________

答 ______________________

(3)

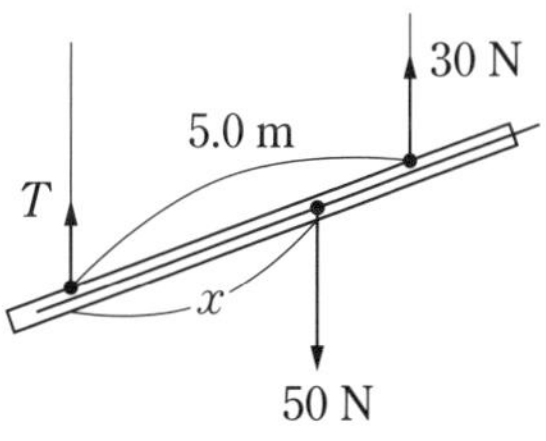

(4)

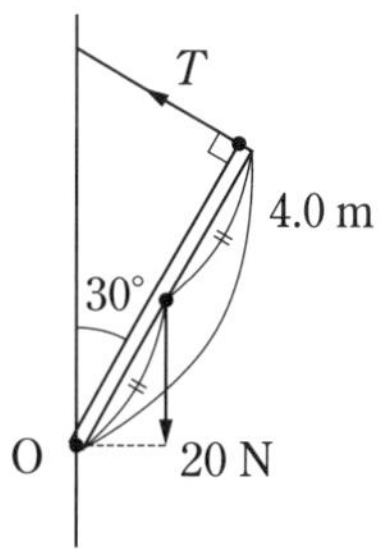

答 ______________________

答 ______________________

剛体の場合は回転してしまうので，モーメントの条件もプラスして考えるんだね！

37 3力のモーメントのつりあいと転倒の条件

解答編 ▶ p.39

月／日

扱うグラフと図

・力ベクトル図，y-x グラフ… 力のモーメントのつりあいを考える場合，y-x グラフ上に力ベクトル図を描いて，力の作用線を引くことで問題が考えやすくなる場合がある。

●剛体のつりあい

物体の大きさを考える剛体の場合，合力が 0 で力がつりあっている場合でも，回転してしまうことがある。すなわち，剛体が静止する条件は

① 力がつりあうこと

② 支点O（回転の中心）まわりの，時計回りと反時計回りの力のモーメントがつりあっていること

の両方が必要である。②の条件は，3 力の場合，

②′ 平行でない 3 力は，力の作用線が一点で交わる

と言い換えることもできる。これを用いると，状況を見抜きやすくなる（図 37-1）。

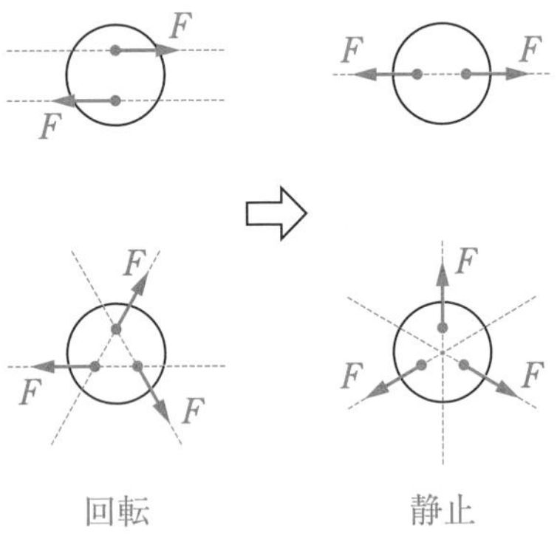

図 37－1

●垂直抗力の作用点と転倒の条件

粗い斜面上に物体が静止している状況を考える。このとき，物体の質量を m〔kg〕，抗力を R〔N〕（垂直抗力 N〔N〕と静止摩擦力 F〔N〕の合力），重力加速度の大きさを g〔$\mathrm{m/s^2}$〕として図 37-2 のように力ベクトル図を作図してしまうと，この物体は斜面上で回転してしまうことになる。

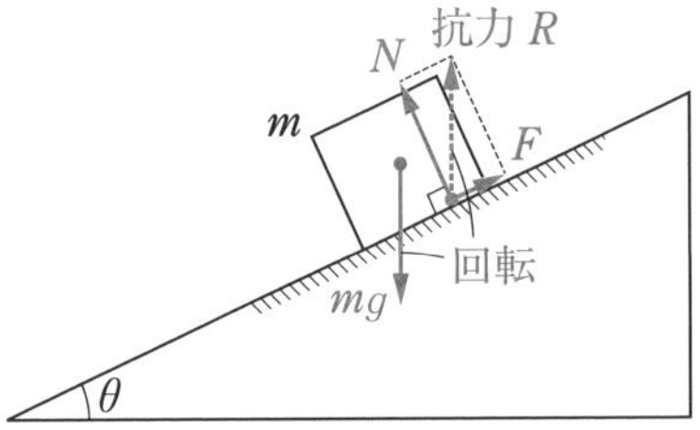

図 37－2

一方，図 37-3 のように力ベクトル図を描くと，重力と抗力（垂直抗力，静止摩擦力の 2 つを合わせた斜面からの抗力）の作用線が重なり，力のモーメントのつりあいの条件を満たす。このように，物体が回転しない場合は垂直抗力（抗力）の作用点は重力の作用線と斜面が交わる点である。

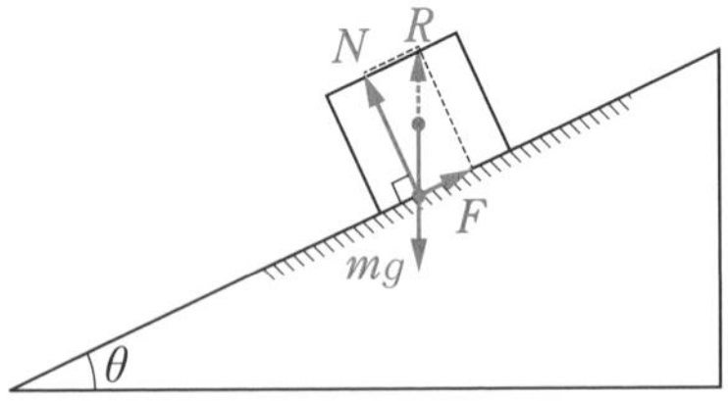

図 37－3

もし傾斜がきつくなって，図 37-4 のように垂直抗力の作用点が物体の一端にくるとき，物体が静止するギリギリの状態である。これ以上角度が大きくなると，物体は転倒する。

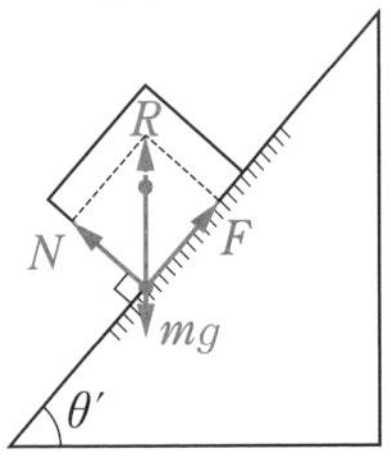

図 37－4

練習問題

問 1　右図のように，質量 m〔kg〕の一様な棒の一端に糸をつなぎ，他端を粗い壁に固定して棒が水平になるように静止させたところ，糸と棒のなす角は 30° になった。重力加速度の大きさを g〔m/s^2〕として次の問いに答えよ。

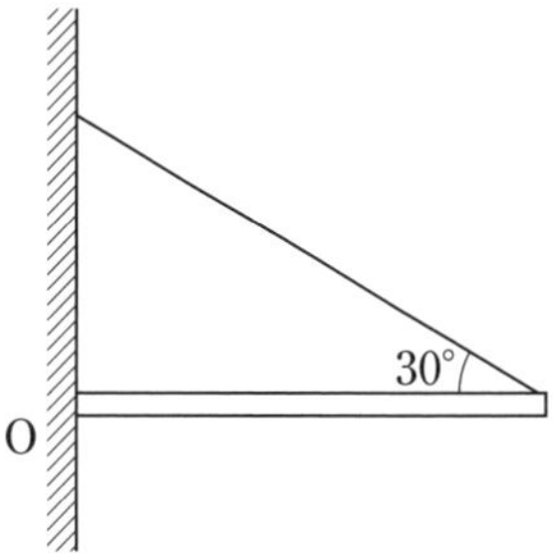

(1)　壁からの抗力の大きさを R（壁からの垂直抗力の大きさを N，静止摩擦力の大きさを F），糸の張力の大きさを T として，棒にはたらく力を全て図中に示し，作用線が一点で交わるように力ベクトル図を描け。

(2)　糸の張力の大きさを求めよ。

答 ______________________

問 2　図のように，質量 m〔kg〕，高さ a〔m〕，幅 b〔m〕の物体が水平面となす角 θ の粗い斜面上で静止している。物体と床との間の静止摩擦係数を μ，重力加速度の大きさを g〔m/s^2〕として次の問いに答えよ。

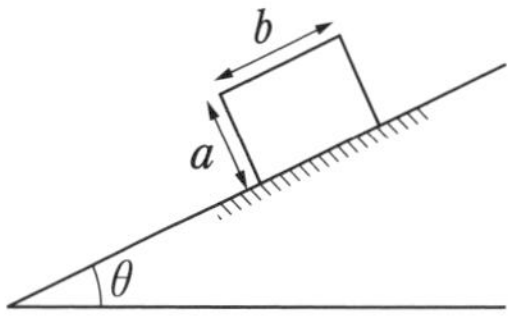

(1)　θ を大きくしていき，転倒する直前の，物体にはたらく力の力ベクトル図を作図せよ。

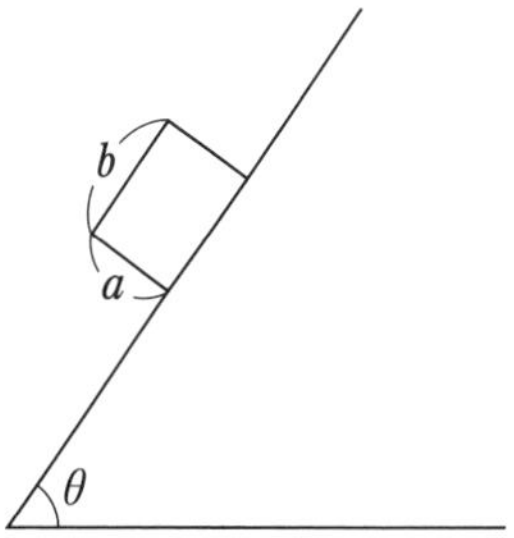

(2)　物体が斜面上をすべらず転倒するときの θ の条件を求めよ。

答 ______________________

作用線の作図の条件を知っておくと，問題を早く解くことができるよ！

38 立てかけたはしごが転倒しない条件

解答編 ▶ p.40

月／日

ポイント

36, 37で見たように，剛体のつりあいの問題は，
・力のつりあいの式，力のモーメントのつりあいの式を立式する
・3力の作用線が1点で交わるように作図し，力の関係式を立てる
のどちらかの方法で解くことができる。

1つの問題を2通りの解法で解いてみよう。

練習問題

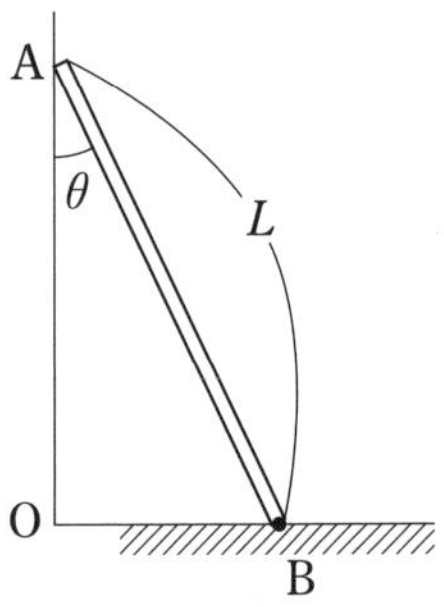

問1　図のように，質量 m，長さ L の一様な棒が，粗い床上となめらかな壁の間に，壁となす角 θ で立てかけられている。棒と床の間の静止摩擦係数を μ，重力加速度の大きさを g として次の問いに答えよ。

(1)　壁からの垂直抗力を N_1，床からの垂直抗力を N_2，静止摩擦力を F，重力を mg として図中に描き，水平・鉛直方向の力のつりあいの式を立てよ。

答＿＿＿＿＿＿＿＿＿＿＿＿＿＿＿＿

(2)　B点を中心として，力のモーメントのつりあいの式を立てよ。

答＿＿＿＿＿＿＿＿＿＿＿＿＿＿＿＿

(3)　F を求め，棒がすべらないための θ の条件を μ を用いて答えよ。

答＿＿＿＿＿＿＿＿＿＿＿＿＿＿＿＿

問 2　図のように，質量 m，長さ L の一様な棒が，粗い床上となめらかな壁の間に，壁となす角 θ で立てかけられている。棒と床の間の静止摩擦係数を μ，重力加速度の大きさを g として次の問いに答えよ。

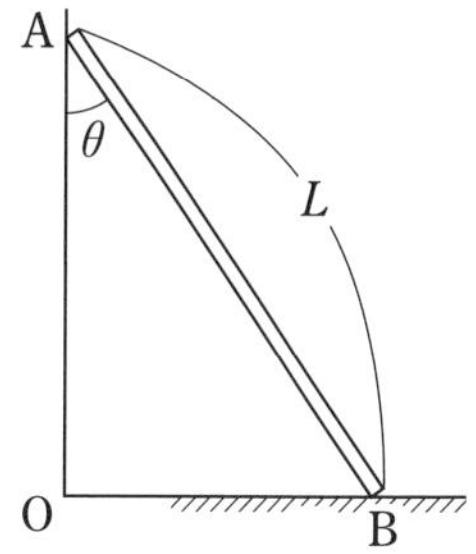

(1)　壁からの垂直抗力を N_1，床からの抗力を R，重力を mg として，それらの 3 力の作用線が交わる点Pを右図に描け。さらに，床からの抗力を垂直抗力 N_2 と静止摩擦力 F に分解したものを記せ。

(2)　AO，AP の長さをそれぞれ L，θ を用いて表せ。

答 ______________________

(3)　BP が鉛直線となす角を θ' として，$\tan\theta'$ を θ を用いて表せ。

答 ______________

(4)　床からの垂直抗力 N_2 を鉛直方向の力のつりあいから求め，三角比から床からの静止摩擦力 F を m，g，θ を用いて表せ。

答 ____________________

(5)　棒がすべらないための θ の条件を μ を用いて答えよ。

答 ______________

どちらの方が求めやすかったかな？どちらの考え方もできるようにしておこう！

39 重心

解答編 ▶ p.41

月／日

扱うグラフ

・y-x グラフ… 縦軸，横軸に位置を表す y，x をとったグラフ。剛体のように物体の大きさ（空間の広がり）を考える場合，自然に導入される。重心が物体のどの位置にあるのかを表すのに用いる。

●重心

剛体を構成する各質点にはたらく重力の合力の作用点を重心という。例えば図 39-1 のように，左端に質量 1.0 kg のおもり，右端に質量 2.0 kg のおもりがついている，長さ 3.0 m の質量が無視できる変形しない棒を考える。この棒が静止するためには，力のつりあい，力のモーメントのつりあいより，左端（原点Oとする）から 2.0 m の点を鉛直上向きに $3.0\,\text{kg}\times 9.8\,\text{m/s}^2$ の力で支えればよいことがわかる。この点が棒の重心 x_G である。この場合，重心は棒の長さを 2：1 に内分する点であるので

$$x_G=\frac{1\times 0+2\times 3.0}{1+2}=2.0\,\text{m}$$

と内分点の公式から求められる。

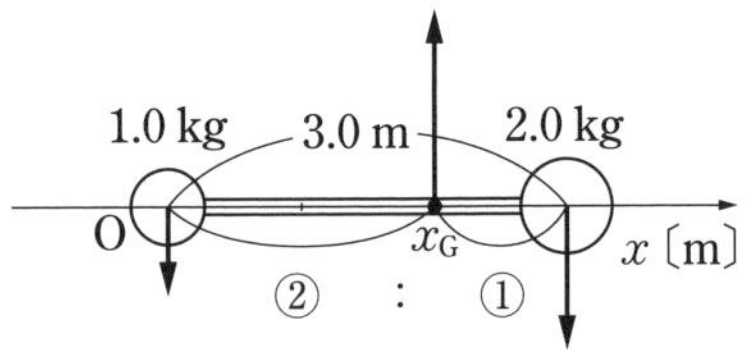

図 39－1

図 39-2 のように，$(x_1,\ y_1)$ の位置に m_1〔kg〕のおもり，$(x_2,\ y_2)$ の位置に m_2〔kg〕のおもりがあり，質量の無視できる変形しない棒でつながれている場合，力のつりあい，力のモーメントのつりあいより，重心は棒の長さを m_2：m_1 に内分する点となる。その座標 $(x_G,\ y_G)$ は内分点の式より

$$x_G=\frac{m_1x_1+m_2x_2}{m_1+m_2} \qquad y_G=\frac{m_1y_1+m_2y_2}{m_1+m_2}$$

と，それぞれの方向で求めることができる。

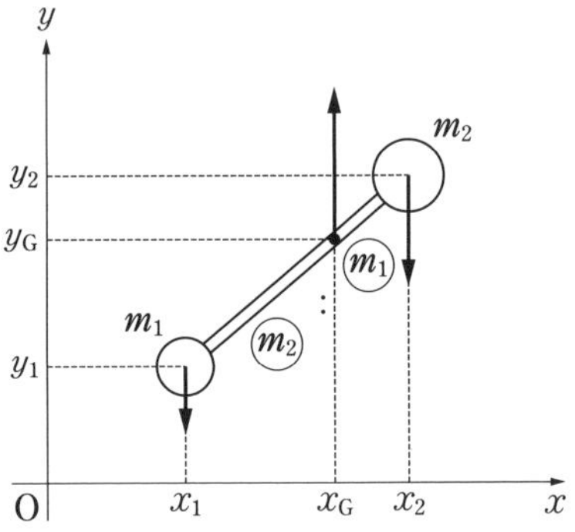

図 39－2

以上は質点が 2 つの場合で考えたが，これを拡張すると，質点が n 個ある場合の重心の位置は，

$$x_G=\frac{m_1x_1+m_2x_2+\cdots\cdots+m_nx_n}{m_1+m_2+\cdots\cdots+m_n}$$

で求められる（図 39-3）。

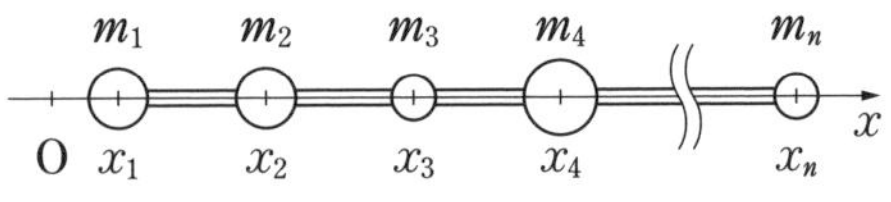

図 39－3

練習問題

次の各図の物体の重心を求め，その位置を図中に描け。割り切れない場合は分数を用いよ。ただし座標が設定されていない場合は自分で設定せよ。⑷以外は棒の質量は無視してよい。

(1)

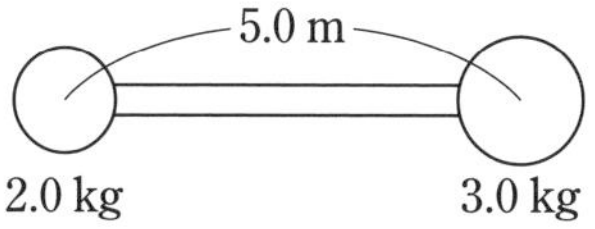

(2)

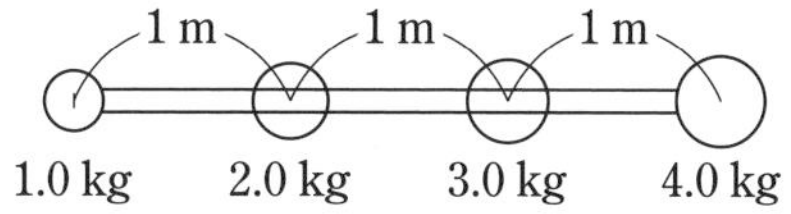

(3)

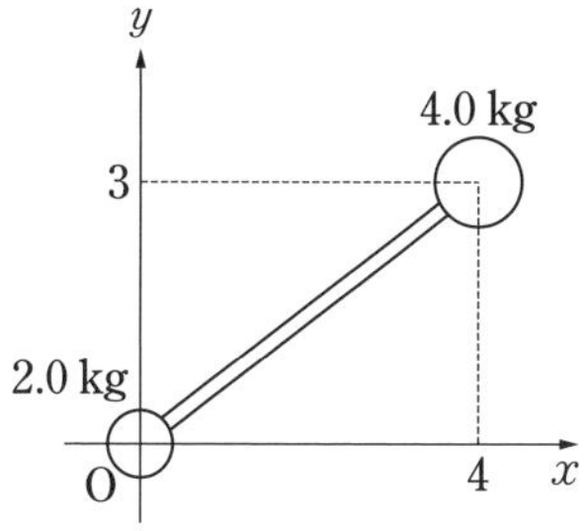

(4) 一様な棒

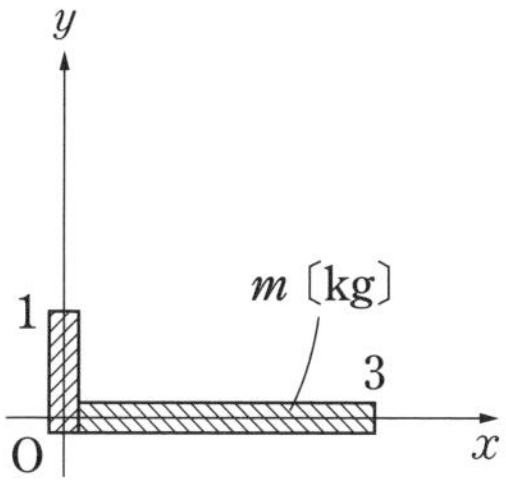

(5)

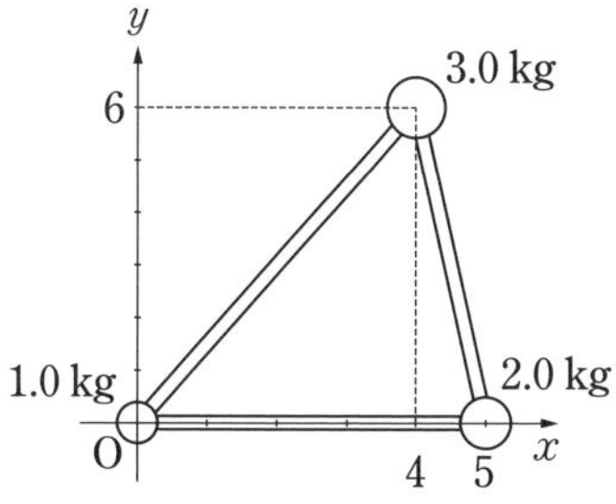

(6) 小円をくり抜いた一様な円板

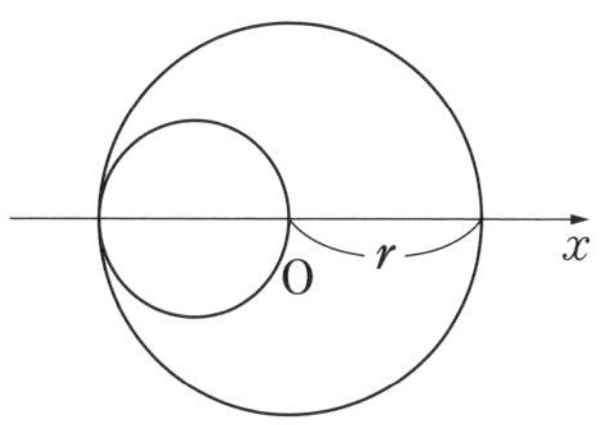

剛体の運動は，「重心」と「そのまわり」の運動に分けるとわかりやすい場合が多いんだよ。そのためには重心を見つけ出せるようにしないとね！

40 運動量保存則と重心

解答編 ▶ p.42

月／日

扱うグラフ

・v-t グラフ… 2つの物体が影響を及ぼしあう運動の場合，重心の速度に注目するとうまくいくことがある。それを v-t グラフに描いて考察する。

●重心の速度

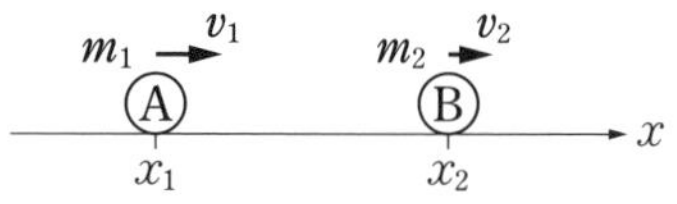

図 40－1

39 では一体となっている物体の重心を考えたが，異なる2物体を1つの系と考えて，その重心を考えることもできる。図 40-1 のように，位置 x_1 で速度 v_1〔m/s〕で運動する質量 m_1〔kg〕の物体Aと，位置 x_2 で速度 v_2〔m/s〕で運動する，質量 m_2〔kg〕の物体Bを1つの系として考えると，その重心 x_G は

$$x_G=\frac{m_1x_1+m_2x_2}{m_1+m_2}$$

である。ここで重心の速度 v_G を考えてみると，それは x_G の時間変化である。m_1，m_2 は時間によって変わらず，変わるのは x_1，x_2 のみであり，その時間変化は v_1，v_2 なので

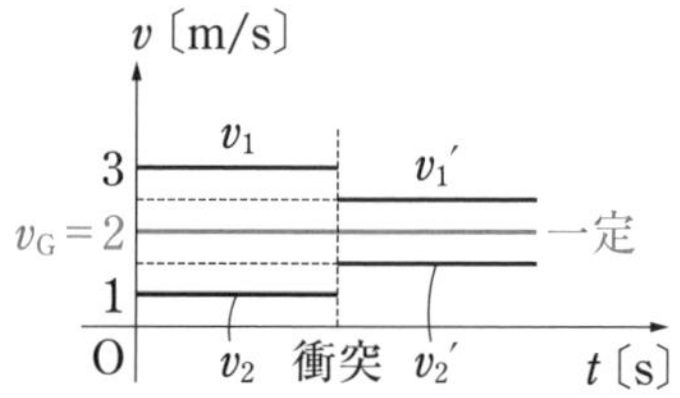

図 40－2

$$v_G=\frac{m_1v_1+m_2v_2}{m_1+m_2}$$

と書ける。ここで分子に注目すると，$m_1v_1+m_2v_2$ は物体A，Bの運動量の和である。すなわち，運動量が保存する場合は重心の速度はつねに一定である。運動の過程で物体A，Bが衝突しても，その重心の速度は一定である。反発係数 e が1未満ならば力学的エネルギーは減少するが，重心の速度は保たれる。これを用いると，十分に時間が経った後の運動を定性的に予測することができる。図 40-2 は $m_1=m_2=1.0\,\mathrm{kg}$，$v_1=3.0\,\mathrm{m/s}$，$v_2=1.0\,\mathrm{m/s}$，$e=0.50$ のときの，衝突前後の v-t グラフである。

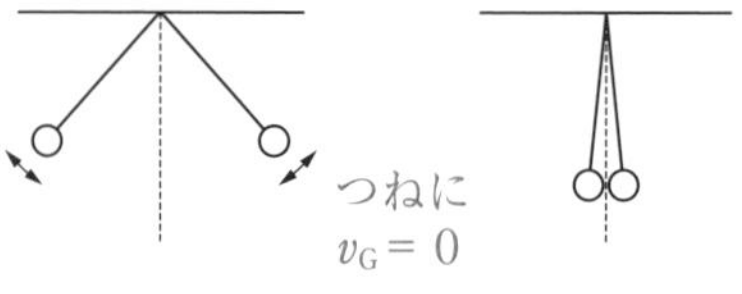

図 40－3

図 40-3 のように2つの振り子を同じ高さから同時に静かにはなすことを考える。最初の状態で初速度はどちらの物体も0なので重心の速度も0である。複数回衝突が起こるが，運動量は保存されるので重心の速度も変わらない。反発係数が1なら衝突を繰り返し，1未満なら力学的エネルギーが徐々に失われてやがて静止する。

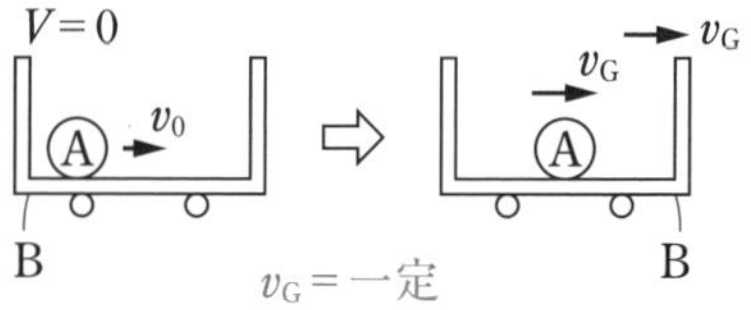

図 40－4

次に図 40-4 のように，台Bのなめらかな面上で物体Aをある初速度で運動させることを考える。Bの壁にAが衝突するたびにA，Bの速度は変化するが運動量は保存するため，重心の速度は一定である。十分に時間が経つと，反発係数が1未満の場合，AはB上で静止し一体となって運動するが，その速度は重心の速度と一致する。このように，重心の速度を意識するだけで，物体の運動を予測することができる。

練習問題

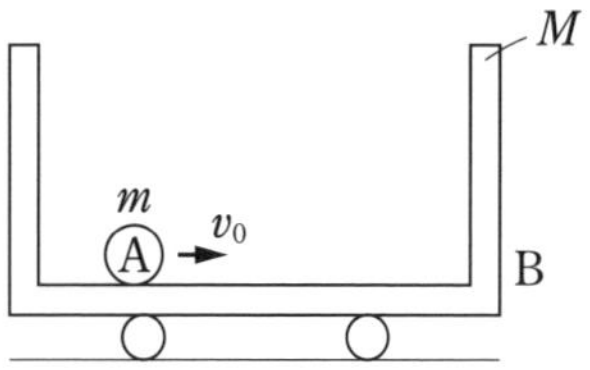

問　右図のように，質量 M〔kg〕の台Bのなめらかな面上で，質量 m〔kg〕の物体Aに初速度 v_0〔m/s〕を与え，運動させる。BとAの反発係数は e とし，最初，Bは床上で静止しておりBと床の摩擦も無視できるものとして次の問いに答えよ。

(1)　1回目の衝突後のA，Bの速度 v_1〔m/s〕，V_1〔m/s〕を求めよ。

答 ______________________

(2)　2回目の衝突後のA，Bの速度 v_2〔m/s〕，V_2〔m/s〕を求めよ。

答 ______________________

(3)　∞回目の衝突後のA，Bの速度 v_∞〔m/s〕，V_∞〔m/s〕を求めよ。

答 ______________________

(4)　$m=2.0$ kg，$M=4.0$ kg，$v_0=12$ m/s，$e=0.50$ として，A，Bの速度を表す v-t グラフの概形を描け。v 軸の目盛りは数値を記入し，t 軸の目盛りはなくてよい。また，2回目の衝突以降は十分に時間が経った後のようすがわかればよい。

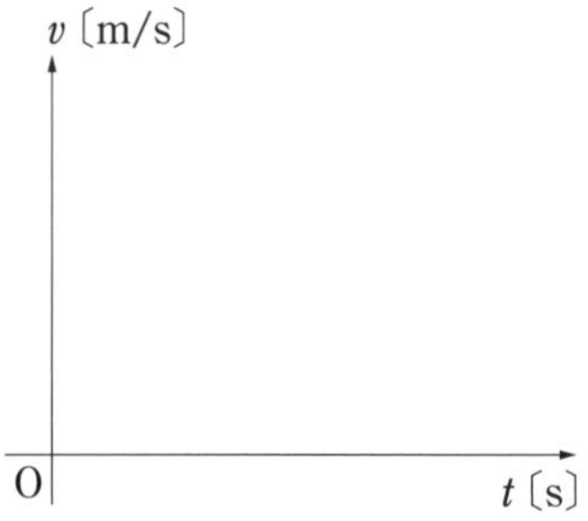

運動量が保存するとき，重心の運動が簡単になるんだね。
別々の知識が結びついていくと楽しい！

41 等速円運動の速度

解答編 ▶ p.43

月／日

扱う図

・位置ベクトル図… ある時刻における物体の基準点（原点）に対する位置をベクトルで表したもの。速度は位置の時間変化であるため，速度を調べるために位置ベクトル図を描く。

覚えるべき定義

・周期 T〔s〕… 円運動や後述の単振動などは，同じパターンの運動が繰り返される現象である。その特徴を表す 1 つの量が周期で，等速円運動の場合，物体が運動し始めてもとの位置に戻るまでの時間が T〔s〕のとき，この T を周期という。

・角速度 ω〔rad/s〕… 等速円運動において 1 s あたりに回転する角度をラジアンで表したものを，角速度という。1 周期で 2π〔rad〕だけ回転するので，$\omega=\dfrac{2\pi}{T}$ と表せる。振動現象の場合は，この ω を「角振動数」という。

●等速円運動の速度

一定の角速度 ω〔rad/s〕で，半径 r〔m〕の等速円運動する物体（質点）の運動を考える。微小時間 Δt〔s〕の間に，この物体は $\theta=\omega\Delta t$〔rad〕だけ回転する。このとき，物体は図 41-1 の扇形の弧の部分を進んでおり，その長さは $2\pi r\times\dfrac{\theta}{2\pi}=r\theta=r\omega\Delta t$〔m〕と書ける。よって物体の速さ v〔m/s〕は，$v=\dfrac{r\omega\Delta t}{\Delta t}=r\omega$〔m/s〕と計算できる。同じ角速度 ω で運動する物体でも，半径が大きければ移動距離も大きくなり，その速さも大きくなる。

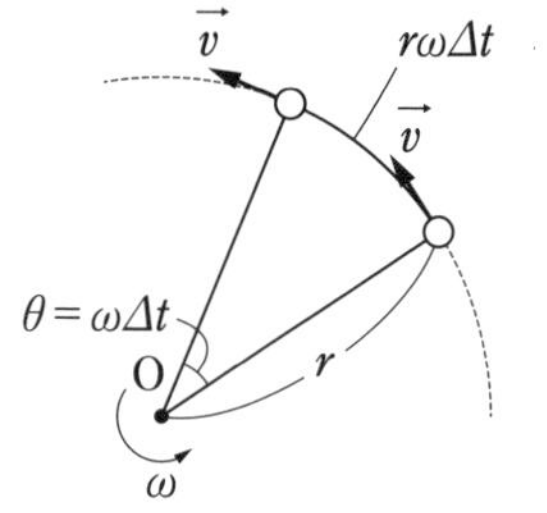

図 41－1

●等速円運動の速度の向き

次に同じ運動の速度の向きについて考えよう。速度の定義より $\vec{v}=\dfrac{\vec{x_2}-\vec{x_1}}{\Delta t}$ なので，分子の $\vec{x_2}-\vec{x_1}$ について考えると図 41-2 のベクトルとなる。ここで Δt をどんどん小さくしていくと $\vec{x_2}$ は $\vec{x_1}$ に近づいていき，$\vec{x_2}-\vec{x_1}$ は $\vec{x_1}$ と垂直になる。

以上のことが各瞬間ごとに成り立つので，速度ベクトルはつねに位置ベクトルに直交する。これを位置ベクトル図に表すと図 41-3 のようになる。このように，運動の向きはつねに変わるため，速度の向きもつねに変化する。等速円運動は等「速さ」円運動であることに注意。

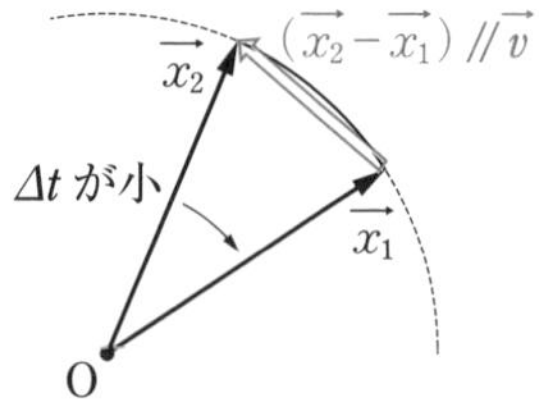

図 41－2

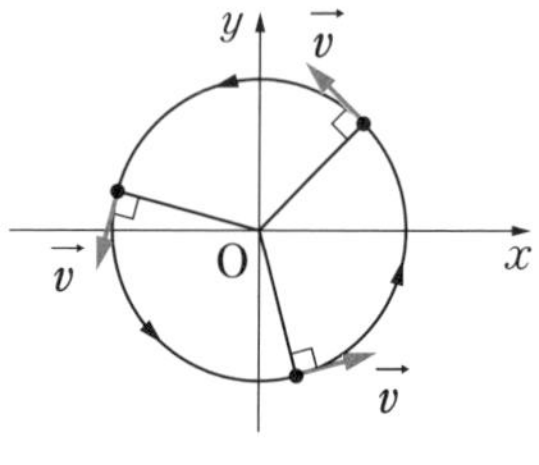

図 41－3

練習問題

問 1　質量 m の物体が，2.0 s 間で $60°$ 回転した。これを半径 1.0 m の等速円運動と考えて，次の問いに答えよ。円周率を π とする。

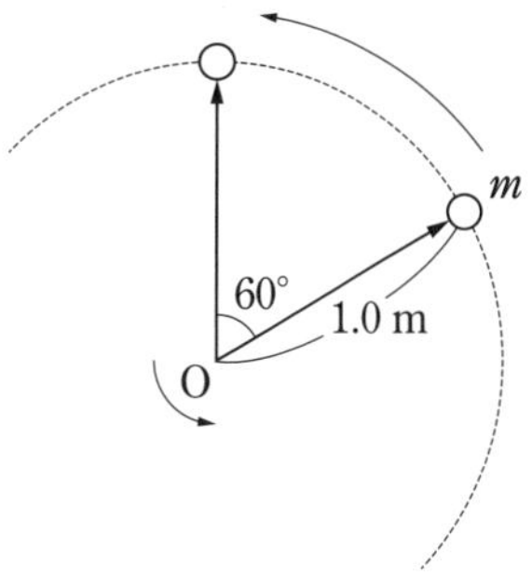

(1)　角速度 ω〔rad/s〕を求めよ。

答＿＿＿＿＿＿＿＿

(2)　2.0 s 間での移動距離を求めよ。

答＿＿＿＿＿＿＿＿

(3)　等速円運動の速さ v〔m/s〕を求めよ。

答＿＿＿＿＿＿＿＿

(4)　周期 T を求めよ。

答＿＿＿＿＿＿＿＿

問 2　図のように，長さ 3.0 m の一様な棒に，1.0 m ずつの間隔で質量 1.0 kg の物体が固定され，点Oを中心に一定の角速度 $\omega=\frac{\pi}{12}$〔rad/s〕で運動しているとするとき，次の問いに答えよ。

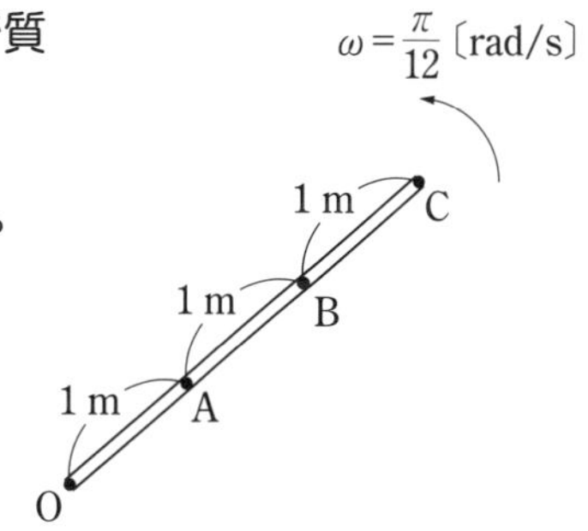

(1)　A の速さ v_A〔m/s〕を求めよ。

答＿＿＿＿＿＿＿＿

(2)　B の速さ v_B〔m/s〕を求めよ。

答＿＿＿＿＿＿＿＿

(3)　C の速さ v_C〔m/s〕を求めよ。

答＿＿＿＿＿＿＿＿

円運動の速度がわかったので，次は加速度や力を考えよう！

42 等速円運動の加速度・力

解答編 ▶ p.44

月／日

扱う図

・速度ベクトル図… 加速度は速度の時間変化であるため，加速度を調べるために速度ベクトル図を描く。

●等速円運動の加速度

一定の角速度 ω〔rad/s〕，速さ v〔m/s〕で，半径 r〔m〕の等速円運動する物体（質点）の運動を考える。微小時間 Δt〔s〕の間に，この物体は $\theta=\omega\Delta t$〔rad〕だけ回転し，速度は $\vec{v_1}$ から $\vec{v_2}$ に変化する（図 42-1）。加速度ベクトルは $\vec{a}=\dfrac{\vec{v_2}-\vec{v_1}}{\Delta t}$ で計算できるので，速度ベクトル $\vec{v_2}$ と $\vec{v_1}$ の差をとればよい。このとき速度ベクトル図は図 42-2 のようになり，その大きさは弧の長さで近似できる。速度ベクトルも $\theta=\omega\Delta t$〔rad〕だけ回転しているので，弧の長さは $2\pi v\times\dfrac{\theta}{2\pi}=v\theta=v\omega\Delta t$ と計算できる。よって加速度 $\vec{a}$ の大きさ a は，$a=\dfrac{v\omega\Delta t}{\Delta t}=v\omega=r\omega^2=\dfrac{v^2}{r}$ と計算できる。ただし式変形の途中で $v=r\omega$ を用いた。また，位置ベクトルの変化から速度ベクトルを求めたときと同様に，加速度ベクトルの向きについても，速度ベクトルと直交することがわかる（$\vec{a}\perp\vec{v}$）。等速円運動のある瞬間で，位置ベクトル，速度ベクトル，加速度ベクトルを同一図上に描くと図 42-3 のようになり，加速度ベクトルは運動の中心方向を向く。これを向心加速度という。

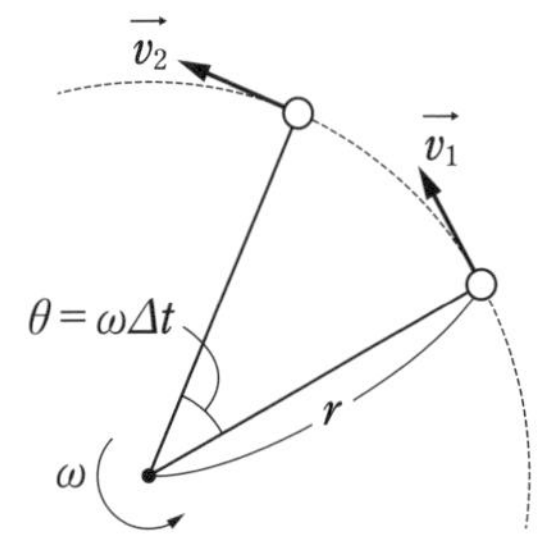

図 42－1

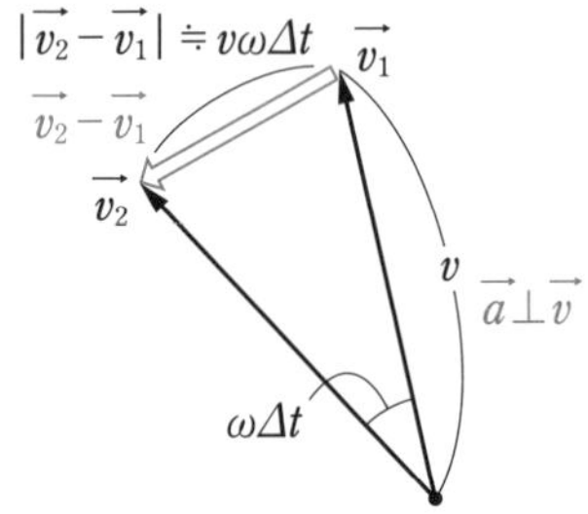

図 42－2

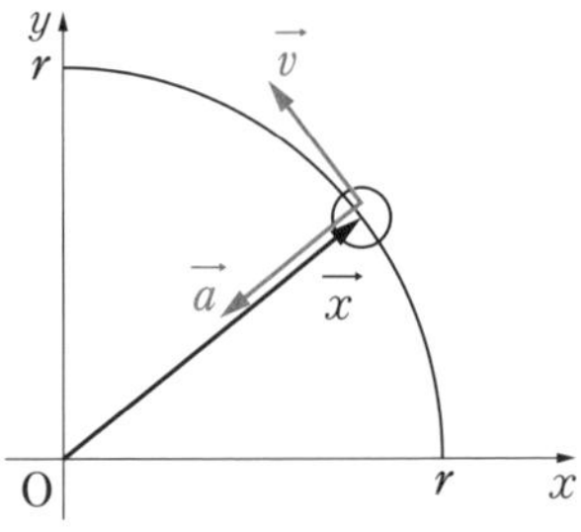

図 42－3

●等速円運動を引き起こす力

最後に，等速円運動を生じさせる力について考える。運動方程式より $m\vec{a}=\vec{F}$ であるため，加速度と力ベクトルは向きが等しくどちらも中心を向く。この力を向心力という。等速円運動が生じるときは，加速度が必ず中心を向くため，力も必ず中心を向く。

また向心力の大きさを F とすると，加速度の大きさ a は $a=r\omega^2=\dfrac{v^2}{r}$ と書けるので，等速円運動の運動方程式より $mr\omega^2=F$，もしくは $m\dfrac{v^2}{r}=F$ が成り立つ。

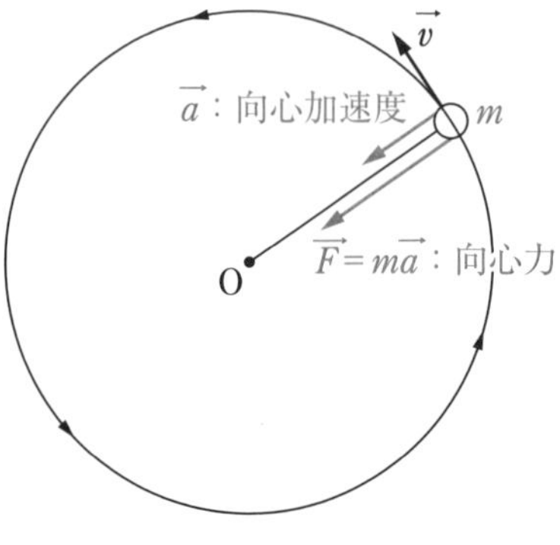

図 42－4

例えば，陸上競技のハンマー投げを考えると，張力が中心方向を向いているために円運動が生じると想像することができる。

練習問題

問 1　半径 r〔m〕，角速度 ω〔rad/s〕で等速円運動しているある質点が，点Pを速度 $\vec{v}$ で通過してから Δt〔s〕後に点P′を速度 $\vec{v'}$ で通過したとする。Δt が十分小さいとき，$|\vec{v'}-\vec{v}|$ は速さ v〔m/s〕を半径とする中心角 $\Delta\theta$ の円弧の長さで近似できるものとして，次の問いに答えよ。

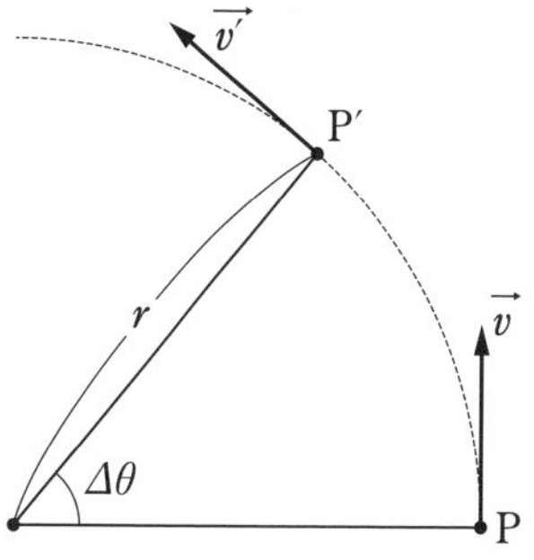

(1)

(1)　速度の変化量を計算するための速度ベクトル図を描け。

(2)　$|\vec{v'}-\vec{v}|$ を v，$\Delta\theta$ を用いて表せ。

答 ＿＿＿＿＿＿＿＿＿＿

(3)　$\Delta\theta$ を ω，Δt を用いて表せ。

答 ＿＿＿＿＿＿＿＿＿＿

(4)　加速度 a の大きさを r，v を用いて表せ。

答 ＿＿＿＿＿＿＿＿＿＿

問 2　右図のように，中華料理店などにあるターンテーブルが角速度 ω〔rad/s〕，半径 r〔m〕の等速円運動をしており，その上で質量 m〔kg〕の物体がともに等速円運動しているとする。物体と面の静止摩擦係数を μ，重力加速度の大きさを g〔m/s^2〕として次の問いに答えよ。

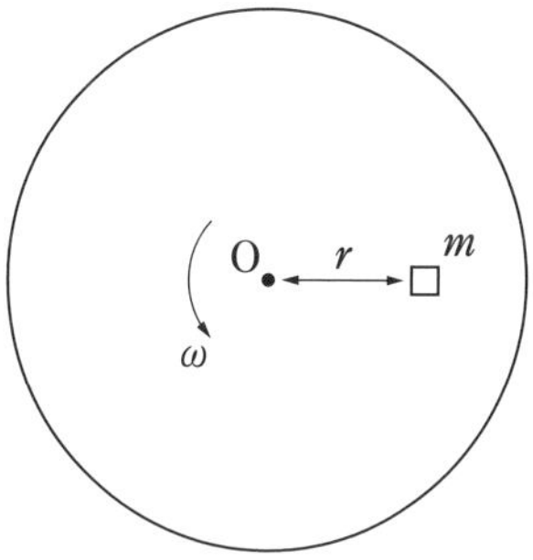

(1)　物体を横から見て，物体にはたらく力の力ベクトル図を描け。静止摩擦力を f〔N〕，垂直抗力を N〔N〕とする。

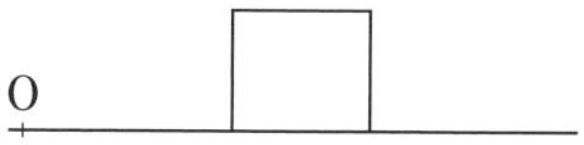

(2)　静止摩擦力 f の大きさを求めよ。

答 ＿＿＿＿＿＿＿＿＿＿

(3)　物体がすべり出さないための ω の条件を求めよ。

答 ＿＿＿＿＿＿＿＿＿＿

円運動の位置と速度の関係と，速度と加速度の関係の類似に気づけたかな？

43 等速円運動の運動方程式

解答編 ▶ p.45

月／日

扱う図

・力ベクトル図… 等速円運動の場合は物体にはたらく合力が必ず中心方向を向くため，そのように力ベクトル図を描く必要がある。

●等速円運動を引き起こす力

物体が等速円運動するときは向心力がはたらき，$ma=F$ により向心加速度が生じている。逆に向心加速度が生じていないと等速円運動は生じないため，等速円運動が観察されている場合には必ず向心力がはたらいている。よって，複数の力が物体にはたらいて等速円運動している場合は，その合力が必ず中心方向を向くように作図する。

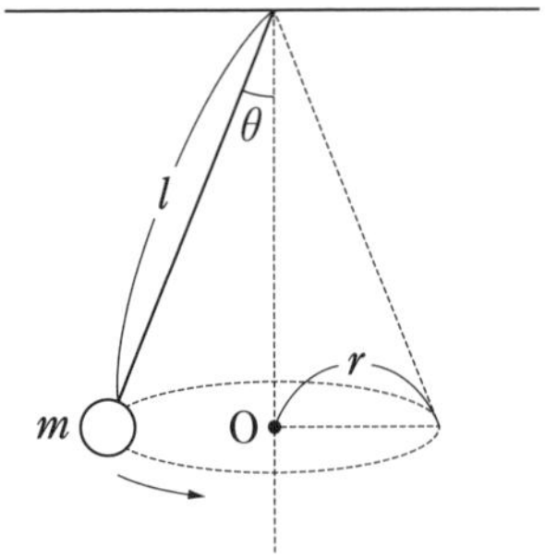

図 43－1

図 43-1 のように，天井から糸でつるされている物体が平面上で等速円運動している場合（円錐振り子）を考える。円運動の条件より，物体にはたらく張力と重力の合力が中心方向を向くため，図 43-2 のようなベクトル図が描ける。物体の質量を m〔kg〕，重力加速度の大きさを g〔m/s^2〕，糸が鉛直線となす角を θ とすると，向心力の大きさは $mg\tan\theta$ となる。

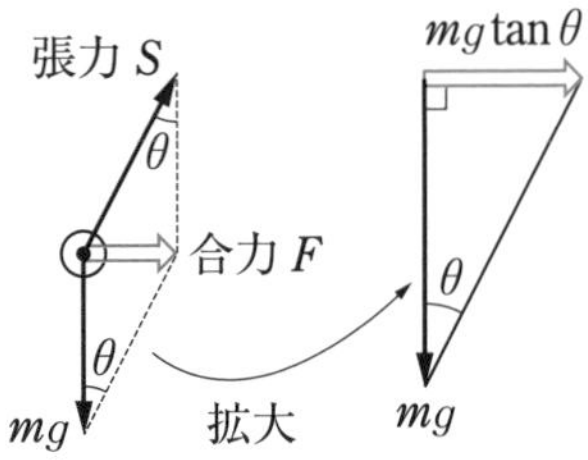

図 43－2

糸の長さを l〔m〕，角速度を ω〔rad/s〕，円運動の半径を r〔m〕とすると，等速円運動の運動方程式より $mr\omega^2=$（向心力）なので

$$m(l\sin\theta)\omega^2=mg\tan\theta \quad \cdots(*)$$

が成り立ち，ω や周期 T〔s〕が求められる。

このように複数の力がはたらいて物体が等速円運動している場合は，その合力が中心を向くように力ベクトル図を描き，向心力の大きさを求め運動方程式を立てることで運動を解析することができる。

問 1　図 43-2 から張力 S〔N〕の大きさを求めよ。

答＿＿＿＿＿＿＿＿＿＿

問 2　図 43-1，図 43-2 から周期 T〔s〕を求めよ。

答＿＿＿＿＿＿＿＿＿＿

練習問題

問 1　右図のように，質量 2.0 kg の物体が長さ 0.10 m の糸でつるされ，鉛直線となす角 60° で等速円運動している。重力加速度の大きさを 9.8 m/s^2 として次の問いに答えよ。$\sqrt{3}=1.73$ とする。

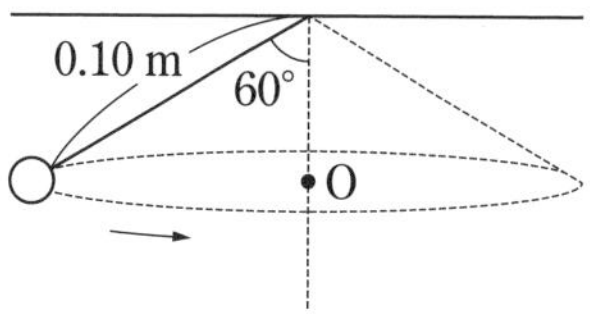

⑴　糸の張力を S〔N〕とし，力ベクトル図を描いて，向心力 F〔N〕の大きさを求めよ。

答＿＿＿＿＿＿＿＿＿＿

⑵　物体の速さ v〔m/s〕を求めよ。

答＿＿＿＿＿＿＿＿＿＿

⑶　円運動の周期 T〔s〕を π を用いて求めよ。

答＿＿＿＿＿＿＿＿＿＿

問 2　右図のように，質量 m〔kg〕の物体がなめらかな円錐面の内側で半径 r〔m〕の等速円運動をしている。鉛直線と斜面のなす角を θ，重力加速度の大きさを g〔m/s^2〕として次の問いに答えよ。

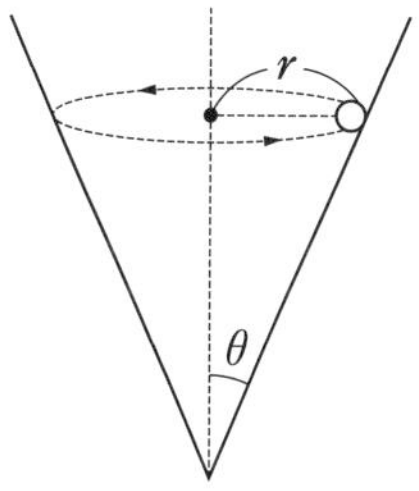

⑴　垂直抗力の大きさを N〔N〕として力ベクトル図を描いて，向心力の大きさ F〔N〕を m，g，θ を用いて表せ。

答＿＿＿＿＿＿＿＿＿＿

⑵　物体の速さ v〔m/s〕を求めよ。

答＿＿＿＿＿＿＿＿＿＿

⑶　物体が面から受ける垂直抗力の大きさ N〔N〕を求めよ。

答＿＿＿＿＿＿＿＿＿＿

44 鉛直面内の円運動

解答編 ▶ p.46

月／日

扱う図

・力ベクトル図… 等速でない円運動の場合でも，中心方向にはその瞬間の円運動の運動方程式が成り立つため，力ベクトル図を描いて向心力成分を求める。

●振り子の運動

天井から長さ l〔m〕の糸でつるされた物体が図 44-1 のように鉛直面上を振り子運動する状況を考える。この運動は，軌道は円軌道を描くが，力学的エネルギー保存則で考えればわかるように，速さを v〔m/s〕とするとき，速さが時々刻々と変わる運動であり，「等速」円運動ではない。

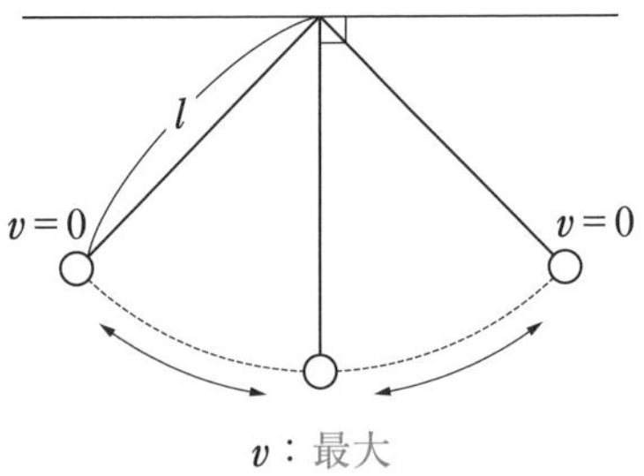

図 44−1

ただしこのときも，中心方向に関しては運動の各瞬間において，等速円運動の運動方程式が成り立つと考えてよい。鉛直面内の円運動では，接線方向にも合力の成分が残るので，速さが変わっていくのである。

中心方向の運動方程式は角速度を ω〔rad/s〕とすると

$$ml\omega^2=(\text{向心力}),\quad m\frac{v^2}{l}=(\text{向心力})$$

の 2 つがあるが，後者を立式することがほとんどである。速さ v は力学的エネルギー保存則から比較的簡単に求めることができる。

●中心方向の運動方程式の立式

振り子が鉛直線となす角 θ のときの運動方程式を考える。糸の張力 T〔N〕はつねに中心を向いている。重力 mg〔N〕を中心方向と接線方向に分解して考える。図 44-2 より中心方向の成分は $mg\cos\theta$ と書ける。向きに注意して中心方向の運動方程式を立てると，

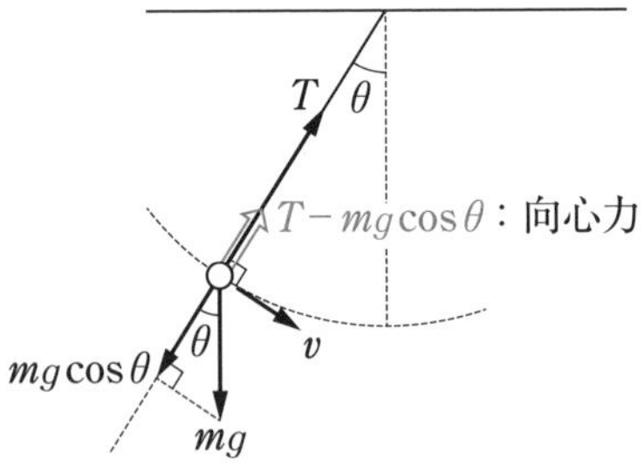

図 44−2

$$m\frac{v^2}{l}=T-mg\cos\theta$$

となり張力の大きさ $T=m\dfrac{v^2}{l}+mg\cos\theta$ が求まる。v や θ の変化にともない，T も時々刻々と変化することがわかる。

問　振り子運動の最高点と最下点では，どちらの方が張力が大きいか。

答 ＿＿＿＿＿＿＿＿＿＿

練習問題

問 1　右図のように，質量 $m=2.0\ \mathrm{kg}$ の物体を長さ $l=0.20\ \mathrm{m}$ の糸で天井からつるし，鉛直線となす角 60° の位置から静かにはなした。また，糸と天井の接点から $0.10\ \mathrm{m}$ 下にピンが留めてあり，物体は最下点を通過した後，半径の異なる円運動をする。重力加速度の大きさを $g=9.8\ \mathrm{m/s^2}$ として次の問いに答えよ。

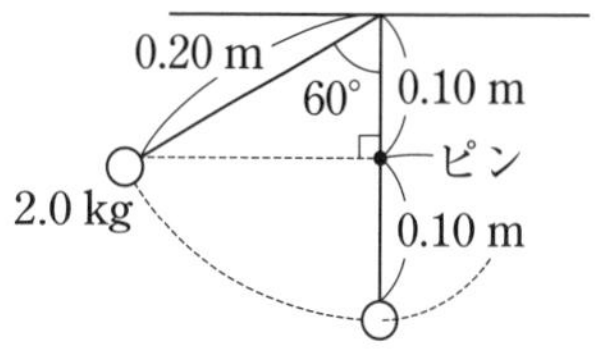

(1)　最下点での物体の速さ v〔m/s〕を求めよ。

答 ＿＿＿＿＿＿＿＿

(2)　最下点に達した瞬間，物体にはたらく張力の大きさ T〔N〕を求めよ。

答 ＿＿＿＿＿＿＿＿

(3)　物体をはなした瞬間，物体にはたらく力の力ベクトル図を描き，その点での張力の大きさ T_0〔N〕を求めよ。

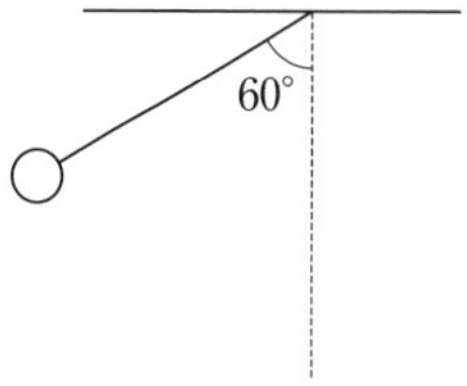

答 ＿＿＿＿＿＿＿＿

(4)　最下点に達した直後，物体にはたらく張力の大きさ T'〔N〕を求めよ。

答 ＿＿＿＿＿＿＿＿

(5)　最下点を通過した後の物体の最高点を，最下点からの高さとして求めよ。

答 ＿＿＿＿＿＿＿＿

円運動の場合は，中心方向の力の成分を考えることがポイントだね！

45 円軌道から離れる条件

解答編 ▶ p.47

月／日

扱う図

・力ベクトル図… 物体が面から離れて運動する場合，面から受ける垂直抗力Nは 0 になる。運動途中のNを求めるのに，力ベクトル図を用いる。

●鉛直面内の円運動中に円軌道から離れる場合

図 45-1 のように，半径 r のなめらかな半球面の最高点に静止していた質量 m の小球が，面上をすべり落ちる運動を考える。最初物体は面に沿って円運動するので，中心方向には円運動の運動方程式が成り立つ。図 45-2 の力ベクトル図を参照すると，速さが v となる点Aでの中心方向の運動方程式は，

$$m\frac{v^2}{r}=mg\cos\theta-N \quad \cdots\cdots①$$

となる。また，力学的エネルギー保存則

$$mgr=mgr\cos\theta+\frac{1}{2}mv^2 \quad \cdots\cdots②$$

より速さ v が求まり，①に代入すると，

$$N=mg\cos\theta-2mg(1-\cos\theta)=mg(3\cos\theta-2)$$

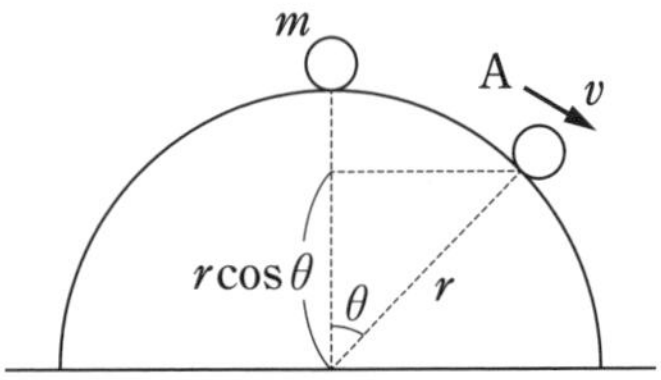

図 45－1

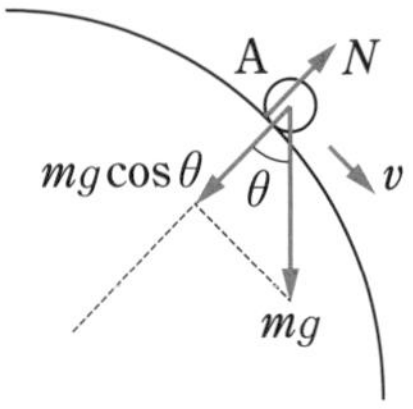

図 45－2

と垂直抗力Nが鉛直線と小球がなす角 θ によって変化していくことがわかる。特に，$\cos\theta=\frac{2}{3}$ のとき $N=0$ になるので，小球は円軌道に沿って床に着地することはなく，面から離れて放物運動することがわかる。

●ジェットコースターの物理

図 45-3 のように，途中で 1 回転するジェットコースターを考える。ただし面はなめらかで，面からは垂直抗力しか受けないとする。このとき，最高点を通過するためには，同じ高さから静かに運動させればよいと思うかもしれない。しかし実際には最高点で運動エネルギーを持たなくてはいけないので，同じ高さから落とすと途中で面から離れてしまう。このことについて，練習問題で考えてみよう。

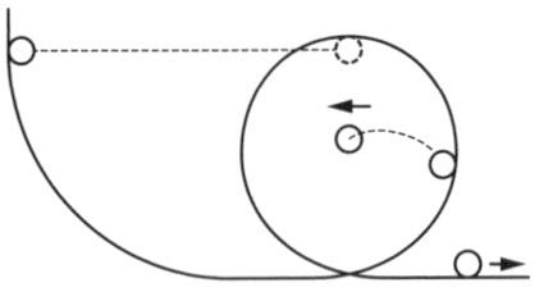
図 45－3

練習問題

問 1　右図のような半径 r〔m〕の半円状のなめらかな斜面に向かって，質量 m〔kg〕の小球を初速度 v_0〔m/s〕ですべらせる。重力加速度の大きさを g〔m/s^2〕として次の問いに答えよ。

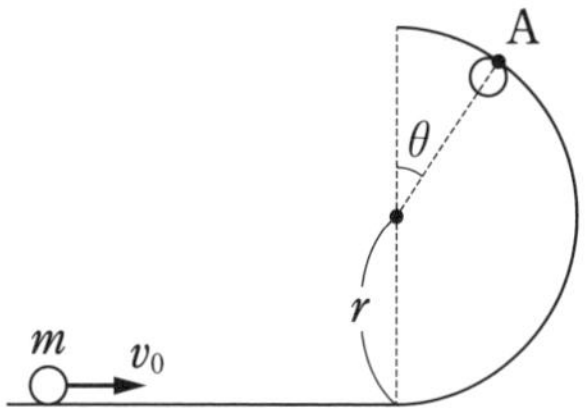

(1)　鉛直線となす角が θ の点Aにきたときの，小球の速さ v_A〔m/s〕を求めよ。

答＿＿＿＿＿＿＿＿＿＿

(2)　垂直抗力を N〔N〕として，点Aでの小球の力ベクトル図を右図に描け。

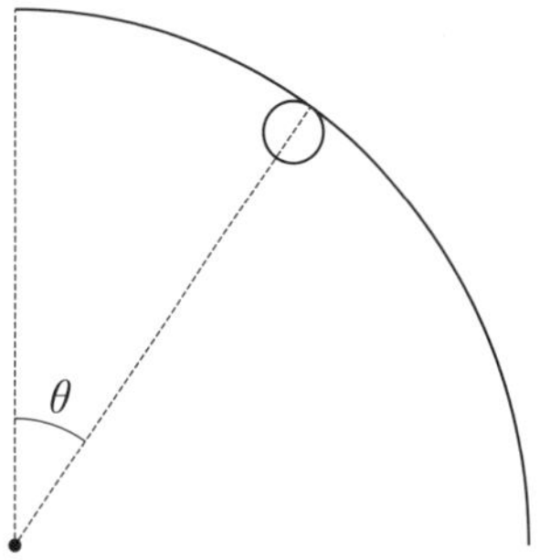

(3)　点Aで小球が受ける垂直抗力の大きさ N〔N〕を v_0 を用いて求めよ。

答＿＿＿＿＿＿＿＿＿＿

問 2　次に，右図のように小球を高さ h〔m〕のなめらかな斜面から静かに転がし，半径 r〔m〕の半円状の斜面に向かってすべらせることを考える。重力加速度の大きさを g〔m/s^2〕とする。

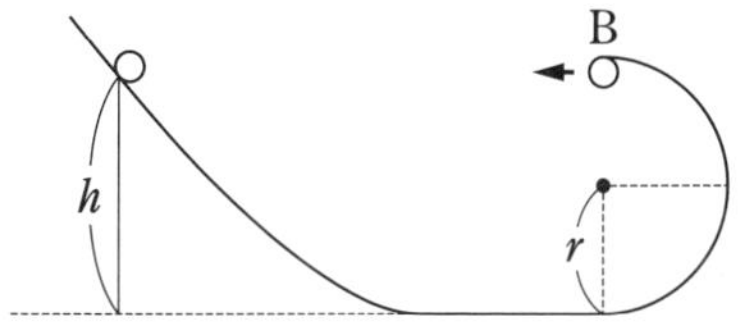

(1)　$h=2r$ のとき，最下点での小球の速さ v_0〔m/s〕を r を用いて求めよ。

答＿＿＿＿＿＿＿＿＿＿

(2)　$h=2r$ のとき，小球が斜面から離れる点の角度 θ の条件式を求めよ。

答＿＿＿＿＿＿＿＿＿＿

(3)　小球が半円の最高点Bを通過するための高さ h と r の条件式を求めよ。

答＿＿＿＿＿＿＿＿＿＿

ジェットコースターに乗るときはこの問題を思い出し，向心力を感じよう！

46 慣性力と見かけの重力

解答編 ▶ p.48

月／日

扱う図

・力ベクトル図… 観測者の立場によって運動のようすが変わるため，それに応じた力ベクトル図を描く練習をする必要がある。

●加速度運動する観測者

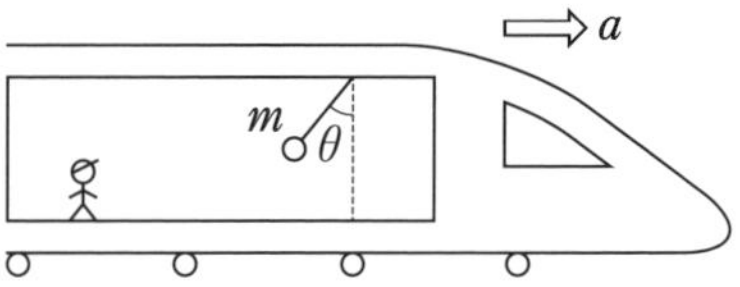

図 46－1

加速したり減速したりする電車にのっているとき，ゆらっとしたことはないだろうか。図 46-1 のように加速度 a〔m/s²〕で等加速度運動する電車をモデル化し，内部に質量 m〔kg〕の振り子を軽い糸でつるして電車に対して静止させると，振り子は鉛直線から角度 θ だけ傾く。

これを電車の外の観測者Aから観察すると，物体は電車とともに等加速度運動をするように見える。運動方程式を用いて考えると，張力と重力の合力 F〔N〕が進行方向を向いているためだとわかり，$ma=F$ と立式できる (図 46-2)。

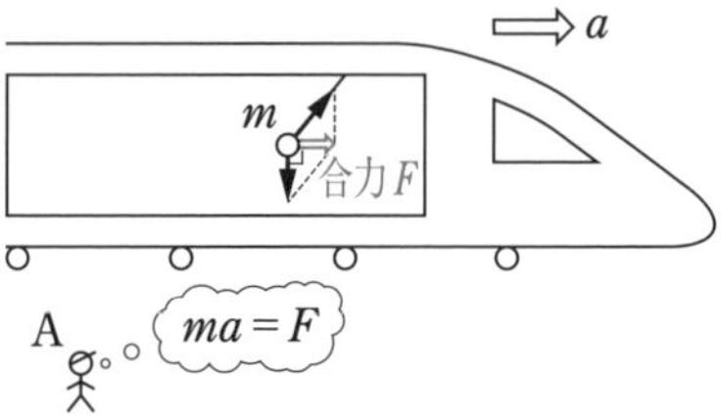

図 46－2

一方，電車の中の観測者Bから観察すると，物体はその位置で静止しているように見える (図 46-3)。しかし，張力と重力の合力は図 46-2 と同じで 0 ではない。これはニュートン力学の運動方程式に矛盾する。

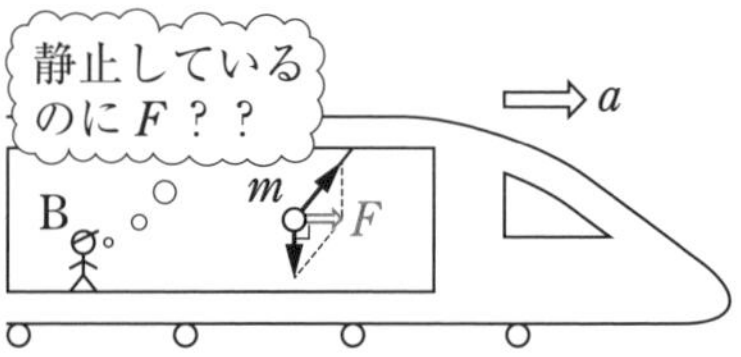

図 46－3

これを解決するため，「加速度 a で運動する観測者」から見る場合，進行方向に対して「$-ma$」の力が物体にはたらくと考える。張力と重力の合力 F は ma であるため，これを導入すると図 46-4 のように観測者Bから見て力がつりあうため矛盾しない。これはあくまで見かけの力であり，慣性力とよぶ。慣性力を導入すると，B から見たつりあいの式は $-ma+F=0$ となり，A の運動方程式と矛盾しない。

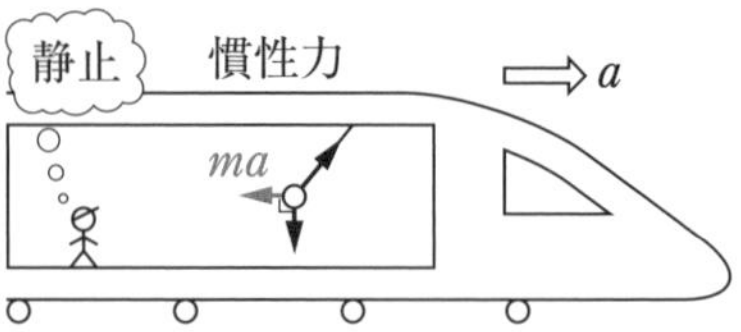

図 46－4

図 46-4 は重力と慣性力の合力が糸の張力とつりあっていると見ることもできる。もしこの糸が切れたとすると，物体は鉛直線となす角 θ の直線上を運動し落下する。観測者Bから見ると，「この方向に重力がはたらいている」と考えることもできる。力ベクトル図からその大きさは $m\sqrt{g^2+a^2}$〔N〕であり，これを見かけの重力とよぶ。同様に，$\sqrt{g^2+a^2}$〔m/s²〕を見かけの重力加速度という (図 46-5)。

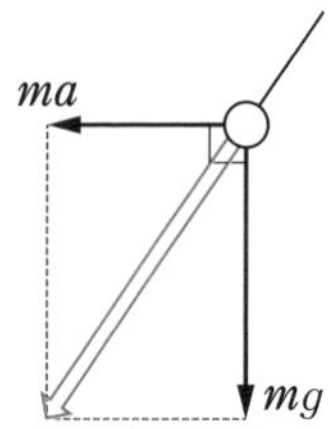

見かけの重力：$m\sqrt{g^2+a^2}$

図 46－5

練習問題

問1　加速度 a〔m/s^2〕で正の向き（右向き）に等加速度運動する電車の中に，質量 m〔kg〕の物体が天井から軽い糸でつるされており，鉛直線となす角 30° で電車に対して静止している。糸と天井の接点を原点Oとし，重力加速度の大きさを $g=9.8$ m/s^2 とする。このとき電車とともに運動する観測者の立場から，次の問いに答えよ。$\sqrt{3}=1.73$ とする。

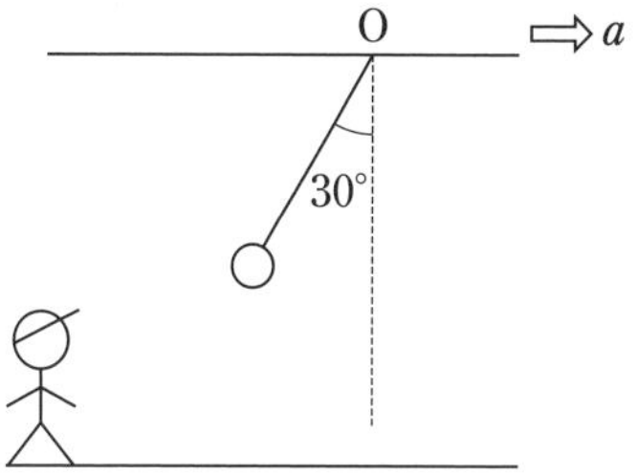

⑴　観測者から見て，物体は運動しているか，静止しているか。

答

⑵　糸の張力を T〔N〕として，観測者から見た，物体にはたらく力の力ベクトル図を右上図に描け。

⑶　電車の加速度 a〔m/s^2〕を求めよ。

答

⑷　途中で糸が切れた。床から天井までの高さを 3.0 m とするとき，O から落下点までの水平距離 x〔m〕を求めよ。

答

問2　質量 60 kg の観測者Aが，右図の v-t グラフで表される運動をするエレベーターに，はかりに乗った状態でいる。鉛直上向きを正，エレベーターの加速度を a〔m/s^2〕，重力加速度の大きさを $g=9.8$ m/s^2 とし，次の問いに答えよ。ただし，⑴～⑶は観測者Aの立場から答えよ。

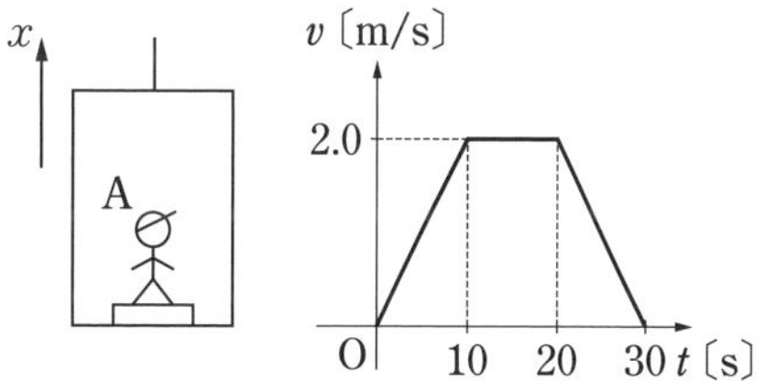

⑴　時刻 $t=0$～10 s ではかりが示すのは何Nか。

答

⑵　時刻 $t=10$～20 s ではかりが示すのは何Nか。

答

⑶　時刻 $t=20$～30 s ではかりが示すのは何Nか。

答

47 慣性力の有用性と遠心力

解答編 ▶ p.49

月／日

扱う図

・力ベクトル図… 観測者の立場によって運動のようすが変わるため，それに応じた力ベクトル図を描く練習をする必要がある。

●エレベーターの中で振動する振り子

見かけの力に過ぎない慣性力の必要性について疑問に思う人もいるだろう。慣性力があると便利な場合として，等加速度 a で上昇するエレベーターの中で振動する振り子の運動を考える。これをエレベーターの外から見ると，図 47-1 のようにとても複雑な軌跡となり，解析が難しい。しかし，エレベーターの中から見ると，物体の質量を m，重力加速度の大きさを g とするとき，単に見かけの重力 $m(g+a)$ がはたらく振り子の運動と同じである。

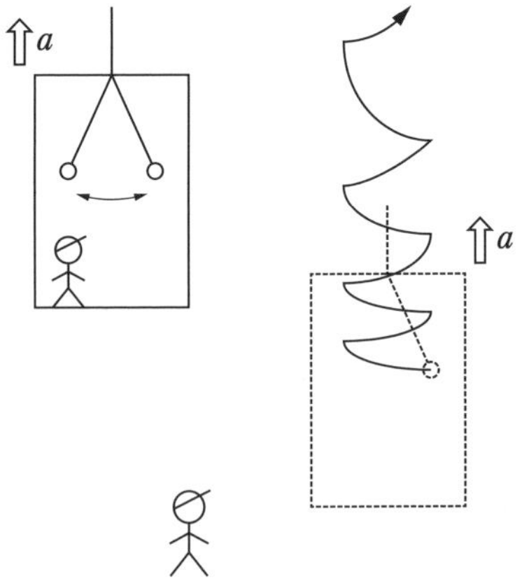

図 47－1

このように，運動する物体A上で運動する物体Bを考えるようなときには，A 上で考えた方が便利であることが多い。特に，A が等速でなく加速度運動するときは便利である。

●遠心力

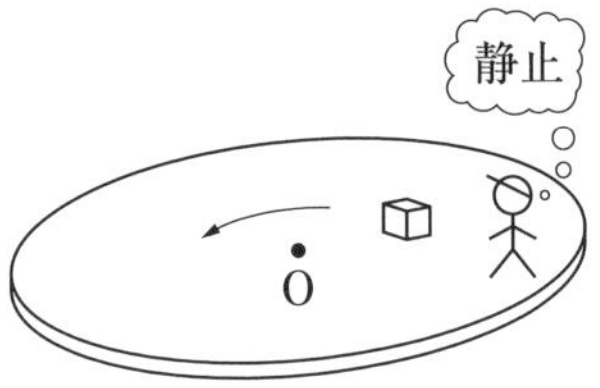

図 47－2

加速度運動の 1 つとして，観測者が等速円運動をする場合を考えよう。図 47-2 のように，ターンテーブル上で等速円運動する物体を，ターンテーブル上の観測者から見る。このとき，観測者から見て物体は静止している。これは面から受ける静止摩擦力 f と慣性力がつりあっているためと考える。円運動の加速度は中心方向を向くため，慣性力は外側を向いており，回転の中心から物体までの距離を r，角速度を ω とすると，加速度 a の大きさは $r\omega^2$ もしくは，$\dfrac{v^2}{r}$ と書けるため，慣性力の大きさは $mr\omega^2$ もしくは，$m\dfrac{v^2}{r}$ である (図 47-3)。

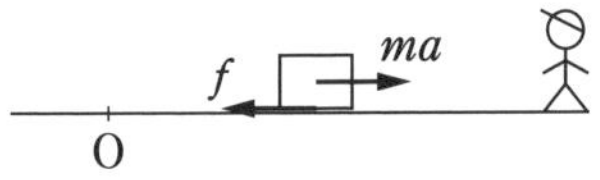

$ma = mr\omega^2 = m\dfrac{v^2}{r}$ ：遠心力

図 47－3

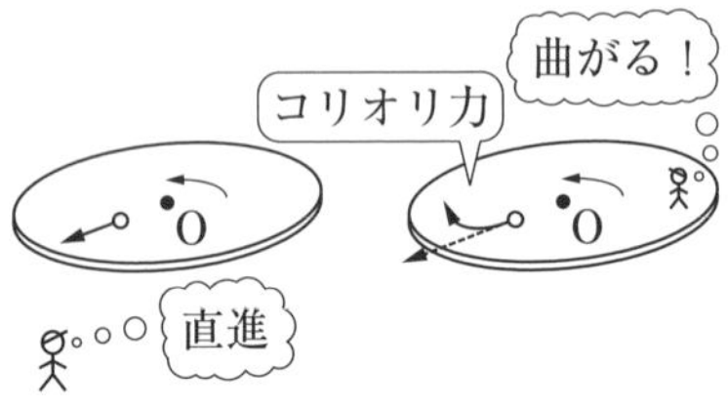

図 47－4

このように，円運動する観測者が観測する慣性力を，遠心力という。日常的に用いる言葉だが，正しく使われていない場合もある。例えば，回転するメリーゴーラウンドに乗っているときに外側に感じる力を遠心力と呼ぶのは物理的にも正しいが，それを外から見ている人が，「遠心力がはたらいているね」というのは物理的には正しくない。

なお，回転台上を物体が運動する場合は，遠心力の他にコリオリ力という見かけの力も生じるが，それは高校物理の範囲外である (図 47-4)。

練習問題

問1　右図のように，角速度 ω〔rad/s〕で等速円運動する粗い面上の中心Oに，自然長 l〔m〕で，ばね定数 k〔N/m〕のばねの一端が固定されており，他端に質量 m〔kg〕の物体が固定されているとする。これを面上の観測者Aから観察すると，ばねは自然長から x〔m〕だけ伸び，物体は静止していた。面と物体の間の静止摩擦係数を μ，重力加速度の大きさを g〔m/s^2〕として次の問いに答えよ。

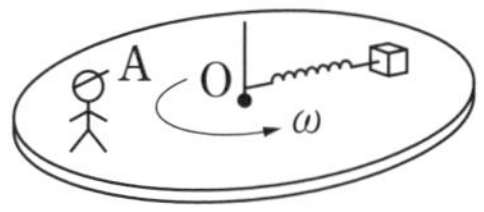

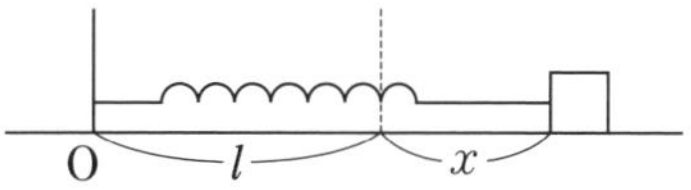

(1)　Aから見て，物体にはたらく力の力ベクトル図を，垂直抗力を N〔N〕，静止摩擦力を f〔N〕として上図に描け。

(2)　ω を大きくしていくと，物体はすべり出した。このときの角速度 ω_1〔rad/s〕を求めよ。

答＿＿＿＿＿＿＿＿＿＿

(3)　ω を小さくしていくと，物体はすべり出した。このときの角速度 ω_2〔rad/s〕を求めよ。

答＿＿＿＿＿＿＿＿＿＿

問2　右図のように，質量 m〔kg〕の物体がなめらかな円錐面の内側で半径 r〔m〕，角速度 ω〔rad/s〕の等速円運動をしている。鉛直線と斜面のなす角を θ，重力加速度の大きさを g〔m/s^2〕とする。以下の問いに物体とともに運動する観測者Aの立場から答えよ。

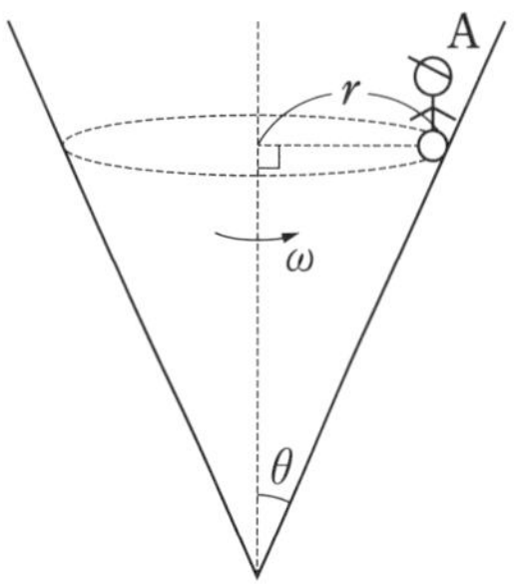

(1)　Aから見て，物体にはたらく垂直抗力を N〔N〕として，物体にはたらく力の力ベクトル図を右下図に描け。

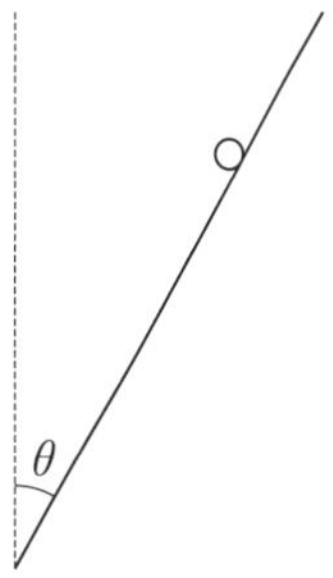

(2)　角度 θ について成り立つ式を，g，r，ω を用いて表せ。

答＿＿＿＿＿＿＿＿＿＿

(3)　垂直抗力の大きさを m，g，θ を用いて表せ。

答＿＿＿＿＿＿＿＿＿＿

「遠心力」はよく聞くけど，見かけの力の一種なんだね！

48 単振動

解答編 ▶ p.50

月／日

扱うグラフ

・x-t グラフ，v-t グラフ，a-t グラフ…
振動現象において，その位置 x〔m〕，速度 v〔m/s〕，加速度 a〔m/s^2〕の時間変化のグラフは特徴的なものとなる。これを描くことで振動現象を視覚的に理解することができる。

●単振動の位置 x

角速度 ω〔rad/s〕である平面上を等速円運動する物体に，平面上のある方向から光をあてたとき，x 軸上に映る影（正射影）の運動を単振動という。円運動の振幅を A〔m〕とすると，時刻 t〔s〕で $\theta=\omega t$ だけ回転するので，位置 x〔m〕は図 48-1 より $x=A\sin\omega t$ と表せる。物体が 1 往復するのにかかる時間を周期 T〔s〕とよび，ω は角振動数ともよぶ。

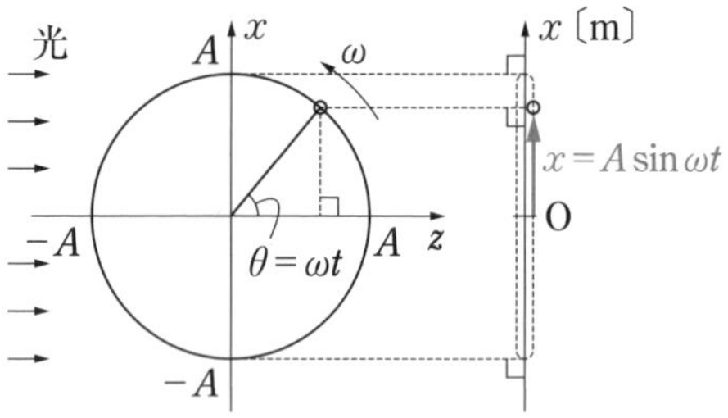

図 48－1

●単振動の速度・加速度

位置 x と同様に，等速円運動の速度と加速度を x 軸上に射影すると，単振動の速度 v，加速度 a が求められる。円運動の速度は接線方向，加速度は中心方向であることに注意すると，図 48-2 より，それぞれ，

$$v=A\omega\cos\omega t,\qquad a=-A\omega^2\sin\omega t$$

と求めることができる。よって，単振動の x，v，a は三角関数を用いて表せる。横軸に時刻 t をとって表すと，図 48-3，4，5 のようになる。

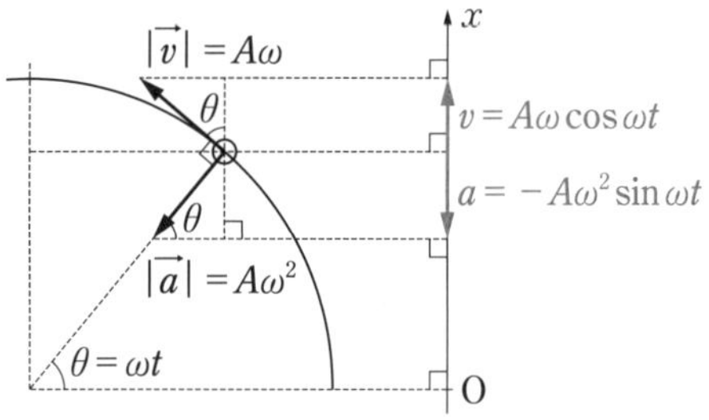

図 48－2

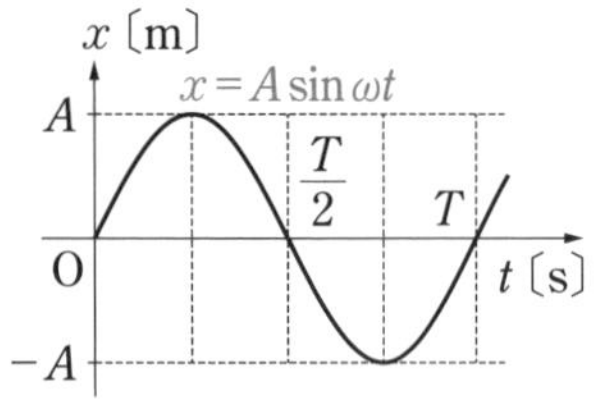

図 48－3

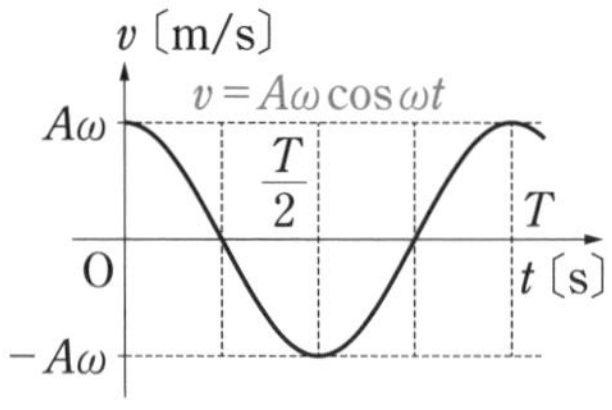

図 48－4

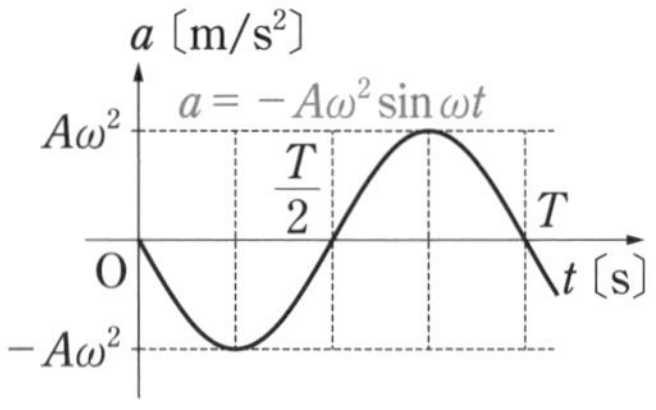

図 48－5

●ばねの運動

上で求めた x と a の式をよく見ると，どちらも $A\sin\omega t$ を用いているため，$a=-\omega^2x$ と書ける。これを一般の運動方程式に代入すると，物体の質量を m〔kg〕とするとき

$$ma=-m\omega^2x=-Kx\qquad (K=m\omega^2\ \text{とおいた})$$

となる。これが単振動の運動方程式である。ばねの運動は単振動の代表例のひとつである。一般に，$F=-Kx$ と書ける力を復元力という。$\omega=\sqrt{\dfrac{K}{m}}$ より，単振動の周期 T は，$T=\dfrac{2\pi}{\omega}=2\pi\sqrt{\dfrac{m}{K}}$ で求められる。

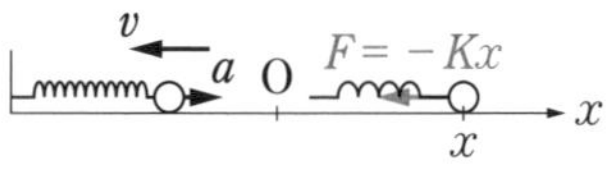

図 48－6

練習問題

右図のように，ばね定数 $2.0\times10^2\times\pi^2$〔N/m〕のばねの一端を壁に固定し，他端に質量 2.0 kg の物体を固定して，なめらかな水平面上に静止させた。ばねを自然長の位置Oから x 軸方向（正方向）に 0.20 m 伸ばして時刻 $t=0$ s で静かにはなすと物体は単振動をした。このとき次の問いに答えよ。円周率を π とする。

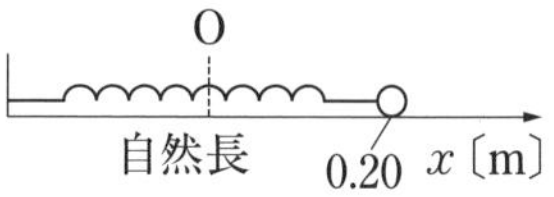

(1) 単振動の周期 T〔s〕を求めよ。

答

(2) 自然長からの物体の位置を x〔m〕，単振動の速度を v〔m/s〕，単振動の加速度を a〔m/s^2〕，時刻を t〔s〕として，x-t，v-t，a-t グラフの概形をそれぞれ下図に描け。また，それぞれのグラフの縦軸の最大・最小値と横軸の特徴的な値を計算し，グラフに記せ。円周率は π とする。

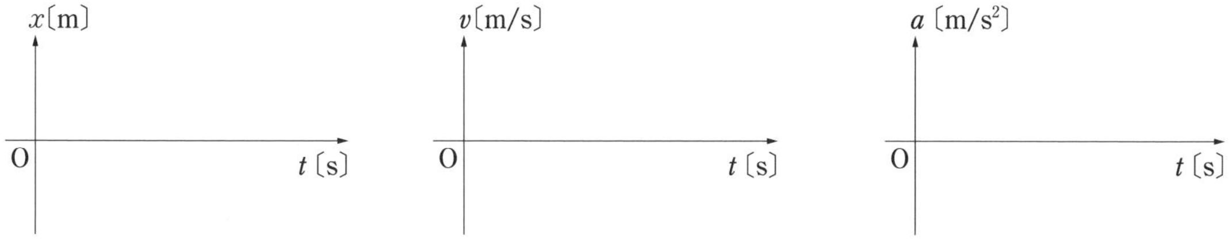

(3) 物体の正方向の最大速度 v_{max}〔m/s〕を求めよ。また，最大速度になるときは x，a がそれぞれどのような値をとるときか。

答

単振動は，一般に sin と cos を使って表せるんだね！sin しか使えない，というわけではないので注意しておこう。

49 振動の中心がずれる単振動

解答編 ▶ p.51

月／日

扱うグラフ

・x-t グラフ，v-t グラフ…

振動の中心がずれた時の単振動の x-t グラフは，水平ばねの単振動のグラフを x 軸方向に平行移動したグラフとなる。しかし速さ v は 0 と最大値の間で変化するのは変わらないため，水平ばねのグラフと同じになる。

●鉛直ばねの振動

質量 m の物体をばね定数 k のばねを用いて天井からつるす(図 49-1)。自然長の位置を原点Oとし，鉛直下向きを正として x 軸をとり，重力加速度の大きさを g とすると，この物体の運動方程式は，

$$ma=-k\left(x-\frac{mg}{k}\right)=-kx' \quad \left(x'=x-\frac{mg}{k}\right)$$

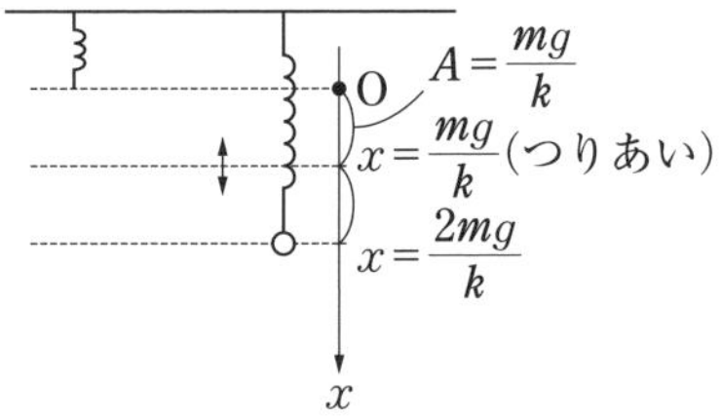

図 49－1

と書ける。すなわち，$x'=0$ $\left(x=\frac{mg}{k}\right)$ の点を振動の中心とする単振動を行う。$a=-\frac{k}{m}x'$ より，$\omega=\sqrt{\frac{k}{m}}$ と書け，角振動数 ω や周期 T は水平ばねのときと変わらない。$t=0$ で，$x=\frac{2mg}{k}$ の位置から物体を静かにはなすとき，振幅 A は振動の中心までの距離なので $A=\frac{mg}{k}$ と計算できる。よって周期を T とすると，物体の x-t グラフは図 49-2 のようになる。式では $x=\frac{mg}{k}\cos\sqrt{\frac{k}{m}}t+\frac{mg}{k}$ と表せる。このように，振動の中心がずれる場合は，x-t グラフの x 軸上で sin または cos の関数をずらせばよい。

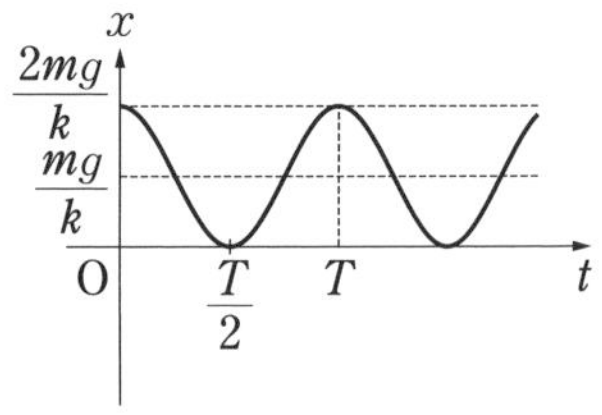

図 49－2

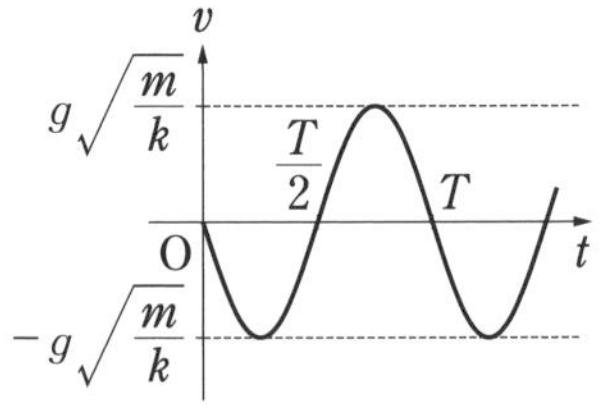

図 49－3

一方，速度 v はどうなるだろうか。速さの最大値 $v_{\max}$ は，振動の中心を通るとき $v_{\max}=A\omega=\frac{mg}{k}\sqrt{\frac{k}{m}}=g\sqrt{\frac{m}{k}}$ と計算できる。また，物体をはなした後，x 軸負の方向に加速していくので，v-t グラフは図 49-3 のようになる。式では，$v=-g\sqrt{\frac{m}{k}}\sin\sqrt{\frac{k}{m}}t$ と表せる。このように，振動の中心はずれていても，v-t グラフや a-t グラフの中心はずれることはない。

練習問題

問　右図のように，質量 $0.10\ \mathrm{kg}$ の物体をばね定数 $10\ \mathrm{N/m}$ のばねにつなぎ天井からつるした。自然長の位置で静止させておき，ぱっと手をはなすと物体は鉛直方向に単振動した。自然長の位置を原点Oとし，鉛直下向きを正として x 軸をとり，重力加速度の大きさを $g=9.8\ \mathrm{m/s^2}$ として以下の問いに答えよ。

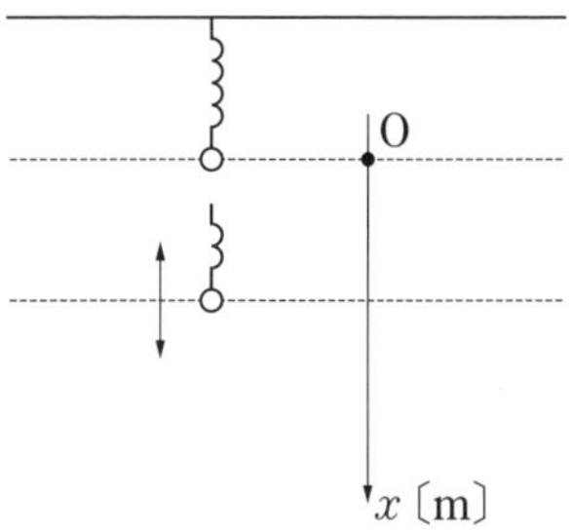

(1)　振動のつりあいの位置 x〔m〕を求めよ。

答＿＿＿＿＿＿＿＿＿＿

(2)　角振動数 ω〔rad/s〕と周期 T〔s〕を求めよ。円周率を π とする。

答＿＿＿＿＿＿＿＿＿＿

(3)　物体の速さの最大値を求めよ。

答＿＿＿＿＿＿＿＿＿＿

(4)　物体の速度を v〔m/s〕とするとき，x-t，v-t グラフを描き，それぞれのグラフの式を求めよ。

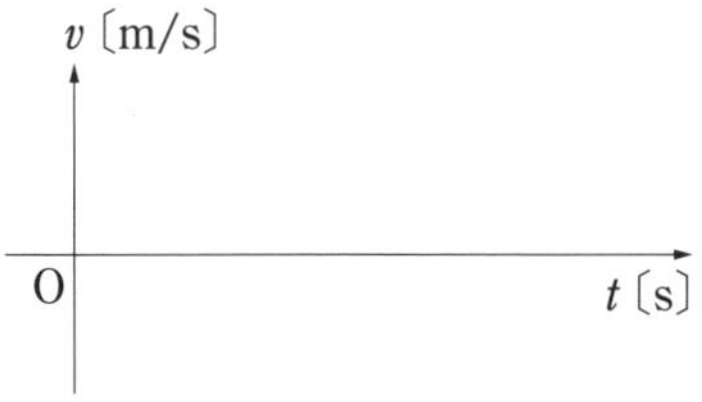

答＿＿＿＿＿＿＿＿＿＿

次は，単振動の別の例を見てみよう！ ▶▶▶

50 単振り子

解答編 ▶ p.52

月／日

扱う図

・力ベクトル図… 単振り子にはたらく合力が復元力となることを，力ベクトル図を描くことで理解する。

●単振り子

質量 m〔kg〕の物体を長さ l〔m〕の糸で天井からつるし，鉛直線となす角 θ の位置で静かにはなすと，物体は原点Oを中心に振動する。θ が十分小さく，以下に示す近似式が使える場合の振動を単振り子という（図 50-1）。力ベクトル図より，重力加速度の大きさを g〔m/s^2〕とすると，円の接線方向にはたらく力の成分は $-mg\sin\theta$ と表せる（図 50-2）。ここで，θ〔rad〕が十分小さいとき

$$\sin\theta \fallingdotseq \tan\theta \fallingdotseq \theta$$

と近似できるため，

$$F = -mg\sin\theta \fallingdotseq -mg\theta = -mg\frac{x}{l}\ \text{〔N〕}$$

と書ける（$x = l\theta$ を用いた）。これを運動方程式に代入すると

$$ma = -\frac{mg}{l}x = -Kx \qquad \left(K = \frac{mg}{l}\right)$$

となり，単振動となることがわかる。$\omega = \sqrt{\dfrac{K}{m}} = \sqrt{\dfrac{g}{l}}$〔rad/s〕なので，周期 $T = 2\pi\sqrt{\dfrac{l}{g}}$〔s〕と求められる。よって単振り子の周期は糸の長さ l で決まり，質量 m にはよらない。これを振り子の等時性という。

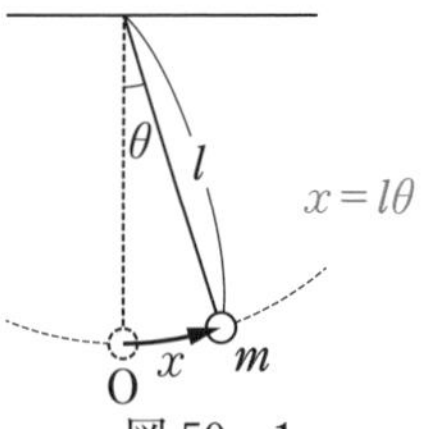

図 50－1

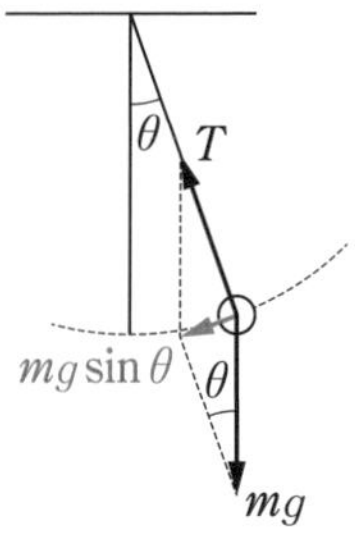

図 50－2

●$\sin x \fallingdotseq \tan x \fallingdotseq x$ の近似について

数学的にはマクローリン展開を用いて近似を説明する方がよいが，ここではグラフを用いて説明する。図 50-3 を見ると，原点付近で sin や tan は $y = x$ と十分近い挙動を示している。これがこの近似式の根拠である。これは原点付近に限っていえるため，x が十分小さいという条件が必要である。10° 程度の角度であれば，有効数字 2 桁で近似が成り立つ。三角関数表を用いて調べてみよ。

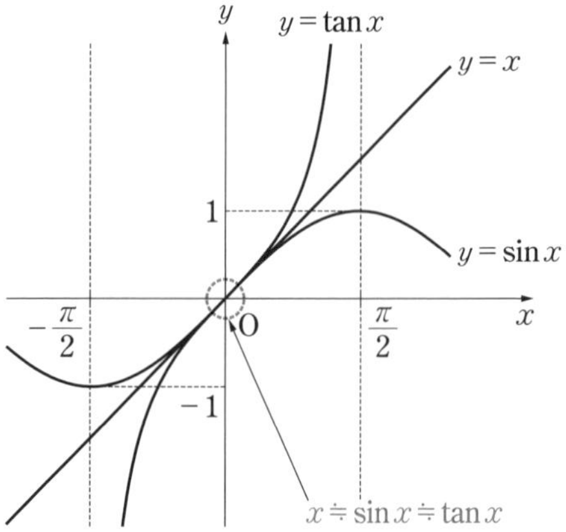

図 50－3

練習問題

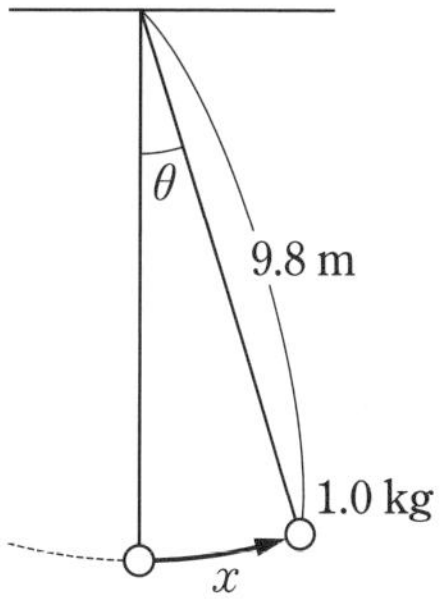

問1　右図のように，質量 1.0 kg の物体が長さ 9.8 m の糸で天井からつるされている。糸と鉛直線のなす角 θ〔rad〕が十分小さい位置から静かにはなすとき，重力加速度の大きさを $9.8\ \mathrm{m/s^2}$ として次の問いに答えよ。

(1)　力ベクトル図を右図に描いて接線方向の力を θ を用いて求めよ。

答＿＿＿＿＿＿＿＿＿＿

(2)　$\sin\theta \fallingdotseq \theta$ の近似を用いて運動方程式を立式し，単振り子の周期 T を求めよ。円周率を π とする。

答＿＿＿＿＿＿＿＿＿＿

問2　右図のように，一定の加速度 $a=\dfrac{9.8}{\sqrt{3}}\ \mathrm{m/s^2}$ で加速する電車の車内で，電車の天井から長さ $\dfrac{10}{\sqrt{3}}$ m，質量 1.0 kg のおもりをつけた単振り子を振動させると，おもりは鉛直方向を振動の一端とする振動を行った。これを電車内の観測者の立場から観察する。重力加速度の大きさを $9.8\ \mathrm{m/s^2}$ として次の問いに答えよ。円周率を π とする。

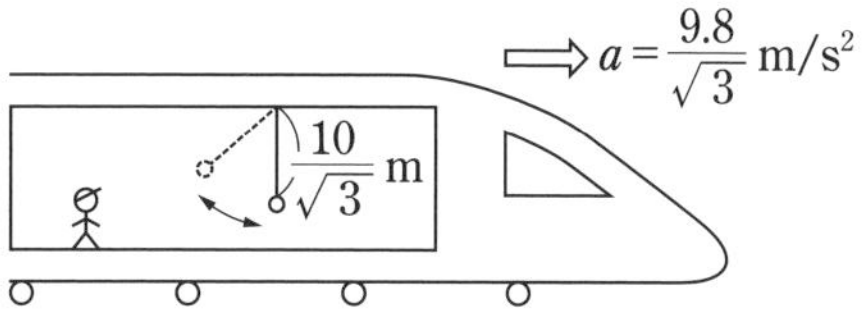

(1)　観測者からみた力ベクトル図を描き，見かけの重力の向きと鉛直線とのなす角 θ〔rad〕を求めよ。

答＿＿＿＿＿＿＿＿＿＿

(2)　振動の最高点で糸が鉛直線となす角 θ〔rad〕を求めよ。

答＿＿＿＿＿＿＿＿＿＿

(3)　この振動を，誤差は生じてしまうが単振り子として近似的に考える。このときの周期 T〔s〕を求めよ。

見かけの重力加速度と振り子の周期の関係までわかると，だいぶ理解が進んできたね！

答＿＿＿＿＿＿＿＿＿＿

51 ケプラーの法則

解答編 ▶ p.53

月／日

扱うグラフと図

ポイント 惑星の運動は，楕円軌道という特徴的な軌跡を描いて運動する。面積速度を用いることで，速度などの量をイメージし，計算する。

●第一法則：楕円軌道

太陽系の惑星は，どれも太陽を 1 つの焦点とする楕円軌道を描く。これがケプラーの第一法則である。楕円軌道において，長い方の直径の半分を半長軸 a，短い方の直径の半分を半短軸 b という（図 51-1）。いくつかの惑星の a と b との比を見ると表 51-1 のようになる。これらを見るとほぼ円軌道であるが，僅かにずれが生じていることがわかる。地球や金星などは有効数字 4 桁では円軌道だといってよい。

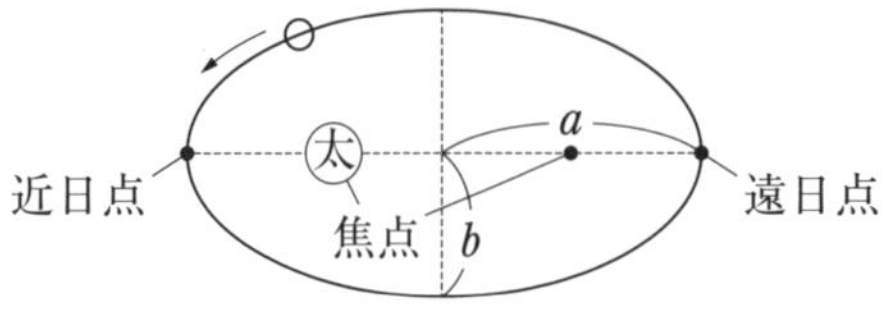

図 51－1

惑星	半長軸比 a［地球が 1］	a/b
水星	0.387	1.022
金星	0.723	1.000
地球	1	1.000
火星	1.52	1.004
木星	5.20	1.001

表 51-1

●第二法則：面積速度一定の法則

面積速度とは 1.0 s 間に惑星と太陽を結ぶ線分が描く面積のことである（図 51-2）。特に，近日点と遠日点においては簡単に計算でき，1.0 s 間に v 進むと近似できるので，それぞれ $\frac{1}{2}r_1v_1$，$\frac{1}{2}r_2v_2$ と求められる。これらが等しいことより $r_1v_1=r_2v_2$ が成り立つ。

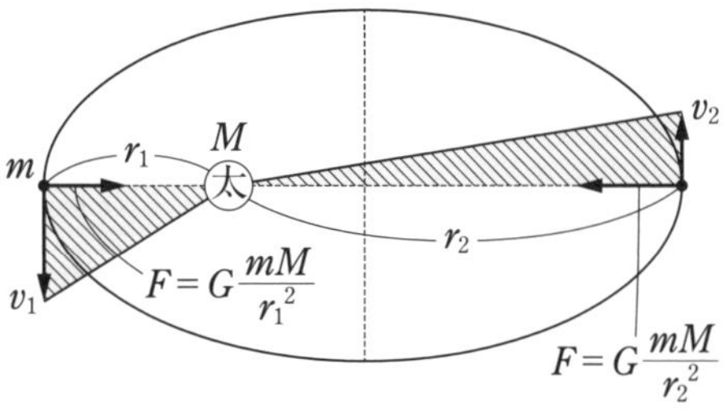

図 51－2

●第三法則：周期と半長軸

第三法則はすべての惑星において，その各々の公転周期 T と半長軸 a について，$\frac{T^2}{a^3}=k$（一定）が成り立つことをいう。地球の公転周期は 1 年なので，地球の半長軸の大きさとある惑星の a との比がわかれば，その惑星の周期も計算できる。

●万有引力の法則

ケプラーの法則が成り立つためには，惑星と太陽の間にある力がはたらいていればよいことをニュートンは考えた。これを万有引力 F とよび $F=G\frac{mM}{r^2}$ と表される。m〔kg〕は惑星の質量，M〔kg〕は太陽の質量，r〔m〕は惑星と太陽の距離であり，G は万有引力定数とよばれ，$G=6.67\times10^{-11}$〔$N\cdot m^2/kg^2$〕と測定されている。万有引力は，互いに引きあう向きにはたらき，大きさは同じである。この力は惑星と太陽の間だけでなく，質量をもつすべての物質間ではたらく。距離の 2 乗に反比例するため逆 2 乗則ともいう。

練習問題

問 1　質量 M〔kg〕の太陽のまわりを質量 m〔kg〕の地球が等速円運動しているとする。半径 r〔m〕，速さ v〔m/s〕，万有引力定数 G〔N・m^2/kg^2〕として次の問いに答えよ。円周率を π とする。

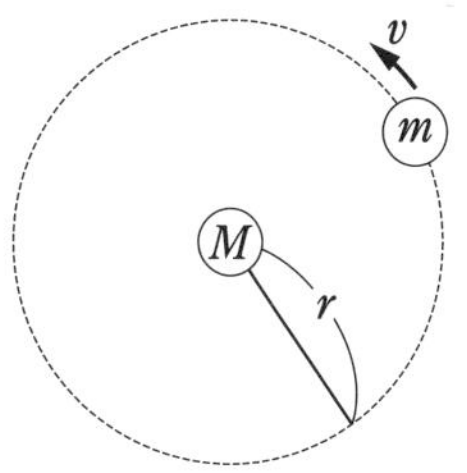

(1)　地球が受ける力を右図に描き，運動方程式を立式せよ。

答 ＿＿＿＿＿＿＿＿

(2)　地球の周期 T を r，v を用いて表せ。

答 ＿＿＿＿＿＿＿＿

(3)　(1)，(2)から $\dfrac{T^2}{r^3}$ が定数となることを導け。

問 2　質量 M〔kg〕の地球の表面近くを質量 m〔kg〕の物体が等速円運動するときの速度を，第 1 宇宙速度という。地球の半径を R〔m〕，重力加速度の大きさを g〔m/s^2〕として次の問いに答えよ。

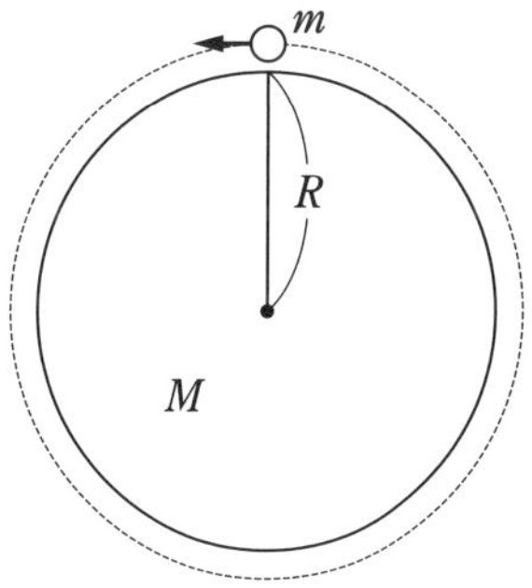

(1)　地表付近で物体にはたらく重力とは，地球に引かれる万有引力のことである。この関係式を立式し，万有引力定数を M，R，g を用いて表せ。

答 ＿＿＿＿＿＿＿＿

(2)　等速円運動の速さ（第 1 宇宙速度）v〔m/s〕を求めよ。

答 ＿＿＿＿＿＿＿＿

惑星の運動を説明することが，古典物理学の大きな目標だったんだね！

52 万有引力の位置エネルギー

解答編 ▶ p.54

月／日

扱うグラフ

- F-x グラフ… 万有引力の大きさは物体の位置 x〔m〕によって変化する。それをグラフにし，面積を計算することで，外力のする仕事と位置エネルギーが求められる。
- U-x グラフ… 万有引力の位置エネルギーは物体の位置 x〔m〕によって変化する。それを可視化しイメージをもつためにこのグラフを用いる。

●万有引力による位置エネルギー

基準点からある位置 r〔m〕まで物体をゆっくり運ぶときに外力がする仕事を位置エネルギーという。質量 M〔kg〕の地球と質量 m〔kg〕の物体の間の万有引力 F〔N〕を考えると，F は r^2 に反比例するので図 52-1 のような F-x グラフになるが，基準点を原点Oにすると F が∞に発散して適切に計算できない。よって基準点を $F=0$ N となる無限遠方にとり，これを無限遠とよぶ。無限遠からゆっくり移動させるとき，外力と移動の向きは逆なので，負の仕事となる。

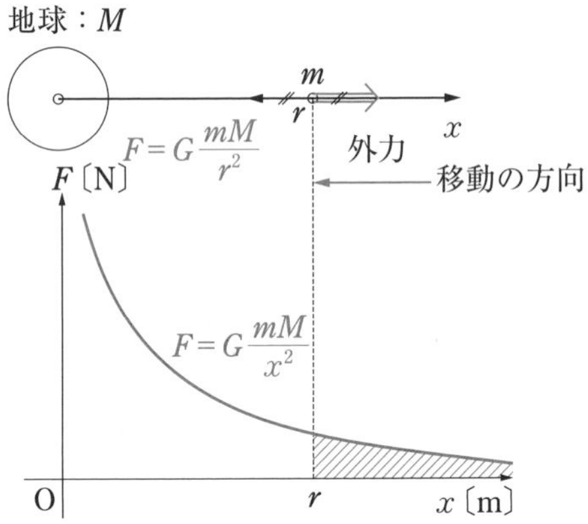

図 52－1

また，その大きさはグラフの面積から計算できるが，曲線なので細かい区間に分割し，長方形の面積に近似して計算する。縦軸についても，図 52-2 の近似を用いると，

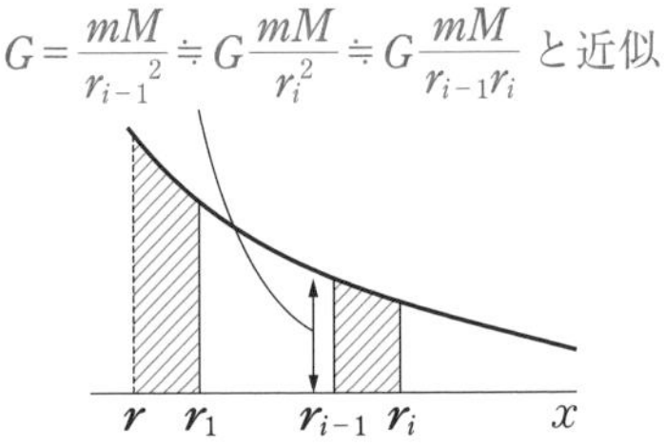

図 52－2

$$W \fallingdotseq G\frac{mM}{rr_1}(r_1-r)+\cdots+G\frac{mM}{r_{i-1}r_i}(r_i-r_{i-1})+\cdots+G\frac{mM}{r_{n-1}r_n}(r_n-r_{n-1})$$

$$=GmM\left(\frac{1}{r}-\frac{1}{r_1}+\frac{1}{r_1}-\cdots-\frac{1}{r_{n-1}}+\frac{1}{r_{n-1}}-\frac{1}{r_n}\right)$$

$$=GmM\left(\frac{1}{r}-\frac{1}{r_n}\right)$$

となり，無限遠では $r_n\to\infty$ なので $W=G\dfrac{mM}{r}$ と計算できる。

これは負の仕事であったので，万有引力のエネルギーは

$$U=-G\frac{mM}{r}$$

と表せる。無限遠が基準点なので，$r\to\infty$ で $U\to 0$ となる。U-x グラフは図 52-3 のようになる。

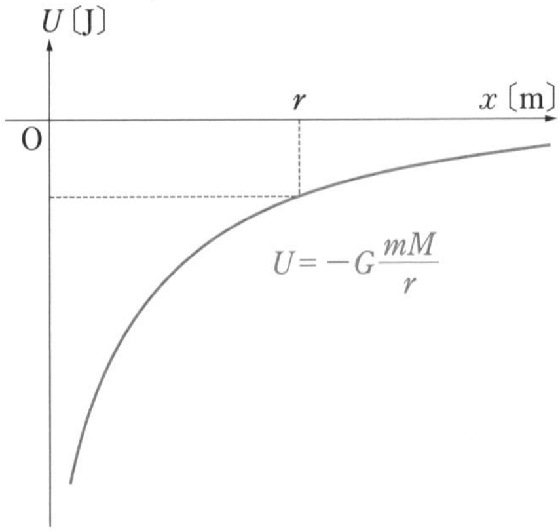

図 52－3

練習問題

問 1　半径 R〔m〕, 質量 M〔kg〕の地球の表面上の点Aから，初速度 v_0〔m/s〕で質量 m〔kg〕の物体を打ち上げたところ，地表からの距離が R〔m〕になった点Bで静止した。万有引力定数を G〔N・m^2/kg^2〕として，力学的エネルギー保存則を用いて v_0 を求めよ。

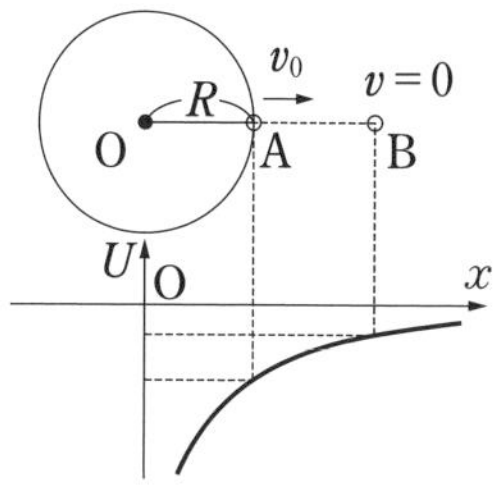

答

問 2　質量 M の星のまわりを楕円運動する質量 m の物体の運動を考える。星から最も近い点 r_1 を通るときの速さを v_1，最も遠い点 r_2 を通るときの速さを v_2 とする。万有引力定数を G として次の問いに答えよ。

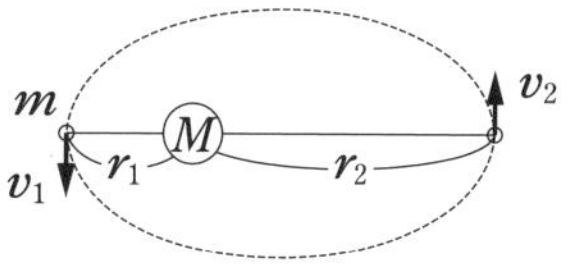

(1)　力学的エネルギー保存則を立式せよ。

答

(2)　U-x グラフの概形を右図に描き，v_1 と v_2 の大小を比べよ。

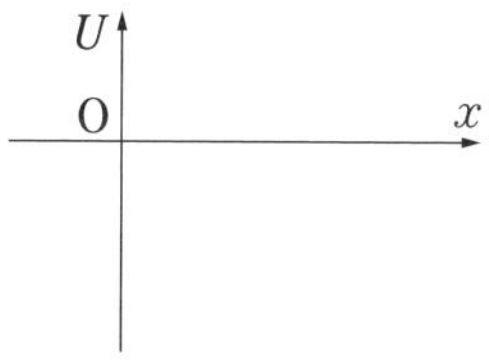

答

(3)　面積速度一定の法則を立式し，v_1，v_2 を求めよ。

答

万有引力も保存力の一種なんだね。宇宙開発を考えるときの基礎に，こういった知識が必要なんだよ！

〔基礎からのジャンプアップノート 物理 力学 グラフ・作図問題演習ドリル〕猪鼻真裕

基礎からの ジャンプアップノート

物理 力学

[物理基礎・物理]

グラフ・作図問題演習ドリル

解答編

旺文社

1 等速直線運動

解答編 ▶ p.2

月　日

扱うグラフ

- v-t グラフ… ある物体の速度 v が時刻 t の変化とともにどのように変化していくかを表すグラフ。速度 v の時間依存性について考える。
- x-t グラフ… ある物体の位置 x が時刻 t の変化とともにどのように変化していくかを表すグラフ。位置 x の時間依存性について考える。

覚えるべき定義

- 速度 $v=\dfrac{\text{位置の変化量}}{\text{時刻の変化量}}=\dfrac{x_2-x_1}{t_2-t_1}=\dfrac{\Delta x}{\Delta t}$　　$t=t_1$ ○ x_1　$t=t_2$ ○ x_2　→ x

3.0 秒間で位置が 6.0 m 変化した場合，1.0 秒間では平均して 2.0 m ずつ変化したことになる。この，1.0 秒あたりの位置の変化量を速度という。時刻 t_1 から t_2 の間に，位置 x_1 から x_2 に移動する物体の速度は，上式で計算できる。Δ は変化量を表す記号で，Δx で x の変化量を表す。Δt が十分に小さい場合に瞬間の速度といい，それ以外を平均の速度という。日常的には，瞬間毎に速度が変わる運動が多いので，瞬間の速度を考える場合が多い。

等速直線運動とは，＿速度＿がつねに一定の運動である。速度 2.0 m/s で等速直線運動する物体は，1.0 s 後，2.0 s 後，3.0 s 後も 2.0 m/s の速度をもち，位置は 2.0 m，4.0 m，6.0 m と変化していくことになる。すなわち，1.0 s あたり一定の値 v で位置が変化することになり，t〔s〕後の位置 x を数式で表すと $x=$＿vt＿ と書ける。グラフにすると，以下のようになり，v-t グラフの面積は位置の変化量（変位）x に等しい。

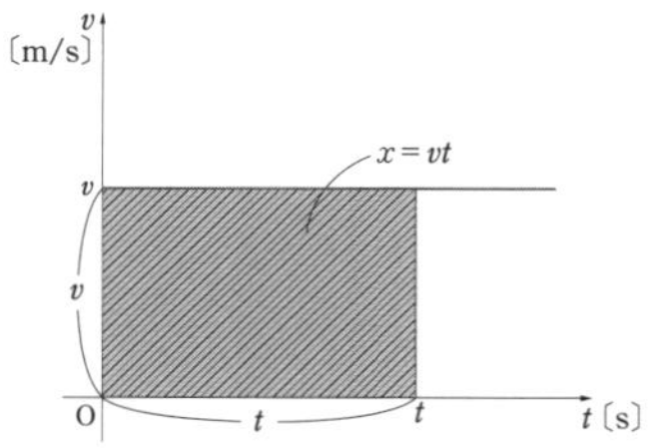

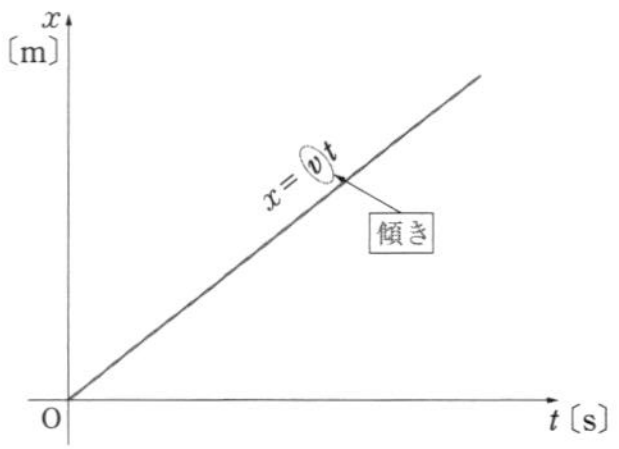

変位 x は v-t グラフの面積に等しい
（速度 v の定義より）

速度 v は x-t グラフの傾きに等しい

練習問題

物体が時刻 $t=0$ s で原点からある速度で運動する。次の各場合において，$t=5.0$ s における物体の位置の変化量 x〔m〕を，v-t グラフを描いて求めよ。また，x を表す部分をぬりつぶせ。

(1) $v=1.0$ m/s

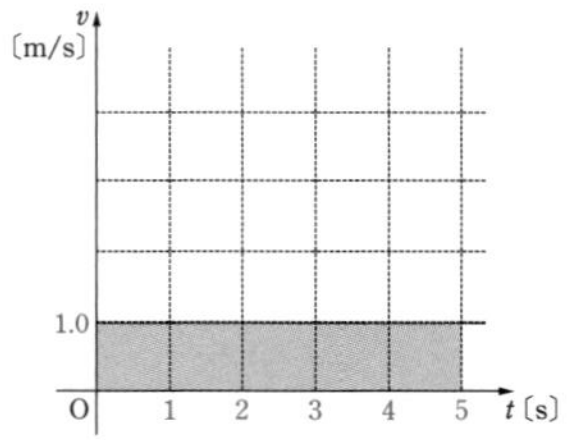

$x=vt=1.0\ \mathrm{m/s}\times5.0\ \mathrm{s}$
$=5.0\ \mathrm{m}$

答 5.0 m

(2) $v=2.0$ m/s

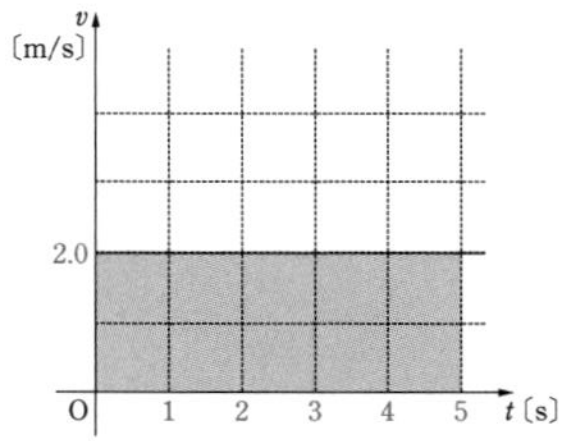

$x=vt=2.0\ \mathrm{m/s}\times5.0\ \mathrm{s}$
$=10\ \mathrm{m}$

答 10 m

(3) $v=3.2$ m/s

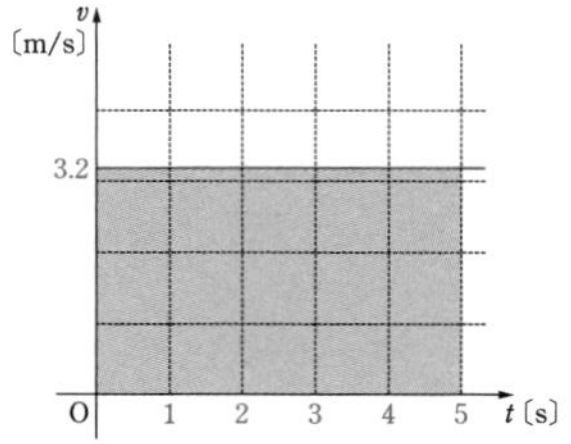

$x=vt=3.2\ \mathrm{m/s}\times5.0\ \mathrm{s}$
$=16\ \mathrm{m}$

答 16 m

(4) $v=-1.0$ m/s

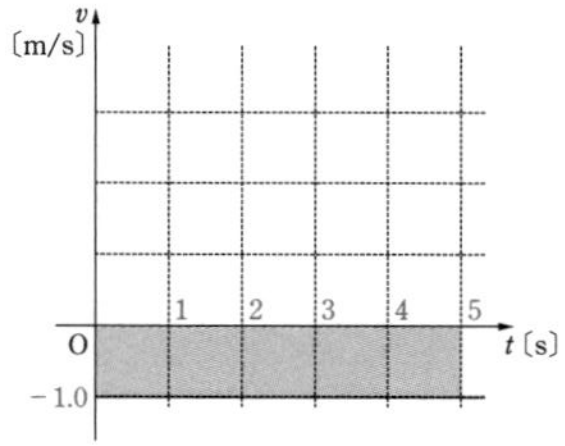

$x=vt=-1.0\ \mathrm{m/s}\times5.0\ \mathrm{s}$
$=-5.0\ \mathrm{m}$

答 −5.0 m

速度が一定の場合についてはわかったね。では，速度が変化する場合についてはどうなるだろう？

2 等加速度直線運動(1)

解答編 ▶ p.3

月　日

覚えるべき定義

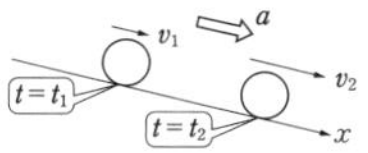

・加速度 $a=\dfrac{\text{速度の変化量}}{\text{時刻の変化量}}=\dfrac{v_2-v_1}{t_2-t_1}=\dfrac{\Delta v}{\Delta t}$

2.0 s 間で速度が 3.0 m/s だけ増加した場合，1.0 s 間では 1.5 m/s ずつ変化したことになる。この 1 s 間あたりの速度の変化量が加速度である。では，同じ 2.0 s 間で速度が $v_1=3.0$ m/s から $v_2=1.0$ m/s に変化したとき，$a=-1.0$ m/s^2 である。このように，減速する場合は，負の加速度と考える。Δt が十分小さいときを瞬間の加速度，それ以外を平均の加速度というが，等加速度直線運動のときは加速度は一定なので，どちらで考えても値は一致する。

等加速度直線運動とは　加速度　が一定の運動である。$a=2.0$ m/s^2 のとき，速度は毎秒 2.0 m/s ずつ増えていくので，初速度 $v_0=1.0$ m/s だとすると，1.0 s 後の速度は $1.0+2.0\times1.0=3.0$ m/s，2.0 s 後の速度は $1.0+2.0\times2.0=5.0$ m/s，3.0 s 後は $1.0+2.0\times3.0=7.0$ m/s となり，数式で表すと，t〔s〕後の速度 v は $v=1.0+2.0t$ と書ける。このときの v-t グラフは，図 2-1 のようになる。

位置 x は v-t グラフの面積から求められることを思い出すと，$t=3.0$ s 後の位置の変化量（変位）x〔m〕は

$$x=\frac{1}{2}\times(1+7)\times3=12\text{ m}$$

と求めることができる。このように v-t グラフが斜めになっても，それが t 軸と囲む面積は変位 x に等しくなる。時刻 t においては，

$$x=\frac{1}{2}\{1+(1+2t)\}\times t=t+t^2$$

と求めることができ x-t グラフは図 2-2 のように 2 次関数のグラフとなる。

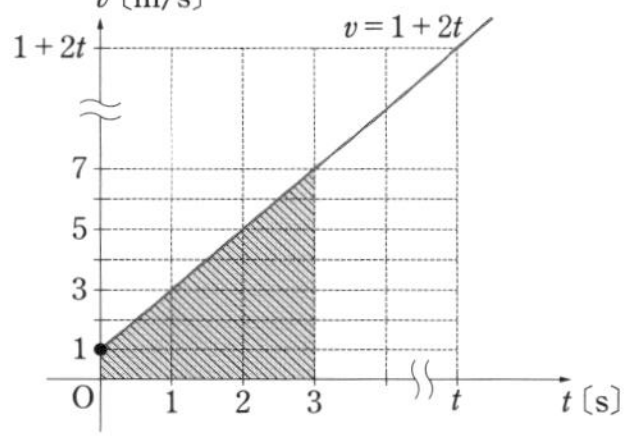

図 2－1

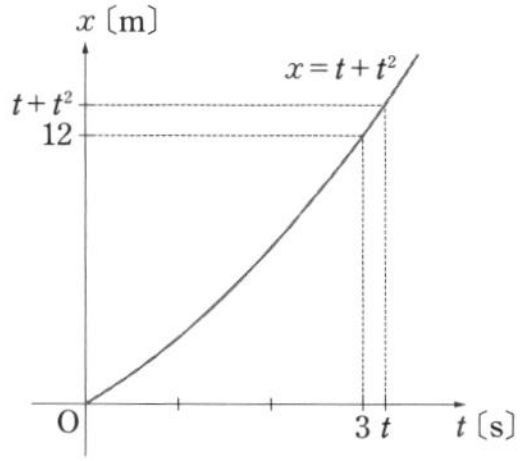

図 2－2

練習問題

以下の条件で物体が等加速度直線運動するとき，v-t グラフを描け。また，時刻 $t=0$ s から $t=5.0$ s までの位置の変化量 x〔m〕を，v-t グラフから求めよ。x を表す部分をぬりつぶせ。

(1) $a=0.50$ m/s^2，$v_0=2.0$ m/s のとき

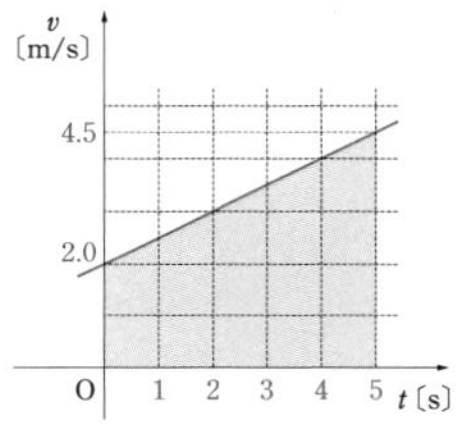

グラフの式は

$v=2.0+0.50t$

より，$t=5.0$ s のとき $v=4.5$ m/s

$$x=\frac{1}{2}\times(2.0+4.5)\times5.0=16.25\text{ m}$$

答　16 m

(2) $a=-1.0$ m/s^2，$v_0=5.0$ m/s のとき

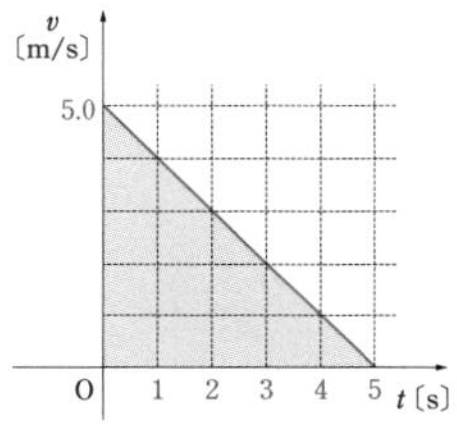

グラフの面積より

$$x=\frac{1}{2}\times5.0\times5.0=12.5\fallingdotseq13\text{ m}$$

答　13 m

(3) $a=1.0$ m/s^2，$v_0=-1.0$ m/s のとき

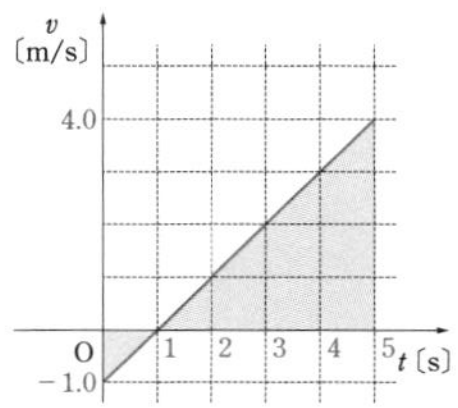

負の面積は負の移動を表す。

よって

$$x=\frac{1}{2}\times1.0\times(-1.0)+\frac{1}{2}\times4.0\times4.0$$

$$=-\frac{1}{2}+8=7.5\text{ m}$$

答　7.5 m

(4) $a=-1.0$ m/s^2，$v_0=-0.50$ m/s のとき

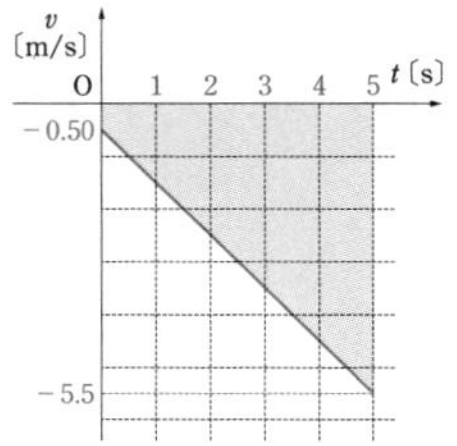

$$x=-\frac{1}{2}(0.5+5.5)\times5.0$$

$$=-15\text{ m}$$

答　－15 m

1 マスが 1 m/s×1 s で 1 m に対応しているから，マスの全面積が変位になるんだね。さらに色々な場合を確認していこう！

3 等加速度直線運動(2)

解答編 ▶ p.4

月／日

扱うグラフ

ポイント x-t グラフは，等速直線運動のときは直線，等加速度直線運動のときは放物線となり，それらが組みあわさった運動のときは，区間によってグラフの形が変わる。

覚えるべき定義

・加速度 $a=\dfrac{\text{速度の変化量}}{\text{時刻の変化量}}=\dfrac{v_2-v_1}{t_2-t_1}=\dfrac{\varDelta v}{\varDelta t}$

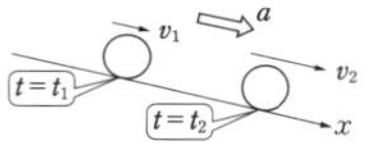

ボールが時刻 $t=0$ で初速度 v_0，加速度 a の等加速度直線運動する状況を考える。この運動の v-t グラフは，図 3-1 のように v 切片が v_0 で，傾き a の直線となる。このとき，t〔s〕後の速度 v はどうなるだろうか？加速度の定義式に，$t_1=0$ で $v_1=v_0$（初期条件），$t_2=t$ における速度 $v_2=v$ として代入すると，$v=v_0+at$ が得られる（問 1 へ）。これは，v-t グラフの直線を表す式そのものである。また，位置 x は v-t グラフの面積から求められることを思い出すと，下の図 3-1 のグラフより，運動が始まってから t〔s〕後の位置 x は，$x=v_0t+\dfrac{1}{2}at^2$ と数式で表すことができる（問 2 へ）。これを x-t グラフに表すと図 3-2 のようになる。この式・グラフにより，加速度 a が一定の場合には，あらゆる時刻 t における物体の位置 x を記述し，予測することが可能になった。

注意してほしい点は，以上の導出は単に「定義式の変形」を行ったに過ぎないことである。物理法則として自然現象から発見された関係式（運動方程式）は，もっと後になってから登場することになる。今，速度や加速度を学ぶのは，運動方程式を理解するための準備である。

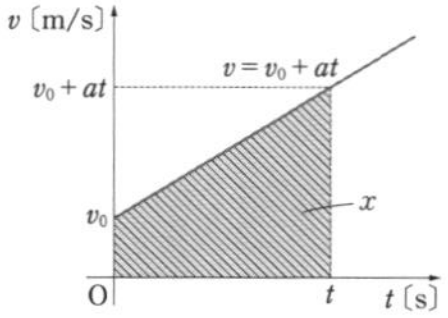

図 3－1

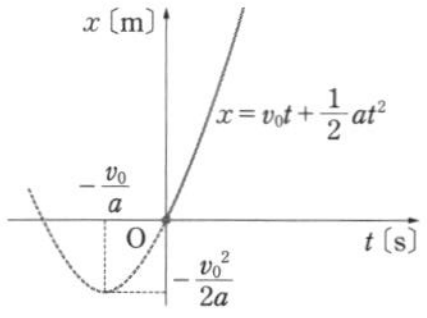

図 3－2

問 1　加速度 a の定義式から $v=v_0+at$ を導け。

$a=\dfrac{v-v_0}{t-0}$　　$at=v-v_0$

よって，$v=v_0+at$

問 2　v-t グラフの面積から $x=v_0t+\dfrac{1}{2}at^2$ を導け。

$x=\dfrac{1}{2}\{v_0+(v_0+at)\}\times t$

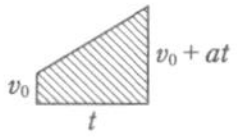

$=v_0t+\dfrac{1}{2}at^2$

$\left(=\dfrac{1}{2}a\left(t+\dfrac{v_0}{a}\right)^2-\dfrac{v_0^2}{2a}\right)$　（図 3-2）

練習問題

以下の運動は，つねに等加速度直線運動とする。グラフの軸の目盛りは適切に設定せよ。

問 1　$t=0$ s で原点Oにあるボールが，初速度 $v_0=0$ m/s，加速度 $a=10$ m/s^2 で運動する。

(1)　v-t グラフを $t=0$〜5.0 s まで描け。

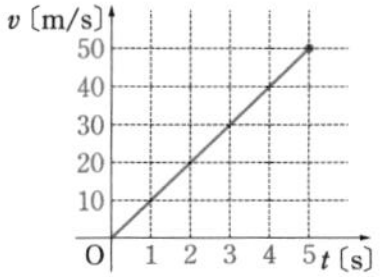

(2)　5.0 s 後のボールの速度 v〔m/s〕と位置 x〔m〕を求めよ。

$v=at=50$ m/s　　$x=$  $=\dfrac{1}{2}\times5.0\times50$

$=125\fallingdotseq130$ m

答　$v=50$ m/s，$x=1.3\times10^2$ m

(3)　t〔s〕後のボールの速度 v〔m/s〕と位置 x〔m〕を表す数式を書け。

$v=10t$　　$x=\dfrac{1}{2}\times10\times t^2=5t^2$ より，$x=5t^2$

答　$v=50t$，$x=5t^2$

(4)　x-t グラフを $t=0$〜5.0 s まで描け。

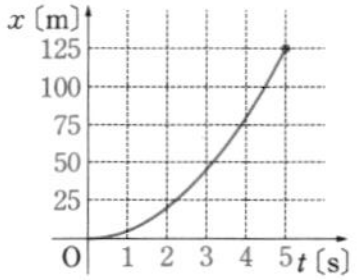

問 2　$t=0$ s で原点Oにあるボールが，初速度 $v_0=20$ m/s，$t=5.0$ s 後の速度が 30 m/s となった。

(1)　v-t グラフを $t=0$〜5.0 s まで描け。

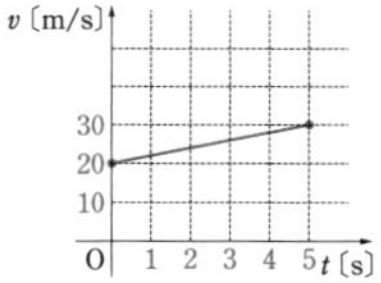

(2)　5.0 s 後のボールの位置 x〔m〕を求めよ。

$x=$  $=\dfrac{1}{2}\times(20+30)\times5.0=125\fallingdotseq130$ m

答　1.3×10^2 m

(3)　t〔s〕後のボールの速度 v〔m/s〕と位置 x〔m〕を表す数式を書け。

(1)のグラフより加速度は 2.0 m/s^2 であるから

$v=20+2t$　　$x=\dfrac{1}{2}\{20+(20+2t)\}\times t=20t+t^2$

より，$x=20t+t^2$

答　$v=20+2t$，$x=20t+t^2$

(4)　x-t グラフを $t=0$〜5.0 s まで描け。

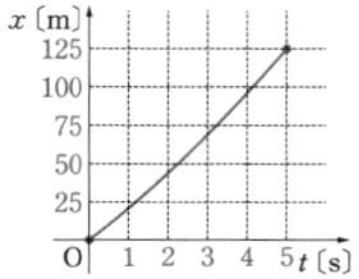

問 3　$t=0\,\mathrm{s}$ で原点Oにあるボールが，初速度 $20\,\mathrm{m/s}$，加速度 $a=-10\,\mathrm{m/s^2}$ で運動する。

(1)　v-t グラフを $t=0$〜$5.0\,\mathrm{s}$ まで描け。

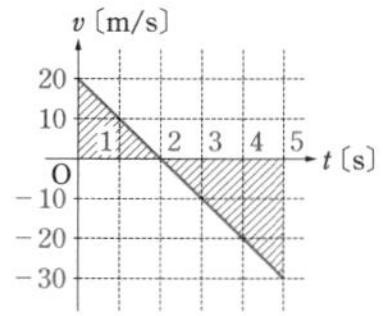

(2)　5.0 s 後のボールの位置 x〔m〕を求めよ。

$$x=\triangle-\triangle=\frac{1}{2}\times2.0\times20-\frac{1}{2}\times3.0\times30$$
$$=20-45=-25\,\mathrm{m}$$

答　$-25\,\mathrm{m}$

(3)　t〔s〕後のボールの速度 v〔m/s〕と位置 x〔m〕を表す数式を書け。

(1)のグラフより加速度は $-10\,\mathrm{m/s^2}$ となるから，

$v=20+(-10)\times t$　　$x=v_0t+\frac{1}{2}at^2$

$v=20-10t$　　$x=20t-5t^2$

答　$v=20-10t$，$x=20t-5t^2$

(4)　x-t グラフを $t=0$〜$5.0\,\mathrm{s}$ まで描け。

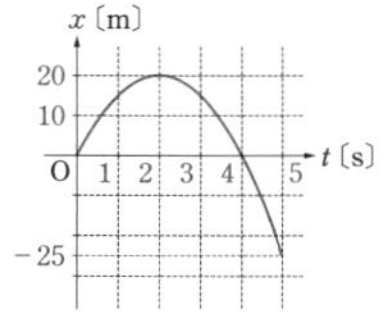

問 4　$t=0\,\mathrm{s}$ で原点Oにあるボールが，初速度 $-10\,\mathrm{m/s}$，$t=5.0\,\mathrm{s}$ 後の速度が $15\,\mathrm{m/s}$ になった。

(1)　v-t グラフを $t=0$〜$5.0\,\mathrm{s}$ まで描け。

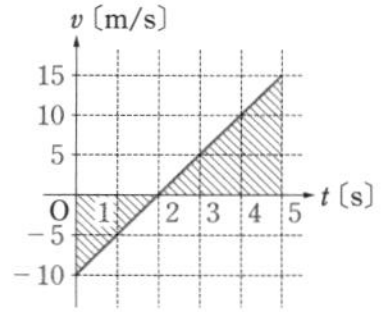

(2)　5.0 s 後のボールの位置 x〔m〕を求めよ。

$$x=-\triangle+\triangle=-\frac{1}{2}\times2.0\times10+\frac{1}{2}\times3.0\times15$$
$$=-10+22.5=12.5\fallingdotseq13\,\mathrm{m}$$

答　$13\,\mathrm{m}$

(3)　t〔s〕後のボールの速度 v〔m/s〕と位置 x〔m〕を表す数式を書け。

(1)のグラフより加速度は $5.0\,\mathrm{m/s^2}$ となるから，

$v=-10+5.0t$　　$x=(-10)t+\frac{1}{2}\times5.0\times t^2$

$x=-10t+2.5t^2$

答　$v=-10+5t$，$x=-10t+2.5t^2$

(4)　x-t グラフを $t=0$〜$5.0\,\mathrm{s}$ まで描け。

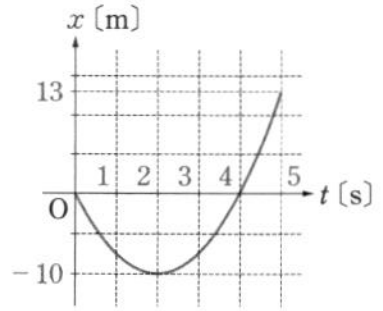

問 5　$t=0\,\mathrm{s}$ で原点Oに静止していたカメが歩き出して加速し，$t=5.0\,\mathrm{s}$ に $0.10\,\mathrm{m/s}$ で歩き，その後 $t=8.0\,\mathrm{s}$ まで等速で歩いた。

(1)　v-t グラフを $t=0$〜$8.0\,\mathrm{s}$ まで描け。

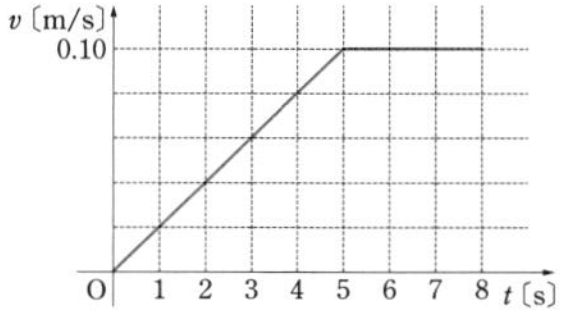

(2)　カメの加速度 a〔$\mathrm{m/s^2}$〕を求めよ。

$$a=\frac{0.10}{5.0}=0.020\,\mathrm{m/s^2}$$

答　$2.0\times10^{-2}\,\mathrm{m/s^2}$

(3)　5.0 s 後のカメの位置 x〔m〕を求めよ。

$$x=\triangle=\frac{1}{2}\times5.0\times0.10=0.25\,\mathrm{m}$$

答　$2.5\times10^{-1}\,\mathrm{m}$

(4)　x-t グラフを $t=0$〜$8.0\,\mathrm{s}$ まで描け。

$t=5.0$〜$8.0\,\mathrm{s}$ までの移動距離は

$$\square=(8.0-5.0)\times0.10=0.30\,\mathrm{m}$$

よって，$t=0$〜$8.0\,\mathrm{s}$ の位置 x は，

$$x=0.25+0.30=0.55\,\mathrm{m}$$

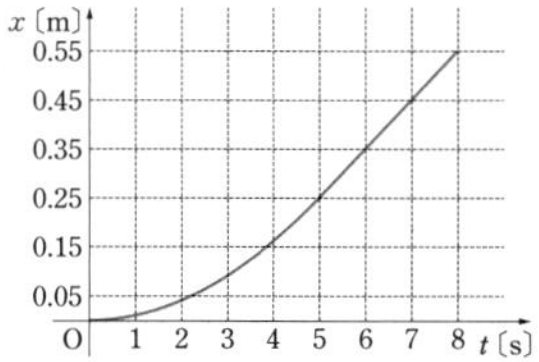

問 6　$t=0\,\mathrm{s}$ で原点Oで静止していたエレベーターが上昇を始め，$t=3.0\,\mathrm{s}$ で $3.0\,\mathrm{m/s}$ となった後，4.0 s 間等速で運動し，減速して $t=10\,\mathrm{s}$ で停止した。

(1)　v-t グラフを $t=0$〜$10\,\mathrm{s}$ まで描け。

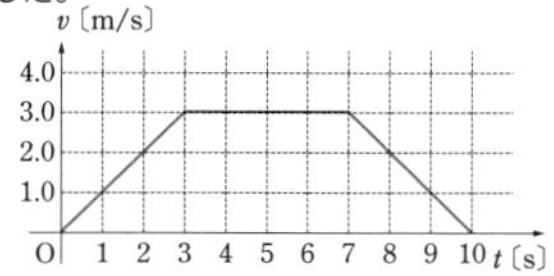

(2)　10 s 間でエレベーターが移動した距離を求めよ。

$$x=\triangle=\frac{1}{2}\times(4+10)\times3=21\,\mathrm{m}$$

答　$21\,\mathrm{m}$

(3)　x-t グラフを $t=0$〜$10\,\mathrm{s}$ まで描け。

$t=0$〜$3.0\,\mathrm{s}$ は $a>0$ より下に凸な 2 次関数

$t=3.0$〜$7.0\,\mathrm{s}$ は $a=0$ より直線

$t=7.0$〜$10\,\mathrm{s}$ は $a<0$ より上に凸な 2 次関数になる。

3.0 s 後，7.0 s 後の位置は，v-t グラフの面積よりそれぞれ 4.5 m，16.5 m となる。

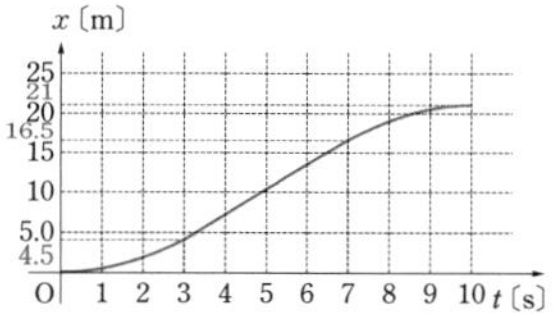

等加速度直線運動はどんな場合に起こるのだろう？最初に研究されたのは落下運動なんだよ。

4 自由落下

解答編 ▶ p.6

月／日

扱うグラフ

・y-t グラフ… 縦軸に物体の位置 y，横軸に時刻 t をとったグラフ。鉛直方向の運動を考える際，数学の y 軸に見立てて位置は y で表すことが多い。

覚えるべき定義

・水平方向と鉛直方向… 地面に水平な向きを水平方向という。それに直角な向きを，垂直方向という言葉と区別して，特別に鉛直方向という。垂直方向は，斜面に対して垂直，などというときにも用いるが，鉛直方向はそれ一語で地面に対して垂直という意味を表す。物理では，水平方向を x 軸，鉛直方向を y 軸として，それぞれの位置を x，y を用いて表すことが多い。

覚えるべき量

・重力加速度 $g=9.8\ \mathrm{m/s^2}$ (gravitational acceleration)
物体が地表付近で重力にしたがって運動するとき，物体の質量に関係なく，大きさが一定の加速度で等加速度運動をすることが知られている。その値は，厳密には緯度や地形などによって異なるが，有効数字 2 桁で $9.8\ \mathrm{m/s^2}$ である。

ある高さから物体を静かに (＝初速度 $0\ \mathrm{m/s}$ で) はなしたときの運動を，自由落下という。前回等加速度直線運動について一般的に考えたので，そこに初速度の条件と加速度 $g=9.8\ \mathrm{m/s^2}$ をあてはめれば自由落下の場合が記述できる。落下運動の場合は y 軸を下向きにとることも多いが，ここでは鉛直上向きを y 軸の正の向きとすると，t〔s〕後の物体の速度 v〔m/s〕は $v=-gt$ と書け，v-t グラフは図 4-1 となる。v-t グラフの面積より，t〔s〕後の物体の位置 y〔m〕は $y=-\frac{1}{2}gt^2$ と計算でき，y-t グラフは図 4-2 となる。

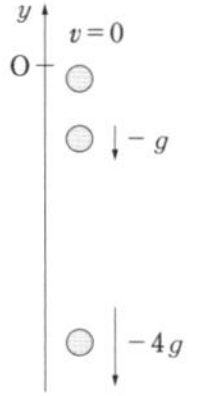

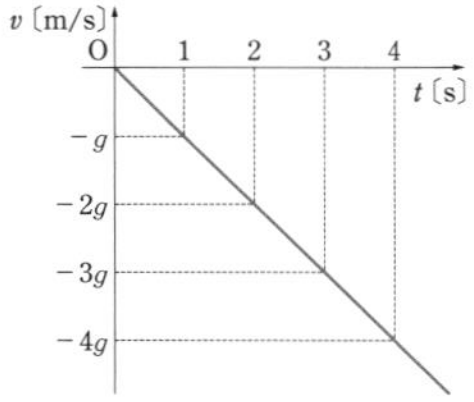

図 4－1

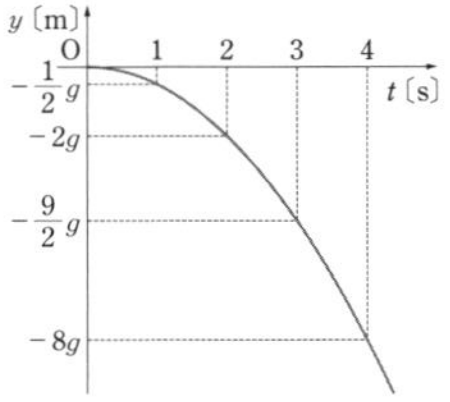

図 4－2

練習問題

問 1 物体が自由落下するとき，以下の問いに答えよ。ただし，鉛直下向きを y 軸正の向きとし，グラフの軸の目盛りは適切に設定せよ。また，$t=0\ \mathrm{s}$ を落下し始めた時刻とし，重力加速度の大きさを $g=9.8\ \mathrm{m/s^2}$ とする。

(1) 時刻 $t=1.0$，2.0，3.0，4.0，5.0 s における速度 v〔m/s〕を求め下表を埋めよ。

t〔s〕	1.0	2.0	3.0	4.0	5.0
v〔m/s〕	9.8	19.6	29.4	39.2	49.0

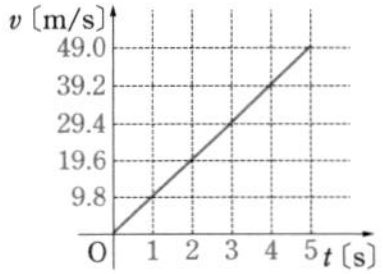

(2) (1)の結果より，右図に v-t グラフを描け。

(3) t〔s〕後の速度 v〔m/s〕を g，t を用いて表せ。

答 $v=gt$

(4) 時刻 $t=1.0$，2.0，3.0，4.0，5.0 s における位置 y〔m〕を(2)のグラフから求め，y-t グラフを描け。また，t〔s〕後の位置 y〔m〕を g，t を用いて表せ。

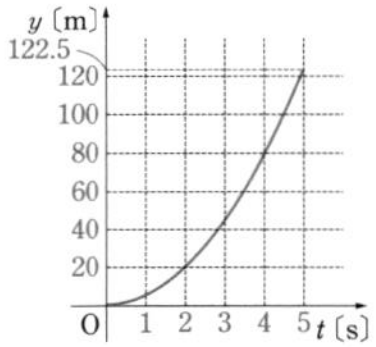

$t=1.0\ \mathrm{s}$ のとき，$y=\frac{1}{2}\times1.0\times9.8=4.9\ \mathrm{m}$

$t=2.0\ \mathrm{s}$ のとき，$y=\frac{1}{2}\times2.0\times19.6=19.6\ \mathrm{m}$

$t=3.0\ \mathrm{s}$ のとき，$y=\frac{1}{2}\times3.0\times29.4=44.1\ \mathrm{m}$

$t=4.0\ \mathrm{s}$ のとき，$y=\frac{1}{2}\times4.0\times39.2=78.4\ \mathrm{m}$ $y=\frac{1}{2}\times t\times gt=\frac{1}{2}gt^2$

$t=5.0\ \mathrm{s}$ のとき，$y=\frac{1}{2}\times5.0\times49=122.5\ \mathrm{m}$

答 $y=\frac{1}{2}gt^2$

(5) $t=2.0$～3.0 s までの間に物体が移動した距離を，(2)のグラフから求めよ。

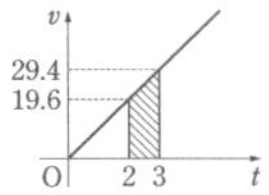

$y=\frac{1}{2}\times(19.6+29.4)\times1.0=24.5\fallingdotseq25\ \mathrm{m}$

答 25 m

問 2 物体が自由落下するとき，以下の問いに答えよ。$t=0\ \mathrm{s}$ を落下し始めた時刻とし，重力加速度の大きさを $g=9.8\ \mathrm{m/s^2}$ とする。

(1) 自由落下が始まって，速さが 68.6 m/s になる時刻 t〔s〕を求めよ。

$v=gt$ より，$68.6=9.8t$ $t=7.0\ \mathrm{s}$

答 7.0 s

(2) 自由落下が始まって，490 m 落下するのにかかる時間 t〔s〕を求めよ。

$y=\frac{1}{2}gt^2$ より，$490=4.9t^2$ $t=10\ \mathrm{s}$

答 10 s

初速度が 0 m/s でない落下運動はどうなるだろう？次で見てみよう！ ▶▶▶

5 鉛直投げおろし運動

解答編 ▶ p.7

月 / 日

扱うグラフ

ポイント y 軸の正の向きをどちらにとるかで初速度の正負が異なってくる。向きを慎重に検討しながら，式やグラフを変えていこう。

ある高さから物体に鉛直下向きの初速度 v_0〔m/s〕を与えてはなしたときの運動を，鉛直投げおろし運動という。3で等加速度直線運動について一般的に考えたので，そこに初速度の条件と加速度 $g=9.8\ \mathrm{m/s^2}$ をあてはめれば鉛直投げおろし運動の場合も記述できる。落下運動の場合は y 軸を下向きにとることも多いが，それは次ページの問題で扱うこととし，ここでは鉛直上向きを y 軸の正の向きとすると，t〔s〕後の物体の速度 v〔m/s〕は $v=-v_0-gt$ と書け（問1へ），v-t グラフは図 5-1 となる。v-t グラフの面積より，t〔s〕後の物体の位置 y〔m〕は

$y=-v_0t-\frac{1}{2}gt^2$ と計算でき（問2へ），y-t グラフは図 5-2 となる。

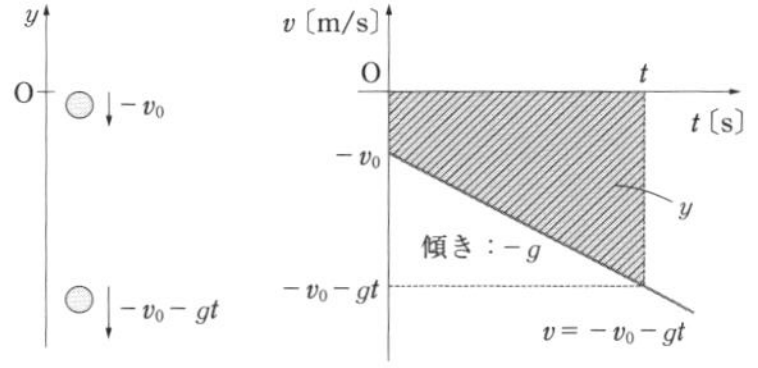

図 5－1

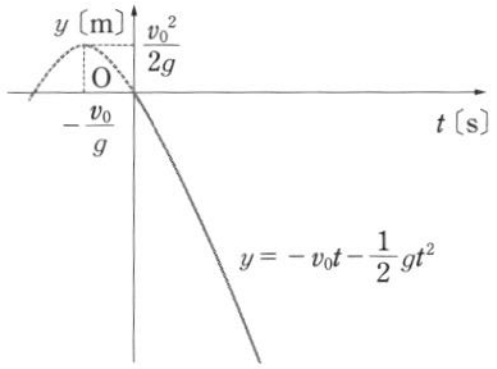

図 5－2

問1　3の加速度 a の定義式から $v=-v_0-gt$ を導け。

定義式に，$a=-g$，$v_2=v$，$v_1=-v_0$，$t_2=t$，$t_1=0$ を代入する

$$-g=\frac{v-(-v_0)}{t-0}\qquad v=-v_0-gt$$

問2　v-t グラフの面積から $y=-v_0t-\frac{1}{2}at^2$ を導け。

右図の台形面積を考えると，その大きさは，

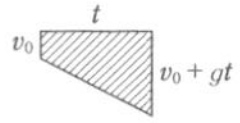

$$|y|=\frac{1}{2}\{v_0+(v_0+gt)\}\times t=v_0t+\frac{1}{2}gt^2$$

グラフの面積は移動距離を表す。y はつねに負の方向に進んでいくので

$y<0$ より，$y=-v_0t-\frac{1}{2}gt^2$

練習問題

問1　物体を鉛直に投げおろすとき，以下の問いに答えよ。ただし，鉛直下向きを y 軸正の向きとし，グラフの軸の目盛りは適切に設定せよ。重力加速度の大きさを $g=9.8\ \mathrm{m/s^2}$ とする。

(1)　時刻 $t=0$ s で物体を原点Oから初速度 $v_0=9.8$ m/s で投げおろす。$t=1.0$，2.0，3.0，4.0，5.0 s における速度 v〔m/s〕を求め下表を埋めよ。

t〔s〕	1.0	2.0	3.0	4.0	5.0
v〔m/s〕	19.6	29.4	39.2	49.0	58.8

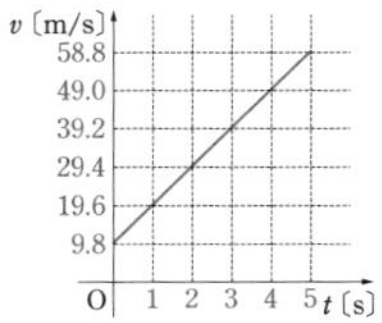

(2)　(1)の結果より，右図に v-t グラフを描け。

(3)　t〔s〕後の速度 v〔m/s〕を g，t を用いて表せ。

答　$v=9.8+gt$

(4)　$t=1.0$，2.0，3.0，4.0，5.0 s における位置 y〔m〕を(2)のグラフから求め，y-t グラフを描け。また，t〔s〕後の位置 y を g，t を用いて表せ。

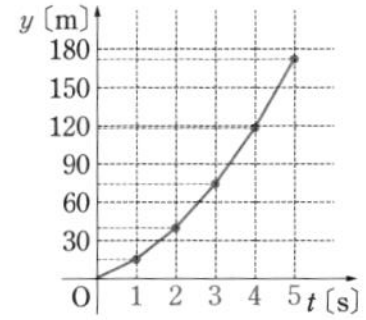

$t=1.0\ \mathrm{s}：y=\frac{1}{2}(9.8+19.6)\times1.0=14.7\ \mathrm{m}$

$t=2.0\ \mathrm{s}：y=\frac{1}{2}(9.8+29.4)\times2.0=39.2\ \mathrm{m}$

$t=3.0\ \mathrm{s}：y=\frac{1}{2}(9.8+39.2)\times3.0=73.5\ \mathrm{m}$

$t=4.0\ \mathrm{s}：y=\frac{1}{2}(9.8+49.0)\times4.0=117.6\ \mathrm{m}$

$t=5.0\ \mathrm{s}：y=\frac{1}{2}(9.8+58.8)\times5.0=171.5\ \mathrm{m}$

$y=\frac{1}{2}\{9.8+(9.8+gt)\}\times t=9.8t+\frac{1}{2}gt^2$

答　$y=9.8t+\frac{1}{2}gt^2$

問2　高さ 39.2 m の橋の上から初速度 $v_0=9.8$ m/s でボールを投げおろした。水面に着くまでの時間は何 s か。鉛直下向きを y 軸正の向きとし，重力加速度の大きさを $g=9.8\ \mathrm{m/s^2}$ とする。

投げおろし後の時刻 t〔s〕の位置は，$y=9.8t+\frac{1}{2}gt^2$

$y=39.2$ m になるとき，$39.2=9.8t+\frac{1}{2}\times9.8t^2$

$t^2+2t-8=0$　　$(t+4)(t-2)=0$　　$t>0$ より，$t=2.0$ s　　答　2.0 s

問3　ボールAを自由落下させた 1.0 s 後，同じ位置からボールBを初速度 19.6 m/s で投げおろした。ボール A，B それぞれの y-t グラフを描いて，BがAと衝突するまでの時間〔s〕を求めよ。鉛直下向きを y 軸正の向きとし，重力加速度の大きさを $g=9.8\ \mathrm{m/s^2}$ とする。

Bを投げおろした時刻を $t=0$ s とすると，$y_B=19.6t+\frac{1}{2}gt^2=19.6t+4.9t^2$

Aは 1.0 s 早く落下を始めているので，$y_A=\frac{1}{2}g(t+1.0)^2=4.9(t+1.0)^2$

$y_A=y_B$ になるときの時刻は

$4.9(t+1.0)^2=19.6t+4.9t^2$　　$t^2+2t+1=4t+t^2$

$2t=1$　　$t=0.50$ s　　答　0.50 s

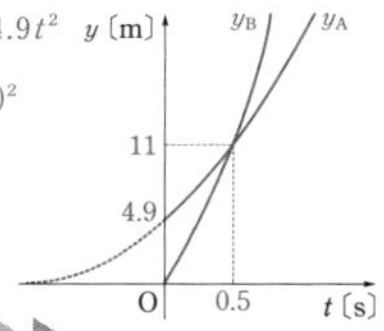

初速度が鉛直上向きの落下運動はどうなるだろう？次で見てみよう！ ▶▶▶

6 鉛直投げ上げ運動

解答編 ▶ p.8

月　日

扱うグラフ

ポイント 投げ上げ運動の場合は，上向きを正にとることがほとんどである。このとき加速度は負になる。負の加速度に慣れていこう。

ある高さから物体を鉛直上向きの初速度を与えて放り投げたときの運動を，鉛直投げ上げ運動という。**3**で等加速度直線運動について一般的に考えたので，そこに初速度の条件と加速度 $g=9.8\ \mathrm{m/s^2}$ をあてはめれば，鉛直投げ上げ運動の場合も記述できる。鉛直投げ上げ運動の場合は，鉛直上向きを y 軸の正の向きとすることが多い。ここでは鉛直上向きを y 軸の正の向きとすると，ある物体を原点Oから初速度 v_0〔m/s〕で投げ上げたとき，t〔s〕後の物体の速度 v〔m/s〕は $v=v_0-gt$ と書け，v-t グラフは図 6-1 となる。このような場合，グラフは t 軸と交点をもつ。この点は，$v=0$ であることを表しているので，最高点に達するまでの時間が計算できる。その時刻以降は負の速度をもち落下するため，v-t グラフと t 軸が囲む面積は落下距離を表す。すなわち，v が負の領域の面積は負の変位を表す。v-t グラフの面積より t〔s〕後の物体の位置 y〔m〕は $y=v_0t-\frac{1}{2}gt^2$ と計算でき，y-t グラフは図 6-2 となる。

問 1　初速度 v_0〔m/s〕で鉛直投げ上げ運動をする。最高点に達するまでの時間 t〔s〕を求め，図 6-1 の空欄を埋めよ。ただし鉛直上向きを正とし，重力加速度の大きさを g とする。

最高点では速度は正から負に切り換わり，

その瞬間 $v=0$ となる。

よって　$v=v_0-gt$ より，

$0=v_0-gt$　　$t=\frac{v_0}{g}$

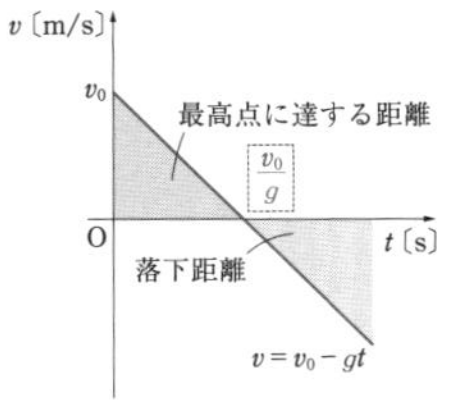

図 6-1

問 2　初速度 v_0〔m/s〕で鉛直投げ上げ運動をする。最高点に達するまでに移動した距離（=最高点の高さ）y〔m〕を求め，図 6-2 の空欄を埋めよ。ただし鉛直上向きを正とし，重力加速度の大きさを g とする。

図 6-1 で $t=0\sim\frac{v_0}{g}$〔s〕の v-t グラフの

面積より，

$y=\frac{1}{2}\times\frac{v_0}{g}\times v_0=\frac{v_0^2}{2g}$

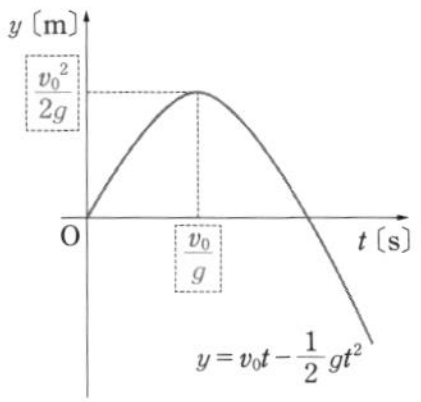

図 6-2

練 習 問 題

物体を鉛直投げ上げ運動させるとき，以下の問いに答えよ。ただし，鉛直上向きを y 軸正の向きとし，グラフの軸の目盛りは適切に設定せよ。重力加速度の大きさを $g=9.8\ \mathrm{m/s^2}$ とする。

(1)　時刻 $t=0$ s でボールを原点Oから初速度 $v_0=19.6$ m/s で投げ上げる。$t=1.0$，2.0，3.0，4.0，5.0 s における速度 v〔m/s〕を求め下表を埋めよ。

t〔s〕	1.0	2.0	3.0	4.0	5.0
v〔m/s〕	9.8	0	−9.8	−19.6	−29.4

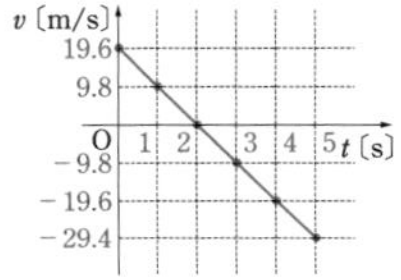

(2)　(1)の結果より，右図に v-t グラフを描け。

(3)　t〔s〕後の速度 v〔m/s〕を g，t を用いて表せ。

答　$v=19.6-gt$

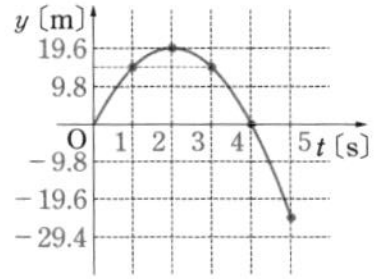

(4)　$t=2.0$，3.0 s における位置 y〔m〕を(2)のグラフから求め，y-t グラフを描け。また，t〔s〕後の位置 y〔m〕を g，t を用いて表せ。

$t=2.0$ s のとき，$y=\frac{1}{2}\times2.0\times19.6=19.6$ m

$t=3.0$ s のとき，$y=$ △ − ▽ $=19.6-\frac{1}{2}\times9.8\times1.0=14.7$ m

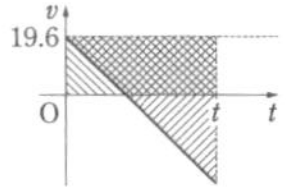

左図で ▨ − ◹ と考えれば，すべての時刻 t を場合分けせず統一して扱える。よって，

$y=19.6t-\frac{1}{2}\{19.6-(19.6-gt)\}\times t=19.6t-\frac{1}{2}gt^2$　$\left(y=v_0t-\frac{1}{2}gt^2\right)$

答　$y=19.6t-\frac{1}{2}gt^2$

(5)　ボールが最高点に達する時刻 t〔s〕を求めよ。また，最高点の高さ y〔m〕を求めよ。

(2)の v-t グラフより，$t=2.0$ s で最高点に達し，その高さは $y=19.6\fallingdotseq20$ m である。

《別解》　最高点では $v=0$ になるので，$v=19.6-9.8t$ より，

$0=19.6-9.8t$　　$t=2.0$ s

またこのときの高さは，$y=19.6t-\frac{1}{2}\times9.8\times t^2$ より，

$y=19.6\times2.0-\frac{1}{2}\times9.8\times2.0^2=39.2-19.6=19.6\fallingdotseq20$ m

答　$t=2.0$ s，$y=20$ m

今回のように運動の向きが途中で変わるとき，特徴的なグラフになるね。何か一般的な規則があるのだろうか？ ▶▶▶

7 向きが変わる運動と運動の対称性

解答編 ▶ p.9

月　　日

扱うグラフ

ポイント 加速度が負のときは，正の速度と負の速度が途中で変わるような v-t グラフとなる。このとき，グラフから多くの情報が読み取れる。

覚えるべき用語

・「なめらかな○○」…なめらかな床，なめらかな面，などのように用いられる場合，摩擦力を無視してよい，という意味である。「摩擦の無視できる○○」という表現より簡潔に表せるため，高校物理ではよく用いられる表現であり，特定の意味をもつ。

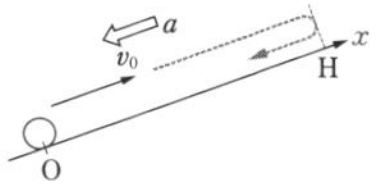

なめらかな坂道の上で，時刻 $t=0$ s のとき上向きに初速度 v_0〔m/s〕でボールを転がすと，やがて運動の向きが変わり，斜面に沿って落下してくる。斜面に平行に上向きを x 軸正の向きとなるように座標を設定すると，加速度は斜面に沿って下向きに生じるため，x 軸負の向きとなり，等加速度であることが後に習う方程式からわかる。その加速度の大きさを a〔m/s²〕とすると，t〔s〕後の速度 v〔m/s〕は $v=v_0-at$ と書け，v-t グラフは図 7-1 のようになる。これは 6 の鉛直投げ上げ運動の v-t グラフと同じ形をしているため，同様に解析できる。すなわち，グラフと t 軸との交点Hの t の値が最高点に達するときの時刻であり，グラフと t 軸が囲む三角形Aの面積が最高点までの距離である。ここで，同じ面積の合同な三角形Bを，点Hを中心に点対称に考えると，三角形Bの面積は，三角形Aの面積と同じ距離だけ移動（落下）した位置を表す。三角形AとBは合同なので，各辺の長さは等しい。すなわち，ボールが初期位置Oに戻ってきたことを示し，上りにかかる時間と下りにかかる時間は同じであり，初期位置Oに戻ってきたときの速度は，大きさは同じで向きは逆である。この関係は，運動の向きが変わる等加速度直線運動の場合はつねに成り立ち，運動の対称性という。

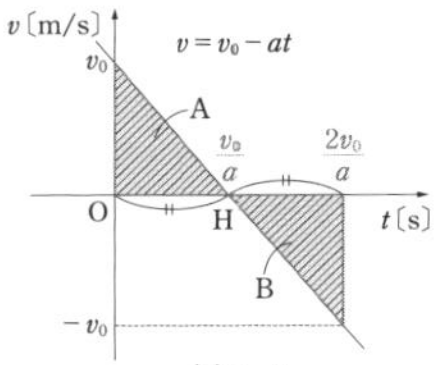

図 7-1

問 1　上の例で，最高点に達するまでの時刻 t〔s〕を，v_0，a を用いて表せ。

最高点に達するとき $v=0$ となるので，

$v=v_0-at$ より，$0=v_0-at$　　$t=\frac{v_0}{a}$

答　$\frac{v_0}{a}$〔s〕

問 2　上の例で，最高点Hの高さ h〔m〕を v_0，a を用いて表せ。

$h=$◺$=\frac{1}{2}\times\frac{v_0}{a}\times v_0=\frac{{v_0}^2}{2a}$

答　$\frac{{v_0}^2}{2a}$〔m〕

練習問題

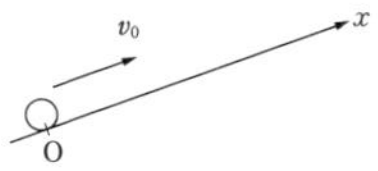

問 1　なめらかな斜面上の点Oにボールを静止させている。時刻 $t=0$ s において初速度 $v_0=5.0$ m/s で斜面上向きにボールを運動させるとき，以下の問いに答えよ。ただし，斜面上向きを正の向きとし，加速度は斜面下向きに大きさ $a=1.0$ m/s² であるとする。

(1)　$t=0$～10 s までの v-t グラフを右図に描け。グラフの目盛りは適切に示せ。

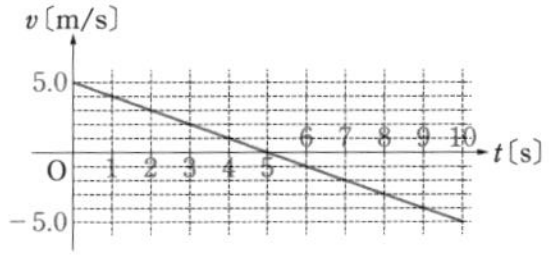

(2)　最高点に達するまでの時間を求めよ。

グラフより　$t=5.0$ s　　答　5.0 s

《別解》　t〔s〕後の速度 v〔m/s〕は $v=5.0-1.0t$ と書ける。

$v=0$ のとき，$0=5-t$　　$t=5.0$ s

(3)　点Oから最高点までの距離を求めよ。

グラフより　◺$=\frac{1}{2}\times5.0\times5.0=12.5\fallingdotseq13$ m　答　13 m

(4)　点Oに戻ってくるまでの時間 t〔s〕と，そのときの速度 v〔m/s〕を求めよ。

運動の対称性より

$t=10$ s で戻ってきて，そのときの速度は $v=v_0-at$ より

$v=5.0-1.0\times10=-5.0$ m/s　　答　$t=10$ s，$v=-5.0$ m/s

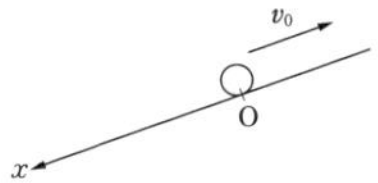

問 2　なめらかな斜面上の点Oにボールを静止させている。斜面下向きを正の向きとする。時刻 $t=0$ s において初速度 $v_0=4.0$ m/s で斜面上向きにボールを運動させるとき，以下の問いに答えよ。ただし，加速度は斜面下向きに大きさ $a=2.0$ m/s² であるとする。

(1)　$t=0$～5.0 s までの v-t グラフを描け。グラフの目盛りは適切に示せ。

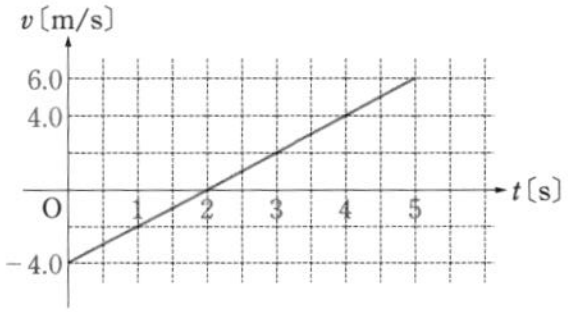

(2)　最高点に達するまでの時間を求めよ。

グラフより　$t=2.0$ s　　答　2.0 s

《別解》　t〔s〕後の速度 v〔m/s〕は $v=-4.0+2.0t$ と書ける。$v=0$ のとき，

$0=-4+2t$　　$t=2.0$ s

(3)　点Oから最高点までの距離を求めよ。

グラフより　◺$=\frac{1}{2}\times2.0\times4.0=4.0$ m　　答　4.0 m

等加速度直線運動の解析はだいぶ慣れてきたかな？次は，等速運動や等加速度運動が混ざった場合についても見てみよう！ ▶▶▶

8 いろいろな運動

解答編 ▶ p.10

月／日

扱うグラフ

・a-t グラフ… 縦軸に物体の加速度 a，横軸に時刻 t をとったグラフ。
高校の範囲では多くの場合が等加速度運動であり，水平なグラフとなる。

飛行機が離陸してから着陸するまでの運動を考えてみると，最初は空港で静止しており，だんだん速度を上げて(加速して)飛び立ち，一定の速度で運動した後，減速して着陸する。これらを簡略化して v-t グラフにすると，図8-1 のようになる。

これは，今までに習った等速度運動と等加速度運動の組みあわせであるので，区間ごとに分解すれば各運動を解析できる。

加速する部分は正で一定の加速度をもつ運動，等速運動の部分は加速度 0，減速する部分は負の加速度運動である。これらを a-t グラフにすると図 8-2 のようになる。

位置 x についても v-t グラフから計算することができる。正の加速度運動の部分は下に凸な放物線，等速運動の部分は直線，負の加速度運動の部分は上に凸な放物線のグラフとなる。x-t グラフは図 8-3 のようになる。

このようにして，日常の物体の運動は複雑なものではあるが，部分部分に分解すれば解析することは可能である。これは，物理の重要な考え方の 1 つである。

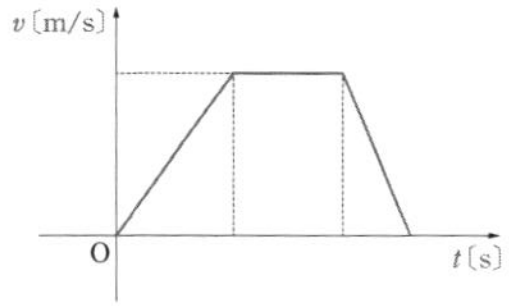

図 8－1

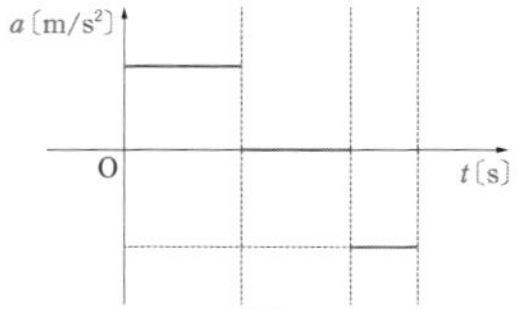

図 8－2

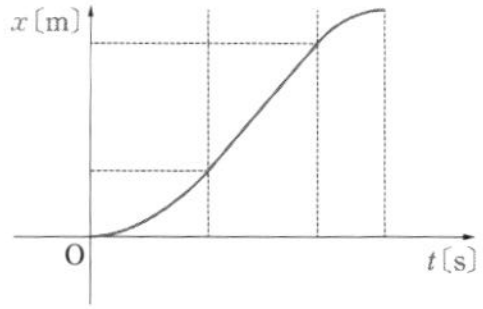

図 8－3

練 習 問 題

問 1　1 F からエレベーターに乗って 50 F まで上がった。鉛直上向きを正の向きとして，このときの速さ v〔m/s〕をスピードメーターで計ったら，図のような v-t グラフになった。1 F の高さを原点Oとして，以下の問いに答えよ。

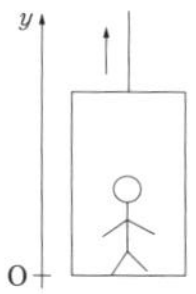

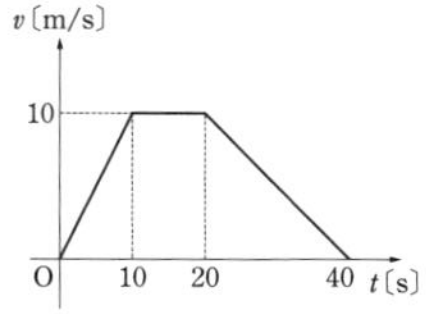

(1)　時刻 $t=0$〜40 s までの a-t グラフを描け。
グラフの目盛りは適切に示せ。

$t=0$ s〜10 s のとき，$a=\dfrac{10-0}{10-0}=1.0$ m/s^2

$t=10$ s〜20 s のとき，$a=0$ m/s^2

$t=20$ s〜40 s のとき，$a=\dfrac{0-10}{40-20}=-0.50$ m/s^2

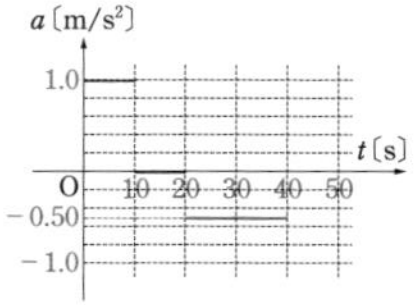

(2)　10 s 後，20 s 後，40 s 後の高さをそれぞれ求めよ。

10 s 後：$=\dfrac{1}{2}\times10\times10=50$ m

20 s 後：$=\dfrac{1}{2}\times(10+20)\times10=150$ m

40 s 後：$=\dfrac{1}{2}\times(10+40)\times10=250$ m

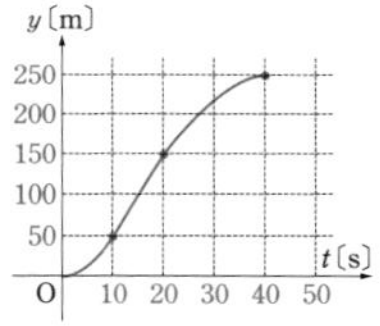

答 10 s 後：50 m，20 s 後：150 m，40 s 後：2.5×10^2 m

(3)　$t=0$〜40 s までの y-t グラフを描け。グラフの目盛りは適切に示せ。

問 2　ドローンを操縦して，上下方向(鉛直上向きを正)に動かしたところ，v-t グラフは図のようになった。時刻 $t=0$ s の位置を原点Oとして，以下の問いに答えよ。

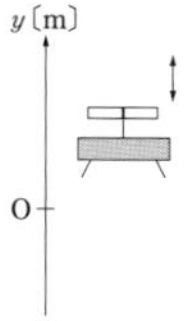

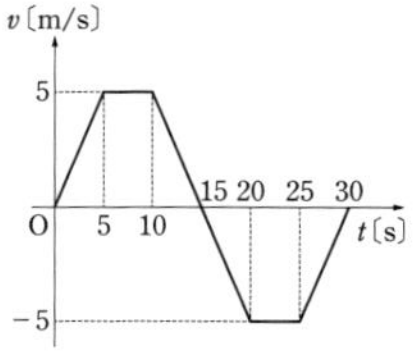

(1)　$t=0$〜30 s までの a-t グラフを描け。
グラフの目盛りは適切に示せ。

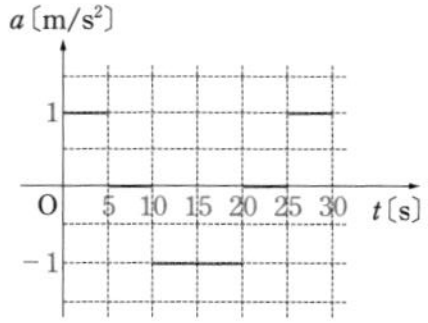

(2)　ドローンの最高点の高さを求めよ。

$t=0$〜15 s までは $v\geqq0$ であり，鉛直上向きに運動している。

$t=15$〜30 s までは $v\leqq0$ であり，鉛直下向きに運動している。

よって $t=15$ s で最高点に達し，その高さは

$=\dfrac{1}{2}\times(5+15)\times5=50$ m　　答 50 m

(3)　$t=0$〜30 s までの y-t グラフを描け。グラフの目盛りは適切に示せ。

各区間での変位を v-t グラフの面積から計算していくと，右図のようになる。

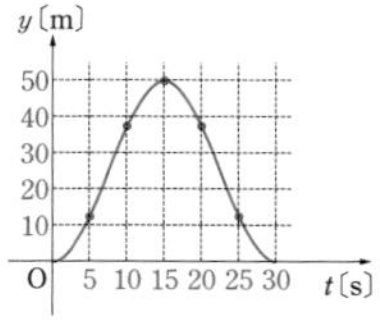

等速運動と等加速度運動の組み合わせで，色々な場合の運動を予測し，計算することができるんだね！

9 水平投射

解答編 ▶ p.11

月／日

扱うグラフ

・y-x グラフ… 物体が平面上でどの点を通って運動するのか，その軌跡を表すグラフ。
現実の空間で物体がどの位置にあるのかを理解するのに用いる。
時刻 t は現れないため，時刻にしたがってどう運動するかは別に考える必要がある。

物体を水平方向に初速度 v_0 で投げ出したときの運動を水平投射という。物体には鉛直下向きに大きさ g の重力加速度がはたらくので，x 軸方向は加速度がなく（ 等速直線 運動）をし，y 軸方向は 等加速度 運動をする。

図 9-1 のように水平右向きに x 軸，鉛直上向きに y 軸をとると，t〔s〕後の速度と位置はそれぞれ，

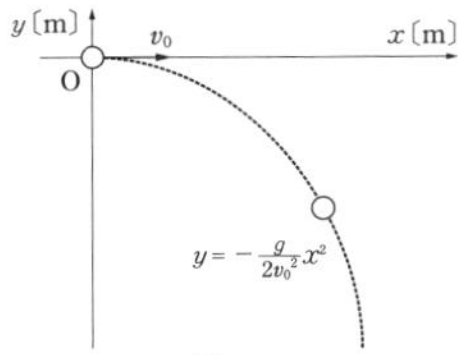

図 9－1

$$\begin{cases} x\text{ 軸方向の速度} & v_x=v_0 \\ y\text{ 軸方向の速度} & v_y=-gt \end{cases} \qquad \begin{cases} \text{位置} & x=v_0t \\ \text{位置} & y=-\dfrac{1}{2}gt^2 \end{cases}$$

と表せる。y 軸方向には初速度はないことに注意する。位置の 2 式から時刻 t の文字を消去すると，$y=-\dfrac{g}{2{v_0}^2}x^2$ の 2 次関数が得られる（図 9-1）。これが，ボールの軌道を定める位置 y と位置 x の関係式である。2 次関数を放物線とよぶのは，放物運動の y-x グラフが 2 次関数となることに由来する。

問 1 ボールを静かにはなす動作と，水平に投げる動作を同時に行う。どちらの方が先に地面に落ちるか。

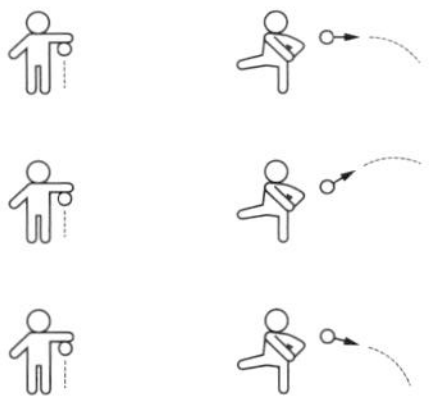

どちらのボールも鉛直下向きに同じ加速度で等加速度運動するため，同時に落ちる。

答 同時に落ちる

また，そのような実験をやろうと思っても，ちょうど水平に投げるのはなかなか難しい。少し上や下にずれて投げてしまった場合は，落下までの時間はどうなるだろうか。

初速度の鉛直成分を考慮する。

答 上にずれてしまった場合は遅く落ち，下にずれてしまった場合は速く落ちる。

問 2 位置 x と y の式から，$y=-\dfrac{g}{2{v_0}^2}x^2$ の式を導け。

$x=v_0t$ より，$t=\dfrac{x}{v_0}$

これを，$y=-\dfrac{1}{2}gt^2$ に代入すると，$y=-\dfrac{1}{2}g\left(\dfrac{x}{v_0}\right)^2$ $y=-\dfrac{g}{2{v_0}^2}x^2$

練習問題

問 1 水平右向きに x 軸，鉛直上向きに y 軸をとる。物体を原点Oから x 軸方向に初速度 $v_0=9.8$ m/s で水平投射した。重力加速度の大きさを $g=9.8$ m/s^2 とする。

(1) 時刻 $t=1.0$〜5.0 s までの x 座標，y 座標を求め下表を埋めよ。

t〔s〕	1.0	2.0	3.0	4.0	5.0
x〔m〕	9.8	19.6	29.4	39.2	49.0
y〔m〕	−4.9	−19.6	−44.1	−78.4	−122.5

(2) (1)の結果より，物体の軌跡を y-x グラフで右図に示せ。

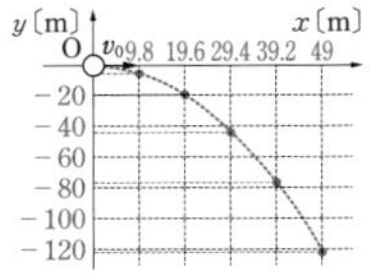

問 2 水平右向きに x 軸，鉛直上向きに y 軸をとる。高さ 176.4 m のビルの屋上を原点Oとし，ここから，初速度 2.0 m/s でボールを水平方向に投射した。

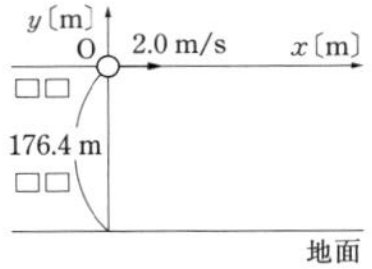

(1) ボールが地面に着地するまでにかかる時間 t〔s〕を求めよ。

y 軸方向は自由落下するので

$-176.4=-\dfrac{1}{2}\times 9.8\times t^2$ $t^2=36$ $t=6.0$ s

答 6.0 s

(2) 投射点から着地点までの水平方向の距離 x〔m〕を求めよ。

x 軸方向は等速直線運動なので，

$x=2.0\times 6.0=12$ m

答 12 m

問 3 水平右向きに x 軸，鉛直上向きに y 軸をとる。図のように，y 軸負の向きとなす角 45° の斜面がある。時刻 $t=0$ で，原点O から，x 軸方向に初速度 v_0 でボールを投射した。重力加速度の大きさを g とする。

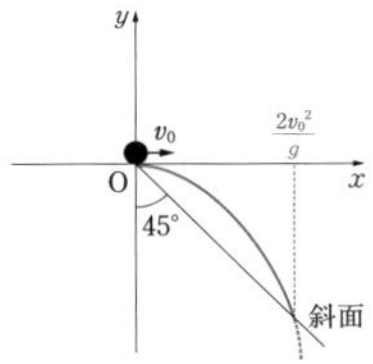

(1) 時刻 t におけるボールの位置 x，y を v_0，g，t のうち必要なものを用いて表せ。

答 $x=v_0t$，$y=-\dfrac{1}{2}gt^2$

(2) y と x の関係式を求め，y-x グラフの概略を図中に示せ。

水平投射の軌跡は，$y=-\dfrac{g}{2{v_0}^2}x^2$

(3) 斜面上に落下した地点の x 座標を求めよ。

(2)の式と，斜面を表す式 $y=-x$ との交点を求めればよい。
連立方程式を解いて，

$-x=-\dfrac{g}{2{v_0}^2}x^2$ $x=0$，$\dfrac{2{v_0}^2}{g}$ $x>0$ より，$x=\dfrac{2{v_0}^2}{g}$

答 $\dfrac{2{v_0}^2}{g}$

初速度の向きが水平でない場合は，どのように解析できるかな？ ▶▶▶

10 斜方投射

解答編 ▶ p.12

月　日

扱うグラフ

・y-x グラフ… 水平投射では y 軸負の領域しか用いなかった。
斜方投射では，上向きを正にとって y 軸正の領域も用いる。重力加速度は負となるので鉛直投げ上げ運動が応用できる。

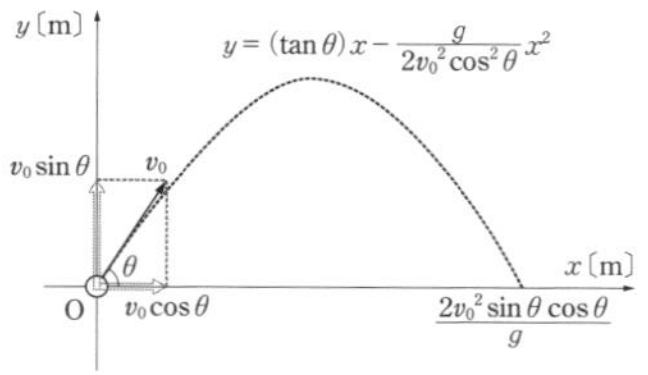

図 10－1

速度の分解

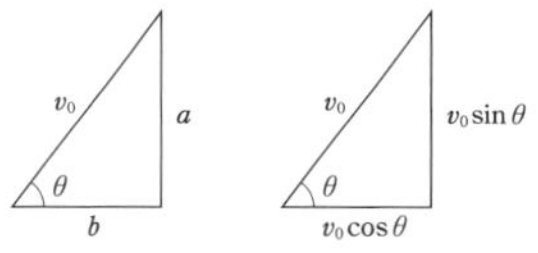

$\sin\theta=\dfrac{a}{v_0}$ ⟶ $a=v_0\sin\theta$

$\cos\theta=\dfrac{b}{v_0}$ ⟶ $b=v_0\cos\theta$

物体を水平面となす角 θ で，初速度 v_0 で投げ出したときの運動を斜方投射という。水平投射の場合と同様に，物体には鉛直下向きに大きさ g の重力加速度がはたらくので，x 軸方向は加速度がなく　等速直線　運動をし，y 軸方向は　等加速度　運動をする。

そのため，初速度を x 軸方向の $v_0\cos\theta$ と y 軸方向の $v_0\sin\theta$ に分解し，図 10-1 のように水平右向きに x 軸，鉛直上向きに y 軸をとり，それぞれの方向での時刻 t での速度と位置を考えると，

x 軸方向の速度 $v_x=v_0\cos\theta$
y 軸方向の速度 $v_y=v_0\sin\theta-gt$

位置 $x=(v_0\cos\theta)t$
位置 $y=(v_0\sin\theta)t-\dfrac{1}{2}gt^2$

と表せる。また，位置 x，y を表す 2 式から時刻 t の文字を消去すると，x と y の関係式が得られて，$y=(\tan\theta)x-\dfrac{g}{2v_0{}^2\cos^2\theta}x^2$ の 2 次関数が得られる。この式とそれに対応するグラフは，斜方投射された物体が描く軌跡を表す。また，$y=0$ として 2 次方程式を解くことで，着地点の位置 $x=\dfrac{2v_0{}^2\sin\theta\cos\theta}{g}$ がわかる。

問　$y=(\tan\theta)x-\dfrac{g}{2v_0{}^2\cos^2\theta}x^2$ の式を導け。

$x=(v_0\cos\theta)t$　より，$t=\dfrac{x}{v_0\cos\theta}$

これを y の式に代入して，

$y=\dfrac{v_0\sin\theta}{v_0\cos\theta}x-\dfrac{1}{2}g\left(\dfrac{x}{v_0\cos\theta}\right)^2$　　$y=(\tan\theta)x-\dfrac{g}{2v_0{}^2\cos^2\theta}x^2$

練習問題

問 1　図のように x 軸，y 軸をとり，物体を原点Oから鉛直上向きに 9.8 m/s，水平右向きに 2.0 m/s の初速度を与えて斜め上方に投げ上げた。重力加速度の大きさを 9.8 m/s² とする。

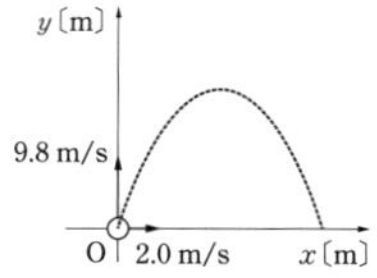

(1)　鉛直方向の速度 v_y〔m/s〕と時刻 t〔s〕のグラフ（v_y-t グラフ）の概形を描け。$0\,\mathrm{s}\leqq t\leqq 2.0\,\mathrm{s}$ とする。

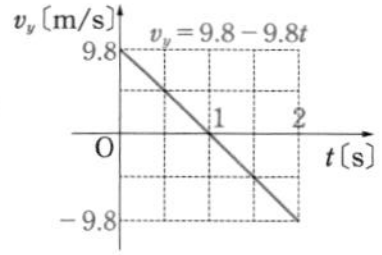

(2)　物体が頂点に達するときの時刻 t_1〔s〕と，地面に落下するときの時刻 t_2〔s〕を求めよ。

$v_y=0$ となるとき最高点なので，このとき $t_1=1.0\,\mathrm{s}$
運動の対称性より，$t_2=1.0\times2=2.0\,\mathrm{s}$

答　$t_1=1.0\,\mathrm{s}$，$t_2=2.0\,\mathrm{s}$

(3)　最高点の高さを求めよ。

v_y-t グラフより， $=\dfrac{1}{2}\times1.0\times9.8=4.9\,\mathrm{m}$

答　4.9 m

(4)　地面に着地した地点の，原点Oからの距離 x〔m〕を求めよ。

$t_2=2.0\,\mathrm{s}$ で落下するので，

$x=2.0\times2.0=4.0\,\mathrm{m}$

答　4.0 m

問 2　図のように，x 軸，y 軸をとり，物体を原点Oから x 軸となす角 60° 上方に初速度 $\dfrac{39.2}{\sqrt{3}}$ m/s で投げ上げた。重力加速度の大きさを 9.8 m/s² とする。(4)は根号（$\sqrt{\ }$）を用いて答えよ。

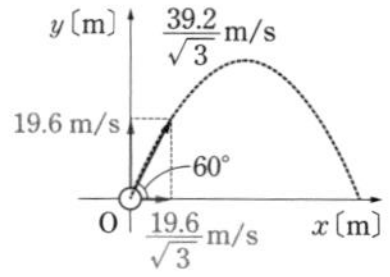

(1)　鉛直方向の速度 v_y〔m/s〕と時刻 t〔s〕のグラフ（v_y-t グラフ）の概形を描け。$0\,\mathrm{s}\leqq t\leqq 4.0\,\mathrm{s}$ とする。

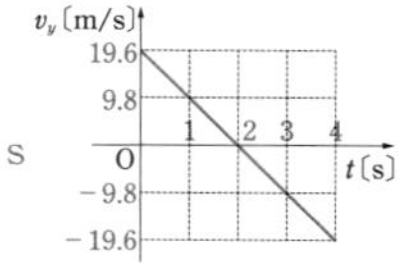

(2)　物体が頂点に達するときの時刻 t_1〔s〕と，地面に落下するときの時刻 t_2〔s〕を求めよ。

$v_y=0$ となるとき最高点なので，このとき $t_1=2.0\,\mathrm{s}$
運動の対称性より，$t_2=2.0\times2=4.0\,\mathrm{s}$

答　$t_1=2.0\,\mathrm{s}$，$t_2=4.0\,\mathrm{s}$

(3)　最高点の高さを，有効数字 3 桁で求めよ。

v_y-t グラフより

 $=\dfrac{1}{2}\times2.0\times19.6=19.6\,\mathrm{m}$

答　19.6 m

(4)　地面に着地した地点の，原点Oからの距離 x〔m〕を，有効数字 3 桁で求めよ。

$t_2=4.0\,\mathrm{s}$ で落下するので，

$x=\dfrac{19.6}{\sqrt{3}}\times4.0=\dfrac{78.4}{\sqrt{3}}\,\mathrm{m}$

答　$\dfrac{78.4}{\sqrt{3}}$ m

斜方投射で解ける有名な問題も見てみよう！ ▶▶▶

11 モンキーハンティング

解答編 ▶ p.13

月　日

扱うグラフ

ポイント 本テーマでは，自由落下と斜方投射や，水平投射と斜方投射が組みあわさった問題を扱う。それぞれの運動についてはこれまでに見ているので，それらを統一的に 1 つの y-x グラフ上で扱う。

猟師が木の枝にぶら下がっている猿を射止めようと，図 11-1 のように銃口を真っすぐ猿に向けた。そのとき，猿は銃口が自分に向けられていることに気づき，考えた。「今逃げ出せば，結局銃で撃たれてしまう。一発撃たせてしまえば，次の弾丸をこめている間に逃げられるのではないか？よし！弾丸が発射された瞬間，それと同時に木から手をはなせば，弾丸は自分に当たらず逃げられる」。

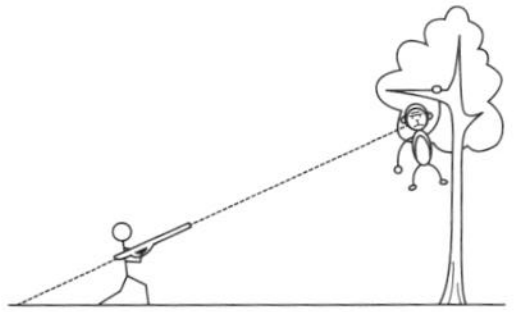

図 11－1

さて，このとき猿は逃げることができただろうか。これを考える問題をモンキーハンティングといい，次のようにモデル化して考える。

図 11-2 のように，水平右向きに x 軸，鉛直上向きに y 軸をとり，物体Aを原点Oから初速度 v_0，x 軸とのなす角 θ で斜方投射し，同時に点 $(L,\ h)$ から物体Bを自由落下させる。このとき，物体 A，B が衝突するかどうかを考える。時刻 t における A，B それぞれの位置 x，y は，重力加速度の大きさを g とすると，

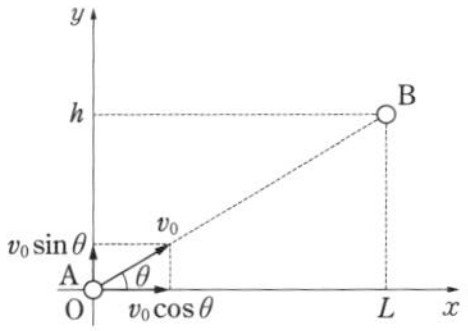

図 11－2

$$\mathrm{A}:\begin{cases} x=(v_0\cos\theta)t \\ y=(v_0\sin\theta)t-\dfrac{1}{2}gt^2 \end{cases}\qquad \mathrm{B}:\begin{cases} x=L \\ y=h-\dfrac{1}{2}gt^2 \end{cases}$$

と表せる。x，y の位置が同時刻に一致すれば，物体 A，B は同時刻に同じ座標に存在することになり，衝突が起こる条件となる。x 座標が一致する時刻と y 座標が一致する時刻が等しい，という条件式は，$\dfrac{L}{v_0\cos\theta}=\dfrac{h}{v_0\sin\theta}$ となる。θ の条件式で表すと $\tan\theta=\dfrac{h}{L}$ となる。すなわち，A を発射する際に照準がBにあっていれば，A とBは必ず衝突する。

問 1　上の例で，物体 A，B の x 座標が一致する時刻を求めよ。

$(v_0\cos\theta)t=L$　より，$t=\dfrac{L}{v_0\cos\theta}$

答 $\dfrac{L}{v_0\cos\theta}$

問 2　上の例で，物体 A，B の y 座標が一致する時刻を求めよ。

$(v_0\sin\theta)t-\dfrac{1}{2}gt^2=h-\dfrac{1}{2}gt^2$　より，$t=\dfrac{h}{v_0\sin\theta}$

答 $\dfrac{h}{v_0\sin\theta}$

練習問題

問 1　図のように，水平右向きに x 軸，鉛直上向きに y 軸をとる。ボールAを 103.8 m の高さから水平方向に 20 m/s で発射すると同時に，その真下の原点OからボールBを x 軸となす角 60° 上方に，速度 V〔m/s〕で発射すると，A，B は空中で衝突した。重力加速度の大きさを $g=9.8\ \mathrm{m/s^2}$，$\sqrt{3}=1.73$ とする。

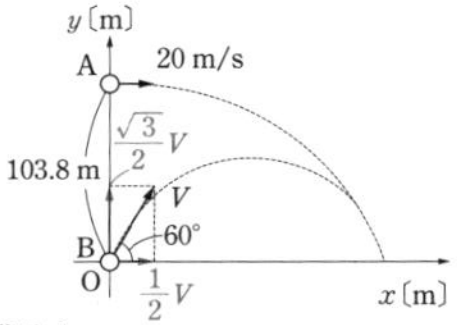

(1)　x 軸方向の運動について考え，速度 V〔m/s〕の大きさを求めよ。

x 軸方向は等速直線運動をする。また A，B は同時に発射されたので，衝突するためには x 軸方向の速度は等しくなければいけない。よって，

$\dfrac{1}{2}V=20$　$V=40\ \mathrm{m/s}$

答 40 m/s

(2)　y 軸方向の運動について考え，衝突する時刻 t〔s〕を求めよ。

$$\begin{cases} \text{Aの } y \text{ 軸方向の位置：} y_{\mathrm{A}}=103.8-\dfrac{1}{2}gt^2 \\ \text{Bの } y \text{ 軸方向の位置：} y_{\mathrm{B}}=\dfrac{\sqrt{3}}{2}Vt-\dfrac{1}{2}gt^2 \end{cases}$$

衝突するとき，$y_{\mathrm{A}}-y_{\mathrm{B}}=103.8-\dfrac{\sqrt{3}}{2}Vt=0$ なので　$103.8=\dfrac{\sqrt{3}}{2}\times40\times t$

$34.6t=103.8$　$t=3.0\ \mathrm{s}$

答 3.0 s

問 2　図のように，水平右向きに x 軸，鉛直上向きに y 軸をとる。原点OにあるボールAを，水平面から 30° 上方に 19.6 m/s で発射すると同時に，ボールBをOから L〔m〕だけ離れた x 軸上から，鉛直上向きに速度 v〔m/s〕で発射すると，Aが最高点に達したときに，A はBと衝突した。重力加速度の大きさを $g=9.8\ \mathrm{m/s^2}$，$\sqrt{3}=1.73$ とする。

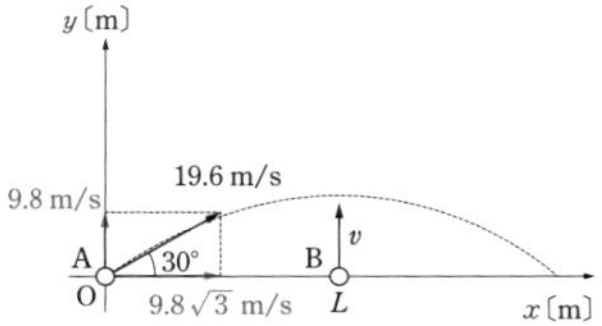

(1)　y 軸方向の運動について考え，速度 v〔m/s〕の大きさを求めよ。

A，B が同時に発射されたので，衝突するためには，y 軸方向の速度が等しくなければならない。よって，$v=9.8\ \mathrm{m/s}$

答 9.8 m/s

(2)　A，B が衝突する時刻 t〔s〕を求めよ。

Aが最高点に達する時刻 t〔s〕を求めればよい。y 軸方向は初速度 9.8 m/s の鉛直投げ上げ運動なので，

$0=9.8-9.8\times t$　より，$t=1.0\ \mathrm{s}$

答 1.0 s

(3)　x 軸方向の運動について考え，距離 L〔m〕を求めよ。

A が $t=1.0\ \mathrm{s}$ で進む距離を考えると，$L=9.8\sqrt{3}\times1.0=16.9≒17\ \mathrm{m}$

答 17 m

12 合成速度

解答編 ▶ p.14

月 日

扱う図

・速度ベクトル図… 物体の運動を考える際，運動の向きを知ることは重要である。
複数の速度の和や差をとって，その向きを決定するときに用いる。

3.0 m/s で流れる川の上を，静水上で 4.0 m/s で進む船を岸から観察する。川下の向きを正とし，船が川下に向かうとき，岸からは 3.0 m/s+4.0 m/s=7.0 m/s で川下に向かうように見え，船が川上に向かうとき，岸からは 3.0 m/s−4.0 m/s=−1.0 m/s，すなわち川上に 1.0 m/s で向かうように見える。1.0 s 間に進む距離を速さというが，このように向き（正負の符号）まで考えあわせたものを速度といい，矢印で表すと便利である。上記の計算は，下図のような速度ベクトル図で表される。

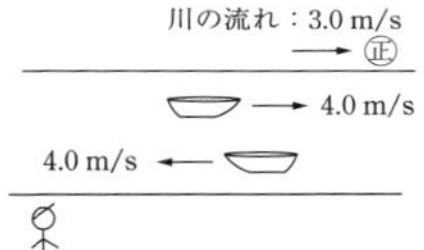

図 12－1

速度ベクトル図

もとになる 2 つの矢印の始点をそろえて作図する

同じ川を，船首を岸に直交するように対岸に向けて渡る場合は，1.0 s 間に対岸へ 4.0 m 進む間に川下へ 3.0 m 流され，図 12-2 のようにナナメに進む。このように，向きの異なる速度の和を考える場合は，矢印の始点をそろえて平行四辺形をつくり，その対角線を速度の和とすればよい。この作図・計算方法は数学で習うベクトルと同じものである。式で表すと，A から見た B 上での C の速度は $\overrightarrow{v_{C\leftarrow A}}=\overrightarrow{v_B}+\overrightarrow{v_C}$ と表せる。これを，合成速度という。

平面上での合成速度の速度ベクトル図は，図 12-3 のようにも表せる。図 12-2 のように平行四辺形の対角線を作図してもよいし，図 12-3 のように 2 つの矢印をたどるのもよい。どちらも同じ向きと大きさを示す矢印（ベクトル）となる。

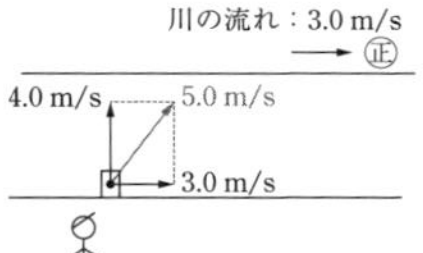

図 12－2

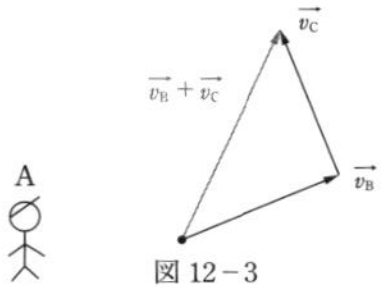

図 12－3

練 習 問 題

問 1　以下の図において，観測者 A から見た B，C の速度を，速度ベクトル図を描いて求めよ。図の右向きを正とする。

(1)　5.0 m/s で流れる川の上を進む船 B，C を岸から A が見る場合。

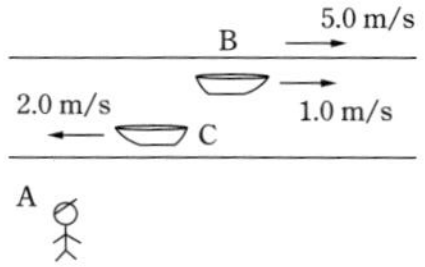

$\overrightarrow{v_{B\leftarrow A}}=5.0+1.0$
$=6.0$ m/s
$\overrightarrow{v_{C\leftarrow A}}=5.0-2.0$
$=3.0$ m/s

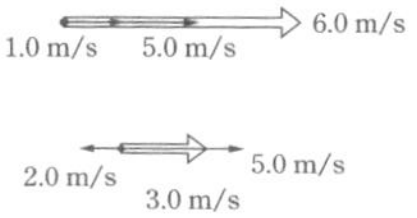

答　B：6.0 m/s，C：3.0 m/s

(2)　1.0 m/s で動く歩道の上を運動する B，C を，歩道の外から A が見る場合。

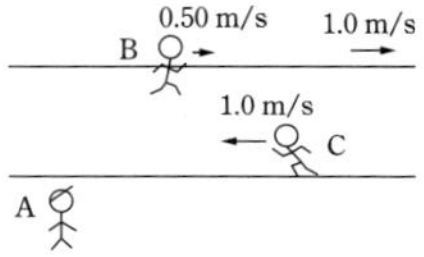

$\overrightarrow{v_{B\leftarrow A}}=1.0+0.50$
$=1.5$ m/s
$\overrightarrow{v_{C\leftarrow A}}=1.0-1.0$
$=0$ m/s

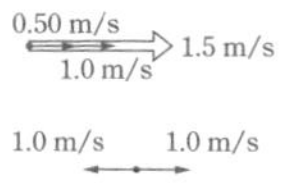

答　B：1.5 m/s，C：0 m/s

問 2　右図のように 0.90 m/s で流れる川の上を，静水上で 1.2 m/s で進むボートで，船首を岸に直交するように対岸に向けて渡ることを考える。川下の向きを正とする。

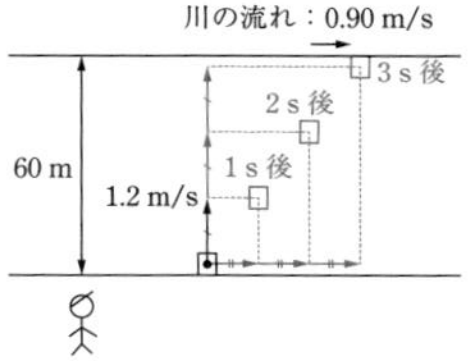

(1)　1.0 s 後，2.0 s 後，3.0 s 後のボートの位置の概略を右図に示せ。

(2)　岸から見たボートの速さを，速度ベクトル図を描いて求めよ。

$\sqrt{(0.90)^2+(1.2)^2}=1.5$ m/s

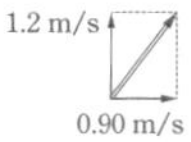

答　1.5 m/s

(3)　川幅が 60 m のとき，ボートが対岸に着くまで何 s かかるか。

川の流れに垂直な方向には 1.2 m/s で進むので，

$\frac{60}{1.2}=50$ s

答　50 s

13 相対速度

解答編 ▶ p.15

月　日

扱う図

・速度ベクトル図… 合成速度では，足し算（和）の場合のベクトル図を考えた。
相対速度では，引き算（差）の場合のベクトル図について考える。

高速道路を正の向きに 30 m/s で移動する観測者Aから見える外の世界を考える。車の外から見れば静止している木も，速さ 30 m/s で走る車の車内から見れば逆向きに 30 m/s で進むように，すなわち −30 m/s で進むように見える。他のものも同様であり，車内からは外の世界が −30 m/s で流れる川のように見える。一方，Aから，正の向きに 20 m/s で進む車Bを見るとき，その速度は 20 m/s−30 m/s=−10 m/s，すなわち負の向きに 10 m/s で進むように見える（図 13-1）。このように，動いている観測者Aから他の物体Bを見るときは，自分の速度を引いて計算すればよい。

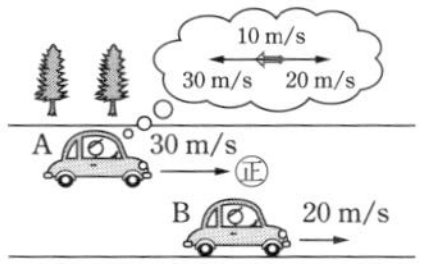

図 13－1

車内から外に降る雨を観測する場合は，雨はナナメに落ちるように見える。これは，1.0 s 間で雨が鉛直下向きに落ちる間に，車も水平方向に 30 m 進む運動が合成されているからである。これも，図 13-2 のようにそれぞれの速度を表す矢印の始点をそろえ，平行四辺形を描き，その対角線で車から見た雨の速さと向きを考えればよい。

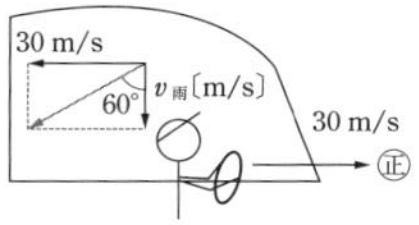

図 13－2

このことをベクトル表記で表すと，$\overrightarrow{v_{B\leftarrow A}}=\overrightarrow{v_B}-\overrightarrow{v_A}$ と書き，「BのAに対する速度（相対速度）」という。

$\overrightarrow{v_B}$ から $\overrightarrow{v_A}$ を引いたベクトルを作図するときは，$\overrightarrow{v_A}$ に $\overrightarrow{v_B}-\overrightarrow{v_A}$ を足すと $\overrightarrow{v_B}$ になるベクトルと考えて作図してもよいし（図 13-3：①），$\overrightarrow{v_B}$ に $(-\overrightarrow{v_A})$ を足したベクトルと考えて作図してもよい（図 13-3：②）。どちらで作図しても同じ向き・大きさのベクトルとなる。ベクトル図の作図から向き・大きさがわかった後は，等速運動や等加速度運動の式を用いて物体の運動を予測できる。ベクトルの大きさは絶対値記号を用いて $|\overrightarrow{v_B}-\overrightarrow{v_A}|$ で表し，$|\overrightarrow{v_B}-\overrightarrow{v_A}|=v$ のように文字 v を用いることも多い。しかし運動をきちんと考えるには，ベクトル図を描いて向きを把握することを毎回やっていく必要がある。

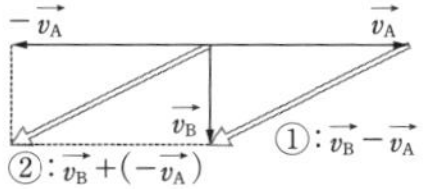

図 13－3

練習問題

問1　以下の図において，観測者Aから見たB，Cの速度を，速度ベクトル図を描いて求めよ。図の右向きを正とする。

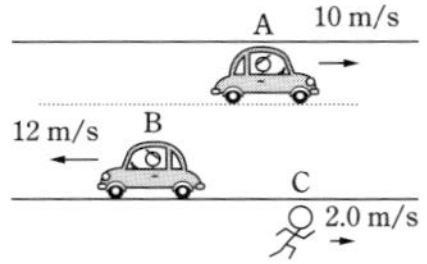

(1)　10 m/s で道路を走る車Aから，車B，人Cを見る場合。

$\overrightarrow{v_{B\leftarrow A}}=-12-10$
$=-22$ m/s

$\overrightarrow{v_{C\leftarrow A}}=2.0-10$
$=-8.0$ m/s

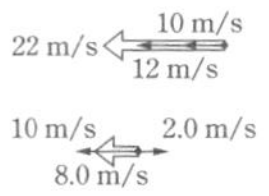

観測者が動いているかどうかがポイント

答 B：−22 m/s，C：−8.0 m/s

(2)　30 m/s で走る電車Aから，電車B，車Cを見る場合。

$\overrightarrow{v_{B\leftarrow A}}=40-(-30)$
$=70$ m/s

$\overrightarrow{v_{C\leftarrow A}}=-10-(-30)$
$=20$ m/s

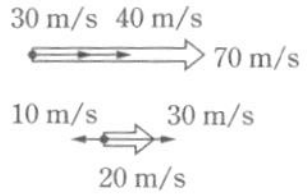

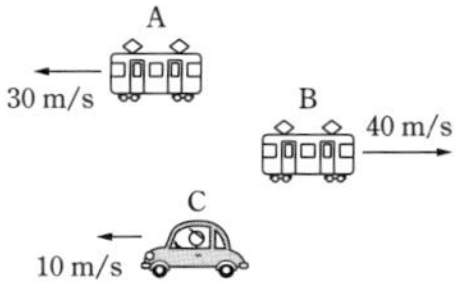

答 B：70 m/s，C：20 m/s

問2　東に 30 m/s で走る車Aから，南に 40 m/s で走る車Bを観測する。図の目盛りと矢印の長さは対応している。

(1)　1.0 s 後，2.0 s 後，3.0 s 後のA，Bの位置を，図の矢印の始点を出発点として●で表し，AからBに矢印を描いてAから見たBの向きを示せ。

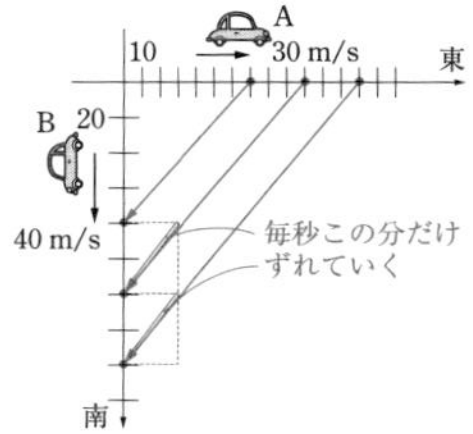

(2)　Aから見たBは，1.0 s 間に何 m 運動しているように見えるか。

Aから見たBの相対速度の大きさは，
$\sqrt{40^2+30^2}=50$ m/s
となるので，$50\times1.0=50$ m

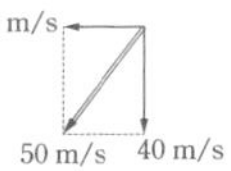

答 50 m

(3)　Aから見たBの相対速度を求める速度ベクトル図を描き，相対速度の大きさと向きを求めよ。

速度ベクトル図より南西向きに 50 m/s で移動しているように見える。

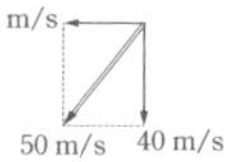

答 南西向きに 50 m/s

速度だけでなく，向きがある量にはすべてベクトル図が使えるよ！
次は力の場合を見てみよう！

14 力の合成とつりあい

解答編 ▶ p.16

月　日

扱う図

・力ベクトル図…　複数の力の和（合力という）や差を計算するときに用いる図。

注意すべきポイント

・合力…　物体の運動は，受けた力の和（合力）で決まる。多くの場合，物体は複数の力を受けるので，その和を求めることは運動を決定する上で大切なことである。

・質点…　質量はあるが，大きさを考えない「点」のことを質点という。一方，大きさを考えるものを剛体という。剛体になると回転運動を考えなければならないため，高校物理では質点を多く扱い，それを明示するために物体を点で表すことがある。これは，非現実的に思われるかもしれないが，物体が回転しない条件下では，剛体でも質点として扱う場合と同じ運動が生じる。

覚えるべき式

・重力$=mg$〔N〕…　重力加速度の大きさ g〔$\mathrm{m/s^2}$〕に物体の質量 m〔kg〕を掛けたものが重力に等しい。力の向きは，つねに鉛直下向きである。

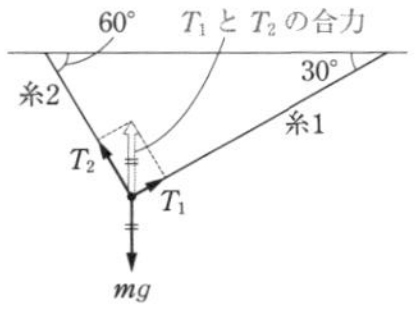

質量 m〔kg〕のおもりを 2 本の糸 1 と糸 2 で天井からつるす場合を考える。おもりにはたらく力は，重力 mg〔N〕，糸 1 の張力 T_1〔N〕，糸 2 の張力 T_2〔N〕の 3 つである。これらが右図のようにはたらいていると，T_1 と T_2 の合力が mg と同じ大きさで逆向きとなり，3 力の合力は 0 となる。静止している場合，物体にはたらくすべての力の合力は 0 である。これを力のつりあいという。

力の合成も，速度や加速度の合成と同じように平行四辺形の対角線を引けばよい。力の向きと大きさは，矢印を用いて表す。このようにつくられる図を力ベクトル図とよぶ。

問　上の例で，重力の大きさ $mg=9.8$ N のとき，糸の張力の大きさ T_1〔N〕，T_2〔N〕を求めよ。$\sqrt{3}=1.73$ とする。

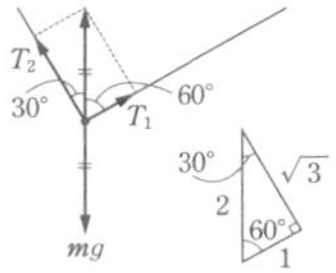

力ベクトル図は右図のようになるので，

$T_1=\frac{1}{2}\times mg=4.9$ N

$T_2=\frac{\sqrt{3}}{2}\times mg=8.47\fallingdotseq 8.5$ N

答　$T_1=4.9$ N，$T_2=8.5$ N

練習問題

問 1　次の力 F とつりあう力 F' を作図し，力 F' を糸 1，糸 2 の張力 T_1，T_2 の合力として表せ。

(1)

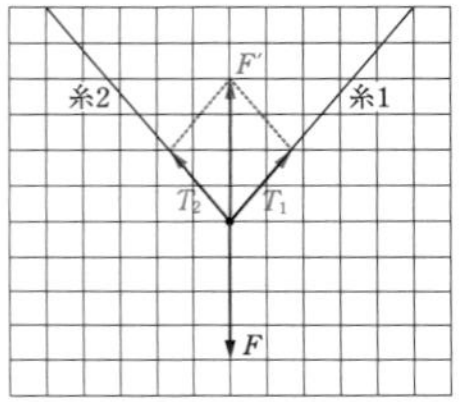

(2)

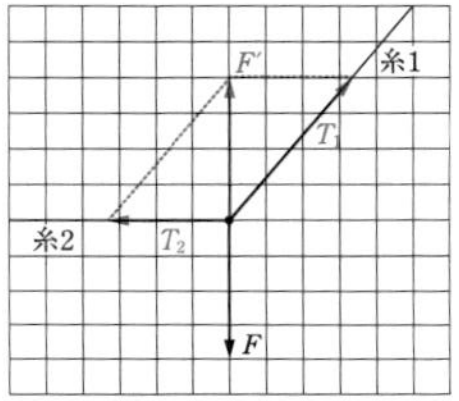

問 2　斜面に静止する物体にはたらく重力とそれ以外の力が以下のように示されるとき，重力以外の力を作図し，合力が 0 となるようにせよ。

(1)　あらい斜面から受ける垂直抗力 N と静止摩擦力 f。

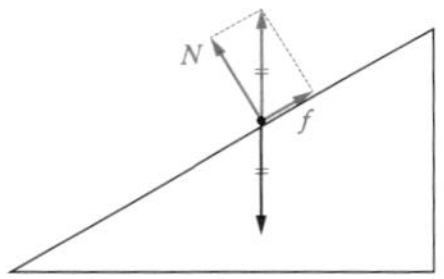

(2)　なめらかな斜面から受ける垂直抗力 N と指から受ける水平方向の力 F。

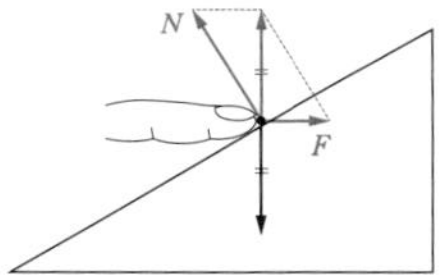

問 3　図のように，質量 m のおもりを 2 本の糸 1，糸 2 で支えるとき，それぞれの張力の大きさ T_1，T_2 を m，g，θ を用いて求めよ。重力加速度の大きさを g とする。

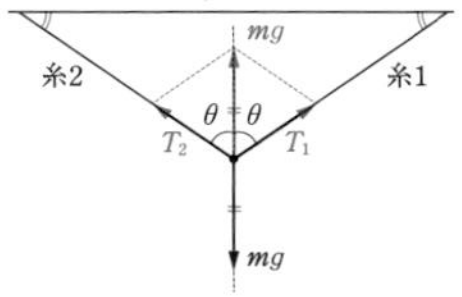

図形の対称性より，

$T_1=T_2$

また，平行四辺形の対辺は等しいから，右図のようになり，

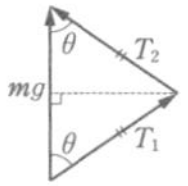

$2\times T_1\cos\theta=mg$

$T_1=T_2=\frac{mg}{2\cos\theta}$

答　$T_1=\frac{mg}{2\cos\theta}$，$T_2=\frac{mg}{2\cos\theta}$

次は，力を「分解」する方法を学んでみよう！ ▶▶▶

15 力の分解とつりあい

解答編 ▶ p.17

月　日

扱う図

・力ベクトル図…　複数の力の和（合力という）や差を計算するときに用いる図。

覚えるべき定義

・物理量…　位置や速度，加速度，力など，測定可能な量を物理量という。物理量の未来予測を行うことが，物理学の目標である。

・成分……　空間に座標軸（x 軸，y 軸など）を設定し，その方向の力や速度などの物理量を成分という。高校物理では，座標軸ごとの x 成分，y 成分を求める方針を立てれば，多くの問題が解決できる。

色々な方向にはたらいている力を，x 軸や y 軸など，一定の方向に統一して考えることは，便利であることが多い。図 15-1 では，3 つの力（重力 mg，糸 1 の張力 T_1，糸 2 の張力 T_2）の向きはばらばらだが，水平方向と鉛直方向の成分に分解して考えると，重力は水平方向にはたらいていないので楽である。

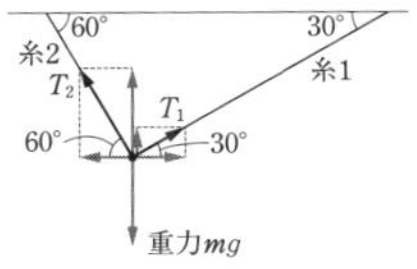

図 15－1

また，物体が静止しているということは，分解したそれぞれの方向で力がつりあっているということである。すなわち，

$$\begin{cases} 水平方向：T_1\cos 30^\circ = T_2\cos 60^\circ \\ 鉛直方向：T_1\sin 30^\circ + T_2\sin 60^\circ = mg \end{cases}$$

という力の大きさに関する連立方程式を立式できる。

問　上の例で重力の大きさ $mg = 9.8\,\mathrm{N}$ のとき，上の連立方程式を解いて糸の張力の大きさ T_1〔N〕，T_2〔N〕を求めよ。$\sqrt{3} = 1.73$ とし，結果を 14 の問で求めたものと比較せよ。

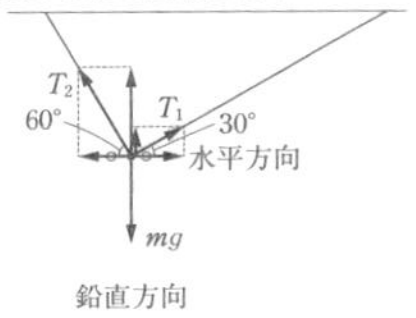

連立方程式に値を代入すると，

$$\begin{cases} \dfrac{\sqrt{3}}{2}T_1 = \dfrac{1}{2}T_2 \\ \dfrac{1}{2}T_1 + \dfrac{\sqrt{3}}{2}T_2 = 9.8 \end{cases}$$

これより，

$2T_1 = 9.8$　　$T_1 = 4.9\,\mathrm{N}$

$T_2 = 4.9\times\sqrt{3} = 8.47 \fallingdotseq 8.5\,\mathrm{N}$

となり，これらは 14 で求めたものと一致する。

答　$T_1 = 4.9\,\mathrm{N}$，$T_2 = 8.5\,\mathrm{N}$，一致する

練習問題

問 1　次の力 F を x 軸，y 軸方向に分解し，それぞれの成分 F_x，F_y を求めよ。$\sqrt{3} \fallingdotseq 1.73$ とする。

(1)

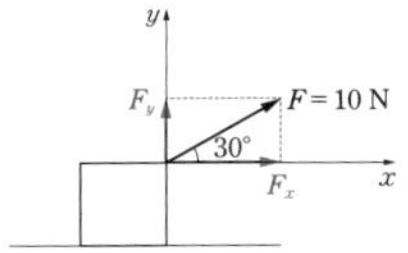

$$\begin{cases} F_x = F\cos 30^\circ = 10\times\dfrac{\sqrt{3}}{2} \fallingdotseq 8.7\,\mathrm{N} \\ F_y = F\sin 30^\circ = 10\times\dfrac{1}{2} = 5.0\,\mathrm{N} \end{cases}$$

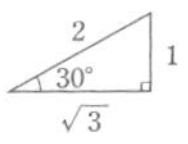

答　$F_x = 8.7\,\mathrm{N}$，$F_y = 5.0\,\mathrm{N}$

(2)

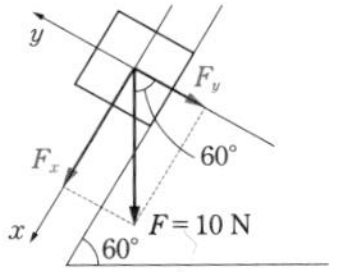

$$\begin{cases} F_x = F\sin 60^\circ = 10\times\dfrac{\sqrt{3}}{2} \fallingdotseq 8.7\,\mathrm{N} \\ F_y = F\cos 60^\circ = -10\times\dfrac{1}{2} = -5.0\,\mathrm{N} \end{cases}$$

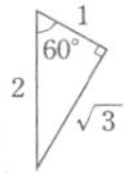

答　$F_x = 8.7\,\mathrm{N}$，$F_y = -5.0\,\mathrm{N}$

問 2　ある点に物体（質点）が静止している。以下に示す力を，水平方向と鉛直方向に分解し，それぞれの方向での力のつりあいの式を立てよ。平方根はそのまま用いよ。

(1)　糸 1 の張力 T_1，糸 2 の張力 T_2，重力 mg の 3 力。

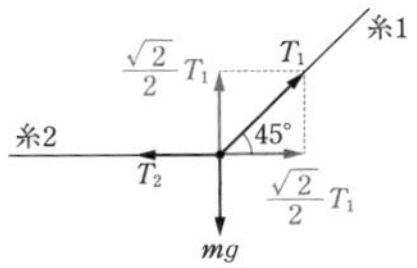

水平方向：$T_2 = \dfrac{\sqrt{2}}{2}T_1$，

答　鉛直方向：$\dfrac{\sqrt{2}}{2}T_1 = mg$

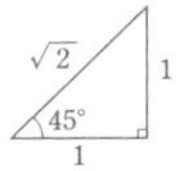

(2)　重力 mg，垂直抗力 N，静止摩擦力 f の 3 力。

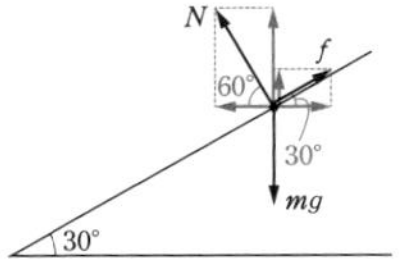

水平方向：$\dfrac{1}{2}N = \dfrac{\sqrt{3}}{2}f$，

答　鉛直方向：$\dfrac{\sqrt{3}}{2}N + \dfrac{1}{2}f = mg$

問 3　図のように，質量 m のおもりを 2 本の糸 1，糸 2 で支えるとき，水平方向・鉛直方向の力の成分を考えることで，それぞれの張力の大きさ T_1，T_2 を，m，g，θ を用いて求めよ。重力加速度の大きさを g とする。

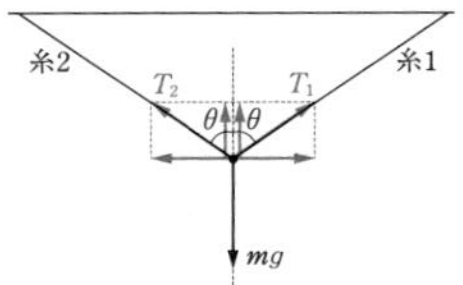

$$\begin{cases} 水平方向：T_2\sin\theta = T_1\sin\theta \quad \cdots\cdots① \\ 鉛直方向：T_1\cos\theta + T_2\cos\theta = mg \quad \cdots\cdots② \end{cases}$$

①より，$T_1 = T_2$

②に代入して，$T_1 = T_2 = \dfrac{mg}{2\cos\theta}$

答　$T_1 = \dfrac{mg}{2\cos\theta}$，$T_2 = \dfrac{mg}{2\cos\theta}$

力の合成・分解ができるようになったら，次は力に関する法則だ！ ▶▶▶

16 運動方程式(1)

解答編 ▶ p.18

月　日

扱うグラフ

- v-t グラフ…　ここでは，v-t グラフの傾きが加速度 a であることから，加速度 a を求めるのに用いる。
- a-F グラフ…　物体の加速度 a が，物体に加える力の大きさ F に応じてどのように変化するかを見るのに用いる。
- a-m グラフ…　一定の力 F を加えたときに，物体の質量 m と生じる加速度 a の関係を見るのに用いる。

問　なめらかな床上に静止している質量 m〔kg〕の物体に，一定の大きさの力 F〔N〕を加え続けると，物体はどのように運動するか。次の選択肢①～③のうちから正解を 1 つ答えよ。

① 一定の速度で運動し続ける
② 最初は加速するが，やがて一定の速度で運動する
③ 一定の加速度で運動し続ける

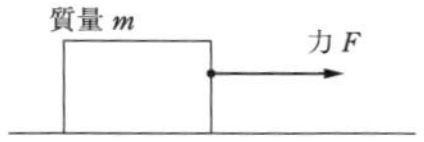

図 16－1

答　③

力の大きさを F，$2F$，$3F$，$4F$ と変えて上記の実験を行うと，図 16-2 のような v-t グラフが得られる。すなわち，どの条件においても一定の加速度で運動し続ける(上の問の答)。このとき，力 F と加速度 a の関係を示しているのが図 16-3 の a-F グラフである。グラフより，a と F には比例の関係があることがわかる。

次に力 F を固定して，物体の質量 m を変えて，同様に加速度 a を測定する。すると，図 16-4 のような a-m グラフが得られる。グラフより，質量 m が増えるほど加速しにくくなり，a は m に反比例することがわかる。

以上をまとめると，加速度 a は F に比例し，m に反比例するので，$a=k\dfrac{F}{m}$ と書ける。ここで，$k=1$ となるように力 F の単位を〔N〕(ニュートン)と定めると，

$$ma=F$$

となり，これを運動方程式とよぶ。

上式は，力 F によって質量 m の物体に加速度 a が生じるという意味の式であり，力 F によって速度 v が変わるという因果関係を表している。また，加速度 a が重力加速度 g のとき，その原因となる力は，運動方程式の a に g を代入して，$mg=F$ と書ける。この F が，重力である。

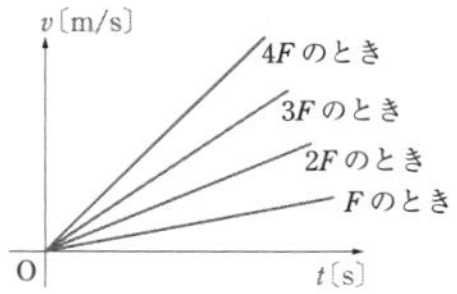

図 16－2

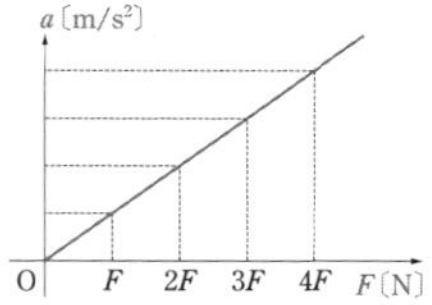

図 16－3

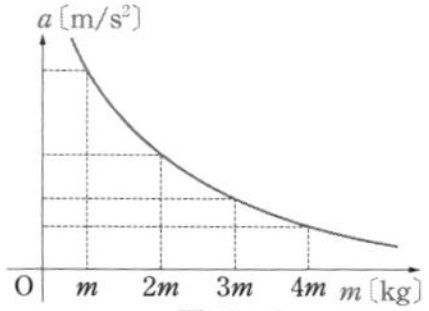

図 16－4

練 習 問 題

問 1　質量 $m=2.0$ kg の物体に，さまざまな大きさの力 F を加え続ける実験を行う。$ma=F$ が成り立つとすると，力 F を $F=0$～5.0 N まで一定の割合で変化させたとき，物体の a-F グラフはどのようになるか。また，力 F を $F=1.0$，2.0，3.0，4.0，5.0 N で固定し，力を加え始めてからの時刻 $t=0$～5.0 s における v-t グラフはどのようになるか。概形を示せ。

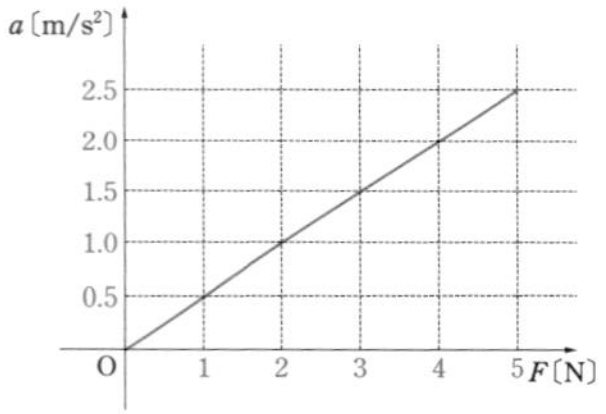

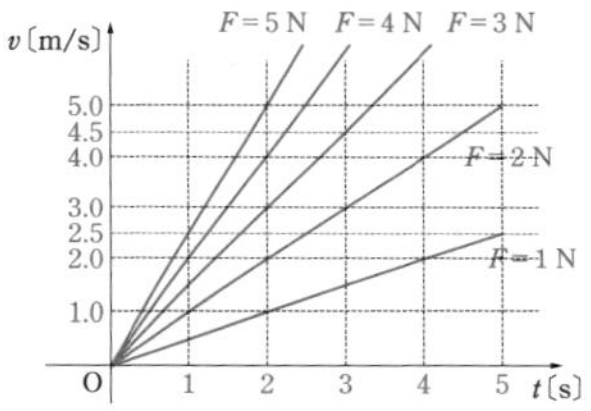

$a=\dfrac{1}{2.0}F$ に $F=1.0$，2.0，3.0，4.0，5.0 N の値を代入し，それぞれの点を結ぶと求まる。

$v=at$ に $F=1.0$～5.0 N におけるそれぞれの加速度の値を代入し，$v=0.5t$，$v=1.0t$，$v=1.5t$，$v=2.0t$，$v=2.5t$ と求まる。

問 2　一定の大きさの力 $F=5.0$ N を加え続ける実験を，いろいろな質量 m の物体に対して行う。$ma=F$ が成り立つとすると，$m=1.0$～5.0 kg と変化させたとき，物体の a-m グラフはどのようになるか。また，質量 m を $m=1.0$，2.0，3.0，4.0，5.0 kg に固定し，力 F を加え始めてからの時刻 $t=0$～5.0 s における v-t グラフはどのようになるか。概形を示せ。

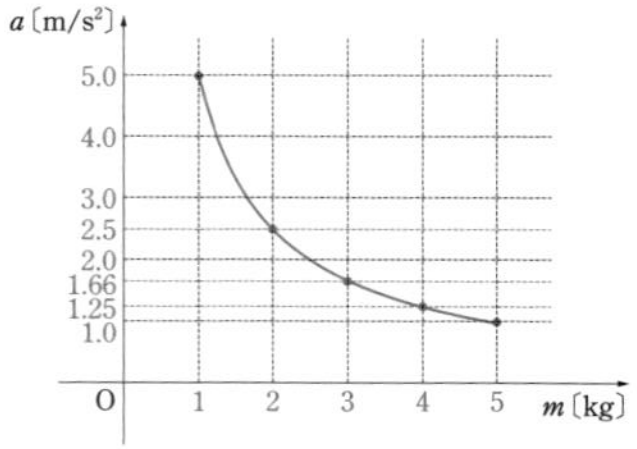

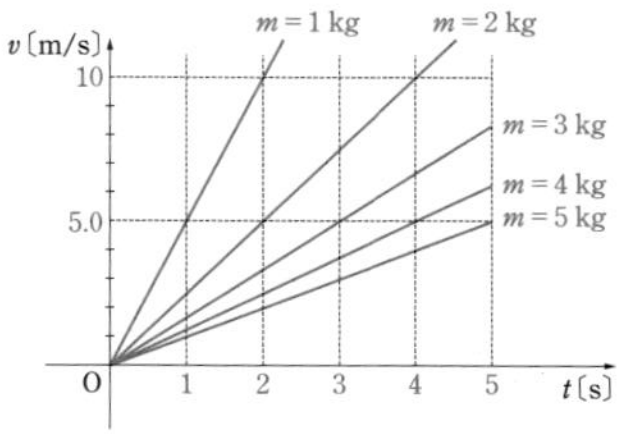

$a=\dfrac{5.0}{m}$ に $m=1.0$，2.0，3.0，4.0，5.0 kg の値を代入し，それぞれの点を結ぶと求まる。

$v=at$ に $m=1.0$～5.0 kg におけるそれぞれの加速度の値を代入し，$v=5.0t$，$v=2.5t$，$v=\dfrac{5}{3}t$，$v=\dfrac{5}{4}t$，$v=1.0t$ と求まる。

17 記録タイマーの使い方

解答編 ▶ p.19

月／日

扱うグラフ

・v-t グラフ… ここでは，v-t グラフの傾きが加速度 a であることから，加速度 a を求めるのに用いる。

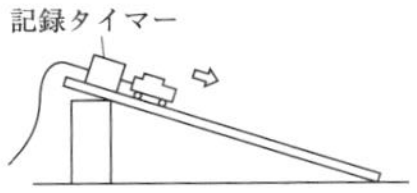

図 17－1

物体の速度を調べる簡単な方法の 1 つに，記録タイマーを用いる方法がある（図 17-1）。記録タイマーは，打点式や電子式などいろいろな仕組みのものがあるが，一定の時間間隔で記録テープに点を打つことができる。

電源によって，打点数は 50 Hz や 60 Hz の場合があり，前者は 1.0 s 間に 50 回，後者は 1.0 s 間に 60 回点を打つ。50 Hz の場合，5 打点ごとに長さを計ると，ちょうど 0.10 s 間に進んだ距離に対応する（60 Hz なら 6 打点とるのがよい）。また，静止した状態から実験を始めることが多いので，最初の方は打点が密集し，見づらいことが多い。この場合は，先頭のいくつかの点は無視し，はっきり見える点を時刻 $t=0$ s として解析する。

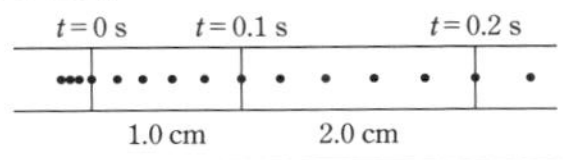

区間	0～0.1 s	0.1～0.2 s	0.2～0.3 s
長さ	1.0 cm	2.0 cm	3.0 cm

表 17-1

例として，表 17-1 のようなデータが得られたとする。これを v-t グラフにするときに，よくある間違いが「$t=0.10$ s のところに $v=0.10$ m/s の点を打つ」ことである。この打ち方では「$t=0.10$ s の瞬間に $v=0.10$ m/s である」ことになる。しかし，実際は $t=0$～0.10 s の間に速度が上がり続けて合計で 1.0 cm 進んだので，この区間の平均の速度が $v=0.10$ m/s である。これを表すためには，$t=0$～0.10 s の間の $t=0.05$ s のところに $v=0.10$ m/s の点を打てばよい。このことに気を付けて v-t グラフを作成すると，図 17-2 のようになる。

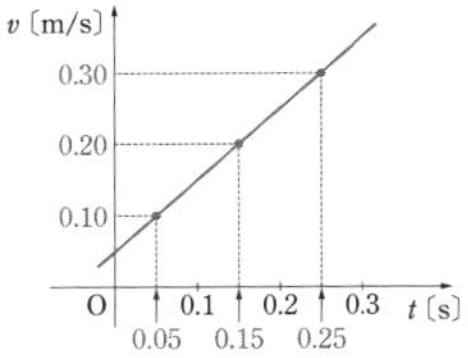

図 17－2

グラフの概形が直線になることから，この運動は等加速度直線運動であることがわかり，運動方程式 $ma=F$ から，加速度 a が一定なので一定の力 F を受けて運動したことがわかる。

問　0.10 s 間で 5.0 cm 進むときの速さ v を，〔m/s〕の単位で求めよ。

1.0 s 間で 50 cm＝0.50 m 進むので
$v=0.50$ m/s

答　0.50 m/s

練習問題

問 1　質量 1.0 kg の力学台車をある条件下で，なめらかな台上で運動させ，50 Hz の記録タイマーで記録したところ，表のようなデータが得られた。

区間	0～0.1 s	0.1～0.2 s	0.2～0.3 s	0.3～0.4 s	0.4～0.5 s
長さ	10 cm	10 cm	10 cm	10 cm	10 cm

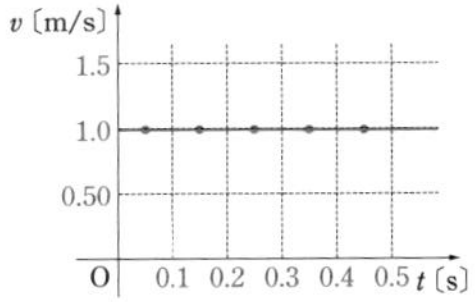

(1)　v-t グラフを右図に描け。

(2)　グラフから加速度 a〔m/s²〕を求めよ。

グラフの傾き＝0 より，$a=0$ m/s²

答　0 m/s²

(3)　どのような条件下で運動させたか，物体にはたらく力を考えよ。

加速度が生じていないので物体にはたらく合力が 0 N のとき。

答　物体にはたらく合力が 0 N

問 2　質量 1.0 kg の力学台車を 3 つの異なる条件下で，なめらかな台上で運動させ，50 Hz の記録タイマーで記録したところ，表のようなデータが得られた。

区間	0～0.1 s	0.1～0.2 s	0.2～0.3 s	0.3～0.4 s	0.4～0.5 s
条件①	2.5 cm	7.5 cm	12.5 cm	17.5 cm	22.5 cm
条件②	5 cm	15 cm	25 cm	35 cm	45 cm
条件③	10 cm	30 cm	50 cm	70 cm	90 cm

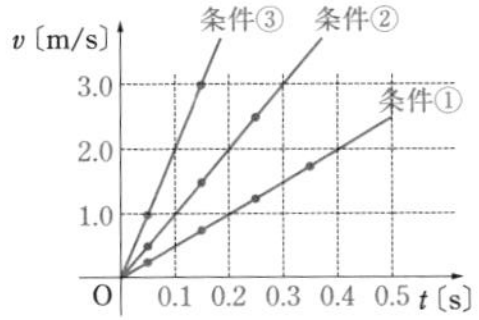

(1)　各条件を表す v-t グラフを，右図にそれぞれ描け。

(2)　グラフからそれぞれの加速度 a〔m/s²〕を求めよ。

条件①：$a=\dfrac{0.75-0.25}{0.15-0.05}=5.0$ m/s²

条件②：

$a=\dfrac{1.5-0.5}{0.15-0.05}$
$=10$ m/s²

条件③：

$a=\dfrac{3.0-1.0}{0.15-0.05}=20$ m/s²

答　条件①：5.0 m/s²
条件②：10 m/s²
条件③：20 m/s²

(3)　どのような条件下で運動させたか，物体にはたらく力を考えよ。

答　$ma=F$ より，それぞれ 5.0 N，10 N，20 N の一定の力を加えたときの運動

このような実験から運動方程式を確かめることができるんだね！ ▶▶▶

18 運動方程式(2)

解答編 ▶ p.20

月／日

扱うグラフと図

・v-t グラフ… 運動方程式から加速度 a が求まると，v-t グラフが描ける。そうすると，v-t グラフから将来の時刻 t での速度や位置を求めることができる。

・カベクトル図… 複数の力がはたらくとき，その合力がどちらを向くかで物体の運動が決まる。その向きを求めるのに用いる。

物体の運動は受けたすべての力で決まる。力を 2 つ受けていたらその 2 つの和，3 つ受けていたら 3 つの和で決まる。そのため，物体にはたらくすべての力を描き出して，カベクトル図で合力を求めることができれば，あとはその合力 F を運動方程式 $ma=F$ に代入することで物体の運動を記述することができる。

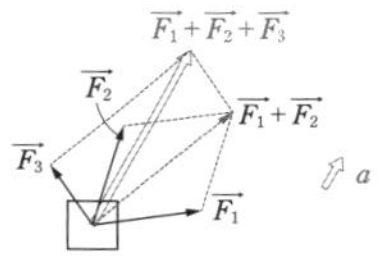

図 18－1

図 18-1 は，なめらかな水平面上で 3 力がはたらいている場合のようすである。力の向きと大きさがつねに一定ならば，$ma=F$ より加速度の向き，大きさもつねに一定であり，等加速度運動を行うことがわかる。

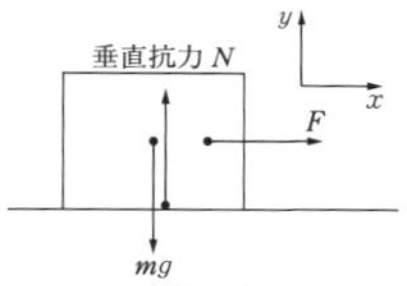

図 18－2

図 18-2 は，なめらかな水平面上に置かれた物体が面上を等加速度直線運動する最もシンプルな例である。このとき，「面上を運動する」という条件から，鉛直方向には加速度は生じないことがわかる (生じたら鉛直方向に運動してしまう)。x，y 軸方向の加速度を a_x，a_y として，これを運動方程式にあてはめると，

鉛直方向：$ma_y=N-mg$

水平方向：$ma_x=F$

となり，$a_y=0$ から鉛直方向は力がつりあい，水平方向は $a_x=\dfrac{F}{m}$ の等加速度直線運動を行うことがわかる。

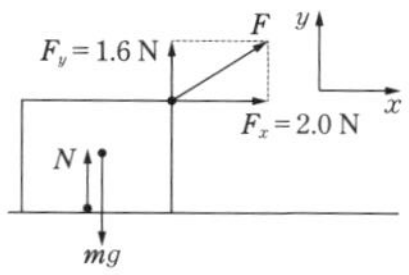

図 18－3

最後に，図 18-3 のように力がはたらき，物体は「水平面上を運動する」状況を考える。図 18-2 との比較から，力 F を水平成分 F_x と鉛直成分 F_y に分解して考えると考えやすい。質量 $m=2.0$ kg，$F_x=2.0$ N，$F_y=1.6$ N，重力加速度の大きさ $g=9.8$ m/s^2 のとき，運動方程式は，

鉛直方向：$ma_y=N+F_y-mg$

水平方向：$ma_x=F_x$

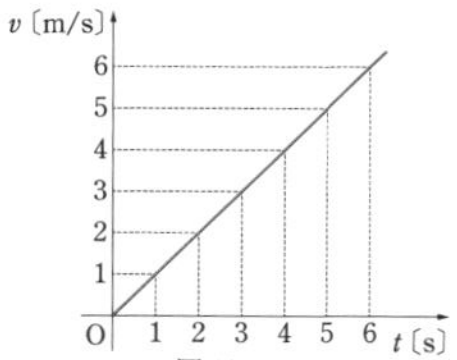

図 18－4

となり，$a_y=0$ から垂直抗力 $N=18$ N，水平方向の加速度 $a_x=1.0$ m/s^2 がわかり，v-t グラフは図 18-4 となる。時刻 t〔s〕後の位置 x も v-t グラフの面積から求まる。

練習問題

問 1 なめらかな水平面上に，質量 1.0 kg の物体が静止している。図のように，x 軸正の向きに 15 N，x 軸負の向きに 10 N の大きさの力を加えて運動させる。

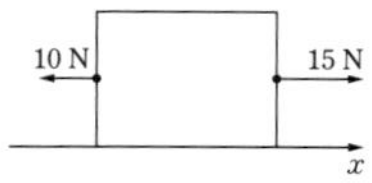

(1) この物体に生じる加速度 a〔m/s^2〕の大きさを求めよ。

運動方程式より，

$1.0\ \text{kg}\times a=15\ \text{N}-10\ \text{N}$

$a=5.0\ \text{m/s}^2$ 答 5.0 m/s^2

(2) 力を加えた瞬間を時刻 0 s とし，5.0 s 間の v-t グラフを右図に描け。

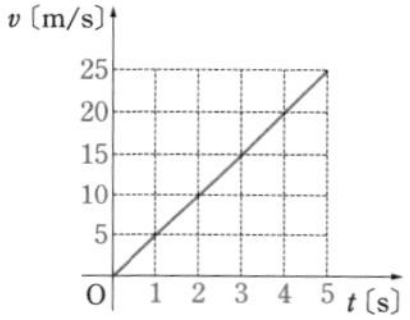

(3) 運動開始から 5.0 s 後の物体の位置 x を求めよ。

v-t グラフの面積より，

$x=$ ◺ $=\dfrac{1}{2}\times5\times25=62.5\fallingdotseq63$ m

答 63 m

問 2 図のように，原点 O に静止している質量 1.0 kg の物体に，x 軸となす角 30° だけ y 軸正の向きに大きさ F〔N〕の力を，x 軸となす角 60° だけ y 軸負の向きに 1.0 N の力を加えると，物体は x 軸上を正の向きに等加速度直線運動した。$\sqrt{3}=1.73$ とする。

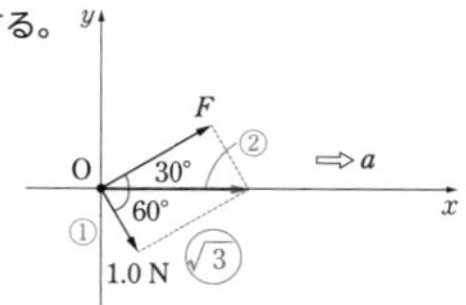

(1) 物体にはたらくカベクトル図を作図し，合力の大きさと F の値をそれぞれ求めよ。

加速度の方向に力ははたらく。よって図より

合力の大きさは 2.0 N

$F=\sqrt{3}\fallingdotseq1.7$ N 答 合力：2.0 N，F：1.7 N

(2) 物体の x 軸方向，y 軸方向の加速度 a_x，a_y をそれぞれ求めよ。

x 軸方向：$1.0\times a_x=2.0$ $a_x=2.0$ m/s^2

y 軸方向：$1.0\times a_y=F\sin30^\circ-1.0\times\sin60^\circ=\dfrac{\sqrt{3}}{2}-\dfrac{\sqrt{3}}{2}=0$

$a_y=0$ m/s^2

答 a_x：2.0 m/s^2，a_y：0 m/s^2

(3) 力を加えた瞬間を時刻 0 s とし，5.0 s 間の v-t グラフを描け。

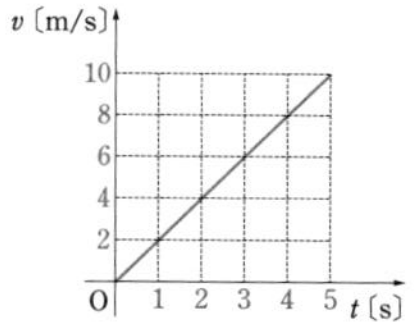

ベクトル図では，三角比が頻繁に出てくるね！ここは，しっかり練習をしておこう！

19 徹底練習　～三角比～

解答編 ▶ p.21

月／日

扱う図

・ベクトル図… ベクトル図を描くときは，合成にせよ，分解にせよ，三角比を用いて各辺の大きさを求めることになる。この操作に慣れることで，問題を解く際に物理的な考察に集中できる。

復習～三角比

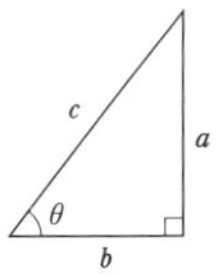

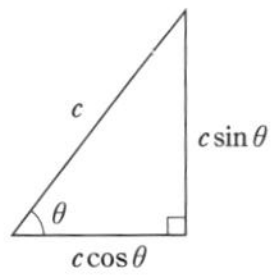

$\sin\theta=\dfrac{a}{c} \longrightarrow a=c\sin\theta$

$\cos\theta=\dfrac{b}{c} \longrightarrow b=c\cos\theta$

練習問題

問 1　下図の直角三角形において，与えられた角の sin，cos，tan を用いて x，y の大きさを求めよ。

(1)

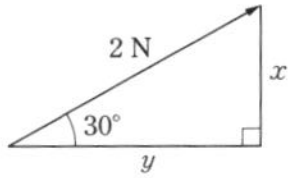

答 $x=2\sin 30°$〔N〕 $y=2\cos 30°$〔N〕

(2)

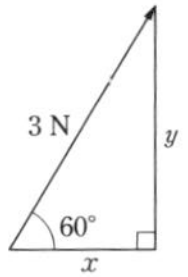

答 $x=3\cos 60°$〔N〕 $y=3\sin 60°$〔N〕

(3)

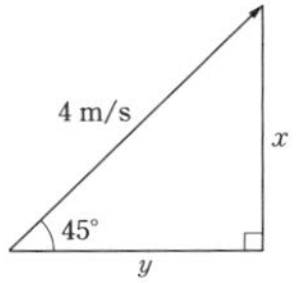

答 $x=4\sin 45°$〔m/s〕 $y=4\cos 45°$〔m/s〕

(4)

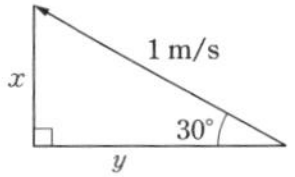

答 $x=\sin 30°$〔m/s〕 $y=\cos 30°$〔m/s〕

(5)

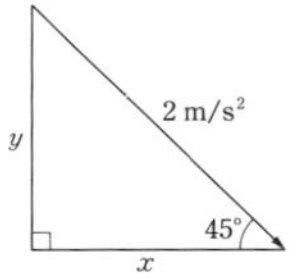

答 $x=2\cos 45°$〔m/s^2〕 $y=2\sin 45°$〔m/s^2〕

(6)

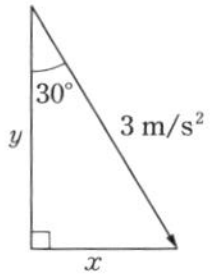

答 $x=3\sin 30°$〔m/s^2〕 $y=3\cos 30°$〔m/s^2〕

問 2　下図の直角三角形において，与えられた角の sin，cos，tan を用いて x，y の大きさを求めよ。

(1)

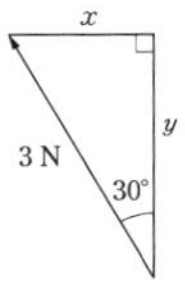

答 $x=3\sin 30°$〔N〕 $y=3\cos 30°$〔N〕

(2)

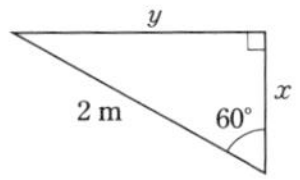

答 $x=2\cos 60°$〔m〕 $y=2\sin 60°$〔m〕

(3)

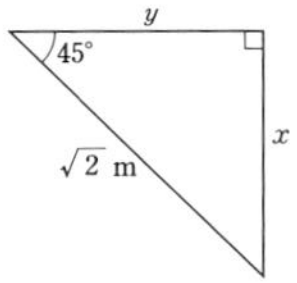

答 $x=\sqrt{2}\sin 45°$〔m〕 $y=\sqrt{2}\cos 45°$〔m〕

(4)

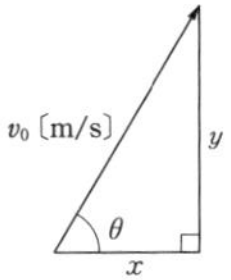

答 $x=v_0\cos\theta$〔m/s〕 $y=v_0\sin\theta$〔m/s〕

(5)

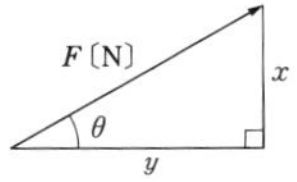

答 $x=F\sin\theta$〔N〕 $y=F\cos\theta$〔N〕

(6)

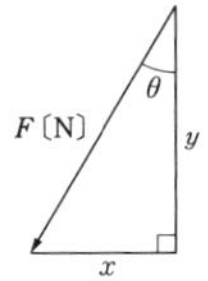

答 $x=F\sin\theta$〔N〕 $y=F\cos\theta$〔N〕

(7)

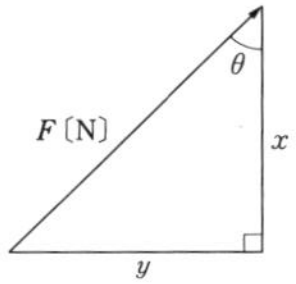

答 $x=F\cos\theta$〔N〕 $y=F\sin\theta$〔N〕

(8)

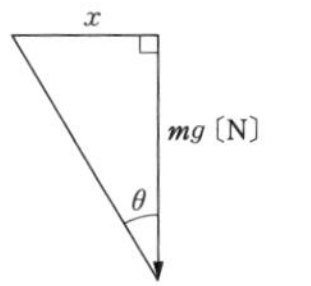

答 $x=mg\tan\theta$〔N〕

(9)

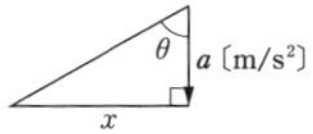

答 $x=a\tan\theta$〔m/s^2〕

目標はこのページを 3 分以内に解けること！コピーして何回も練習しよう！ ▶▶▶

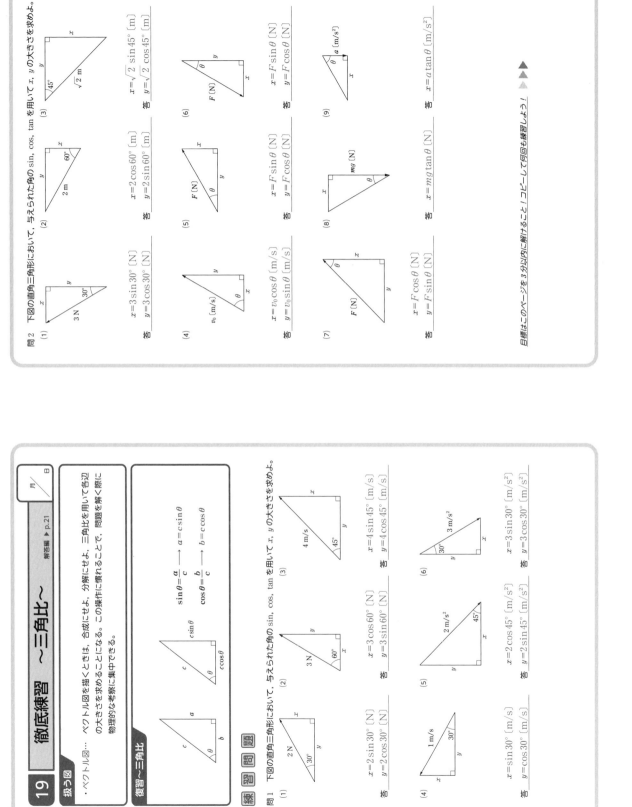

20 斜面上の物体の運動方程式

解答編 ▶ p.22

月／日

扱う図

・カベクトル図… 運動の方向が決まっているときは，合力の向きも決まる。斜面上の運動の場合は，合力は斜面方向を向くため，そのように力を合成・分解する。

水平面となす角 θ で固定された，なめらかな斜面上の物体の運動を考える。いきなり計算式を書き始める前に，まずは「運動のようすや条件」について考えよう。自分がすべり台を，真っすぐすべり降りることを想像してみよう。そうすると，他に特殊な条件がなければ，斜面上の物体は「斜面上を直線運動する」ことがわかる。ということは，運動を記述する運動方程式中の言葉を使うと，どういう言い換えができそうか？以下の 2 つの可能性があり得る。

① 合力が 0 になり，加速度も 0 の等速直線運動をする
② 斜面下向きに合力がはたらき，等加速度直線運動をする

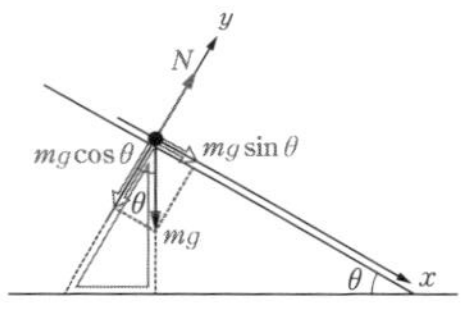

（三角形の相似より，重力と y 軸のなす角は θ）
図 20－1

質量 m の物体にはたらく力を作図すると，重力加速度の大きさを g として重力 mg は鉛直下向きで，垂直抗力 N は斜面に垂直な向きなので，摩擦力などがはたらかない限り，合力は 0 にはならないことがわかる。よって，②の「等加速度直線運動」しか起こり得ないことがわかる。ここまで考えて，ようやく運動方程式を立てる作業に移る。

斜面に平行な方向に x 軸をとり，斜面に垂直な方向に y 軸をとって，カベクトル図を描いてそれぞれの成分を求め，x，y 軸方向の加速度を a_x，a_y として運動方程式 $ma=F$ の F に代入すると，

斜面に平行な方向：$ma_x=mg\sin\theta$
斜面に垂直な方向：$ma_y=N-mg\cos\theta$

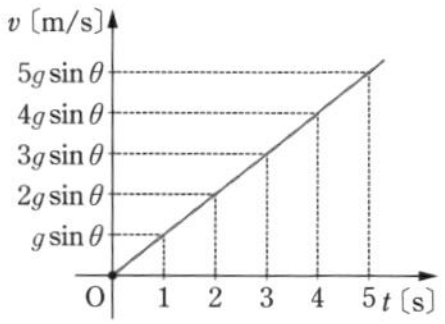

図 20－2

となり，$a_y=0$ から垂直抗力 $N=mg\cos\theta$，斜面に平行な方向の加速度 $a_x=g\sin\theta$ がわかり，v-t グラフは図 20-2 となる。運動が始まってから t〔s〕後の位置 x も v-t グラフの面積から求まる。

このように，物理は，状況設定を読み取る作業が非常に大切である。運動の条件によって，似たような図から，まったく異なる立式をすることもある。習熟した人にとっては「当たり前」であり，初学者にとっては「意味不明」になってしまう。物理にまだ慣れていない人は，立式をしたり計算をしたりする前に，この「運動の条件を考える」作業を，一生懸命行ってほしい。

練 習 問 題

問 1 図のように，水平面となす角 30° で固定されたなめらかな斜面上に質量 m の物体をばねばかりを用いて静止させると，斜面下向きに 9.8 N の力が加わっていることがわかった。重力加速度の大きさを 9.8 m/s^2 とする。

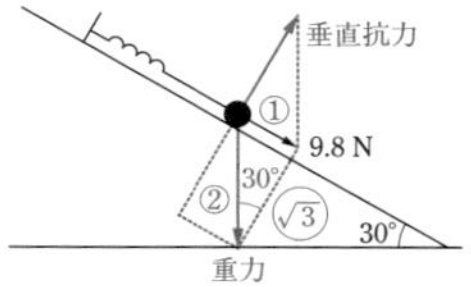

(1) 重力と垂直抗力を表すカベクトル図を右図中に示し，それぞれの大きさを求めよ。$\sqrt{3}=1.73$ とする。

重力：$2\times9.8=19.6\fallingdotseq20$ N，
垂直抗力：$\sqrt{3}\times9.8=16.9\fallingdotseq17$ N

答 重力： 20 N
垂直抗力： 17 N

(2) 物体の質量 m を求めよ。

$m\times9.8\ \mathrm{m/s^2}=19.6$ N　$m=2.0$ kg

答 2.0 kg

(3) 時刻 $t=0$ s でばねばかりを物体から外して運動させた。このときの加速度 a の大きさを求めよ。また，$t=0$～5.0 s における v-t グラフを右図に描け。

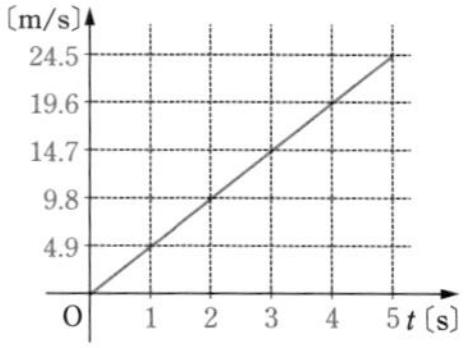

斜面に平行な方向の運動方程式より，
2.0 kg×a=9.8 N　$a=4.9$ m/s^2

答 4.9 m/s^2

問 2 図のように，水平面となす角 θ で固定されたなめらかな斜面上に質量 m の物体を置き，水平右向きに大きさ F の力を指で加えて物体を静止させた。重力加速度の大きさを g とする。

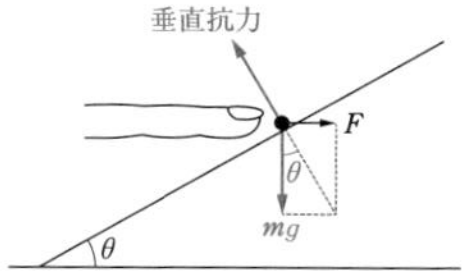

(1) 物体にはたらく力をすべて図示せよ。

(2) 指の力 F を m，g，θ を用いて表せ。

答 $mg\tan\theta$

(3) 指をはなすと，物体はすべり出した。このときの加速度の大きさ a を求めよ。

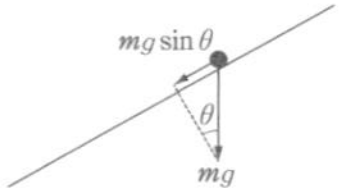

F がなくなると，斜面方向に力の成分があるのは重力のみで，その大きさは $mg\sin\theta$ と書ける。
よって運動方程式より，$ma=mg\sin\theta$
$a=g\sin\theta$

答 $g\sin\theta$

(4) 時刻 $t=0$ s に指をはなした。$t=0$～5.0 s における，v-t グラフの概形を右図に描け。

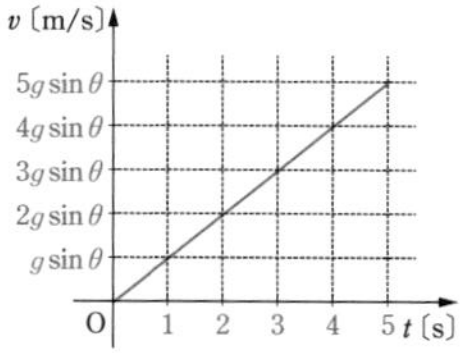

(5) 5.0 s で物体が最下点に達したとき，物体がすべった距離を求めよ。

$x=\triangle=\frac{1}{2}\times5.0\times5g\sin\theta=\frac{25}{2}g\sin\theta$

答 $\frac{25}{2}g\sin\theta$

次は，物体が 2 つ出てくる場合を見てみよう！ ▶▶▶

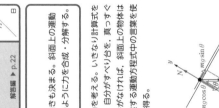

21 2物体の運動方程式(1)

解答編 ▶ p.23

月／日

扱う図

・力ベクトル図… ここでは“1つの物体に注目”して，その物体にはたらく力ベクトル図を，それぞれの物体で考えることが重要である。

覚えるべき法則

・作用・反作用の法則… 物体Aから物体Bに力 f がはたらくとき，物体Aも物体Bから逆向きで同じ大きさの力 f を受ける。これはニュートンの運動の第3法則であり，すべての力について成り立つ。

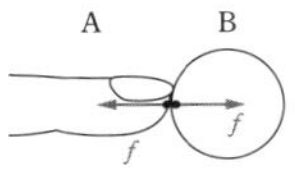

図21-1のように，なめらかな水平面上に置かれた，質量1.0 kgの物体A，質量2.0 kgの物体Bが接している状態で，物体Aに x 軸正の向きに12 Nの力を加えたところ，A，Bは一体となって運動した。このときの運動のようすを考えよう。

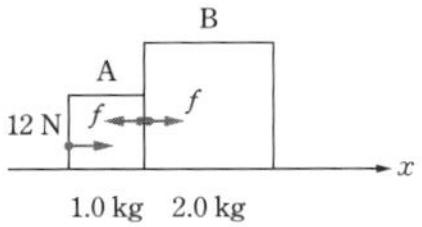

図21－1

「一体となって」運動するので，合計3.0 kgの物体に12 Nの力が加わっているものとして計算してよい。本来は，これらの物体には水平方向の力の他に，重力，垂直抗力がはたらいているが，運動の方向と関係ない場合は煩雑さを避けるため省略されることがある。省略した場合も，これらの力のことは念頭に置いておこう。では，水平方向の運動方程式は，加速度の大きさを a〔m/s²〕とすると，$3.0\ \mathrm{kg}\times a=12\ \mathrm{N}$ より，$a=4.0\ \mathrm{m/s^2}$ と求まる。加速度は，A，Bともに共通である。

ここで，物体Bにはたらく力は何Nだろうか？12 Nだろうか？もし12 Nだとすると，作用・反作用の法則より物体Aは物体Bから12 Nの逆向きの力を受ける。そうすると，Aにはたらく合力は0になり，加速度が生じない。これではおかしいので，Bが受ける力は12 Nより小さくなくてはならない。これを f〔N〕とすると，物体A，Bのそれぞれの運動方程式は，

物体A：$1.0\times a=12-f$，物体B：$2.0\times a=f$

と書ける。加速度 a は共通なので，同じ文字としておける。これらを辺々足すと，1物体として考えた場合と同じ式となる。$a=4.0\ \mathrm{m/s^2}$ を代入すると，Bが受ける力 $f=8.0\ \mathrm{N}$ が求まる。

図21-2のように，質量 m の物体Aが板の上で加速度 a で鉛直上向きに運動している場合を考える。Aにはたらく力は重力 mg と垂直抗力 N であるので，Aの運動方程式は，鉛直上向き（運動方向）を正として，

$ma=N-mg$

と書ける。$m=1.0\ \mathrm{kg}$，$a=1.0\ \mathrm{m/s^2}$，$g=9.8\ \mathrm{m/s^2}$ のとき，$N=10.8\ \mathrm{N}$ であることがわかる。このように，垂直抗力の値は運動の状態によって変わる。

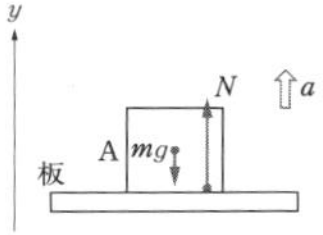

図21－2

練習問題

問1 なめらかな水平面上に質量 m，M の物体A，Bが置かれ，互いに接している。いま，Aを右向きを正として力 F で押すとき，以下の問いに答えよ。

(1) 物体A，Bにはたらく力を図中に矢印で示せ。ただし，重力加速度の大きさを g，物体A，B間にはたらく力の大きさを f，物体A，Bが水平面から受ける垂直抗力の大きさを N_A，N_B とする。

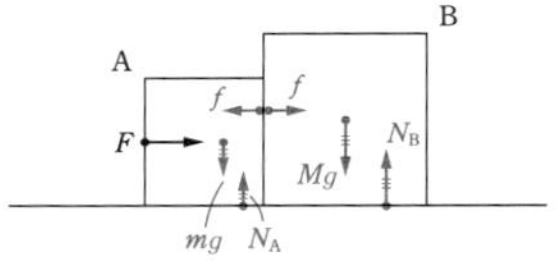

(2) A，Bに生じる加速度 a の大きさと，物体間にはたらく力 f の大きさを求めよ。

A，Bに関する運動方程式より，

$$\begin{cases} \mathrm{A}: ma=F-f \\ \mathrm{B}: Ma=f \end{cases}$$

より，$a=\dfrac{F}{M+m}$，$f=\dfrac{M}{M+m}F$

答 $a=\dfrac{F}{M+m}$，$f=\dfrac{M}{M+m}F$

問2 質量60 kgの観測者Aがエレベーターに乗り，図のような v-t グラフで表される運動をした。鉛直上向きを正として，以下の問いに答えよ。重力加速度の大きさを $9.8\ \mathrm{m/s^2}$ とする。

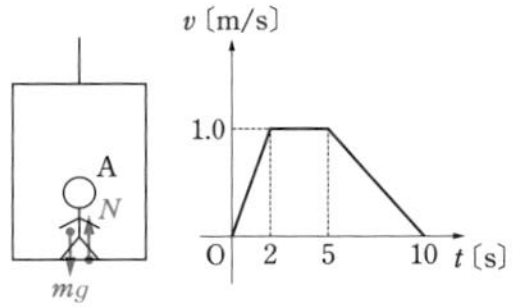

(1) $t=0\sim2.0\ \mathrm{s}$ のとき，Aが床から受ける力 N の大きさを求めよ。

Aの加速度の大きさを a〔m/s²〕とすると，

Aの運動方程式：$60a=N-60\times9.8$

v-t グラフより $a=0.50\ \mathrm{m/s^2}$ なので，

$N=60\times0.50+60\times9.8=618$

$\fallingdotseq6.2\times10^2\ \mathrm{N}$

答 $6.2\times10^2\ \mathrm{N}$

(2) $t=2.0\sim5.0\ \mathrm{s}$ のとき，Aが床から受ける力 N の大きさを求めよ。

v-t グラフより $a=0\ \mathrm{m/s^2}$ なので，(1)の運動方程式に代入して，

$N=588\fallingdotseq5.9\times10^2\ \mathrm{N}$

答 $5.9\times10^2\ \mathrm{N}$

(3) $t=5.0\sim10\ \mathrm{s}$ のとき，Aが床から受ける力 N の大きさを求めよ。

v-t グラフより $a=-0.20\ \mathrm{m/s^2}$ なので，(1)の運動方程式に代入して，

$N=60\times(-0.20)+60\times9.8=576$

$\fallingdotseq5.8\times10^2\ \mathrm{N}$

答 $5.8\times10^2\ \mathrm{N}$

22 2物体の運動方程式(2)

解答編 ▶ p.24

月／日

覚えるべき用語

・軽い糸… 「軽い」とは，質量 m が無視できる，$m\fallingdotseq 0\ \mathrm{kg}$ という意味である。このとき，糸の両端の張力(Tension)を T_1，T_2 とすると，以下で議論するように $T_1=T_2$ が成り立つ。そのため，糸の両端の張力の大きさはつねに等しい。

図 22-1 のように，なめらかな水平面上に置かれた質量 m，M の物体 A，B が質量 $\varDelta m$ の糸で結ばれており，B を右向き(正の向き)に力 F で引く場合を考える。

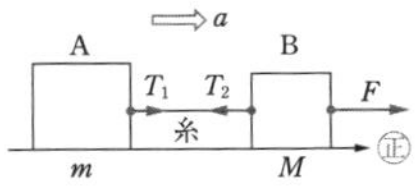

図 22－1

図 22－2

A と糸と B の加速度を a，A，B にはたらく張力を T_1，T_2 とすると，作用・反作用の法則より糸にはたらく力は図 22-2 のようになる。それぞれの運動方程式は，

A：$ma=T_1$ ……①

糸：$\varDelta ma=T_2-T_1$ ……②

B：$Ma=F-T_2$ ……③

となる。辺々足すと $(m+\varDelta m+M)a=F$ となり，$a=\dfrac{F}{m+\varDelta m+M}$，①，③に代入して

$T_1=\dfrac{m}{m+\varDelta m+M}F$，$T_2=\dfrac{m+\varDelta m}{m+\varDelta m+M}F$ がわかる。ここで糸の質量 $\varDelta m$ を無視 $(\varDelta m\fallingdotseq 0)$ すると，$T_1=\dfrac{m}{m+M}=T_2$ となり，糸の両端にはたらく張力は一致する。これが軽い糸の条件である。

次に，図 22-3 のように，質量 3.0 kg の物体 A，質量 4.0 kg の物体 B が定滑車に軽い糸でつるされている場合を考える。運動方程式を立てる際の正の向きに注意しておこう。糸の張力を T〔N〕，重力加速度の大きさを $g=9.8\ \mathrm{m/s^2}$ とし，①鉛直上向きを正とした場合，②運動の方向を正とした場合，それぞれの物体 A，B の運動方程式を書くと，

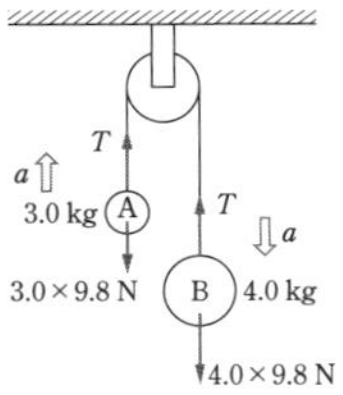

図 22－3

① $\begin{cases} \mathrm{A}：3.0\times a=T-3.0\times 9.8 \\ \mathrm{B}：4.0\times(-a)=T-4.0\times 9.8 \end{cases}$

② $\begin{cases} \mathrm{A}：3.0\times a=T-3.0\times 9.8 \\ \mathrm{B}：4.0\times a=4.0\times 9.8-T \end{cases}$

となる。どちらを解いても，$a=1.4\ \mathrm{m/s^2}$，$T=33.6\ \mathrm{N}$ と同じ答えが出る。

練習問題

以下の条件で，物体 A，B の加速度 a と A，B の間にはたらく張力 T の大きさを求めよ。

(1) 質量 2.0 kg，3.0 kg の物体 A，B が軽い糸でつながれており，B を右向きを正とした力 F〔N〕で引く場合。F を用い，分数は小数に直さず答えよ。

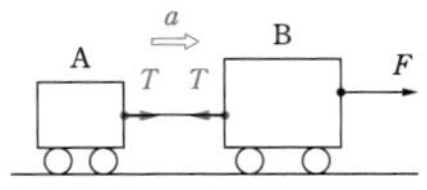

A，B に関する運動方程式より，

$\begin{cases} \mathrm{A}：2.0\times a=T & ……① \\ \mathrm{B}：3.0\times a=F-T & ……② \end{cases}$

辺々足して，$5a=F$　$a=\dfrac{F}{5}$〔m/s²〕

①に代入して，$T=\dfrac{2}{5}F$〔N〕

答 $a=\dfrac{F}{5}$〔m/s²〕，$T=\dfrac{2}{5}F$〔N〕

(2) 質量 m，$M\,(m<M)$ の物体 A，B が軽い糸で定滑車でつるされている場合。重力加速度の大きさを g とし，運動の方向を正の向きとする。

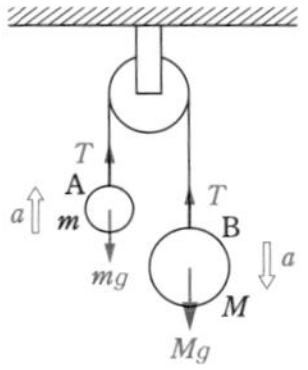

A，B に関する運動方程式を立てると，

$\begin{cases} \mathrm{A}：ma=T-mg & ……① \\ \mathrm{B}：Ma=Mg-T & ……② \end{cases}$

辺々足して，

$(m+M)a=(M-m)g$　$a=\dfrac{M-m}{M+m}g$

①に代入して，

$T=m(a+g)=m\dfrac{2M}{M+m}g=\dfrac{2Mm}{M+m}g$

答 $a=\dfrac{M-m}{M+m}g$，$T=\dfrac{2Mm}{M+m}g$

(3) 質量 m，M の物体 A，B が軽い糸でつながれており，なめらかな斜面上にある場合。斜面は水平面に固定されており，なす角を θ，重力加速度の大きさを g，斜面下向きを正とする。

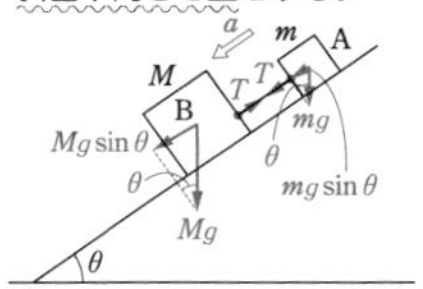

斜面方向の重力の成分は，それぞれ $Mg\sin\theta$，$mg\sin\theta$ である。

A，B に関する斜面方向の運動方程式を立てると，

$\begin{cases} \mathrm{A}：ma=mg\sin\theta+T & ……① \\ \mathrm{B}：Ma=Mg\sin\theta-T & ……② \end{cases}$

辺々足して，

$(m+M)a=(m+M)g\sin\theta$　$a=g\sin\theta$

①に代入して，$T=0$

重力に従う運動は，質量による違いはない。

答 $a=g\sin\theta$，$T=0$

次は，摩擦力がある場合を見てみよう！ ▶▶▶

23 3つの摩擦力

解答編 ▶ p.25

月　　日

扱うグラフ

・f-F グラフ… 摩擦力 f は，物体にはたらく摩擦力以外の合力 F に応じて値が変わる。そのため，F の大きさに応じて f の大きさがどのように変わるかをグラフにまとめることは，摩擦力の理解の助けとなる。

覚えるべき用語

・「粗い○○」… 粗い床，粗い面，などのように用いる。「なめらかな」とは逆に，摩擦力を考慮する，という意味である。

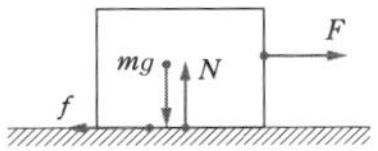

静止している物体にはたらく摩擦力を静止摩擦力という。粗い面上にある物体を力 F の大きさで引いても静止しているとき，水平方向の力のつりあいより静止摩擦力の大きさ $f=F$ である。$F=1.0\,\mathrm{N}$ で引くとき $f=1.0\,\mathrm{N}$，$F=2.0\,\mathrm{N}$ のとき $f=2.0\,\mathrm{N}$，…，と f は F に応じて大きくなり，やがて物体はすべり出す。すべり出す直前の静止摩擦力が最大摩擦力であり，それを f_0 と書くと，面からの垂直抗力の大きさ N を用いて，$f_0=\mu N$ と表せることが知られている。μ を静止摩擦係数という。一般に，$0\leqq\mu<1$ であるため，物体をすべらせる方がもち上げるより小さい力でよい。

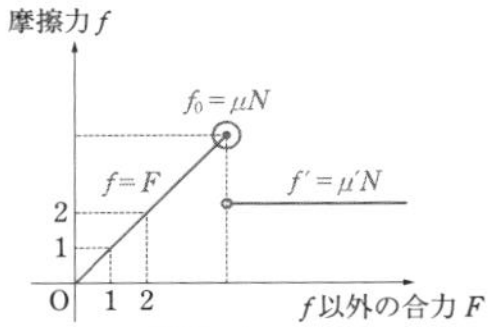

図 23－1

物体が面上をすべり出すと面との接触が弱まり，摩擦力は小さくなる。物体が面上を動くときに面から受ける摩擦力を動摩擦力といい，それを f' と書くと，$f'=\mu' N$ と表せることが知られている。μ' を動摩擦係数という。最大摩擦力より動摩擦力が小さいことより，$0\leqq\mu'<\mu<1$ が成り立つ。これら3つの摩擦力を f-F グラフにすると，図23-1のようになる。

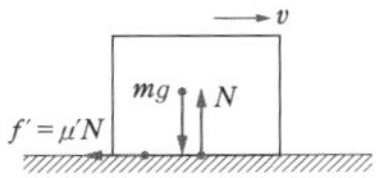

図 23－2

粗い床上で物体が運動しているとき，摩擦力以外の合力が0でも運動の方向を妨げる向きに動摩擦力 $f'=\mu' N$ がはたらく。水平右向きを正，加速度の大きさを a とすると，運動方程式 $ma=-\mu' N$ より物体は負の加速度を生じて減速し，やがて静止する。加速度 a を求め v-t グラフを描くことで，静止するまでにすべる距離などがわかる。

問　図23-2の物体の加速度 a を μ'，g を用いて表せ。

鉛直方向の力のつりあいより，$N=mg$ なので，

$ma=-\mu' N=-\mu' mg$　　$a=-\mu' g$　　　答 $-\mu' g$

練習問題

問1　質量 $m=2.0\,\mathrm{kg}$ の物体が，静止摩擦係数 $\mu=0.20$，動摩擦係数 $\mu'=0.10$ の水平な粗い床に置かれ，静止している。重力加速度の大きさを $g=9.8\,\mathrm{m/s^2}$ とする。

(1) 図のように物体を力 $F=1.0\,\mathrm{N}$ で引くときの静止摩擦力の大きさを求めよ。

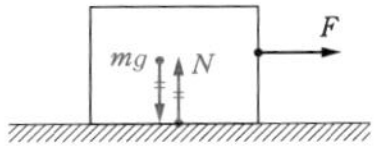

答 $1.0\,\mathrm{N}$

(2) 物体が動き出すときの引く力 F_0 の大きさを求めよ。

$F_0=\mu N=0.20\times mg=0.20\times 2.0\times 9.8=3.92\fallingdotseq 3.9\,\mathrm{N}$

答 $3.9\,\mathrm{N}$

(3) 引く力 F と，摩擦力 f の関係を表す f-F グラフの概略を右図に描け。

$F'=\mu' N=0.10\times 2.0\times 9.8=1.96\,\mathrm{N}$

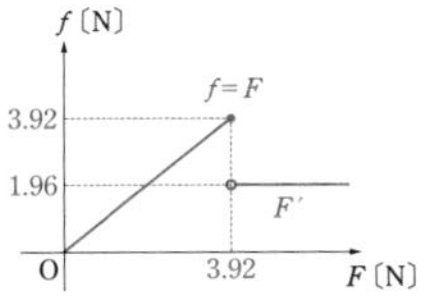

問2　質量 m の物体が，水平面となす角 θ の粗い斜面上を，時刻 $t=0\,\mathrm{s}$ に速さ v_0 で斜面下向き（x 軸正の向き）に運動している。しばらくすべった後，物体は斜面上で静止した。物体と斜面の間の動摩擦係数を μ'，重力加速度の大きさを g，$\mu'>\tan\theta$ が成り立つものとする。

(1) 斜面からの垂直抗力の大きさを N，動摩擦力の大きさを f' として，物体にはたらく力をすべて図示し，x 軸，y 軸方向の成分を記せ。

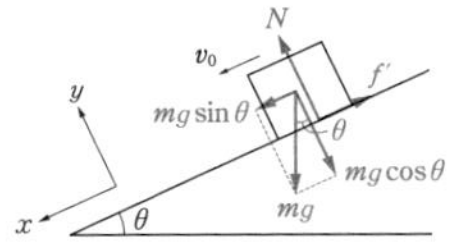

(2) 物体にはたらく動摩擦力の大きさ f' を求め，物体の加速度 a を求めよ。

y 軸方向の運動方程式より，

$m\times 0=N-mg\cos\theta$　　$N=mg\cos\theta$

よって，$f'=\mu' N=\mu' mg\cos\theta$

また，x 軸方向の運動方程式より，$ma=mg\sin\theta-\mu' mg\cos\theta$

よって，$a=g\sin\theta-\mu' g\cos\theta\ (<0)$

答 $f'=mg\sin\theta$，$a=g\sin\theta-\mu' g\cos\theta$

(3) v-t グラフの概形を右図に描き，静止するまでに斜面上をすべる距離を求めよ。

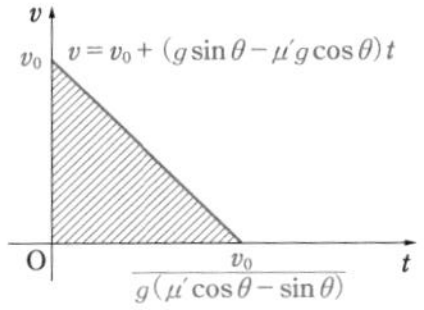

$v=v_0+(g\sin\theta-\mu' g\cos\theta)t=0$ となる t は，

$t=\dfrac{v_0}{g(\mu'\cos\theta-\sin\theta)}$ より右図。

$x=$  $=\dfrac{1}{2}\times\dfrac{v_0}{g(\mu'\cos\theta-\sin\theta)}\times v_0$

$=\dfrac{{v_0}^2}{2g(\mu'\cos\theta-\sin\theta)}$

答 $\dfrac{{v_0}^2}{2g(\mu'\cos\theta-\sin\theta)}$

次は，摩擦力がはたらく2物体の運動だ！ ▶▶▶

24 摩擦力と２物体の運動

解答編 ▶ p.26

月　　日

扱うグラフ

・v-t グラフ…　２物体の運動を１つの v-t グラフに描くことで，相対的な運動を比較することができる。

質量 M の台Bがなめらかな床の上にあり，その上を質量 m の物体Aが初速度 v_0 ですべるときの運動を考える。台Bの上面は粗く，物体Aと台Bの間には動摩擦係数 μ' の摩擦力がはたらく。このとき，物体Aは運動を妨げられる向きに動摩擦力を受け減速し，その反作用で台Bは物体Aから右向きの力を受け，加速する。やがて２物体は同じ速度で等速直線運動を行う。このとき，AがB上をすべった距離を求めよう。x，y 軸方向を正とする。

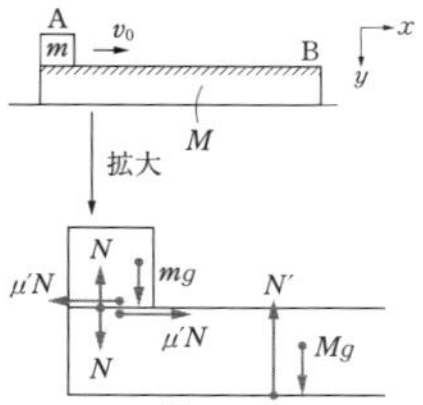

図 24－1

Aにはたらく力は，重力，垂直抗力，動摩擦力の３つである。重力加速度の大きさを g，AとBの間の垂直抗力の大きさを N，Bと床の間の垂直抗力を N' とし，水平方向と鉛直方向に分けてAの運動方程式を書くと，

$$\begin{cases} 鉛直方向：ma_{Ay}=mg-N \\ 水平方向：ma_{Ax}=-\mu' N \end{cases}$$

となる。$a_{Ay}=0$ より，$N=mg$ であり，水平方向の式に代入して，$a_{Ax}=-\mu' g$ である。Aには負の加速度が生じて減速し，Bと同じ速度になったとき動摩擦力ははたらかなくなり，台上で静止する。すなわち，台と同じ速度で運動する。

同様に，Bにはたらく力は重力，垂直抗力，Aから受ける鉛直方向・水平方向の力の４つである。Aとの作用・反作用の法則に気をつけて，Bについても運動方程式を書くと，

$$\begin{cases} 鉛直方向：Ma_{By}=Mg+N-N' \\ 水平方向：Ma_{Bx}=\mu' N \end{cases}$$

となる。運動の方向である水平方向の式から，$a_{Bx}=\dfrac{\mu' mg}{M}$ がわかり，Bには正の加速度が生じて加速し，Aと同じ速度になった瞬間 (t)，動摩擦力の反作用がなくなり，水平方向には力ははたらかず等速直線運動をする。これを v-t グラフにすると図 25-2 のようになる。A，Bの進んだ距離の差が，AがB上ですべった距離 d であり，グラフの三角形の面積から $d=x_A-x_B$ を求めることができる。

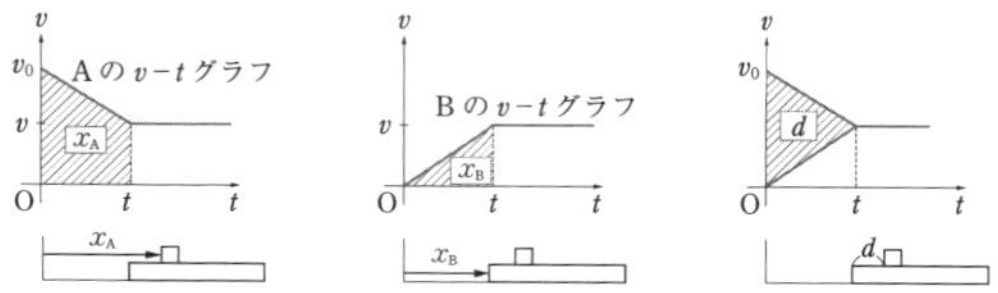

図 24－2

練 習 問 題

図のように，なめらかな水平面上に置かれた質量 M の台B上を，質量 m の物体Aが時刻 $t=0$ s に初速度 v_0 ですべる状況を考える。A，B間の動摩擦力の大きさを f'，動摩擦係数を μ'，垂直抗力の大きさを N，Bが面から受ける垂直抗力の大きさを N'，重力加速度の大きさを g，図の右向きを正とする。

問１　はじめ，台Bはストッパーで床に固定されている。

(1)　物体Aにはたらく力を右図に描け。

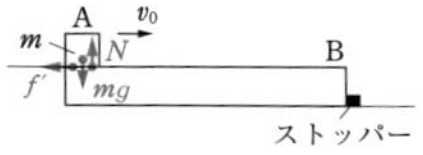

(2)　物体Aの加速度 a の向きと大きさを求めよ。

水平方向の運動方程式より，

$ma=-\mu' N=-\mu' mg$　　$a=-\mu' g$

答　左向きに $\mu' g$

(3)　物体Aの v-t グラフの概略を右図に示せ。

$v=v_0-\mu' gt=0$ となる t は，$t=\dfrac{v_0}{\mu' g}$ より右図

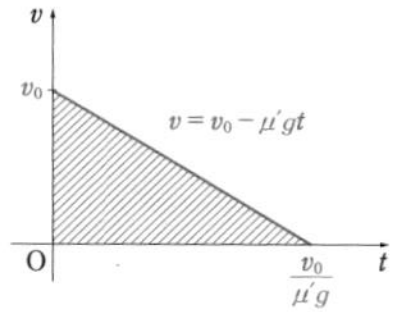

(4)　物体Aが台B上をすべった距離を求めよ。

$\triangle=\dfrac{1}{2}\times\dfrac{v_0}{\mu' g}\times v_0=\dfrac{v_0^2}{2\mu' g}$　　答　$\dfrac{v_0^2}{2\mu' g}$

問２　次にストッパーを外し，台Bはなめらかな床上を運動できるものとする。

(1)　物体A，台Bにはたらく力を右図に描け。

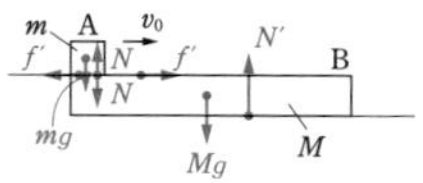

(2)　物体A，台Bの加速度 a_A，a_B の向きと大きさを求めよ。

A，Bに関する水平方向の運動方程式より，

$$\begin{cases} ma_A=-\mu' mg \\ Ma_B=\mu' mg \end{cases}\qquad\begin{cases} a_A=-\mu' g \\ a_B=\dfrac{\mu' mg}{M} \end{cases}$$

答　a_A：左向きに $\mu' g$，a_B：右向きに $\dfrac{\mu' mg}{M}$

(3)　やがて２物体は一体となり同じ速度で運動する。速度の条件式から，同じ速度になる時刻 t を求めよ。

t 後のA，Bの速度 v_A，v_B は，$v_A=v_0-\mu' gt$　……①，$v_B=\dfrac{\mu' mg}{M}t$　……②

$v_A=v_B$ より，$v_0-\mu' gt=\dfrac{\mu' mg}{M}t$　　$v_0=\dfrac{(M+m)\mu' g}{M}t$　　$t=\dfrac{Mv_0}{(M+m)\mu' g}$

答　$\dfrac{Mv_0}{(M+m)\mu' g}$

(4)　物体Aの v-t グラフの概略を右図に示せ。

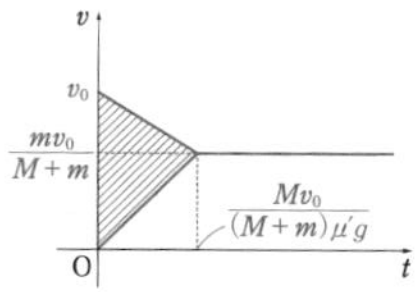

(5)　物体Aが台B上をすべった距離を求めよ。

$\triangle=\dfrac{1}{2}\times v_0\times\dfrac{Mv_0}{(M+m)\mu' g}=\dfrac{Mv_0^2}{2(M+m)\mu' g}$

答　$\dfrac{Mv_0^2}{2(M+m)\mu' g}$

25 空気抵抗 ～速度に比例する抵抗力～

解答編 ▶ p.27

月　日

扱うグラフ

・v-t グラフ… 速度に比例する抵抗力を受ける場合の運動は，速度が大きくなるほど加速度が小さくなり，曲線を描く v-t グラフとなる。ここでは，その特徴を扱う。

床上を物体が運動する場合，物体にはたらく抵抗力（動摩擦力）は一定であったので，等加速度運動をしたが，空気中や水中などの液体中を物体が運動する際に受ける抵抗力 f は，その速さ v に応じて変化する。

その比例定数を k とすると，速さが小さいときは $f=kv$ と書け，速さに比例する抵抗力を受ける。これを粘性抵抗とよぶ。

速さが大きいときは，$f=kv^2$ と書け，速さの 2 乗に比例する抵抗力を受け，影響が大きい。これを慣性抵抗とよぶ。

以下では，$f=kv$ と書ける粘性抵抗が空気抵抗となる場合の運動を考える。

物体の自由落下において，空気抵抗は，図 25-1 より

(i) 初速度 0 m/s で落下直後は，粘性抵抗も 0 N であり，重力加速度の大きさ g で落下する。

(ii) 速度 v で落下中の運動方程式は，

$$ma=mg-kv \qquad a=g-\frac{kv}{m}$$

となり，g よりも小さい加速度 a で落下する。

(iii) v が増加し，抵抗力と重力が等しくなると，加速は止まり，等速直線運動になる。この時の速度を終端速度といい，v_f (final の f) と書くと，

$$mg=kv_f \qquad v_f=\frac{mg}{k}$$

となる。

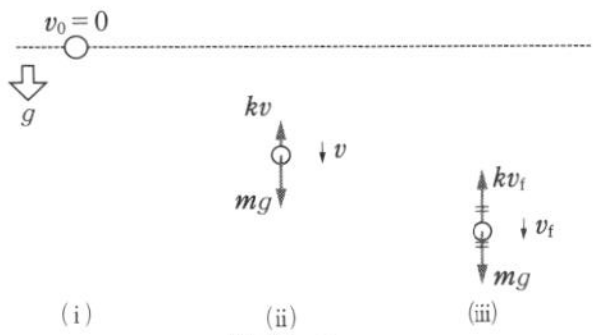

図 25－1

以上を v-t グラフにまとめると，図 25-2 のようになる。

加速度 a は v-t グラフの傾きなので，原点の瞬間は傾き g であるが，徐々に傾きは小さくなり，やがて 0 になって終端速度に落ち着く。

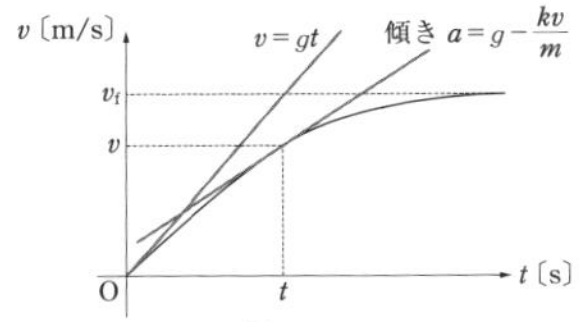

図 25－2

練習問題

物体が $f=kv$ と書ける粘性抵抗を受けて落下する運動の v-t グラフが次のように与えられている。このとき，グラフから比例定数 k を読み取り，終端速度 v_f [m/s] を求めよ。ただし，質量 $m=10$ kg，重力加速度の大きさを $g=9.8$ m/s^2 とする。

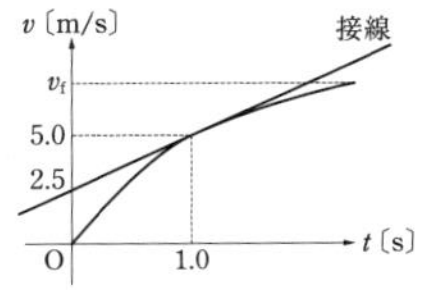

グラフより，$t=1.0$ s での接線の傾きは，

$$\frac{5.0\ \mathrm{m/s}-2.5\ \mathrm{m/s}}{1.0\ \mathrm{s}}=2.5\ \mathrm{m/s^2}$$

これが $g-\frac{kv}{m}$ に等しいので，

$$2.5=9.8-\frac{k\times5.0}{10}$$

$$k=14.6\ \mathrm{N/(m/s)}=14.6\ \mathrm{kg/s}$$

これより

$$v_f=\frac{mg}{k}=\frac{10\ \mathrm{kg}\times9.8\ \mathrm{m/s^2}}{14.6\ \mathrm{kg/s}}=6.71\fallingdotseq6.7\ \mathrm{m/s}$$

答　6.7 m/s

微分方程式を習った人たちへ

微分・積分の計算は，物理学を考えるときにニュートンら当時の科学者たちが生み出した。そのため，物理の計算と深い関係がある。微分方程式を使うと，粘性抵抗を受ける運動の運動方程式は，以下のように解くことができる。

$$a=\frac{\Delta v}{\Delta t}\rightarrow a=\frac{dv}{dt}$$

$$m\cdot\frac{dv}{dt}=mg-kv \qquad \frac{dv}{dt}=-\frac{k}{m}\left(v-\frac{mg}{k}\right)=-\frac{k}{m}(v-v_f)$$

$$\int\frac{1}{v-v_f}dv=-\frac{k}{m}\int dt \qquad \log|v-v_f|=-\frac{k}{m}t+C$$

$$|v-v_f|=e^{-\frac{k}{m}t}\cdot e^C=Ae^{-\frac{k}{m}t}$$

$v\leqq v_f$ より，$v_f-v=Ae^{-\frac{k}{m}t}$

ここで，$t=0$ s で $v=0$ m/s の条件を満たすには，$A=v_f$ であればよいので，

これを代入すると，

$$v_f-v=v_fe^{-\frac{k}{m}t} \qquad v=v_f\left(1-e^{-\frac{k}{m}t}\right)$$

と解ける。グラフに表すと，右図のようになる。

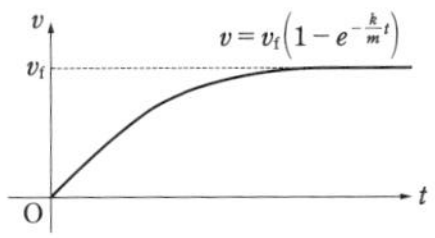

これで運動学の基礎は OK！次は新しい概念を学んでみよう！ ▶▶▶

26 仕事とエネルギー

解答編 ▶ p.28

月／日

扱うグラフ

・F-x グラフ… 位置 x において，物体にはたらく力 F を表すグラフ。ここでは F がつねに一定の場合を見る。

覚えるべき定義

・仕事 $W=Fx\cos\theta$〔J〕（F〔N〕：力の大きさ，x〔m〕：移動距離，θ〔rad〕：力の向きと移動方向とのなす角）

図 26-1 のように，力 F〔N〕を加え続け，物体を水平方向に x〔m〕だけ移動させるとき，移動方向の力の成分は $F\cos\theta$ であり，

$$W=(F\cos\theta)\times x=Fx\cos\theta$$

で表される量を仕事とよぶ。単位を〔J〕（ジュール）とする。どんなに力 F を加えても，$x=0$ であったり，$\cos\theta=0$ であれば，仕事は 0 J である。また，$\cos\theta<0$（$\theta>90°$）であれば，仕事の値は負となる。

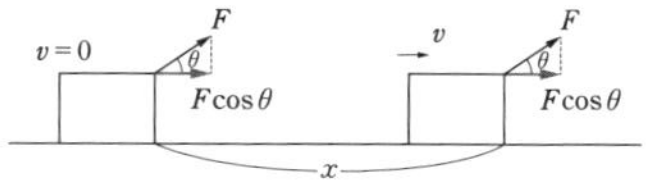

図 26－1

・（エネルギーの変化量）＝（外力から受けた仕事）

考えている系（世界）の外から加えられる力を外力という。外力から受けた仕事そのものを，エネルギーの変化量とよぶ。このように，エネルギーは変化量として定義され，その量は受けた仕事に等しい。

なめらかな面上で，質量 m〔kg〕の静止している物体を，一定の力 f〔N〕で x〔m〕引くと，その地点での速さが v〔m/s〕になった。このとき，運動方程式より，

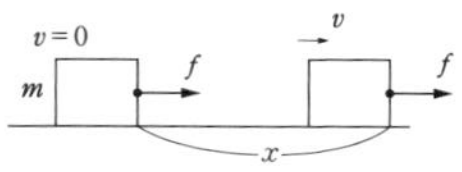

図 26－2

$$ma=f \qquad a=\frac{f}{m}$$

また，等加速度直線運動の式 $v^2-v_0{}^2=2ax$ より，$v_0=0$ として，

$$v^2=2\times\frac{f}{m}\times x$$

上の式より，物体が受けた仕事 $W=fx=\frac{1}{2}mv^2$ が計算できる。エネルギーの定義より，これを，質量 m〔kg〕の物体が，速度 v〔m/s〕で運動するときの運動エネルギーとよび，$K=\frac{1}{2}mv^2$〔J〕と表す。K は運動（Kenetic）の頭文字である。

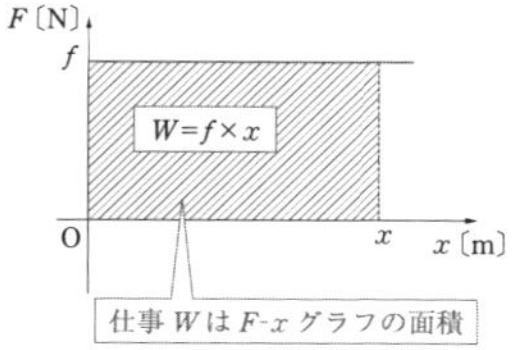

図 26－3

練習問題

次の問いの力に着目し，移動方向（x 軸に平行な向き）にはたらく力の成分 F〔N〕と，位置 x〔m〕の関係を表す F-x グラフを描き，$x=2.0$ m のときの仕事 W〔J〕と物体の運動エネルギー K〔J〕を求めよ。ただし，重力加速度の大きさを $g=9.8\ \mathrm{m/s^2}$ とする。

(1) なめらかな水平面上で静止している質量 1.0 kg の物体を，水平面となす角 60° で引く 2.0 N の力。

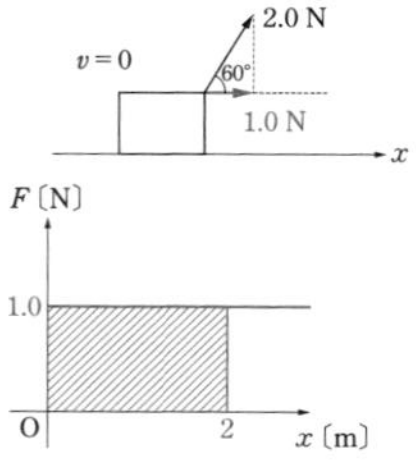

$F=1.0$ N より，

$W=1.0\ \mathrm{N}\times2.0\ \mathrm{m}=2.0$ J

$K=W=2.0$ J　答 $W=2.0$ J，$K=2.0$ J

(2) なめらかな水平面上を速さ $v=2.0$ m/s で運動している質量 1.0 kg の物体にはたらく垂直抗力 N〔N〕。

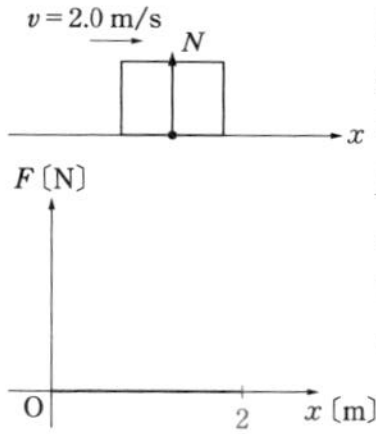

$\theta=90°$ より，$\cos\theta=0$ となるから，$F=0$ N である。よって，$W=0$ J となる。

運動エネルギーは，最初の状態から変化しないので $K=\frac{1}{2}\times1.0\times2.0^2=2.0$ J

答 $W=0$ J，$K=2.0$ J

(3) 粗い水平面上を速さ $v=2.0$ m/s で運動している質量 1.0 kg の物体にはたらく動摩擦力 f'〔N〕。動摩擦係数を $\mu'=0.10$ とし，右向きを正とする。

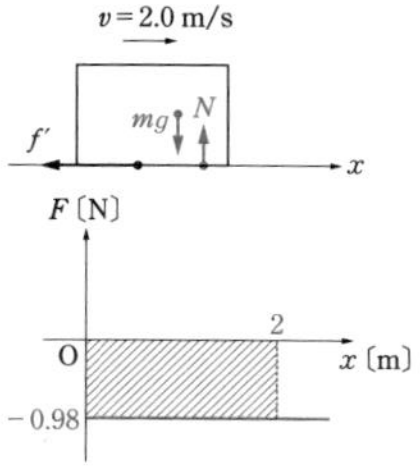

進行方向と逆にはたらく力なので，

$\theta=180°$ より

$F=f'=-\mu'N=-0.10\times1.0\times9.8=-0.98$ N

$W=-0.98\ \mathrm{N}\times2.0\ \mathrm{m}=-1.96\fallingdotseq-2.0$ J

運動エネルギーは，最初の状態から減少しているので，

$K=\frac{1}{2}\times1.0\times2.0^2-1.96=2.0-1.96$

$=0.040\ \mathrm{J}=4.0\times10^{-2}$ J

答 $W=-2.0$ J，$K=4.0\times10^{-2}$ J

普段使っている「仕事」という言葉と，物理の「仕事」は違うんだね。エネルギーも，もっとたくさん種類がありそうだ。 ▶▶▶

27 位置エネルギー

解答編 ▶ p.29

月　日

扱うグラフ

・F-x グラフ… 位置 x において，物体にはたらく力 F を表すグラフ。今回は F が x によって変化するので，グラフを描くことが特に重要である。

覚えるべき用語

・「ゆっくりと移動する」… 加速させないで，力のつりあった状態で，という意味。物体にわずかな力を加え十分小さな初速を与えた後，等速で運動させる状況。移動終了の直前に逆向きで同じ力を加えることで停止し，仕事は相殺する。

●重力による位置エネルギー

質量 m〔kg〕の静止している物体を，基準面から高さ h〔m〕までゆっくりともち上げるとき，重力加速度の大きさを g〔m/s²〕とすると，外力 $F(=mg)$〔N〕のする仕事 W〔J〕は，

$W=mg\times h=mgh$〔J〕

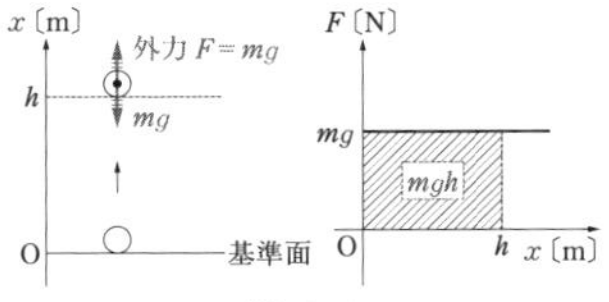

図 27－1

である（図 27-1）。これを重力による位置エネルギーとよぶ。このとき，基準をどこにとるかで位置エネルギーの値は変わるため，基準はつねに意識する必要がある。基準より低い位置に移動させるとき，外力と移動方向とのなす角 $\theta=180°$ となり負の仕事をするので，位置エネルギーは負の値になる。

●弾性力（ばね）による位置エネルギー

質量 m〔kg〕の物体をばね定数 k〔N/m〕のばねにつないで，自然長から x〔m〕の位置まで伸ばすとき，外力 $F(=kx)$〔N〕のする仕事 W〔J〕は図 27-2 の F-x グラフの面積から求められ，

$W=\dfrac{1}{2}\times x\times kx=\dfrac{1}{2}kx^2$〔J〕

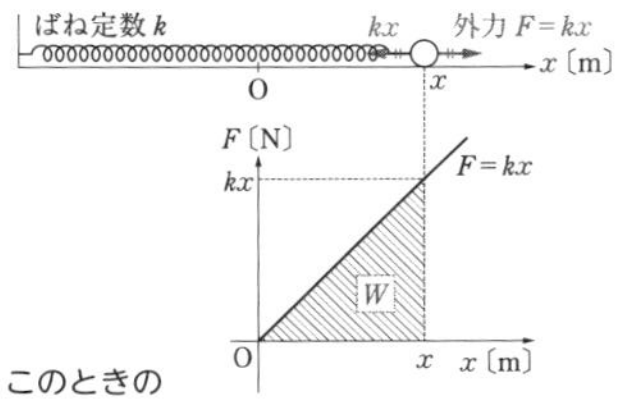

図 27－2

となる。これを弾性力による位置エネルギーとよぶ。このときの基準は，自然長の位置である。

《補足》 図 27-2 のばねのように，位置 x に応じて力の大きさが変わる場合，単位長さあたりの仕事の大きさも少しずつ変化していく。微小な区間 Δx の移動に必要な仕事 ΔW を足していくことで，全仕事 W が F-x グラフの面積で計算できることがわかる。

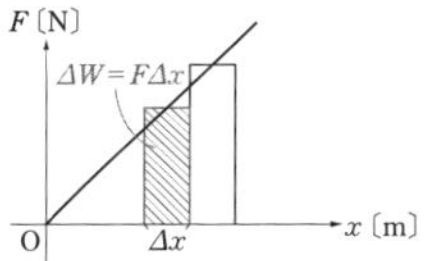

図 27－3

練習問題

問 1　質量 m の物体を自由落下させ，距離 h だけ落下したときの速さを v とする。重力加速度の大きさを g として次の問いに答えよ。

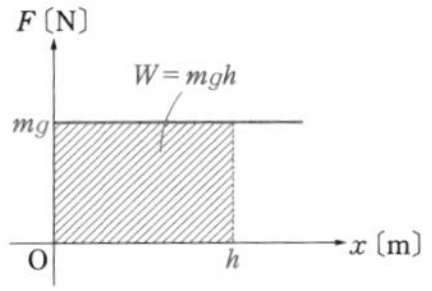

(1)　重力の大きさ F と移動距離 x の関係を表す F-x グラフを右図に描き，重力のした仕事 W を求めよ。

答　mgh

(2)　重力のした仕事が運動エネルギーの変化に等しいことから，速さ v を求めよ。

$mgh=\dfrac{1}{2}mv^2 \qquad v=\sqrt{2gh}$

答　$\sqrt{2gh}$

問 2　図のように，質量 m の物体をばね定数 k のばねにつなぎ，自然長から x だけ伸ばして静かにはなした。自然長の位置Oでの物体の速さを v として，次の問いに答えよ。

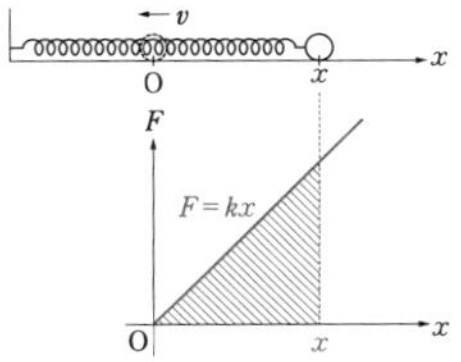

(1)　弾性力に逆らってばねを伸ばした外力の大きさ F と，移動距離 x の関係を表す F-x グラフを右図に描き，自然長から位置 x の位置まで伸ばした際に外力がした仕事 W を求めよ。

$W=\dfrac{1}{2}\times x\times kx=\dfrac{1}{2}kx^2$　答　$\dfrac{1}{2}kx^2$

(2)　弾性力のした仕事が運動エネルギーの変化に等しいことから，速さ v を求めよ。

$\dfrac{1}{2}kx^2=\dfrac{1}{2}mv^2 \qquad v=x\sqrt{\dfrac{k}{m}}$

答　$x\sqrt{\dfrac{k}{m}}$

問 3　質量 m の物体をばね定数 k のばねにつなぎ，自然長からの伸びが x_1 の状態から x_2 までゆっくりと伸ばした。

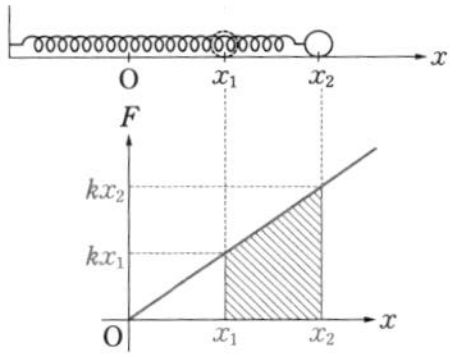

(1)　弾性力に逆らってばねを伸ばした外力の大きさ F と，移動距離 x の関係を表す F-x グラフを右図に描き，位置 x_1 から x_2 まで伸ばした際に外力がした仕事 W を求めよ。

$W=\dfrac{1}{2}(kx_1+kx_2)\times(x_2-x_1)=\dfrac{1}{2}k(x_2{}^2-x_1{}^2)$

答　$\dfrac{1}{2}k(x_2{}^2-x_1{}^2)$

(2)　(1)の仕事をエネルギーの変化量から説明せよ。

$\dfrac{1}{2}k(x_2{}^2-x_1{}^2)=\dfrac{1}{2}kx_2{}^2-\dfrac{1}{2}kx_1{}^2$ より (1)の W は x_1，x_2 での弾性エネルギーの変化量と等しい。

「運動エネルギー」と「位置エネルギー」，これが力学で登場する具体的なエネルギーだね。

28 力学的エネルギー保存則

解答編 ▶ p.30

月 / 日

扱うグラフ

・x-v グラフ… 縦軸に位置 x，横軸に速度 v をとったグラフ。位置 x と速度 v が運動の過程でどのように変化していくかを見るのに用いる。

●保存力

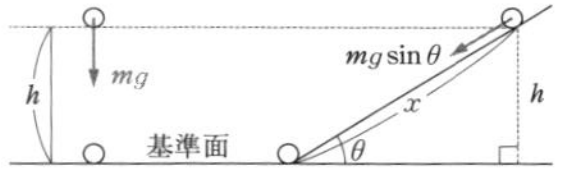

質量 m〔kg〕の静止している物体を，基準面から高さ h〔m〕まで鉛直にゆっくりともち上げる運動と，水平面との角度が θ のなめらかな斜面上を，高さ h〔m〕までゆっくりともち上げる運動を比較する。斜面方向にはたらく重力の大きさは，重力加速度の大きさを g〔m/s²〕とすると，$mg\sin\theta$〔N〕である。また，移動距離 $x=\dfrac{h}{\sin\theta}$ なので，外力 F〔N〕のする仕事 W〔J〕は，$W=mg\sin\theta\times\dfrac{h}{\sin\theta}=mgh$〔J〕となり，鉛直にもち上げた場合と一致する。

このように，移動の経路によらず，最初と最後の状態だけで位置エネルギーが決まる力を保存力という。高校物理で登場する保存力は，重力，弾性力，万有引力，静電気力などがある。

●力学的エネルギー保存則

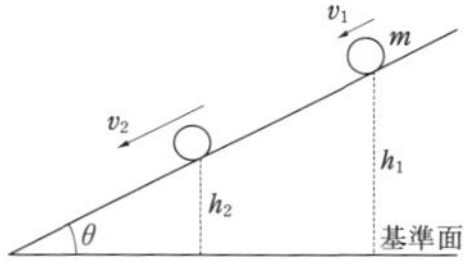

なめらかな斜面上を運動する質量 m の物体を考える。基準面からの高さが h_1 のときの速さを v_1，h_2 のときの速さを v_2 とすると，運動エネルギーの変化量が重力のする仕事に等しいことから，$\dfrac{1}{2}mv_2{}^2-\dfrac{1}{2}mv_1{}^2=mg(h_1-h_2)$ と書け，変形すると $\dfrac{1}{2}mv_1{}^2+mgh_1=\dfrac{1}{2}mv_2{}^2+mgh_2$ となる。また，なめらかな水平面上をばねにつながれて運動する質量 m の物体を考える。自然長からの伸びが x_1 のときの速さを v_1，x_2 のときの速さを v_2 とすると，運動エネルギーの変化量が弾性力のする仕事に等しいことから，

$$\frac{1}{2}mv_2{}^2-\frac{1}{2}mv_1{}^2=\frac{1}{2}kx_1{}^2-\frac{1}{2}kx_2{}^2$$

が成り立ち，変形すると

$$\frac{1}{2}mv_1{}^2+\frac{1}{2}kx_1{}^2=\frac{1}{2}mv_2{}^2+\frac{1}{2}kx_2{}^2$$

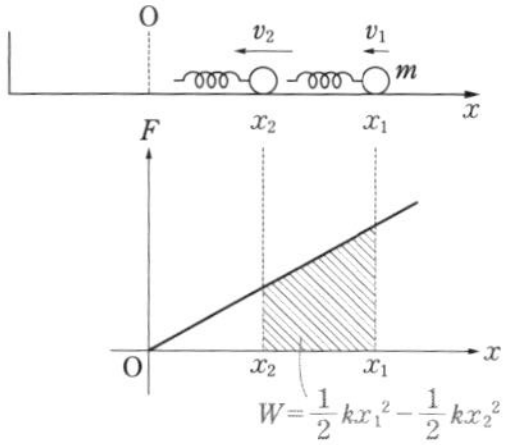

となる。運動エネルギー K と位置エネルギー U の和を力学的エネルギー E とよぶと，どちらの場合も 2 つの状態で力学的エネルギーの値が等しくなっていることがわかり $K+U=E=$一定 となる。これを力学的エネルギー保存則といい，保存力しか仕事をしない場合に成り立つ。摩擦力などがはたらく場合は，成り立たない。

練習問題

問 1　質量 2.0 kg のボールが水平面となす角 30° のなめらかな斜面上にあり，水平面から 10 m の高さから静かにはなす。斜面に沿って下向きを正に x 軸をとり，斜面と水平面との交点を原点 O とし，水平面を重力の位置エネルギーの基準とする。重力加速度の大きさを 9.8 m/s² として次の問いに答えよ。

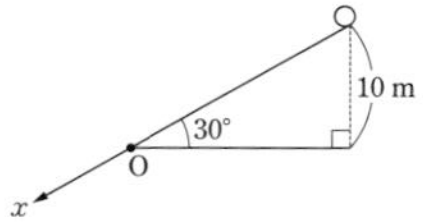

(1)　最初の位置でのボールの力学的エネルギーを求めよ。

$K+U=0+mgh=2.0\times9.8\times10=196\fallingdotseq2.0\times10^2$ J　答　2.0×10^2 J

(2)　位置 x におけるボールの速さを v とする。力学的エネルギー保存則の式を立式し，v と x を用いて表せ。

$\dfrac{1}{2}mv^2+mg(-x)\sin30°=196$　　$v^2-9.8x=196$

答　$v^2-9.8x=196$

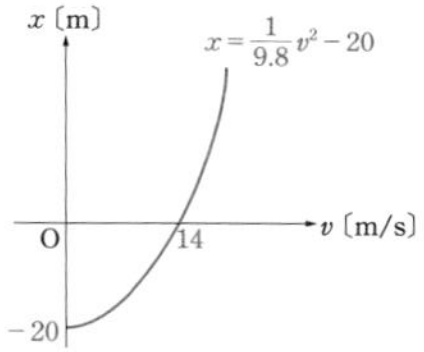

(3)　x-v グラフの概形を右図に描け。

(4)　原点 O でのボールの速さを求めよ。

$x=0$ のとき，$v^2=196$　$v>0$ より，$v=14$ m/s　答　14 m/s

問 2　図のように，質量 2.0 kg の物体をなめらかな水平面上でばね定数 2.0 N/m のばねにつなぎ，自然長から 1.0 m 伸ばして静かにはなす。その後，位置 x と速さ v の関係を調べると，表のようになった。

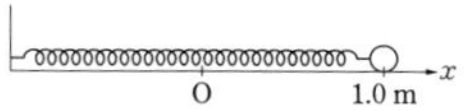

x〔m〕	1.0	$\frac{3}{5}$	$\frac{1}{2}$	0
v〔m/s〕	0	$\frac{4}{5}$	$\frac{\sqrt{3}}{2}$	1.0

(1)　最初の位置での力学的エネルギーを求めよ。

$K+U=0+\dfrac{1}{2}kx^2=\dfrac{1}{2}\times2.0\times1.0=1.0$ J

答　1.0 J

(2)　位置 x における物体の速さを v とする。力学的エネルギー保存の式を立式し，v と x を用いて表せ。

$\dfrac{1}{2}mv^2+\dfrac{1}{2}kx^2=1.0$　　$v^2+x^2=1$　答　$v^2+x^2=1$

(3)　自然長の位置での物体の速さを求め，表に記入せよ。

(2)より $x=0$ のとき，$v^2=1$ である。

$v>0$ より $v=1.0$ m/s　答　1.0 m/s

(4)　x-v グラフの概形を右図に描け。

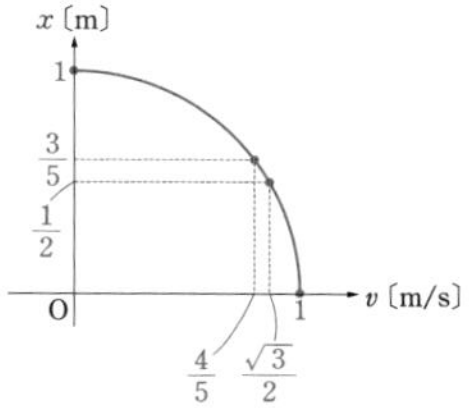

円の方程式を習っていない場合は，点をなめらかにつなげばよい。円の方程式を習っている場合は，(2)の式は円であることがわかる。m，k の値によって，一般には楕円のグラフになる。

運動エネルギーと位置エネルギーの和に意味があるんだね。

29 鉛直方向のばねの振動と力学的エネルギー

解答編 ▶ p.31

月／日

扱うグラフ

・K-x グラフ… 縦軸に運動エネルギー K，横軸に位置 x をとったグラフ。x と K が運動の過程でどのように変化するかを見るのに用いる。

●鉛直方向のばねの振動

質量 m〔kg〕の物体を天井からばね定数 k〔N/m〕のばねにつなげてつるし，静止させる。このとき，ばねの自然長からの伸びは，力のつりあいの式から重力加速度 g を用いて $x=\dfrac{mg}{k}$ と計算できる。

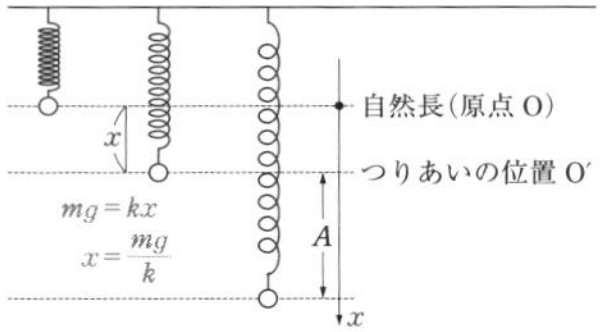

図 29－1

この状態からさらに物体を A〔m〕だけ引き下げて静かにはなすと，物体は重力と弾性力を受けて振動する。自然長の位置を原点Oとし，鉛直方向下向きを x 軸正の向きとすると，位置 x での物体の運動方程式は，

$$ma=-kx+mg=-k\left(x-\frac{mg}{k}\right)=-kx'$$

と書け，F-x グラフは図 29-2 のようになる。すなわちこの運動は，$x=\dfrac{mg}{k}$（つりあいの位置）が自然長の位置（振動の中心）となるような振動をすると解釈できる。重力は振動の中心をずらすように作用し，その後は弾性力のみを考えて水平面でのばねの振動と同じように考えてよい。

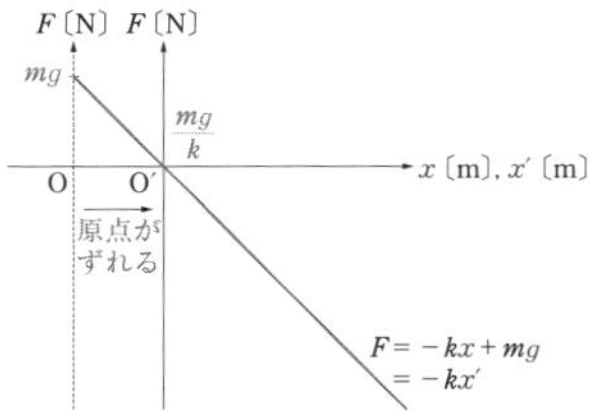

図 29－2

実際，つりあいの位置 O′ を重力の位置エネルギーの基準とし，O′ からの伸びが x' のときの速さを v' として力学的エネルギー保存則の式を立てると，

$$\frac{1}{2}mv'^2-mgx'+\frac{1}{2}k\left(\frac{mg}{k}+x'\right)^2=-mgA+\frac{1}{2}k\left(\frac{mg}{k}+A\right)^2$$

$$\frac{1}{2}mv'^2+\frac{1}{2}kx'^2=\frac{1}{2}kA^2$$

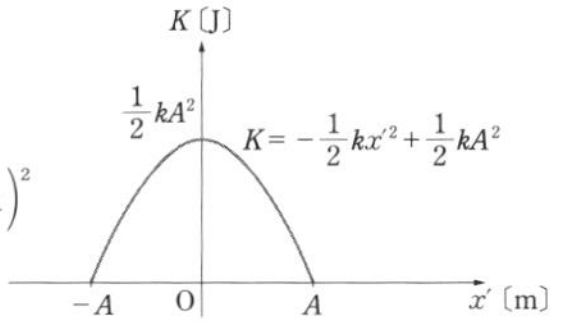

図 29－3

となり，重力の位置エネルギーの項は消えて，水平面上で自然長から A だけ伸ばして運動させたときの式と一致する。このとき，運動エネルギー $\dfrac{1}{2}mv'^2$ を K とおくと，$K=-\dfrac{1}{2}kx'^2+\dfrac{1}{2}kA^2$ と変形でき，K-x' グラフは図 29-3 のようになり，振幅 A の振動をすることがわかる。

練習問題

問1　図のように，質量 m のボールを天井からばね定数 k のばねにつなげてつるし，ばねの自然長の位置（原点O）で静止させていた状態からぱっと手をはなすと，ボールは鉛直方向に振動した。重力加速度の大きさを g として次の問いに答えよ。

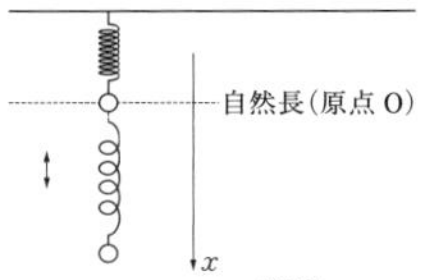

(1)　振動の中心の位置 x_1 を求めよ。

力のつりあいより　$mg=kx_1$　　$x_1=\dfrac{mg}{k}$

答 $\dfrac{mg}{k}$

(2)　振動の最下点の位置 x_2 を求めよ。

(1)より振幅は $\dfrac{mg}{k}$ の振動なので，最下点の位置は $\dfrac{2mg}{k}$

答 $\dfrac{2mg}{k}$

(3)　位置 x における速度を v として，力学的エネルギー保存則の式を立式せよ。原点を重力の位置エネルギーの基準とする。

答 $0=\dfrac{1}{2}mv^2+\dfrac{1}{2}kx^2-mgx$

(4)　K-x グラフの概形を右図に描け。

$K=\dfrac{1}{2}mv^2$ なので，(3)より

$$K=-\frac{1}{2}kx^2+mgx=-\frac{1}{2}k\left(x-\frac{mg}{k}\right)^2+\frac{(mg)^2}{2k}$$

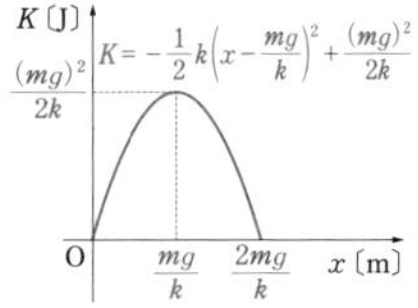

(5)　速さの最大値を求めよ。

K-x グラフより　$\dfrac{1}{2}mv^2=\dfrac{(mg)^2}{2k}$

のとき速さは最大。よって　$v=g\sqrt{\dfrac{m}{k}}$

答 $g\sqrt{\dfrac{m}{k}}$

問2　図のように，質量 m のボールを天井からばね定数 k のばねにつなげてつるし，つりあいの位置から d だけ伸ばして静かにはなし，振動させた。はなす直前の位置を原点Oとし，重力の位置エネルギーの基準とし，鉛直方向上向きに x 軸正の向きをとる。重力加速度の大きさを g として次の問いに答えよ。

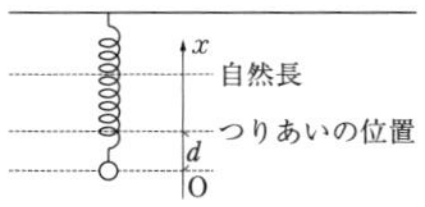

(1)　位置 x における速さを v とする。最初の位置での力学的エネルギーを用いて，力学的エネルギー保存則の式を立式せよ。

$$\frac{1}{2}mv^2+mgx+\frac{1}{2}k\left(\frac{mg}{k}+d-x\right)^2=\frac{1}{2}k\left(\frac{mg}{k}+d\right)^2$$

答 $\dfrac{1}{2}mv^2-kdx+\dfrac{1}{2}kx^2=0$

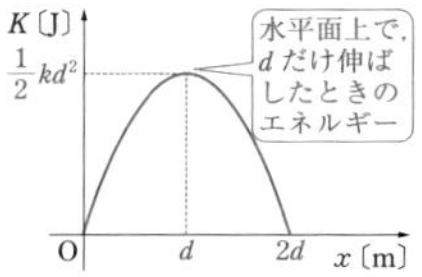

(2)　K-x グラフの概形を描け。

(1)より　$K=-\dfrac{1}{2}kx^2+kdx=-\dfrac{1}{2}k(x-d)^2+\dfrac{1}{2}kd^2$

30 鉛直方向のばねの振動と垂直抗力のする仕事

解答編 ▶ p.32

月／日

扱うグラフ

・F-x グラフ… 力学的エネルギーが保存されない場合において，F-x グラフを用いることで外力のする仕事を求めることができる。

● 2 つの実験

質量 m〔kg〕の物体を天井からばね定数 k〔N/m〕のばねにつなげてつるす。自然長の位置からぱっと手をはなすと，ばねは鉛直方向に振動した。しかし，手をゆっくりと鉛直下向きに移動させていくと，つりあいの位置で物体は静止し，その後も静止し続けた。重力加速度の大きさを g〔m/s²〕とする。

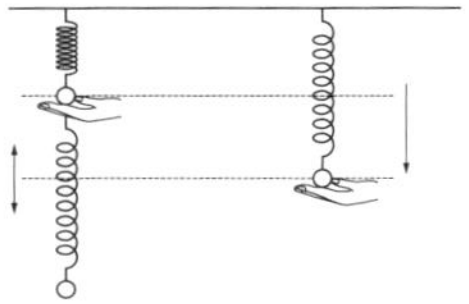

図 30－1

物体を手からはなすことは一緒なのに，ぱっとはなすか，ゆっくり移動させるかで運動のようすが変わってしまうのはなぜだろう？　このとき，ぱっと手をはなす方は保存力（重力と弾性力）しかはたらかず，力学的エネルギーが保存するのに対して，ゆっくり移動させる方は運動の途中で手から受ける垂直抗力 N〔N〕が仕事をしてしまうのが原因である。自然長の位置を原点Oとし，鉛直下向きに x 軸正の向きをとって位置 x〔m〕における物体の運動方程式を考えると，ゆっくり移動させているので加速度は 0 であり，

$m\times0=mg-kx-N$ より，$N=-kx+mg$

である。これを F-x グラフに表すと図 30-2 のようになり，その面積から垂直抗力 N のする仕事 $W=-\dfrac{(mg)^2}{2k}$〔J〕が求められる。この仕事を受けて，物体が自然長の位置にあるときに物体がもつ力学的エネルギーが 0 になり，物体は静止する。

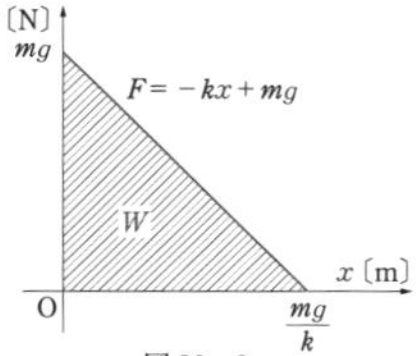

図 30－2

問 1　図 30-2 の F-x グラフから垂直抗力のする仕事を求めよ。

まず，移動の方向と垂直抗力の向きは 180° ちがうので負の仕事になる。

その大きさは

 $=\dfrac{1}{2}\times\dfrac{mg}{k}\times mg=\dfrac{(mg)^2}{2k}$

よって　$W=-\dfrac{(mg)^2}{2k}$　答 $-\dfrac{(mg)^2}{2k}$

問 2　上の振動する運動について，つりあいの位置を振動の中心と考えたとき，最初の位置でのばねの位置エネルギーを求めよ。

最初の位置はつりあいの位置から $\dfrac{mg}{k}$ 縮んでいるので，

$U=\dfrac{1}{2}k\left(\dfrac{mg}{k}\right)^2=\dfrac{(mg)^2}{2k}$

この分の仕事を手がすることで物体は静止する。

答 $\dfrac{(mg)^2}{2k}$

練習問題

問 1　図のように，質量 2.0 kg のボールを天井からばね定数 196 N/m のばねにつなげてつるし，自然長の位置から手でゆっくりと鉛直下向きに移動させると，ある位置で静止した。ばねの自然長の位置を原点Oとし，鉛直下向きに x 軸をとる。重力加速度の大きさを 9.8 m/s² として次の問いに答えよ。

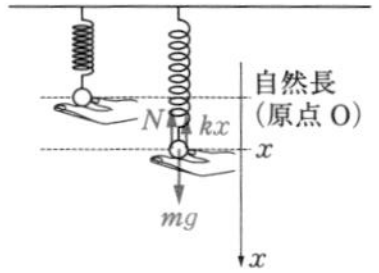

(1)　位置 x における垂直抗力 N を x を用いて表せ。

力のつりあいより　$mg-kx-N=0$　　$N=mg-kx$

$N=19.6-196x$　　答 $19.6-196x$

(2)　N と x の関係を右の F-x グラフに描け。

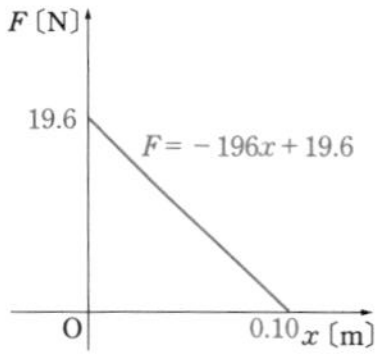

(3)　手がボールにした仕事を求めよ。

F-x グラフより

 $=\dfrac{1}{2}\times0.10\times19.6=0.98$　向きも考えて，

$W=-0.98$ J　　答 -0.98 J

問 2　図のように，床にばね定数 k のばねを鉛直に固定し，他端に軽い板をつけ，その上に質量 m のボールを置いて静止させる。その後，さらにばねを $\dfrac{2mg}{k}$ だけ縮めて手をはなすと，ばねは鉛直方向に振動した。ばねの自然長の位置を原点Oとし，鉛直上向きに x 軸をとる。重力加速度の大きさを g として次の問いに答えよ。

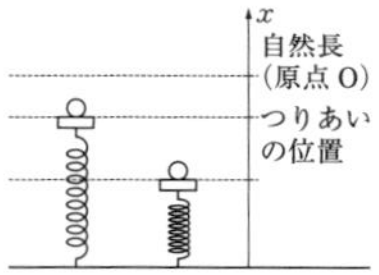

(1)　つりあいの位置 x を求めよ。

力のつりあいより　$mg=kx$　　$x=\dfrac{mg}{k}$

原点より負の向きなので　$x=-\dfrac{mg}{k}$　　答 $-\dfrac{mg}{k}$

(2)　x $(x<0)$ における垂直抗力 N を求めよ。

$x<0$ でボールと板は一体である。それぞれの運動方程式は，

ボール：$ma=N-mg$，　板：$0\times a=-N-kx$

より，$N=-kx$　　答 $-kx$

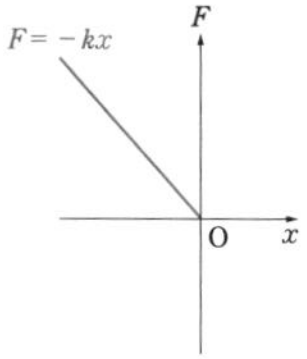

(3)　垂直抗力 N について，F-x グラフの概形を右図に描け。

(4)　ボールが板から離れるときの位置 x を求めよ。

$N=0$ になるのは $x=0$（自然長）　答 0

(5)　ボールが板から離れるときの速さ v を求めよ。

つりあいの位置を中心とする振動の力学的エネルギー保存則より

$\dfrac{1}{2}k\left(\dfrac{2mg}{k}\right)^2=\dfrac{1}{2}k\left(\dfrac{mg}{k}\right)^2+\dfrac{1}{2}mv^2$　　$v=g\sqrt{\dfrac{3m}{k}}$　　答 $g\sqrt{\dfrac{3m}{k}}$

31 運動量と力積

解答編 ▶ p.33

月／日

扱う図

・運動量ベクトル図… 運動量変化の向きと大きさを表す図。力積の向きや大きさを求めるのに用いることができる。

覚えるべき定義・用語

・運動量 $\vec{p}$＝質量 m×速度 $\vec{v}$〔kg·m/s〕
（$\vec{p}$，$\vec{v}$ には向きが必要（ベクトル）。m には向きがない（スカラーという）。）
・力積 $\vec{I}$＝力 $\vec{F}$×力がはたらいた時間 Δt〔N·s〕
（$\vec{I}$，$\vec{F}$ には向きが必要。Δt には向きがない。）

●物体Aの運動量の変化量はその間に物体が受けた力積に等しい

速度 $\vec{v}$ で飛んできた質量 m のボールをバットで打ち返すと，$\vec{v'}$ で飛んでいった（図 31-1）。これは，ボールがバットから力 $\vec{F}$ を受けたからである。運動方程式で表すと

$m\dfrac{\vec{v'}-\vec{v}}{\Delta t}=\vec{F}$ であり　$m\vec{v'}-m\vec{v}=\vec{F}\Delta t$　…(＊)

と変形できる。

これより，力積や力を求めたければ，運動量の変化量から求められることがわかる。これを運動量ベクトル図にすると，図 31-2 のようになる。変化量を求めたいときは，変化前の矢印の先端から変化後の矢印の先端に向かうベクトルを考えればよい。

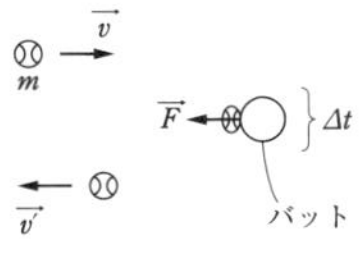

図 31－1

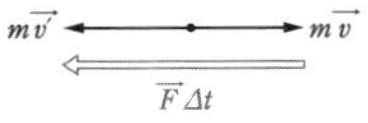

図 31－2

●平面運動における力積

例えば，東向きに速度 $\vec{v}$ で飛んできた質量 m のボールを北向きに速度 $\vec{v'}$ で打ち返すとき，バットの与えた力積を運動量の変化量から求めることを考える（図 31-3）。図 31-4 のように運動量ベクトルの始点を揃え，衝突前後の運動量ベクトルの差に対応するベクトルを図示すると，（＊）式よりその差のベクトルの向きと大きさが力積に対応する。すなわち，差のベクトルの矢印の方向が力を加えた方向であり，その大きさ（長さ）を接触時間 Δt で割ることで，Δt〔s〕間に与えた平均の力の大きさを求めることができる。

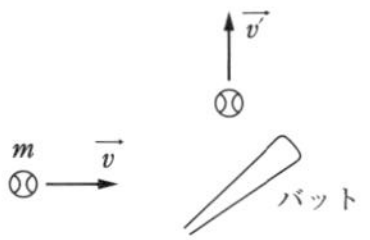

図 31－3

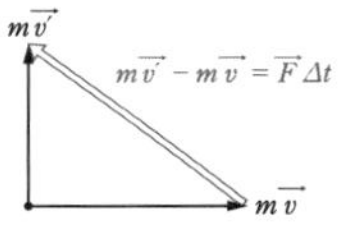

図 31－4

練習問題

東向きに 4.0 m/s で飛ぶ質量 0.20 kg のボールの運動が，以下のように変化するとき，ボールが受けた力積を，運動量ベクトル図を描いて求めよ。重力の影響は考えないとする。また，$\sqrt{2}\fallingdotseq1.41$，$\sqrt{3}\fallingdotseq1.73$ として計算せよ。

(1) 変化後：東向きに 6.0 m/s

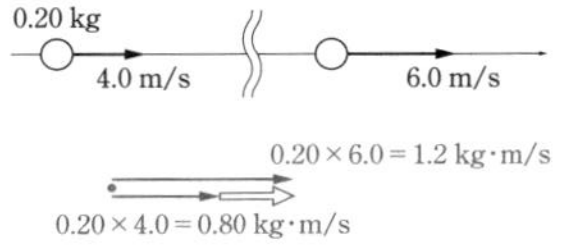

答 東向きに 0.40 N·s

(2) 変化後：西向きに 2.0 m/s

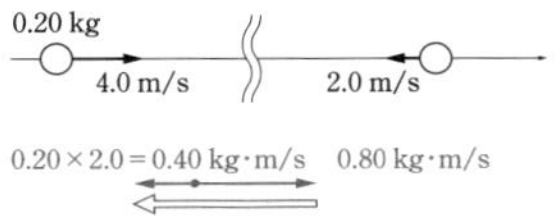

答 西向きに 1.2 N·s

(3) 変化後：北向きに 4.0 m/s

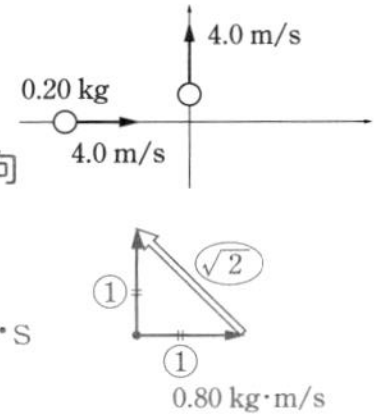

図より，
向き：北西方向
大きさ：
0.80×$\sqrt{2}$
＝1.12≒1.1 N·s

答 北西向きに 1.1 N·s

(4) 変化後：西向きとなす角 60° 北向きに 4.0 m/s

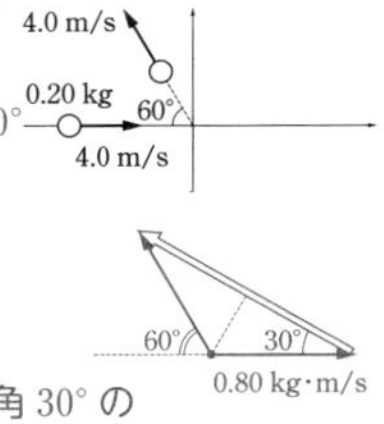

図より，
西向きとなす角 30°
北向き
大きさ：
0.80×$\sqrt{3}$
＝1.38≒1.4 N·s

答 西向きとなす角 30° の北向きに 1.4 N·s

(5) 変化後：東向きとなす角 60° 北向きに 4.0 m/s

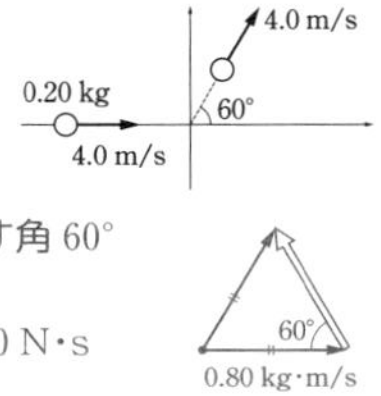

図より，
西向きとなす角 60°
北向き
大きさ：0.80 N·s

答 西向きとなす角 60° の北向きに 0.80 N·s

(6) 変化後：西向きとなす角 60° 南向きに 4.0 m/s

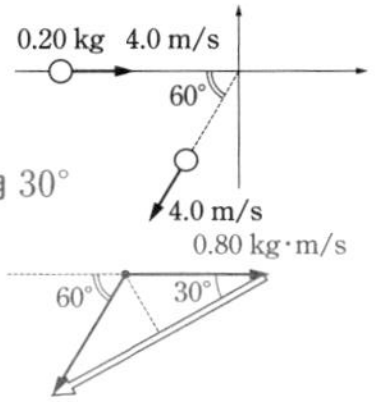

図より，
西向きとなす角 30°
南向き
大きさ：
0.80×$\sqrt{3}$
≒1.4 N·s

答 西向きとなす角 30° の南向きに 1.4 N·s

運動量は向きも含めた量だということを頭に染み込ませておこう！

32 力積と作用・反作用の法則

解答編 ▶ p.34

月／日

扱うグラフ

・F-t グラフ… 縦軸に力 F，横軸に時刻 t をとったグラフ。ある物体にかかる力が時刻 t とともにどう変化するかを表す。物体どうしの衝突を考える際に用いられることが多い。

●衝突の場合の F-t グラフ

テニスボールをラケットで打ち返すようすのスローモーションを想像すると，ボールはラケットの面上で変形し，その後運動の方向を変えるようすが浮かんでくる。このように，物体どうしが衝突する際は，ある微小時間 Δt〔s〕の間に力 F〔N〕が値を変えながらはたらいている。これを F-t グラフにすると図 32-1 のようになる。この斜線の面積は，衝突中に受けた $F\Delta t$（力積）の大きさに等しく，運動量の変化量から求められる量である。力積を Δt で割ると，単位時間あたり何 N の力を受け続けたのかが求まり，これを平均の力とよび，$\overline{F}$ と書く。

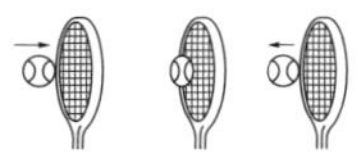

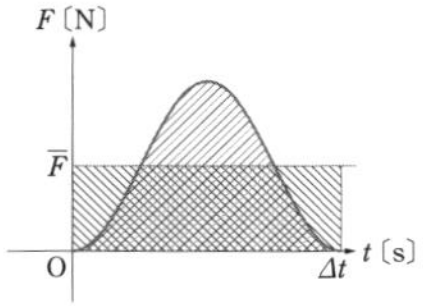

図 32－1

● 2 物体の衝突

ボールAとボールBが衝突することを考える。このとき，衝突中の微小時間 Δt〔s〕の間，A，B にはそれぞれ力がはたらくが，作用・反作用の法則よりその大きさはつねに等しく，向きは逆向きである。

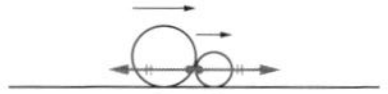

よって 1 回の衝突における A，B の F-t グラフは図 32-2 のように，t 軸に関して対称な図形となる。

大きい物体と小さい物体の衝突では，小さい物体の受ける力の方が大きいように感じてしまうが，実際およぼしあう力積は等しく，質量の違いから生じる加速度が異なるため，衝突後の運動が異なるように見える。質量の大きい物体は速度の変化が小さく，小さい物体は速度の変化が大きい。

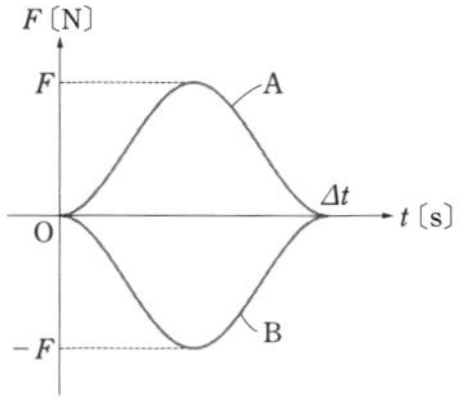

図 32－2

練習問題

問 1　質量 0.20 kg のボールをバットで打ち返したら，右図のような F-t グラフが得られた。接触時間は 1.0×10^{-2} s とし，重力の影響は考えないとして次の問いに答えよ。

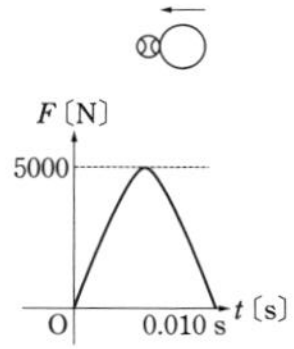

(1)　F-t グラフを三角形として近似し，ボールが 1.0×10^{-2} s 間で受けた力積の大きさを求めよ。

$\frac{1}{2}\times0.010\times5000=25\ \mathrm{N\cdot s}$　答 $25\ \mathrm{N\cdot s}$

(2)　バットが与えた平均の力を求めよ。

$\overline{F}=\frac{F\Delta t}{\Delta t}=\frac{25}{0.010}=2500=2.5\times10^3\ \mathrm{N}$　答 $2.5\times10^3\ \mathrm{N}$

問 2　質量 2.0×10^{-2} kg の弾丸が 1.0×10^2 m/s の速さで壁に打ち込まれ，一定の抗力を受けて 0.50 m 進んで静止した。重力の影響は考えない。

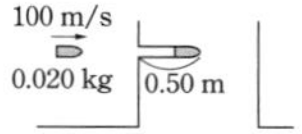

(1)　運動エネルギーと壁がした仕事の関係から，壁の抗力 F の大きさを求めよ。

失った運動エネルギーが壁から受けた仕事に等しいので

$\frac{1}{2}\times0.020\times100^2=F\times0.50$　　$F=200=2.0\times10^2\ \mathrm{N}$

答 $2.0\times10^2\ \mathrm{N}$

(2)　弾丸が壁に衝突してから静止するまでの時間を求めよ。

運動量の変化量と受けた力積は等しいので

$0.02\ \mathrm{kg}\times100\ \mathrm{m/s}=200\ \mathrm{N}\times\Delta t$

$\Delta t=0.010=1.0\times10^{-2}$ s　答 1.0×10^{-2} s

(3)　弾丸が受けた抗力の大きさを F-t グラフに描け。

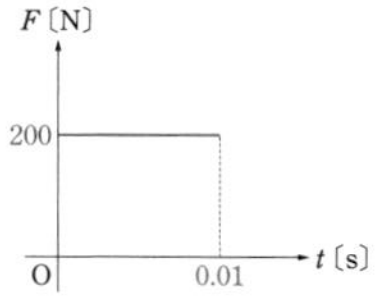

問 3　質量 m の物体Aが，静止している質量 m の物体Bに速さ v で衝突すると，A は静止しBは速さ v で運動した。そのときのBが受けた力の F-t グラフが右図のように表されている。このとき次の問いに答えよ。

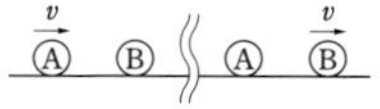

(1)　A が受けた力の F-t グラフの概形を右図に描け。

(2)　次に，A を速さ $2v$ で静止しているBに衝突させると，A は静止し，B は速さ $2v$ で運動した。接触時間は同じであるとして，このときの A，B の F-t グラフの概形を右図に描け。

運動量変化が 2 倍なので受ける力積も 2 倍。

Δt は変わらないので図のようになる。

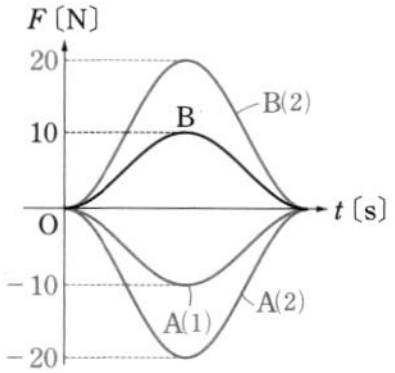

なぜ「平均の」力と修飾語が付くのか，イメージできたかな？

33 運動量保存則

解答編 ▶ p.35

月／日

扱う図

・運動量ベクトル図…　ここでは，衝突前後の 2 物体の運動量を比較するのに用いる。

● 2 物体の衝突

質量 m_A で速度 $\vec{v_A}$ で運動するボールAが，質量 m_B で速度 $\vec{v_B}$ で運動するボールBに衝突することを考える。このとき，接触時間 Δt の間に，作用・反作用の法則よりAとBがおよぼしあう力 $\vec{F}$ は同じ大きさで逆向きであるので，衝突後のA，Bの速度をそれぞれ $\vec{v_A'}$，$\vec{v_B'}$ とすると，運動量の変化量と力積の関係式より

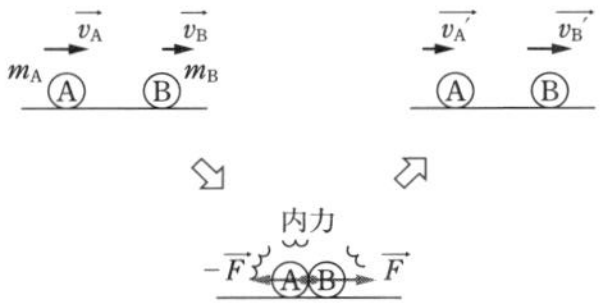

Aについて：$m_A\vec{v_A'}-m_A\vec{v_A}=-\vec{F}\Delta t$

Bについて：$m_B\vec{v_B'}-m_B\vec{v_B}=\vec{F}\Delta t$

と表せる。辺々足すと，$m_A\vec{v_A}+m_B\vec{v_B}=m_A\vec{v_A'}+m_B\vec{v_B'}$ と変形でき，運動量の和が衝突前後で保たれていることがわかる。これを運動量保存則という。運動量保存則が成り立つのは，作用・反作用の法則より F-t グラフが図 33-1 のように，互いにおよぼしあう力積が相殺されるからである。このように，考えている系で作用・反作用の関係にある力を内力といい，内力しかはたらかない場合はつねに系内の運動量の和は保存する。

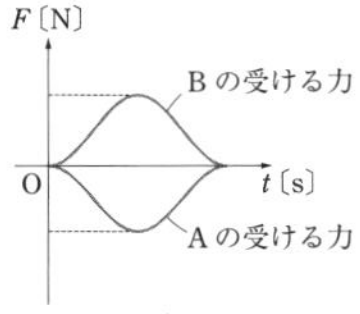

図 33－1

運動の方向が異なる場合も，衝突の前後で運動量は保存する。衝突前の運動量の和は運動量ベクトル図から求めることができ，運動量ベクトルの和は衝突後も同じベクトルとなる。この条件から，衝突後の物体の速さや運動の方向を求めることができる。例えば，衝突前の運動量の和の大きさが 5.0〔kg･m/s〕で衝突後 2 物体は垂直な方向に進み（図 33-2），Aの運動量の大きさが 3.0〔kg･m/s〕だった場合，Bの運動量の大きさは 4.0〔kg･m/s〕に決まる（図 33-3）。

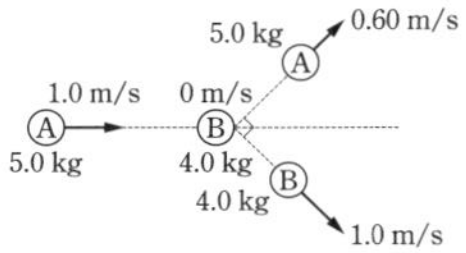

図 33－2

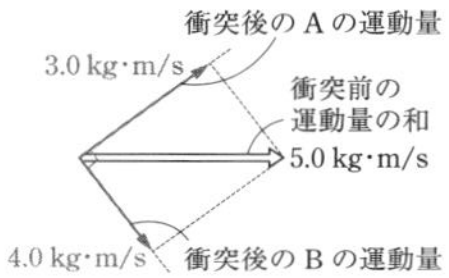

図 33－3

練 習 問 題

問 1　次の各図のように，静止している物体Bに物体Aが衝突し平面運動する場合について，運動量ベクトル図を描き，運動量保存則を用いて衝突後のA，Bの速さを求めよ。$\sqrt{3}=1.73$ とする。

(1)

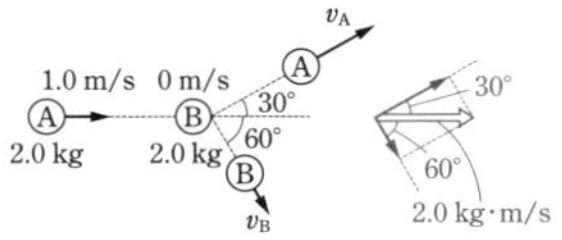

図より，衝突後のAの運動量大きさは

$2.0\times\frac{\sqrt{3}}{2}=\sqrt{3}$ kg･m/s

$v_A=\frac{\sqrt{3}}{2.0}\fallingdotseq0.87$ m/s

同様にBの運動量の大きさは

$2.0\times\frac{1}{2}=1.0$ kg･m/s

$v_B=\frac{1}{2.0}=0.50$ m/s

答　$v_A=0.87$ m/s，$v_B=0.50$ m/s

(2)

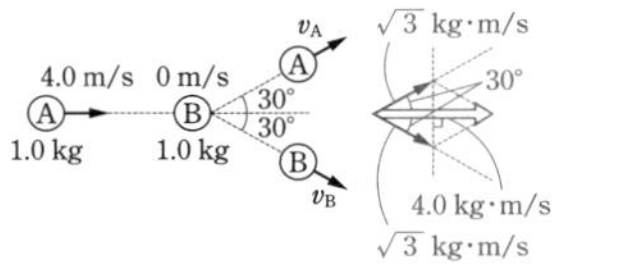

図より，A，Bの運動量の大きさは等しく，

$4.0\times\frac{1}{2}\times\frac{\sqrt{3}}{2}=\sqrt{3}$ kg･m/s

$v_A=v_B\fallingdotseq1.7$ m/s

答　$v_A=1.7$ m/s，$v_B=1.7$ m/s

問 2　質量 1.0 kg の物体Aが速さ 1.0 m/s で x 軸上を正の向きに運動し，質量 2.0 kg の物体Bが速さ 1.0 m/s で y 軸上を正の向きに運動し，原点Oで衝突した。衝突後，物体Aは y 軸上を正の向きに 1.0 m/s で運動した。重力の影響は無視して次の問いに答えよ。$\sqrt{2}=1.41$，$\sqrt{3}=1.73$ とする。

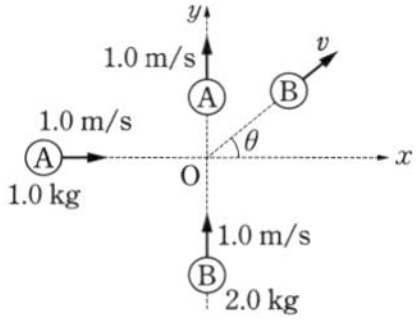

(1)　運動量ベクトル図を描き，運動量保存則を用いて，衝突後のBの速さ v〔m/s〕と x 軸とのなす角 θ を求めよ。

衝突後のBの運動量ベクトルの大きさは $\sqrt{2}$ kg･m/s

$v=\frac{\sqrt{2}}{2.0}\fallingdotseq0.71$ m/s　　答 $v=0.71$ m/s，$\theta=45°$

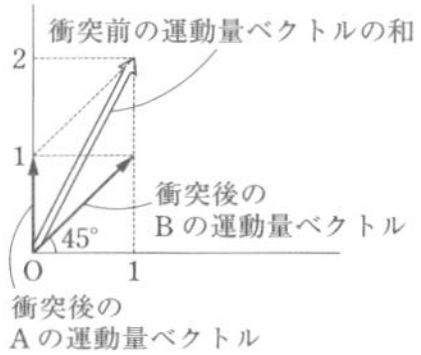

(2)　運動量の x 成分，y 成分のそれぞれで運動量保存則を立式し，衝突後のBの速さと x 軸とのなす角 θ を求めよ。

$$\begin{cases} x\text{成分}：1.0=2.0\times v\cos\theta & \cdots\cdots① \\ y\text{成分}：2.0=1.0+2.0\times v\sin\theta & \cdots\cdots② \end{cases}$$

これより，

$$\begin{cases} 2v\cos\theta=1 \\ 2v\sin\theta=1 \end{cases}$$　$\tan\theta=1$ より $\theta=45°$

また①より　$1=\frac{2v}{\sqrt{2}}$　　$v=\frac{\sqrt{2}}{2}\fallingdotseq0.71$ m/s　答 $v=0.71$ m/s，$\theta=45°$

34 反発係数と運動量保存則

解答編 ▶ p.36

月／日

扱う図

・速度ベクトル図… 速度変化の向きと大きさを表す図。運動量ベクトルとは質量の分だけ異なるので注意が必要。

●反発係数

ボールを床に静かに落とすとき，多くの場合もとの高さまで戻ってこない（図 34-1）。力学的に考えると，はね返った直後の速度 v' の大きさが衝突前の速度 v の大きさより小さいためである。よって，はね返りやすさを衝突前後の速さを用いて

$$e=\frac{|v'|}{|v|}=-\frac{v'}{v}$$

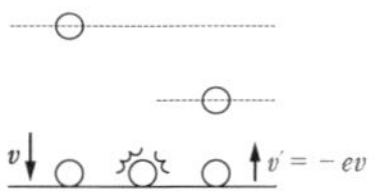

図 34－1

と反発係数 e を定義する。v と v' は向きが逆なので，－（マイナス）を付けて絶対値を外す。式変形すると $v'=-ev$ となり，衝突前と逆向きに e 倍されてはね返る。図 34-2 のように運動している物体どうしの衝突の場合は，物体Bから見た物体Aの相対速度で考えると，床との反発と同じように考えられ

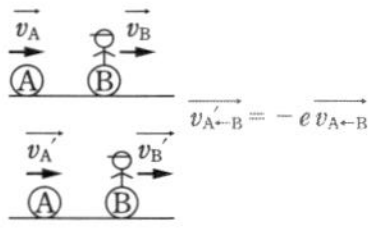

図 34－2

$$e=\frac{|v_A'-v_B'|}{|v_A-v_B|}=-\frac{v_A'-v_B'}{v_A-v_B}$$

とすればよい。式変形すると $v_A'-v_B'=-e(v_A-v_B)$ となり，衝突後の相対速度が衝突前の相対速度の $-e$ 倍となる。

《例》 $v_A=3.0\ \mathrm{m/s}$，$v_B=1.0\ \mathrm{m/s}$，$e=0.50$ のとき

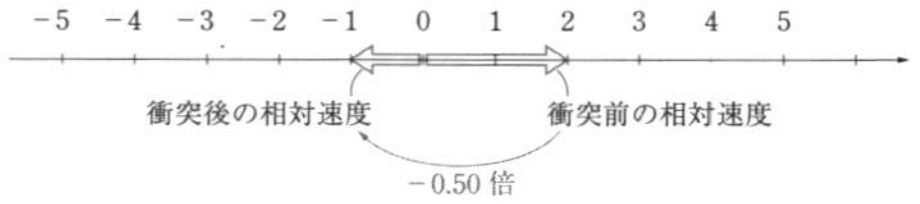

●反発係数と運動量保存則

衝突前の 2 物体の速度がわかっているとき，衝突後どのような速度になるか予測したい。運動量保存則は立式できるが，求めたい変数が 2 つあるため，それだけでは求まらない。

もし，反発係数の値がわかっていればその式を立式し，連立方程式を解くことで衝突後の 2 物体の速度を求めることができる。

運動量保存則 $m_Av_A+m_Bv_B=m_Av_A'+m_Bv_B'$ ……①

反発係数の式 $e=-\dfrac{v_A'-v_B'}{v_A-v_B}$ ……②

①，②より v_A'，v_B' が求まる。

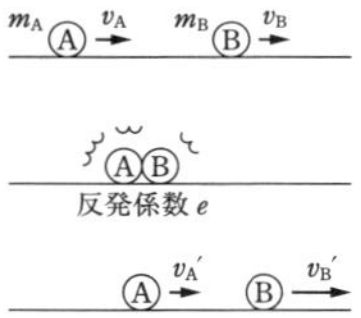

図 34－3

練習問題

次の各図のように，衝突前の物体 A，B の質量と速度と，物体どうしの反発係数がわかっているとき，衝突後の 2 物体の速度をそれぞれ求めよ。右向きを正とする。

(1)

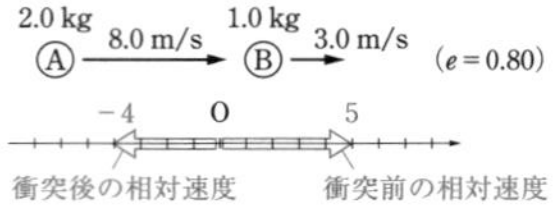

① 衝突前後のBに対するAの相対速度を，相対速度ベクトル図に描け。

前：$v_A-v_B=8.0-3.0=5.0\ \mathrm{m/s}$

後：$v_A'-v_B'=-0.80\times5.0=-4.0\ \mathrm{m/s}$

② 相対速度の式と運動量保存則を連立して，衝突後の A，B の速度 v_A'，v_B' を求めよ。

相：$v_A'-v_B'=-4.0$

運：$2.0\times8.0+1.0\times3.0=2.0\times v_A'+1.0\times v_B'$

答 $v_A'=5.0\ \mathrm{m/s}$，$v_B'=9.0\ \mathrm{m/s}$

(2)

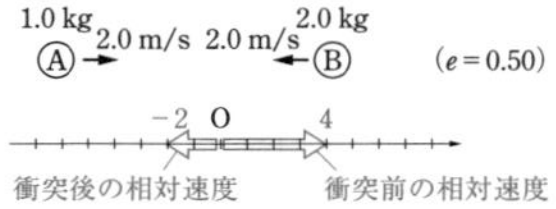

① 衝突前後のBに対するAの相対速度を，相対速度ベクトル図に描け。

前：$v_A-v_B=2.0-(-2.0)=4.0\ \mathrm{m/s}$

後：$v_A'-v_B'=-0.50\times4.0=-2.0\ \mathrm{m/s}$

② 相対速度の式と運動量保存則を連立して，衝突後の A，B の速度 v_A'，v_B' を求めよ。

相：$v_A'-v_B'=-2.0$

運：$1.0\times2.0+2.0\times(-2.0)=1.0\times v_A'+2.0\times v_B'$

答 $v_A'=-2.0\ \mathrm{m/s}$，$v_B'=0\ \mathrm{m/s}$

(3)

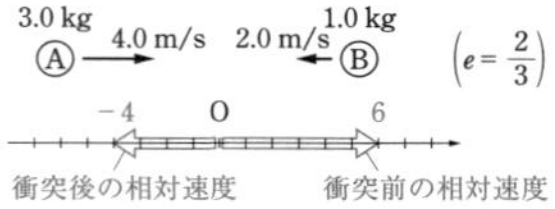

① 衝突前後のBに対するAの相対速度を，相対速度ベクトル図に示せ。

前：$v_A-v_B=4.0-(-2.0)=6.0\ \mathrm{m/s}$

後：$v_A'-v_B'=-\dfrac{2}{3}\times6.0=-4.0\ \mathrm{m/s}$

② 相対速度の式と運動量保存則を連立して，衝突後の A，B の速度 v_A'，v_B' を求めよ。

相：$v_A'-v_B'=-4.0$

運：$3.0\times4.0+1.0\times(-2.0)=3.0\times v_A'+1.0\times v_B'$

答 $v_A'=1.5\ \mathrm{m/s}$，$v_B'=5.5\ \mathrm{m/s}$

(4)

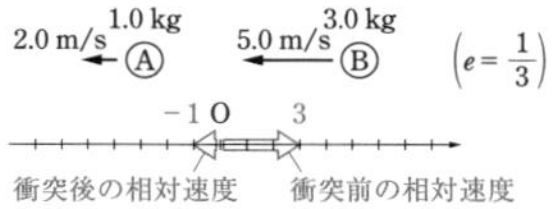

① 衝突前後のBに対するAの相対速度を，相対速度ベクトル図に示せ。

前：$v_A-v_B=-2.0-(-5.0)=3.0\ \mathrm{m/s}$

後：$v_A'-v_B'=-\dfrac{1}{3}\times3.0=-1.0\ \mathrm{m/s}$

② 相対速度の式と運動量保存則を連立して，衝突後の A，B の速度 v_A'，v_B' を求めよ。

相：$v_A'-v_B'=-1.0$

運：$1.0\times(-2.0)+3.0\times(-5.0)=1.0\times v_A'+3.0\times v_B'$

答 $v_A'=-5.0\ \mathrm{m/s}$，$v_B'=-4.0\ \mathrm{m/s}$

速度ベクトルと運動量ベクトルをしっかり区別しておこう！ ▶▶▶

35 斜め衝突と反発係数

解答編 ▶ p.37

月／日

扱う図

・速度ベクトル図… 速度変化の向きと大きさを表す図。物体が面に斜めに衝突してはね返るとき，面に垂直な方向と平行な方向で速度のようすが異なる。それを速度ベクトル図を用いて理解する。

光が鏡面で反射するとき，入射角と反射角は等しい。しかし，ボールが壁に衝突して反射する場合，入射角と反射角は必ずしも同じにならない（図 35-1）。

これを x 成分，y 成分に分けて考えてみる。x 成分は衝突の前後で向きは変わらない。面がなめらかな場合は速度変化も生じず，$v_x = v_x'$ である（図 35-2）。y 成分は速度の向きも大きさも変わり，反発係数が e だとすると $v_y' = -ev_y$ が成り立つ（図 35-3）。入射角を θ，反射角を θ' とすると，速度ベクトル図から

$$\tan\theta = \frac{v_x}{v_y},\quad \tan\theta' = \frac{|v_x'|}{|v_y'|} = \frac{v_x}{ev_y} = \frac{1}{e}\tan\theta$$

がわかる。よって，$e \neq 1$ ならば入射角と反射角は等しくない。

衝突前後の速度ベクトルを始点を揃えて描くと，図 35-4 のようになる。x 成分は変わらないので，その変化ベクトルは面と直交する。

速度ベクトル図に質量 m をかけると運動量ベクトル図になる。このとき，矢印の向きは変わらず大きさだけ変わるので，ベクトル図の形は相似な図形となる。運動量ベクトルの変化量から力積が求まるので，壁から受ける力積は壁と垂直な方向であることがわかる（図 35-5）。

●斜めに衝突するとき

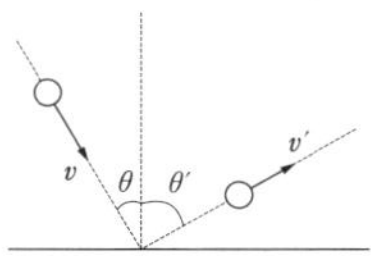

図 35－1

● x 成分

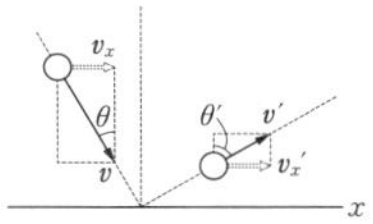

$v_x = v_x'$

$v\sin\theta = v'\sin\theta'$

図 35－2

● y 成分

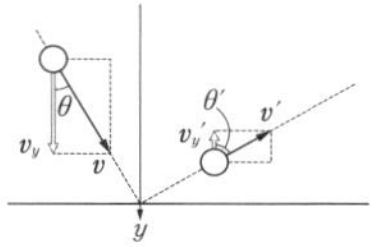

$v_y' = -ev_y$

$v'\cos\theta' = -ev\cos\theta$

図 35－3

●速度ベクトル図

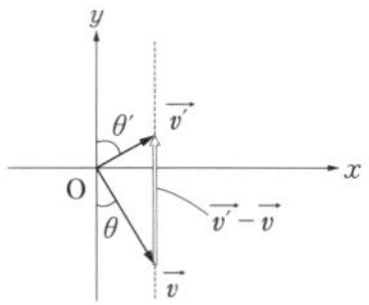

図 35－4

●運動量ベクトル図

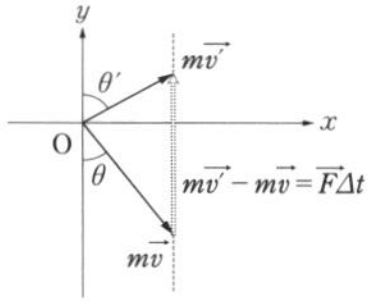

図 35－5

練習問題

次の各図のような座標軸上で，質量 1.0 kg の物体Aがなめらかな壁と衝突し，はね返った。A の速さ v，入射角 θ，反射角 θ' が以下のとき，各問いに根号や分数を用いてそれぞれ答えよ。

(1) $v = 2\sqrt{3}$ m/s，$\theta = 30°$，$\theta' = 60°$

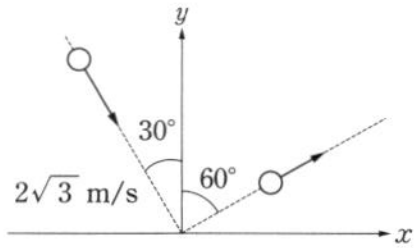

① 速度ベクトル図を描き，衝突前後の速度の x 成分，y 成分を求めよ。

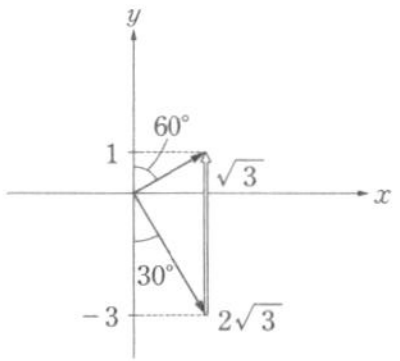

$v_x = v_x' = \sqrt{3}$ m/s，$v_y = -3.0$ m/s，

$v_y' = 1.0$ m/s

答 衝突前 $v_x = \sqrt{3}$ m/s，$v_y = -3.0$ m/s
衝突後 $v_x' = \sqrt{3}$ m/s，$v_y' = 1.0$ m/s

② 反発係数 e を求めよ。

$$e = \left|\frac{v_y'}{v_y}\right| = \frac{1}{3}$$

答 $\frac{1}{3}$

③ 壁から受ける力積の大きさを求めよ。

①のグラフより

$|\vec{F}\Delta t| = |m\vec{v'} - m\vec{v}|$

$= 1.0 \times \{1.0 - (-3.0)\}$

$= 4.0$ N·s

答 4.0 N·s

(2) 速度 $= \sqrt{2}\,v$，$\theta = 45°$，$\theta' = 60°$

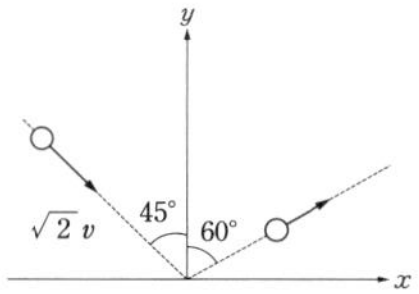

① 速度ベクトル図を描き，衝突前後の速度の x 成分，y 成分を求めよ。

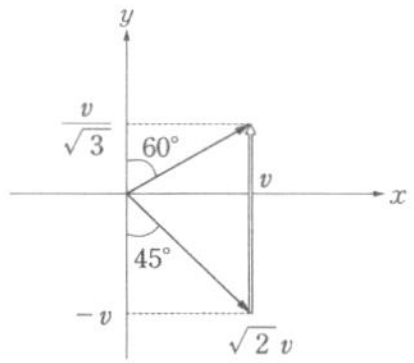

$v_x = v_x' = v$，$v_y = -v$，$v_y' = \frac{v}{\sqrt{3}}$

答 衝突前 $v_x = v$，$v_y = -v$
衝突後 $v_x' = v$，$v_y' = \frac{v}{\sqrt{3}}$

② 反発係数 e を求めよ。

$$e = \left|\frac{v_y'}{v_y}\right| = \frac{1}{\sqrt{3}}$$

答 $\frac{1}{\sqrt{3}}$

③ 壁から受ける力積の大きさを求めよ。

①のグラフより

$|\vec{F}\Delta t| = |m\vec{v'} - m\vec{v}|$

$= 1.0 \times \left\{\frac{v}{\sqrt{3}} - (-v)\right\} = \left(1 + \frac{1}{\sqrt{3}}\right)v$

答 $\left(1 + \frac{1}{\sqrt{3}}\right)v$

36 剛体と力のモーメント

月／日

解答編 ▶ p.38

扱うグラフと図

・カベクトル図，y-x グラフ… 力のモーメントの計算をする際，力ベクトルと回転の中心からの距離を求める必要がある。そのため，y-x グラフのような座標平面上で力ベクトル図を描くことになる。

覚えるべき定義

・剛体… 図 36-1 のスパナのように，長さや大きさを考える物体で，変形は考えないものを剛体という。高校物理で剛体ではないものは，基本的に質点と考えてよい。また，物体の変形は明記されている場合を除いて考えない。

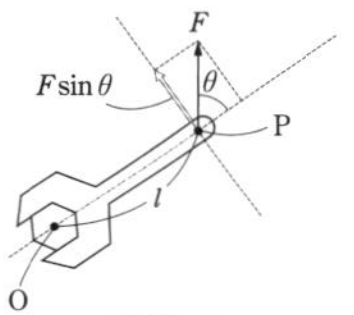

図 36－1

・力のモーメント $M=Fl\sin\theta$〔N·m〕

（F：力の大きさ，l：支点Oから作用点Pまでの距離，θ：力の向きと直線 OP のなす角）

物体を回転させるとき，支点から離れたところに回転の向きに力を加えると回しやすい（てこの原理）。これを式に表したものがモーメント M であり，$\theta=90^\circ$ のときは $M=Fl$ である。M は回転の中心をどこかに決めたときの，回転の度合いを表す量である。

●力のモーメントのつりあい

図 36-2 のように，一様な細い棒の両端に異なる質量のおもりをつり下げて水平に保つとき，つりあう位置は重い方にずれる。棒の長さが 30 cm，おもりの重さがそれぞれ 10 N，20 N でつりあうとき，糸の接点を回転の中心として左右のモーメントは等しくなるため，糸の位置は左端から 20 cm の位置になる。また，合計で 30 N のおもりを支えているため，張力の大きさは 30 N である。このように，剛体が静止しているとき

① 力のつりあい（並進運動しない条件）

② 力のモーメントのつりあい（回転運動しない条件）

の両方が成り立たないといけない。ただし，モーメントを計算する際の回転の中心はどこにとってもよい。作用線が中心を通る力のモーメントは 0 になるため，計算しやすいように中心を設定すればよい。これらの条件から，張力や抗力などの位置や大きさが求まる。また，単に平行な 3 力のつりあいの場合は，比で作用点を求めることができる（図 36-3）。

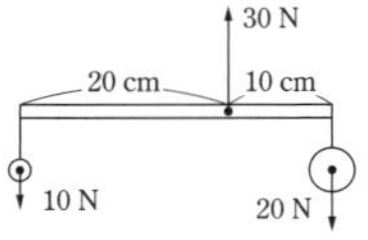

$10\ \mathrm{N}\times20\ \mathrm{cm}=20\ \mathrm{N}\times10\ \mathrm{cm}$

図 36－2

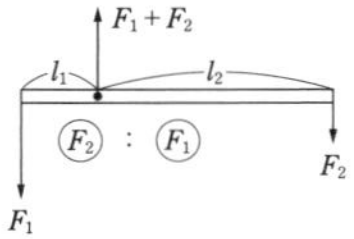

条件②：$F_1l_1=F_2l_2$

$l_1:l_2=F_2:F_1$

図 36－3

練習問題

問　次のそれぞれの図の力ベクトル図のように，細い一様な棒に力がはたらいて静止しているとき，距離 x や力 F_1，F_2，張力 T などの大きさを求めよ。ただし重力は，その大きさと作用点が既に示されているものとして次の問いに答えよ。

(1)

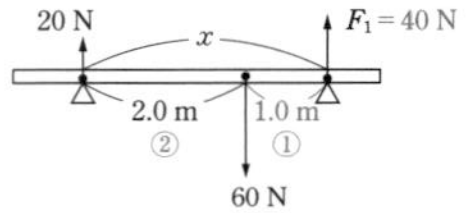

力のつりあい：$20+F_1=60$

より，$F_1=40$ N

20 N の作用点を中心とする力のモーメントのつりあいより，

$60\ \mathrm{N}\times2.0\ \mathrm{m}=40\ \mathrm{N}\times x$

$x=3.0$ m

《別解》

$(x-2.0):2.0=2.0\ \mathrm{N}:40\ \mathrm{N}$

より，$x=3.0$ m

答 $x=3.0$ m，$F_1=40$ N

(2)

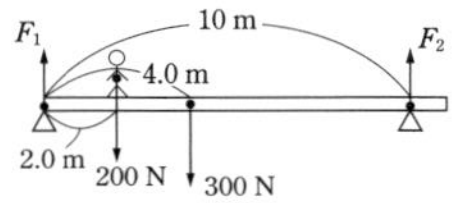

左端を中心とする力のモーメントのつりあいより，

$200\ \mathrm{N}\times2.0\ \mathrm{m}+300\ \mathrm{N}\times4.0\ \mathrm{m}$

$=F_2\times10$ m

$F_2=160=1.6\times10^2$ N

F_2 の作用点を中心とする力のモーメントのつりあいより，

$F_1\times10$ m

$=200\ \mathrm{N}\times8.0\ \mathrm{m}+300\ \mathrm{N}\times6.0\ \mathrm{m}$

$F_1=340=3.4\times10^2$ N

（この F_1，F_2 は力のつりあいを満たしている）

答 $F_1=3.4\times10^2$ N，$F_2=1.6\times10^2$ N

(3)

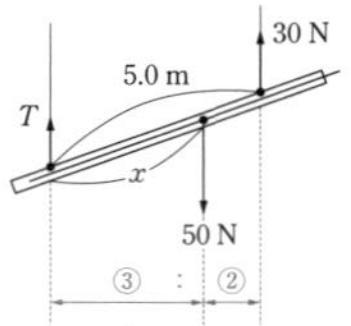

力のつりあい：$T+30=50$　$T=20$ N

T の作用点を中心とする力のモーメントのつりあいより，

$50\ \mathrm{N}\times x=30\ \mathrm{N}\times5.0$　$x=3.0$ m

《別解》 $x:(5.0-x)=30\ \mathrm{N}:20\ \mathrm{N}$

より，$x=3.0$ m

答 $x=3.0$ m，$T=20$ N

(4)

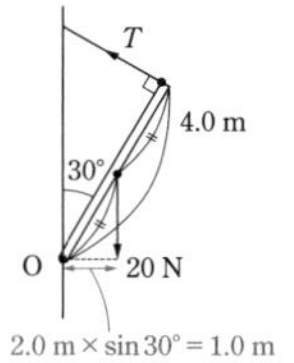

点 O を中心とする力のモーメントのつりあいより

$20\ \mathrm{N}\times1.0\ \mathrm{m}=T\times4.0$ m

$T=5.0$ N

答 $T=5.0$ N

剛体の場合は回転してしまうので，モーメントの条件もプラスして考えるんだね！

37 3力のモーメントのつりあいと転倒の条件

解答編 ▶ p.39

月／日

扱うグラフと図

・カベクトル図，y-x グラフ… 力のモーメントのつりあいを考える場合，y-x グラフ上に力ベクトル図を描いて，力の作用線を引くことで問題が考えやすくなる場合がある。

●剛体のつりあい

物体の大きさを考える剛体の場合，合力が 0 で力がつりあっている場合でも，回転してしまうことがある。すなわち，剛体が静止する条件は

① 力がつりあうこと

② 支点O(回転の中心)まわりの，時計回りと反時計回りの力のモーメントがつりあっていること

の両方が必要である。②の条件は，3 力の場合，

②′ 平行でない 3 力は，力の作用線が一点で交わる

と言い換えることもできる。これを用いると，状況を見抜きやすくなる (図 37-1)。

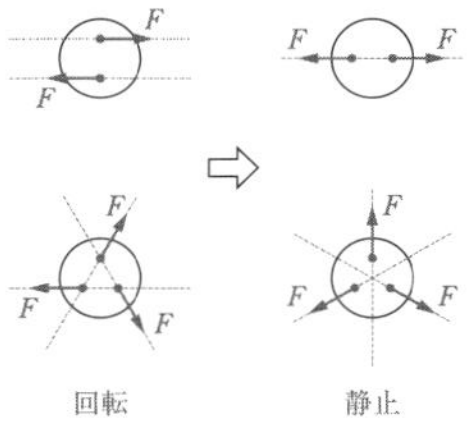

図 37－1

●垂直抗力の作用点と転倒の条件

粗い斜面上に物体が静止している状況を考える。このとき，物体の質量を m〔kg〕，抗力を R〔N〕(垂直抗力 N〔N〕と静止摩擦力 F〔N〕の合力)，重力加速度の大きさを g〔m/s²〕として図 37-2 のように力ベクトル図を作図してしまうと，この物体は斜面上で回転してしまうことになる。

一方，図 37-3 のように力ベクトル図を描くと，重力と抗力(垂直抗力，静止摩擦力の 2 つを合わせた斜面からの抗力) の作用線が重なり，力のモーメントのつりあいの条件を満たす。このように，物体が回転しない場合は垂直抗力 (抗力) の作用点は重力の作用線と斜面が交わる点である。

もし傾斜がきつくなって，図 37-4 のように垂直抗力の作用点が物体の一端にくるとき，物体が静止するギリギリの状態である。これ以上角度が大きくなると，物体は転倒する。

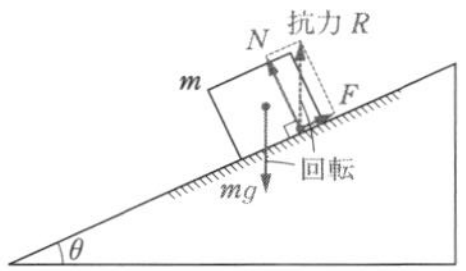

図 37－2

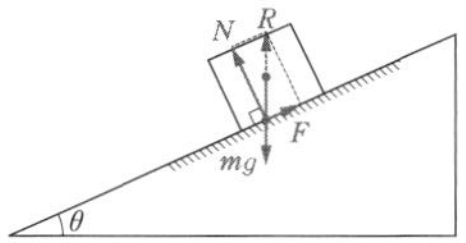

図 37－3

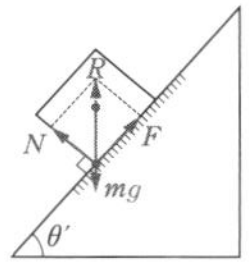

図 37－4

練習問題

問 1 右図のように，質量 m〔kg〕の一様な棒の一端に糸をつなぎ，他端を粗い壁に固定して棒が水平になるように静止させたところ，糸と棒のなす角は 30° になった。重力加速度の大きさを g〔m/s²〕として次の問いに答えよ。

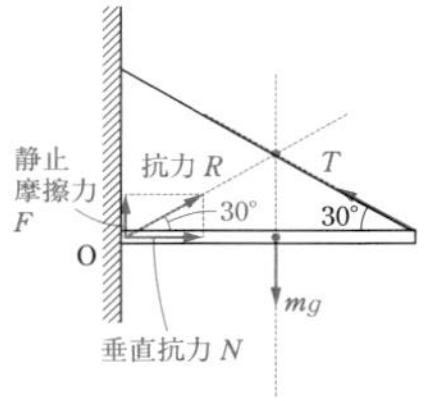

(1) 壁からの抗力の大きさを R (壁からの垂直抗力の大きさを N，静止摩擦力の大きさを F)，糸の張力の大きさを T として，棒にはたらく力を全て図中に示し，作用線が一点で交わるように力ベクトル図を描け。

(2) 糸の張力の大きさを求めよ。

水平方向の力のつりあい：$R\cos 30° = T\cos 30°$　　$R = T$

鉛直方向の力のつりあい：$R\sin 30° + T\sin 30° = mg$

$2\times\frac{1}{2}T = mg$　　$T = mg$

答 mg

問 2 図のように，質量 m〔kg〕，高さ a〔m〕，幅 b〔m〕の物体が水平面となす角 θ の粗い斜面上で静止している。物体と床との間の静止摩擦係数を μ，重力加速度の大きさを g〔m/s²〕として次の問いに答えよ。

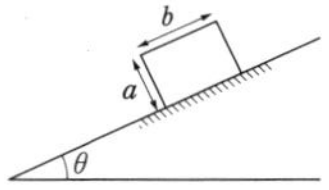

(1) θ を大きくしていき，転倒する直前の，物体にはたらく力の力ベクトル図を作図せよ。

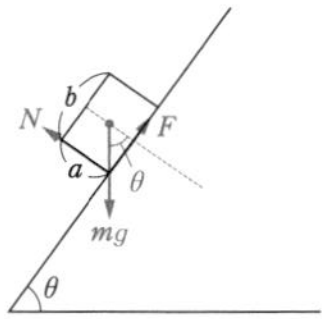

(2) 物体が斜面上をすべらず転倒するときの θ の条件を求めよ。

(1)より，転倒する直前，

$\tan\theta = \dfrac{\frac{1}{2}b}{\frac{1}{2}a} = \dfrac{b}{a}$ が成り立つので，$\tan\theta > \dfrac{b}{a}$

なら転倒する。

またすべらない条件は，$F \leqq \mu N$ より

$mg\sin\theta \leqq \mu mg\cos\theta$　　$\tan\theta \leqq \mu$

(F，N は力のつりあいより求めた)

よって $\dfrac{b}{a} < \tan\theta \leqq \mu$

答 $\dfrac{b}{a} < \tan\theta \leqq \mu$

作用線の作図の条件を知っておくと，問題を早く解くことができるよ！

38 立てかけたはしごが転倒しない条件

解答編 ▶ p.40

月　日

ポイント

36，37で見たように，剛体のつりあいの問題は，
・力のつりあいの式，力のモーメントのつりあいの式を立式する
・３力の作用線が１点で交わるように作図し，力の関係式を立てる
のどちらかの方法で解くことができる。

１つの問題を２通りの解法で解いてみよう。

練習問題

問１　図のように，質量 m，長さ L の一様な棒が，粗い床上となめらかな壁の間に，壁となす角 θ で立てかけられている。棒と床の間の静止摩擦係数を μ，重力加速度の大きさを g として次の問いに答えよ。

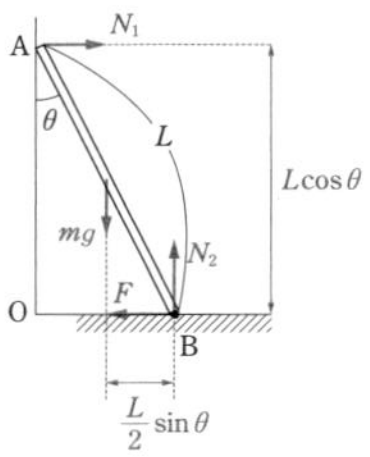

(1)　壁からの垂直抗力を N_1，床からの垂直抗力を N_2，静止摩擦力を F，重力を mg として図中に描き，水平・鉛直方向の力のつりあいの式を立てよ。

答　水平：$N_1=F$，鉛直：$mg=N_2$

(2)　B点を中心として，力のモーメントのつりあいの式を立てよ。

B点を中心とする力のモーメントのつりあいより

$$mg\times\frac{L}{2}\sin\theta=N_1\times L\cos\theta$$

答　$mg\times\frac{L}{2}\sin\theta=N_1\times L\cos\theta$

(3)　Fを求め，棒がすべらないための θ の条件を μ を用いて答えよ。

(2)より　$N_1=\frac{1}{2}mg\tan\theta$

(1)より　$F=N_1=\frac{1}{2}mg\tan\theta$

また，$F\leqq\mu N_2$ なら棒はすべらないので，

$\frac{1}{2}mg\tan\theta\leqq\mu mg$　　$\tan\theta\leqq2\mu$

答　$F=\frac{1}{2}mg\tan\theta$，$\tan\theta\leqq2\mu$

問２　図のように，質量 m，長さ L の一様な棒が，粗い床上となめらかな壁の間に，壁となす角 θ で立てかけられている。棒と床の間の静止摩擦係数を μ，重力加速度の大きさを g として次の問いに答えよ。

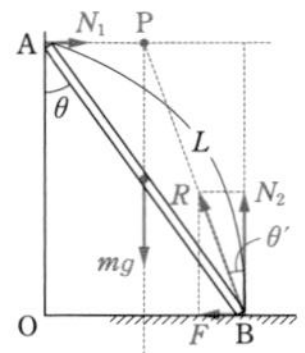

(1)　壁からの垂直抗力を N_1，床からの抗力を R，重力を mg として，それらの３力の作用線が交わる点Pを右図に描け。さらに，床からの抗力を垂直抗力 N_2 と静止摩擦力 F に分解したものを記せ。

(2)　AO，APの長さをそれぞれ L，θ を用いて表せ。

答　$AO=L\cos\theta$，$AP=\frac{1}{2}L\sin\theta$

(3)　BPが鉛直線となす角を θ' として，$\tan\theta'$ を θ を用いて表せ。

$$\tan\theta'=\frac{\frac{1}{2}L\sin\theta}{L\cos\theta}=\frac{1}{2}\tan\theta$$

答　$\tan\theta'=\frac{1}{2}\tan\theta$

(4)　床からの垂直抗力 N_2 を鉛直方向の力のつりあいから求め，三角比から床からの静止摩擦力Fを m，g，θ を用いて表せ。

鉛直方向の力のつりあい　$N_2=mg$

$F=N_2\tan\theta'=\frac{1}{2}mg\tan\theta$

答　$N_2=mg$，$F=\frac{1}{2}mg\tan\theta$

(5)　棒がすべらないための θ の条件を μ を用いて答えよ。

$F\leqq\mu N_2$ ならすべらないので，

$\frac{1}{2}mg\tan\theta\leqq\mu mg$　　$\tan\theta\leqq2\mu$

答　$\tan\theta\leqq2\mu$

どちらの方が求めやすかったかな？どちらの考え方もできるようにしておこう！

39 重心

解答編 ▶ p.41

月　日

扱うグラフ

・y-x グラフ… 縦軸，横軸に位置を表す y，x をとったグラフ。剛体のように物体の大きさ（空間の広がり）を考える場合，自然に導入される。重心が物体のどの位置にあるのかを表すのに用いる。

●重心

剛体を構成する各質点にはたらく重力の合力の作用点を重心という。例えば図 39-1 のように，左端に質量 1.0 kg のおもり，右端に質量 2.0 kg のおもりがついている，長さ 3.0 m の質量が無視できる変形しない棒を考える。この棒が静止するためには，力のつりあい，力のモーメントのつりあいより，左端（原点Oとする）から 2.0 m の点を鉛直上向きに $3.0\,\mathrm{kg}\times9.8\,\mathrm{m/s^2}$ の力で支えればよいことがわかる。この点が棒の重心 x_G である。この場合，重心は棒の長さを 2：1 に内分する点であるので

$$x_G=\frac{1\times0+2\times3.0}{1+2}=2.0\,\mathrm{m}$$

と内分点の公式から求められる。

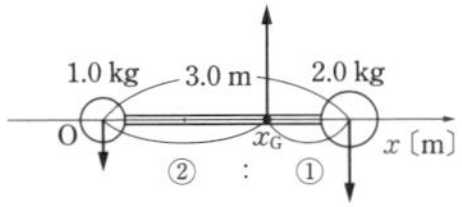

図 39－1

図 39-2 のように，$(x_1,\ y_1)$ の位置に m_1〔kg〕のおもり，$(x_2,\ y_2)$ の位置に m_2〔kg〕のおもりがあり，質量の無視できる変形しない棒でつながれている場合，力のつりあい，力のモーメントのつりあいより，重心は棒の長さを $m_2：m_1$ に内分する点となる。その座標 $(x_G,\ y_G)$ は内分点の式より

$$x_G=\frac{m_1x_1+m_2x_2}{m_1+m_2}\qquad y_G=\frac{m_1y_1+m_2y_2}{m_1+m_2}$$

と，それぞれの方向で求めることができる。

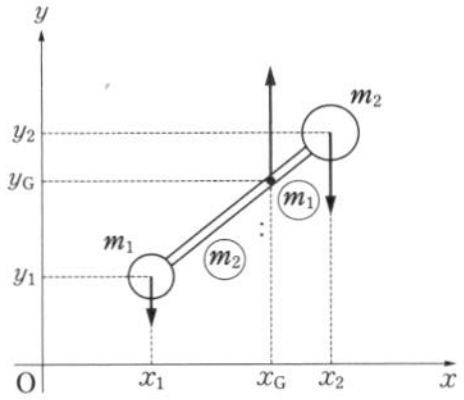

図 39－2

以上は質点が 2 つの場合で考えたが，これを拡張すると，質点が n 個ある場合の重心の位置は，

$$x_G=\frac{m_1x_1+m_2x_2+\cdots\cdots+m_nx_n}{m_1+m_2+\cdots\cdots+m_n}$$

で求められる（図 39-3）。

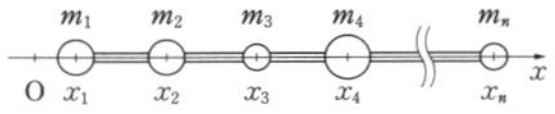

図 39－3

練習問題

次の各図の物体の重心を求め，その位置を図中に描け。割り切れない場合は分数を用いよ。ただし座標が設定されていない場合は自分で設定せよ。(4)以外は棒の質量は無視してよい。

(1)

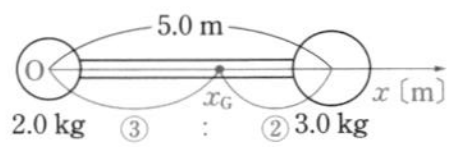

左端から 3.0 m の位置

《別解》 左の物体の中心を原点とすると，

$$x_G=\frac{2.0\times0+3.0\times5.0}{2.0+3.0}=3.0\,\mathrm{m}$$

(2)

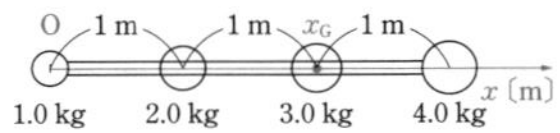

左端を原点とし，図のように x 軸をとると，

$$x_G=\frac{1\times0+2\times1+3\times2+4\times3}{1+2+3+4}=\frac{20}{10}=2.0\,\mathrm{m}$$

左端から 2.0 m の位置

(3)

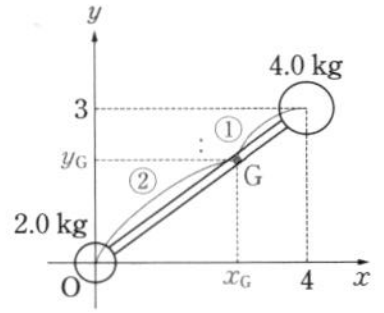

$$x_G=\frac{2}{3}\times4=\frac{8}{3}\qquad y_G=\frac{2}{3}\times3=2$$

$$G\left(\frac{8}{3},\ 2\right)$$

(4) 一様な棒

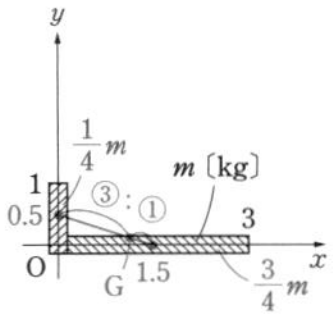

$$x_G=\frac{3}{4}\times\frac{3}{2}=\frac{9}{8}\qquad y_G=\frac{1}{4}\times\frac{1}{2}=\frac{1}{8}$$

$$G\left(\frac{9}{8},\ \frac{1}{8}\right)$$

(5)

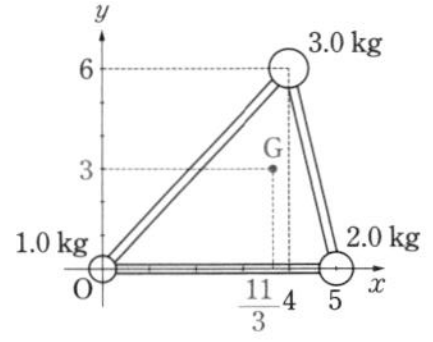

$$x_G=\frac{1\times0+2\times5+3\times4}{1+2+3}=\frac{11}{3}$$

$$y_G=\frac{1\times0+2\times0+3\times6}{1+2+3}=3$$

$$G=\left(\frac{11}{3},\ 3\right)$$

(6) 小円をくり抜いた一様な円板

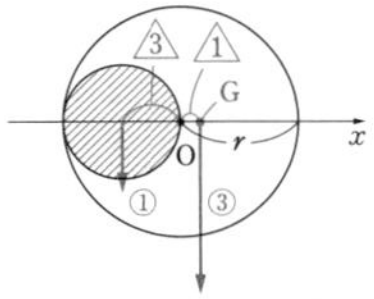

くり抜かれた円板の重心と残った三日月形の重心との重心が円の中心と考える。

面積比 ○：◯＝1：3 より O の左右 3：1 に重心がある。△3が $\frac{r}{2}$ に対応するので △1＝$\frac{r}{6}$　O より $\frac{r}{6}$ だけ右側

剛体の運動は，「重心」と「そのまわり」の運動に分けるとわかりやすい場合が多いんだよ。そのためには重心を見つけ出せるようにしないとね！

40 運動量保存則と重心

解答編 ▶ p.42

月／日

扱うグラフ

・v-t グラフ… 2つの物体が影響を及ぼしあう運動の場合，重心の速度に注目するとうまくいくことがある。それを v-t グラフに描いて考察する。

●重心の速度

39 では一体となっている物体の重心を考えたが，異なる2物体を1つの系と考えて，その重心を考えることもできる。図40-1のように，位置 x_1 で速度 v_1〔m/s〕で運動する質量 m_1〔kg〕の物体Aと，位置 x_2 で速度 v_2〔m/s〕で運動する，質量 m_2〔kg〕の物体Bを1つの系として考えると，その重心 x_G は

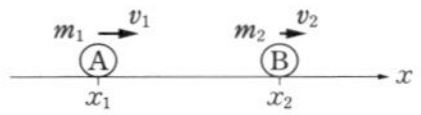

図40－1

$$x_G=\frac{m_1x_1+m_2x_2}{m_1+m_2}$$

である。ここで重心の速度 v_G を考えてみると，それは x_G の時間変化である。m_1，m_2 は時間によって変わらず，変わるのは x_1，x_2 のみであり，その時間変化は v_1，v_2 なので

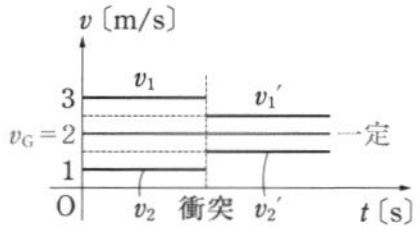

図40－2

$$v_G=\frac{m_1v_1+m_2v_2}{m_1+m_2}$$

と書ける。ここで分子に注目すると，$m_1v_1+m_2v_2$ は物体A，Bの運動量の和である。すなわち，運動量が保存する場合は重心の速度はつねに一定である。運動の過程で物体A，Bが衝突しても，その重心の速度は一定である。反発係数 e が1未満ならば力学的エネルギーは減少するが，重心の速度は保たれる。これを用いると，十分に時間が経った後の運動を定性的に予測することができる。図40-2は $m_1=m_2=1.0\,\text{kg}$，$v_1=3.0\,\text{m/s}$，$v_2=1.0\,\text{m/s}$，$e=0.50$ のときの，衝突前後の v-t グラフである。

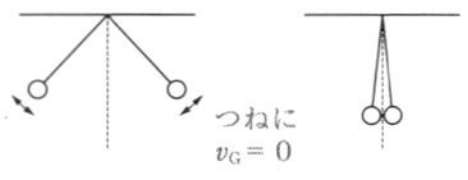

図40－3

図40-3のように2つの振り子を同じ高さから同時に静かにはなすことを考える。最初の状態で初速度はどちらの物体も0なので重心の速度も0である。複数回衝突が起こるが，運動量は保存されるので重心の速度も変わらない。反発係数が1なら衝突を繰り返し，1未満なら力学的エネルギーが徐々に失われてやがて静止する。

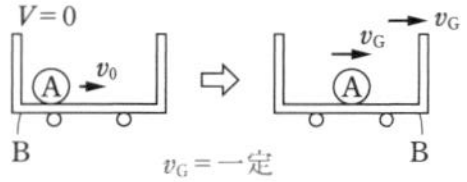

図40－4

次に図40-4のように，台Bのなめらかな面上で物体Aをある初速度で運動させることを考える。Bの壁にAが衝突するたびにA，Bの速度は変化するが運動量は保存するため，重心の速度は一定である。十分に時間が経つと，反発係数が1未満の場合，AはB上で静止し一体となって運動するが，その速度は重心の速度と一致する。このように，重心の速度を意識するだけで，物体の運動を予測することができる。

練習問題

問　右図のように，質量 M〔kg〕の台Bのなめらかな面上で，質量 m〔kg〕の物体Aに初速度 v_0〔m/s〕を与え，運動させる。BとAの反発係数は e とし，最初，Bは床上で静止しておりBと床の摩擦も無視できるものとして次の問いに答えよ。

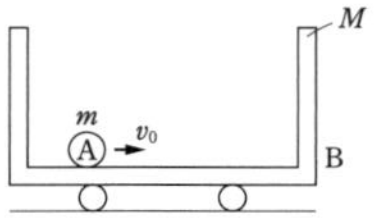

(1)　1回目の衝突後のA，Bの速度 v_1〔m/s〕，V_1〔m/s〕を求めよ。

運動量保存則より　$mv_0=mv_1+MV_1$

反発係数の式より　$-ev_0=v_1-V_1$

これらを解いて　$v_1=\dfrac{(m-eM)}{m+M}v_0$，$V_1=\dfrac{(1+e)m}{m+M}v_0$

答　$v_1=\dfrac{(m-eM)}{m+M}v_0$，$V_1=\dfrac{(1+e)m}{m+M}v_0$

(2)　2回目の衝突後のA，Bの速度 v_2〔m/s〕，V_2〔m/s〕を求めよ。

運動量保存則より　$mv_0=mv_2+MV_2$

反発係数の式より　$-e(v_1-V_1)=v_2-V_2=e^2v_0$

これらを解いて　$v_2=\dfrac{(m+e^2M)}{m+M}v_0$，$V_2=\dfrac{(1-e^2)m}{m+M}v_0$

答　$v_2=\dfrac{(m+e^2M)}{m+M}v_0$，$V_2=\dfrac{(1-e^2)m}{m+M}v_0$

(3)　∞回目の衝突後のA，Bの速度 v_∞〔m/s〕，V_∞〔m/s〕を求めよ。

$v_\infty=V_\infty$ となるので，運動量保存則より

$mv_0=mv_\infty+MV_\infty$　　$v_\infty=V_\infty=\dfrac{mv_0}{m+M}$（重心の速度）

答　$v_\infty=\dfrac{mv_0}{m+M}$，$V_\infty=\dfrac{mv_0}{m+M}$

(4)　$m=2.0\,\text{kg}$，$M=4.0\,\text{kg}$，$v_0=12\,\text{m/s}$，$e=0.50$ として，A，Bの速度を表す v-t グラフの概形を描け。v 軸の目盛りは数値を記入し，t 軸の目盛りはなくてよい。また，2回目の衝突以降は十分に時間が経った後のようすがわかればよい。

(1)，(2)の結果に数値を代入すると右図の値となる。

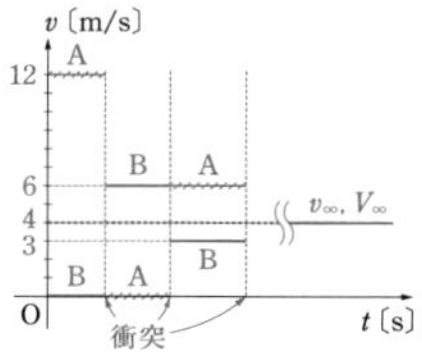

運動量が保存するとき，重心の運動が簡単になるんだね。
別々の知識が結びついていくと楽しい！

41 等速円運動の速度

解答編 ▶ p.43

月　日

扱う図

・位置ベクトル図… ある時刻における物体の基準点（原点）に対する位置をベクトルで表したもの。速度は位置の時間変化であるため，速度を調べるために位置ベクトル図を描く。

覚えるべき定義

・周期 T〔s〕… 円運動や後述の単振動などは，同じパターンの運動が繰り返される現象である。その特徴を表す 1 つの量が周期で，等速円運動の場合，物体が運動し始めてもとの位置に戻るまでの時間が T〔s〕のとき，この T を周期という。

・角速度 ω〔rad/s〕… 等速円運動において 1 s あたりに回転する角度をラジアンで表したものを，角速度という。1 周期で 2π〔rad〕だけ回転するので，$\omega=\dfrac{2\pi}{T}$ と表せる。振動現象の場合は，この ω を「角振動数」という。

●等速円運動の速度

一定の角速度 ω〔rad/s〕で，半径 r〔m〕の等速円運動する物体（質点）の運動を考える。微小時間 Δt〔s〕の間に，この物体は $\theta=\omega\Delta t$〔rad〕だけ回転する。このとき，物体は図 41-1 の扇形の弧の部分を進んでおり，その長さは $2\pi r\times\dfrac{\theta}{2\pi}=r\theta=r\omega\Delta t$〔m〕と書ける。よって物体の速さ v〔m/s〕は，$v=\dfrac{r\omega\Delta t}{\Delta t}=r\omega$〔m/s〕と計算できる。同じ角速度 ω で運動する物体でも，半径が大きければ移動距離も大きくなり，その速さも大きくなる。

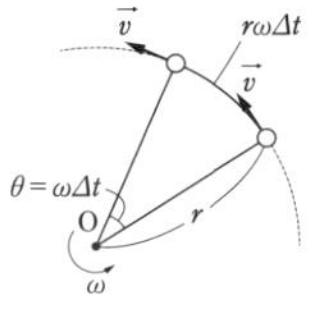

図 41－1

●等速円運動の速度の向き

次に同じ運動の速度の向きについて考えよう。速度の定義より $\vec{v}=\dfrac{\vec{x_2}-\vec{x_1}}{\Delta t}$ なので，分子の $\vec{x_2}-\vec{x_1}$ について考えると図 41-2 のベクトルとなる。ここで Δt をどんどん小さくしていくと $\vec{x_2}$ は $\vec{x_1}$ に近づいていき，$\vec{x_2}-\vec{x_1}$ は $\vec{x_1}$ と垂直になる。

以上のことが各瞬間ごとに成り立つので，速度ベクトルはつねに位置ベクトルに直交する。これを位置ベクトル図に表すと図 41-3 のようになる。このように，運動の向きはつねに変わるため，速度の向きもつねに変化する。等速円運動は等「速さ」円運動であることに注意。

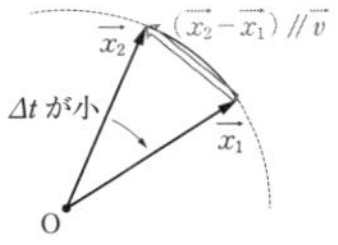

図 41－2

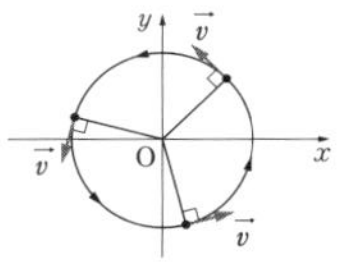

図 41－3

練習問題

問 1　質量 m の物体が，2.0 s 間で 60° 回転した。これを半径 1.0 m の等速円運動と考えて，次の問いに答えよ。円周率を π とする。

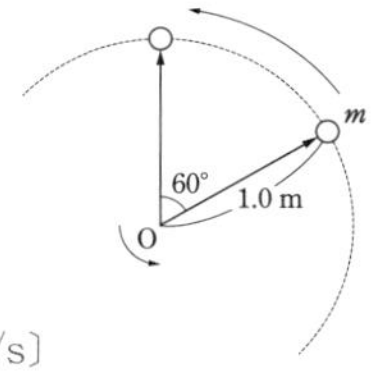

(1)　角速度 ω〔rad/s〕を求めよ。

回転角を θ，回転時間を Δt とすると　$\theta=\omega\Delta t$

$\omega=\dfrac{\theta}{\Delta t}$ であるから　$\omega=\dfrac{\frac{\pi}{3}}{2.0}=\dfrac{\pi}{6}$〔rad/s〕

答　$\dfrac{\pi}{6}$〔rad/s〕

(2)　2.0 s 間での移動距離を求めよ。

(1)より半径を r とすると　$r\theta=r\omega\Delta t=1.0\times\dfrac{\pi}{6}\times2.0=\dfrac{\pi}{3}$〔m〕

答　$\dfrac{\pi}{3}$〔m〕

(3)　等速円運動の速さ v〔m/s〕を求めよ。

$v=r\omega=1.0\times\dfrac{\pi}{6}=\dfrac{\pi}{6}$〔m/s〕

答　$\dfrac{\pi}{6}$〔m/s〕

(4)　周期 T を求めよ。

$T=\dfrac{2\pi}{\omega}=\dfrac{2\pi}{\frac{\pi}{6}}=12$ s

答　12 s

問 2　図のように，長さ 3.0 m の一様な棒に，1.0 m ずつの間隔で質量 1.0 kg の物体が固定され，点 O を中心に一定の角速度 $\omega=\dfrac{\pi}{12}$〔rad/s〕で運動しているとするとき，次の問いに答えよ。

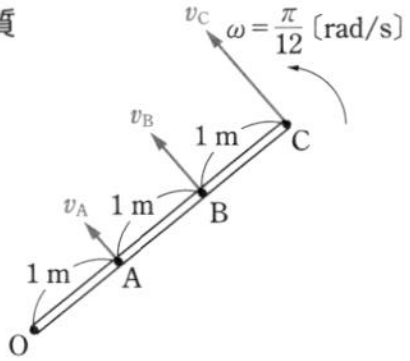

(1)　A の速さ v_A〔m/s〕を求めよ。

O から A までの距離を r_A とすると

$v_A=r_A\omega=\dfrac{\pi}{12}$〔m/s〕　答　$\dfrac{\pi}{12}$〔m/s〕

(2)　B の速さ v_B〔m/s〕を求めよ。

O から B までの距離を r_B とすると　$v_B=r_B\omega=\dfrac{\pi}{6}$〔m/s〕

答　$\dfrac{\pi}{6}$〔m/s〕

(3)　C の速さ v_C〔m/s〕を求めよ。

O から C までの距離を r_C とすると　$v_C=r_C\omega=\dfrac{\pi}{4}$〔m/s〕

答　$\dfrac{\pi}{4}$〔m/s〕

円運動の速度がわかったので，次は加速度や力を考えよう！ ▶▶▶

42 等速円運動の加速度・力

解答編 ▶ p.44

月／日

扱う図

・速度ベクトル図… 加速度は速度の時間変化であるため，加速度を調べるために速度ベクトル図を描く。

●等速円運動の加速度

一定の角速度 ω〔rad/s〕，速さ v〔m/s〕で，半径 r〔m〕の等速円運動する物体（質点）の運動を考える。微小時間 Δt〔s〕の間に，この物体は $\theta=\omega\Delta t$〔rad〕だけ回転し，速度は $\vec{v_1}$ から $\vec{v_2}$ に変化する（図 42-1)。加速度ベクトルは $\vec{a}=\dfrac{\vec{v_2}-\vec{v_1}}{\Delta t}$ で計算できるので，速度ベクトル $\vec{v_2}$ と $\vec{v_1}$ の差をとればよい。このとき速度ベクトル図は図 42-2 のようになり，その大きさは弧の長さで近似できる。速度ベクトルも $\theta=\omega\Delta t$〔rad〕だけ回転しているので，弧の長さは $2\pi v\times\dfrac{\theta}{2\pi}=v\theta=v\omega\Delta t$ と計算できる。よって加速度 $\vec{a}$ の大きさ a は，$a=\dfrac{v\omega\Delta t}{\Delta t}=v\omega=r\omega^2=\dfrac{v^2}{r}$ と計算できる。ただし式変形の途中で $v=r\omega$ を用いた。また，位置ベクトルの変化から速度ベクトルを求めたときと同様に，加速度ベクトルの向きについても，速度ベクトルと直交することがわかる（$\vec{a}\perp\vec{v}$)。等速円運動のある瞬間で，位置ベクトル，速度ベクトル，加速度ベクトルを同一図上に描くと図 42-3 のようになり，加速度ベクトルは運動の中心方向を向く。これを向心加速度という。

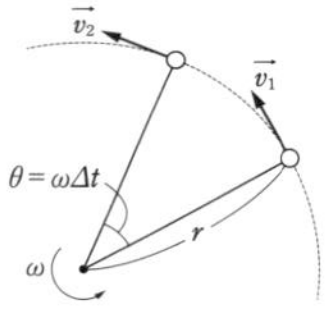

図 42－1

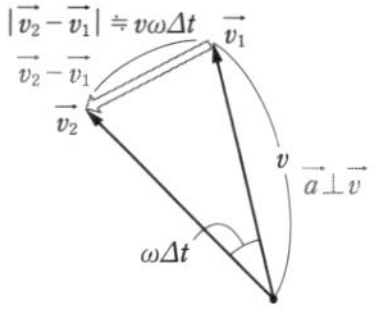

図 42－2

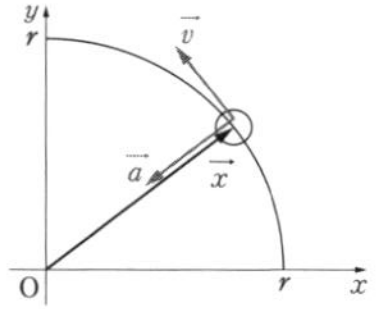

図 42－3

●等速円運動を引き起こす力

最後に，等速円運動を生じさせる力について考える。運動方程式より $m\vec{a}=\vec{F}$ であるため，加速度と力ベクトルは向きが等しくどちらも中心を向く。この力を向心力という。等速円運動が生じるときは，加速度が必ず中心を向くため，力も必ず中心を向く。

また向心力の大きさを F とすると，加速度の大きさ a は $a=r\omega^2=\dfrac{v^2}{r}$ と書けるので，等速円運動の運動方程式より $mr\omega^2=F$，もしくは $m\dfrac{v^2}{r}=F$ が成り立つ。

例えば，陸上競技のハンマー投げを考えると，張力が中心方向を向いているために円運動が生じると想像することができる。

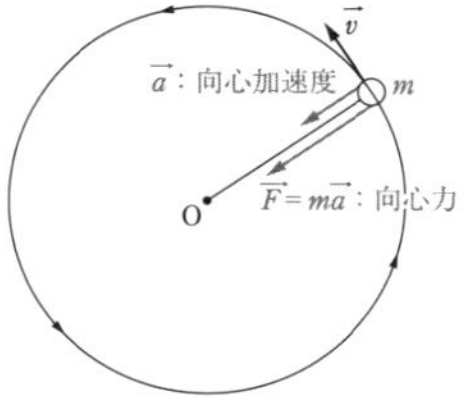

図 42－4

練習問題

問 1　半径 r〔m〕，角速度 ω〔rad/s〕で等速円運動しているある質点が，点 P を速度 $\vec{v}$ で通過してから Δt〔s〕後に点 P′ を速度 $\vec{v'}$ で通過したとする。Δt が十分小さいとき，$|\vec{v'}-\vec{v}|$ は速さ v〔m/s〕を半径とする中心角 $\Delta\theta$ の円弧の長さで近似できるものとして，次の問いに答えよ。

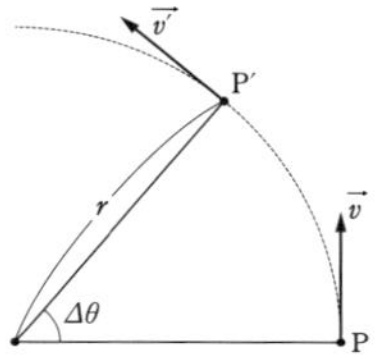

(1)　速度の変化量を計算するための速度ベクトル図を描け。

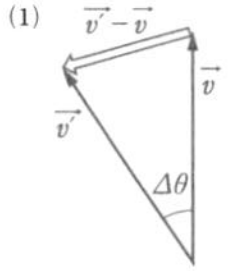

(2)　$|\vec{v'}-\vec{v}|$ を v，$\Delta\theta$ を用いて表せ。

(1)より　$|\vec{v'}-\vec{v}|\fallingdotseq v\Delta\theta$

答　$v\Delta\theta$

(3)　$\Delta\theta$ を ω，Δt を用いて表せ。

$\Delta\theta=\omega\Delta t$

答　$\omega\Delta t$

(4)　加速度 a の大きさを r，v を用いて表せ。

(1)，(2)より　$a=\dfrac{|\vec{v'}-\vec{v}|}{\Delta t}=\dfrac{v\omega\Delta t}{\Delta t}=v\omega$

また　$v=r\omega$ より $\omega=\dfrac{v}{r}$　　これより，$a=\dfrac{v^2}{r}$

答　$\dfrac{v^2}{r}$

問 2　右図のように，中華料理店などにあるターンテーブルが角速度 ω〔rad/s〕，半径 r〔m〕の等速円運動をしており，その上で質量 m〔kg〕の物体がともに等速円運動しているとする。物体と面の静止摩擦係数を μ，重力加速度の大きさを g〔m/s²〕として次の問いに答えよ。

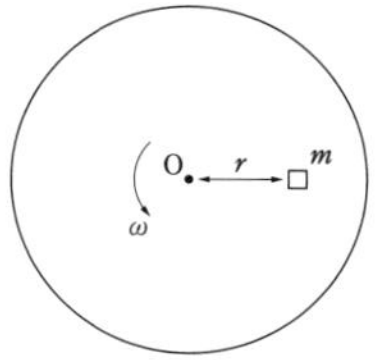

(1)　物体を横から見て，物体にはたらく力の力ベクトル図を描け。静止摩擦力を f〔N〕，垂直抗力を N〔N〕とする。

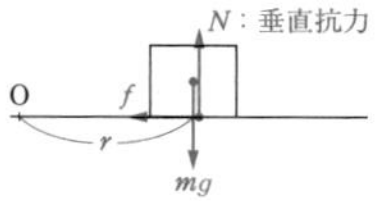

（静止摩擦力 f が向心力）

(2)　静止摩擦力 f の大きさを求めよ。

(1)より静止摩擦力が向心力になるので，運動方程式を考えて

$m\times r\omega^2=f$　　$f=mr\omega^2$

答　$mr\omega^2$

(3)　物体がすべり出さないための ω の条件を求めよ。

$f\leqq\mu N$ ならすべらないので

$mr\omega^2\leqq\mu\times mg$　　$\omega\leqq\sqrt{\dfrac{\mu g}{r}}$

答　$\omega\leqq\sqrt{\dfrac{\mu g}{r}}$

円運動の位置と速度の関係と，速度と加速度の関係の類似に気づけたかな？ ▶▶▶

43 等速円運動の運動方程式

解答編 ▶ p.45

月／日

扱う図

・カベクトル図… 等速円運動の場合は物体にはたらく合力が必ず中心方向を向くため，そのようにカベクトル図を描く必要がある。

●等速円運動を引き起こす力

物体が等速円運動するときは向心力がはたらき，$ma=F$ により向心加速度が生じている。逆に向心加速度が生じていないと等速円運動は生じないため，等速円運動が観察されている場合には必ず向心力がはたらいている。よって，複数の力が物体にはたらいて等速円運動している場合は，その合力が必ず中心方向を向くように作図する。

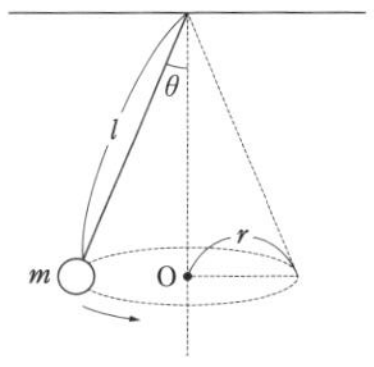

図 43－1

図 43-1 のように，天井から糸でつるされている物体が平面上で等速円運動している場合（円錐振り子）を考える。円運動の条件より，物体にはたらく張力と重力の合力が中心方向を向くため，図 43-2 のようなベクトル図が描ける。物体の質量を m〔kg〕，重力加速度の大きさを g〔m/s²〕，糸が鉛直線となす角を θ とすると，向心力の大きさは $mg\tan\theta$ となる。

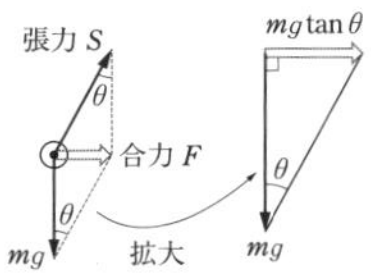

図 43－2

糸の長さを l〔m〕，角速度を ω〔rad/s〕，円運動の半径を r〔m〕とすると，等速円運動の運動方程式より $mr\omega^2=$(向心力) なので

$m(l\sin\theta)\omega^2=mg\tan\theta$ …(＊)

が成り立ち，ω や周期 T〔s〕が求められる。

このように複数の力がはたらいて物体が等速円運動している場合は，その合力が中心を向くようにカベクトル図を描き，向心力の大きさを求め運動方程式を立てることで運動を解析することができる。

問 1 図 43-2 から張力 S〔N〕の大きさを求めよ。

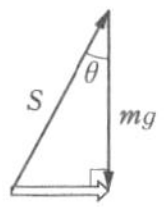

$S\cos\theta=mg$ $S=\dfrac{mg}{\cos\theta}$〔N〕

答 $\dfrac{mg}{\cos\theta}$〔N〕

問 2 図 43-1，図 43-2 から周期 T〔s〕を求めよ。

$T=\dfrac{(距離)}{(速さ)}=\dfrac{2\pi r}{v}=\dfrac{2\pi}{\omega}$〔s〕

運動方程式（＊）より $\omega=\sqrt{\dfrac{g}{l\cos\theta}}$ $T=2\pi\sqrt{\dfrac{l\cos\theta}{g}}$〔s〕

答 $2\pi\sqrt{\dfrac{l\cos\theta}{g}}$〔s〕

練習問題

問 1 右図のように，質量 2.0 kg の物体が長さ 0.10 m の糸でつるされ，鉛直線となす角 60° で等速円運動している。重力加速度の大きさを 9.8 m/s² として次の問いに答えよ。$\sqrt{3}=1.73$ とする。

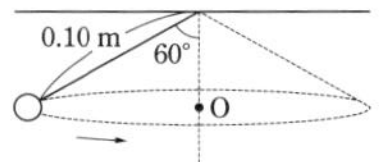

(1) 糸の張力を S〔N〕とし，カベクトル図を描いて，向心力 F〔N〕の大きさを求めよ。

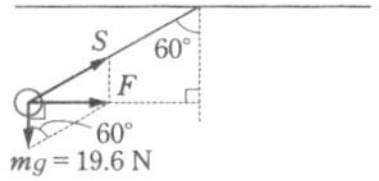

図より $F=19.6\times\tan 60°=19.6\times\sqrt{3}$

$=33.9 \fallingdotseq 34$ N 答 34 N

(2) 物体の速さ v〔m/s〕を求めよ。

等速円運動の半径を r とすると， $r=0.10\times\sin 60°=0.05\sqrt{3}$

運動方程式より $m\dfrac{v^2}{r}=F$ $2.0\times\dfrac{v^2}{0.05\sqrt{3}}=19.6\sqrt{3}$

$v^2=0.49\times 3$ $v=0.7\times\sqrt{3}=1.21\fallingdotseq 1.2$ m/s 答 1.2 m/s

(3) 円運動の周期 T〔s〕を π を用いて求めよ。

$T=\dfrac{2\pi r}{v}=\dfrac{2\pi\times 0.05\sqrt{3}}{0.7\sqrt{3}}=\dfrac{\pi}{7}$〔s〕 答 $\dfrac{\pi}{7}$〔s〕

問 2 右図のように，質量 m〔kg〕の物体がなめらかな円錐面の内側で半径 r〔m〕の等速円運動をしている。鉛直線と斜面のなす角を θ，重力加速度の大きさを g〔m/s²〕として次の問いに答えよ。

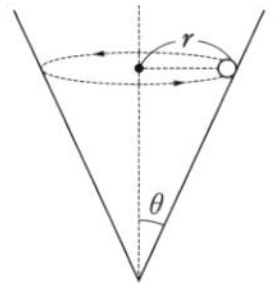

(1) 垂直抗力の大きさを N〔N〕としてカベクトル図を描いて，向心力の大きさ F〔N〕を m，g，θ を用いて表せ。

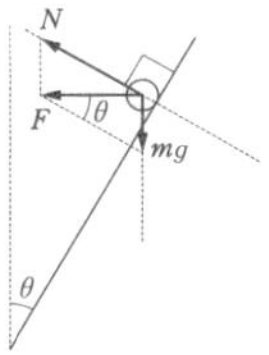

図より $F\tan\theta=mg$ $F=\dfrac{mg}{\tan\theta}$〔N〕

※向心力 F を描いてから鉛直方向と斜面に垂直方向に分解するとよい。

答 $\dfrac{mg}{\tan\theta}$〔N〕

(2) 物体の速さ v〔m/s〕を求めよ。

運動方程式より $m\dfrac{v^2}{r}=\dfrac{mg}{\tan\theta}$ $v=\sqrt{\dfrac{rg}{\tan\theta}}$〔m/s〕

答 $\sqrt{\dfrac{rg}{\tan\theta}}$〔m/s〕

(3) 物体が面から受ける垂直抗力の大きさ N〔N〕を求めよ。

カベクトル図より $N\sin\theta=mg$ $N=\dfrac{mg}{\sin\theta}$〔N〕

答 $\dfrac{mg}{\sin\theta}$〔N〕

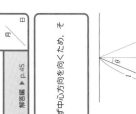

44 鉛直面内の円運動

解答編 ▶ p.46

月／日

扱う図

・力ベクトル図… 等速でない円運動の場合でも，中心方向にはその瞬間の円運動の運動方程式が成り立つため，力ベクトル図を描いて向心力成分を求める。

●振り子の運動

天井から長さ l〔m〕の糸でつるされた物体が図 44-1 のように鉛直面上を振り子運動する状況を考える。この運動は，軌道は円軌道を描くが，力学的エネルギー保存則で考えればわかるように，速さを v〔m/s〕とするとき，速さが時々刻々と変わる運動であり，「等速」円運動ではない。

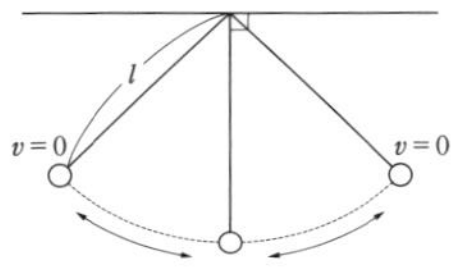

図 44－1

ただしこのときも，中心方向に関しては運動の各瞬間において，等速円運動の運動方程式が成り立つと考えてよい。鉛直面内の円運動では，接線方向にも合力の成分が残るので，速さが変わっていくのである。

中心方向の運動方程式は角速度を ω〔rad/s〕とすると

$ml\omega^2$=(向心力)，$m\dfrac{v^2}{l}$=(向心力)

の 2 つがあるが，後者を立式することがほとんどである。速さ v は力学的エネルギー保存則から比較的簡単に求めることができる。

●中心方向の運動方程式の立式

振り子が鉛直線となす角 θ のときの運動方程式を考える。糸の張力 T〔N〕はつねに中心を向いている。重力 mg〔N〕を中心方向と接線方向に分解して考える。図 44-2 より中心方向の成分は $mg\cos\theta$ と書ける。向きに注意して中心方向の運動方程式を立てると，

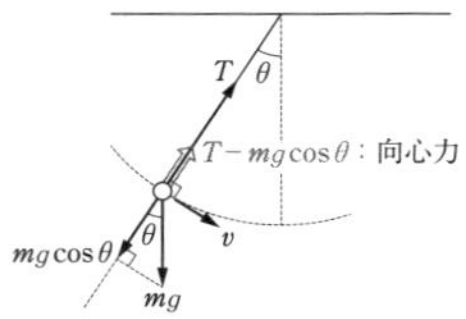

図 44－2

$$m\frac{v^2}{l}=T-mg\cos\theta$$

となり張力の大きさ $T=m\dfrac{v^2}{l}+mg\cos\theta$ が求まる。v や θ の変化にともない，T も時々刻々と変化することがわかる。

問　振り子運動の最高点と最下点では，どちらの方が張力が大きいか。

運動方程式より　$T=m\dfrac{v^2}{l}+mg\cos\theta$

ここで，$\cos\theta$ は θ が小さいほど大きくなり，ひもが鉛直方向となす角 θ が小さく，最下点に近づくほど T は大きくなる。よって最下点の方が張力は大きい。

答　最下点の方が張力は大きい

練習問題

問 1　右図のように，質量 $m=2.0\,\text{kg}$ の物体を長さ $l=0.20\,\text{m}$ の糸で天井からつるし，鉛直線となす角 60° の位置から静かにはなした。また，糸と天井の接点から $0.10\,\text{m}$ 下にピンが留めてあり，物体は最下点を通過した後，半径の異なる円運動をする。重力加速度の大きさを $g=9.8\,\text{m/s}^2$ として次の問いに答えよ。

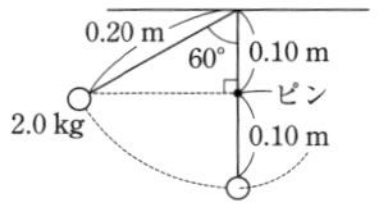

(1)　最下点での物体の速さ v〔m/s〕を求めよ。

力学的エネルギー保存則より　$mg\times0.10=\dfrac{1}{2}mv^2$

$v^2=1.96$　　$v=1.4\,\text{m/s}$　答　$1.4\,\text{m/s}$

(2)　最下点に達した瞬間，物体にはたらく張力の大きさ T〔N〕を求めよ。

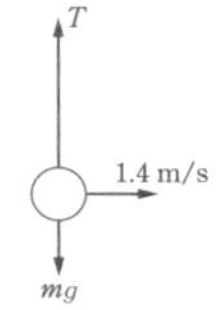

運動方程式より　$m\dfrac{v^2}{l}=T-mg$

$T=m\dfrac{v^2}{l}+mg=2\times\dfrac{1.96}{0.20}+19.6=39.2\fallingdotseq39\,\text{N}$

答　$39\,\text{N}$

(3)　物体をはなした瞬間，物体にはたらく力の力ベクトル図を描き，その点での張力の大きさ T_0〔N〕を求めよ。

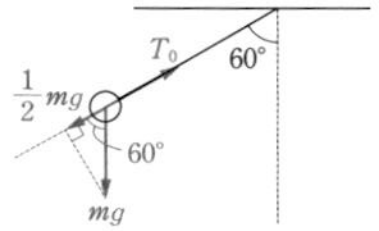

運動方程式より　$m\times\dfrac{0^2}{r}=T_0-\dfrac{1}{2}mg$

$T_0=\dfrac{1}{2}mg=9.8\,\text{N}$　答　$9.8\,\text{N}$

(4)　最下点に達した直後，物体にはたらく張力の大きさ T'〔N〕を求めよ。

半径 $l'=0.10\,\text{m}$ の円運動となるので，

$m\dfrac{v^2}{l'}=T'-mg$

$T'=2\times\dfrac{1.96}{0.10}+19.6=58.8\fallingdotseq59\,\text{N}$

答　$59\,\text{N}$

(5)　最下点を通過した後の物体の最高点を，最下点からの高さとして求めよ。

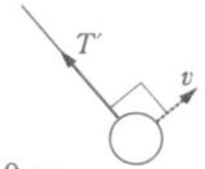

物体にはたらく張力はつねに進行方向に直交するので，仕事をしない。よって力学的エネルギー保存則が成り立ち，物体はもとの高さまで上がる。　答　$0.10\,\text{m}$

円運動の場合は，中心方向の力の成分を考えることがポイントだね！ ▶▶▶

45 円軌道から離れる条件

解答編 ▶ p.47

月　日

扱う図

・力ベクトル図… 物体が面から離れて運動する場合，面から受ける垂直抗力Nは 0 になる。運動途中のNを求めるのに，力ベクトル図を用いる。

●鉛直面内の円運動中に円軌道から離れる場合

図 45-1 のように，半径 r のなめらかな半球面の最高点に静止していた質量 m の小球が，面上をすべり落ちる運動を考える。最初物体は面に沿って円運動するので，中心方向には円運動の運動方程式が成り立つ。図 45-2 の力ベクトル図を参照すると，速さが v となる点Aでの中心方向の運動方程式は，

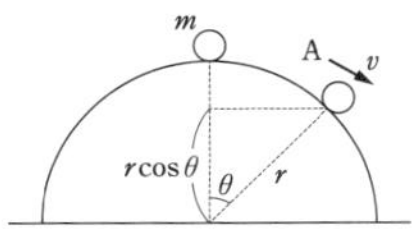

図 45－1

$$m\frac{v^2}{r}=mg\cos\theta-N \quad \cdots\cdots①$$

となる。また，力学的エネルギー保存則

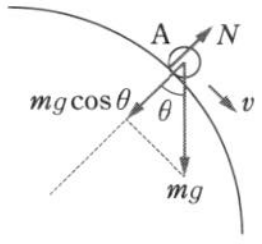

図 45－2

$$mgr=mgr\cos\theta+\frac{1}{2}mv^2 \quad \cdots\cdots②$$

より速さ v が求まり，①に代入すると，

$$N=mg\cos\theta-2mg(1-\cos\theta)=mg(3\cos\theta-2)$$

と垂直抗力Nが鉛直線と小球がなす角 θ によって変化していくことがわかる。特に，$\cos\theta=\frac{2}{3}$ のとき $N=0$ になるので，小球は円軌道に沿って床に着地することはなく，面から離れて放物運動することがわかる。

●ジェットコースターの物理

図 45-3 のように，途中で 1 回転するジェットコースターを考える。ただし面はなめらかで，面からは垂直抗力しか受けないとする。このとき，最高点を通過するためには，同じ高さから静かに運動させればよいと思うかもしれない。しかし実際には最高点で運動エネルギーを持たなくてはいけないので，同じ高さから落とすと途中で面から離れてしまう。このことについて，練習問題で考えてみよう。

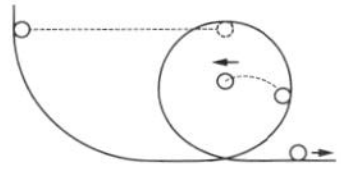
図 45－3

練習問題

問 1　右図のような半径 r〔m〕の半円状のなめらかな斜面に向かって，質量 m〔kg〕の小球を初速度 v_0〔m/s〕ですべらせる。重力加速度の大きさを g〔m/s^2〕として次の問いに答えよ。

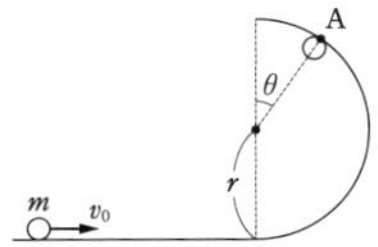

(1)　鉛直線となす角が θ の点Aにきたときの，小球の速さ v_A〔m/s〕を求めよ。

力学的エネルギー保存則より　$\frac{1}{2}mv_0^2=\frac{1}{2}mv_A^2+mg(r+r\cos\theta)$

$v_A=\sqrt{v_0^2-2gr(1+\cos\theta)}$〔m/s〕

答　$\sqrt{v_0^2-2gr(1+\cos\theta)}$〔m/s〕

(2)　垂直抗力を N〔N〕として，点Aでの小球の力ベクトル図を右図に描け。

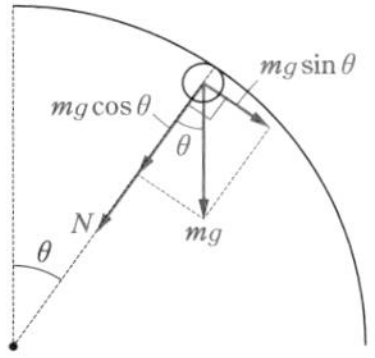

(3)　点Aで小球が受ける垂直抗力の大きさ N〔N〕を v_0 を用いて求めよ。

点Aでの運動方程式より　$m\frac{v_A^2}{r}=N+mg\cos\theta$

$N=m\frac{v_A^2}{r}-mg\cos\theta=m\frac{v_0^2}{r}-mg(2+3\cos\theta)$〔N〕

答　$m\frac{v_0^2}{r}-mg(2+3\cos\theta)$〔N〕

問 2　次に，右図のように小球を高さ h〔m〕のなめらかな斜面から静かに転がし，半径 r〔m〕の半円状の斜面に向かってすべらせることを考える。重力加速度の大きさを g〔m/s^2〕とする。

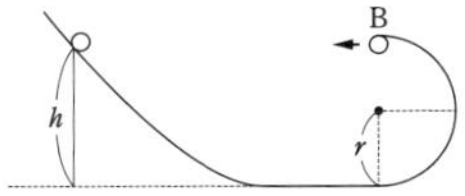

(1)　$h=2r$ のとき，最下点での小球の速さ v_0〔m/s〕を r を用いて求めよ。

力学的エネルギー保存則より　$mg\times 2r=\frac{1}{2}mv_0^2$

$v_0=2\sqrt{gr}$〔m/s〕　答　$2\sqrt{gr}$〔m/s〕

(2)　$h=2r$ のとき，小球が斜面から離れる点の角度 θ の条件式を求めよ。

鉛直線となす角が θ のときの垂直抗力の大きさ N〔N〕は，問 1 (3)より

$N=m\frac{4gr}{r}-mg(2+3\cos\theta)=mg(2-3\cos\theta)$

$N=0$ のとき，小球は面から離れるので　$\cos\theta=\frac{2}{3}$　答　$\cos\theta=\frac{2}{3}$

(3)　小球が半円の最高点Bを通過するための高さ h と r の条件式を求めよ。

$\theta=0$（$\cos\theta=1$）のとき，$N\geqq 0$ であればよい。また，h から転がしたときの最下点での速さは　$v_0=\sqrt{2gh}$　なので，問 1 (3)より

$N=m\times\frac{2gh}{r}-5mg\geqq 0$　　$h\geqq\frac{5}{2}r$　　答　$h\geqq\frac{5}{2}r$

ジェットコースターに乗るときはこの問題を思い出し，向心力を感じよう！

46 慣性力と見かけの重力

解答編 ▶ p.48

月　日

扱う図

・カベクトル図… 観測者の立場によって運動のようすが変わるため，それに応じた力ベクトル図を描く練習をする必要がある。

●加速度運動する観測者

加速したり減速したりする電車にのっているとき，ゆらっとしたことはないだろうか。図 46-1 のように加速度 a〔m/s^2〕で等加速度運動する電車をモデル化し，内部に質量 m〔kg〕の振り子を軽い糸でつるして電車に対して静止させると，振り子は鉛直線から角度 θ だけ傾く。

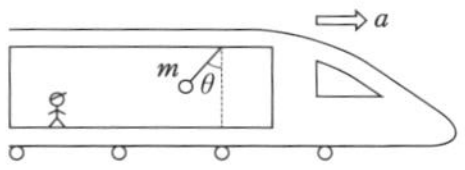

図 46－1

これを電車の外の観測者Aから観察すると，物体は電車とともに等加速度運動をするように見える。運動方程式を用いて考えると，張力と重力の合力 F〔N〕が進行方向を向いているためだとわかり，$ma=F$ と立式できる（図 46-2）。

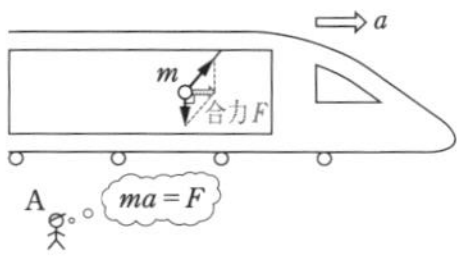

図 46－2

一方，電車の中の観測者Bから観察すると，物体はその位置で静止しているように見える（図 46-3）。しかし，張力と重力の合力は図 46-2 と同じで 0 ではない。これはニュートン力学の運動方程式に矛盾する。

これを解決するため，「加速度 a で運動する観測者」から見る場合，進行方向に対して「$-ma$」の力が物体にはたらくと考える。張力と重力の合力 F は ma であるため，これを導入すると図 46-4 のように観測者Bから見て力がつりあうため矛盾しない。これはあくまで見かけの力であり，慣性力とよぶ。慣性力を導入すると，Bから見たつりあいの式は $-ma+F=0$ となり，Aの運動方程式と矛盾しない。

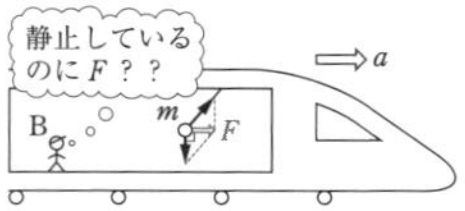

図 46－3

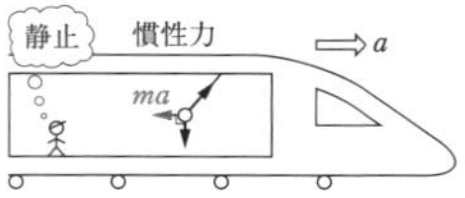

図 46－4

図 46-4 は重力と慣性力の合力が糸の張力とつりあっていると見ることもできる。もしこの糸が切れたとすると，物体は鉛直線となす角 θ の直線上を運動し落下する。観測者Bから見ると，「この方向に重力がはたらいている」と考えることもできる。カベクトル図からその大きさは $m\sqrt{g^2+a^2}$〔N〕であり，これを見かけの重力とよぶ。同様に，$\sqrt{g^2+a^2}$〔m/s^2〕を見かけの重力加速度という（図 46-5）。

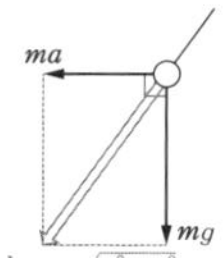

見かけの重力：$m\sqrt{g^2+a^2}$

図 46－5

練習問題

問 1　加速度 a〔m/s^2〕で正の向き（右向き）に等加速度運動する電車の中に，質量 m〔kg〕の物体が天井から軽い糸でつるされており，鉛直線となす角 30° で電車に対して静止している。糸と天井の接点を原点Oとし，重力加速度の大きさを $g=9.8$ m/s^2 とする。このとき電車とともに運動する観測者の立場から，次の問いに答えよ。$\sqrt{3}=1.73$ とする。

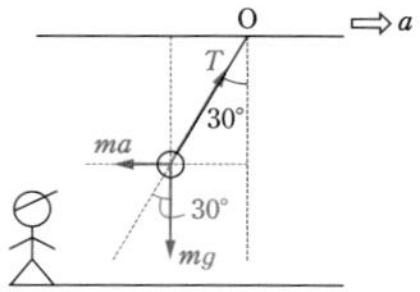

(1)　観測者から見て，物体は運動しているか，静止しているか。

観測者は電車と一体となって運動しているため，物体は静止して見える。

答　静止している

(2)　糸の張力を T〔N〕として，観測者から見た，物体にはたらく力のカベクトル図を右上図に描け。

(3)　電車の加速度 a〔m/s^2〕を求めよ。

図より　$ma=mg\tan 30°$　　$a=\dfrac{9.8}{\sqrt{3}}\fallingdotseq 5.7$ m/s^2　　答　5.7 m/s^2

(4)　途中で糸が切れた。床から天井までの高さを 3.0 m とするとき，Oから落下点までの水平距離 x〔m〕を求めよ。

図より　$x=3.0\times\tan 30°=\dfrac{3}{\sqrt{3}}\fallingdotseq 1.7$ m

答　1.7 m

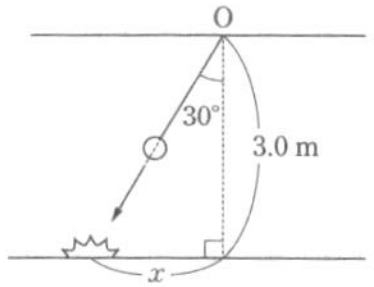

問 2　質量 60 kg の観測者Aが，右図の v-t グラフで表される運動をするエレベーターに，はかりに乗った状態でいる。鉛直上向きを正，エレベーターの加速度を a〔m/s^2〕，重力加速度の大きさを $g=9.8$ m/s^2 とし，次の問いに答えよ。ただし，(1)～(3)は観測者Aの立場から答えよ。

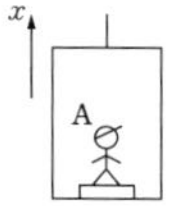

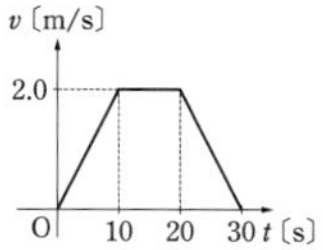

(1)　時刻 $t=0$～10 s ではかりが示すのは何Nか。

時刻 $t=0$～10 s で，$a=0.20$ m/s^2

垂直抗力を N_1〔N〕とすると，$N_1=m(g+a)=60\times10$

$=600=6.0\times10^2$ N　　答　6.0×10^2 N

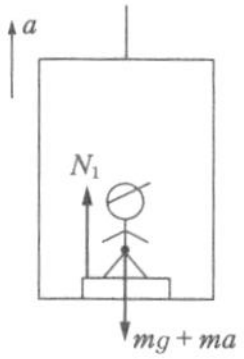

(2)　時刻 $t=10$～20 s ではかりが示すのは何Nか。

時刻 $t=10$～20 s で $a=0$ m/s^2

よって慣性力はなく，垂直抗力を N_2〔N〕とすると

$N_2=mg=60\times9.8=588\fallingdotseq5.9\times10^2$ N　　答　5.9×10^2 N

(3)　時刻 $t=20$～30 s ではかりが示すのは何Nか。

時刻 $t=20$～30 s で $a=-0.20$ m/s^2，垂直抗力を N_3〔N〕とすると

$N_3=m(g+a)=60\times9.6=576\fallingdotseq5.8\times10^2$ N　　答　5.8×10^2 N

47 慣性力の有用性と遠心力

解答編 ▶ p.49

月　日

扱う図

・カベクトル図…　観測者の立場によって運動のようすが変わるため，それに応じた力ベクトル図を描く練習をする必要がある。

●エレベーターの中で振動する振り子

見かけの力に過ぎない慣性力の必要性について疑問に思う人もいるだろう。慣性力があると便利な場合として，等加速度 a で上昇するエレベーターの中で振動する振り子の運動を考える。これをエレベーターの外から見ると，図 47-1 のようにとても複雑な軌跡となり，解析が難しい。しかし，エレベーターの中から見ると，物体の質量を m，重力加速度の大きさを g とするとき，単に見かけの重力 $m(g+a)$ がはたらく振り子の運動と同じである。

このように，運動する物体A上で運動する物体Bを考えるようなときには，A 上で考えた方が便利であることが多い。特に，A が等速でなく加速度運動するときは便利である。

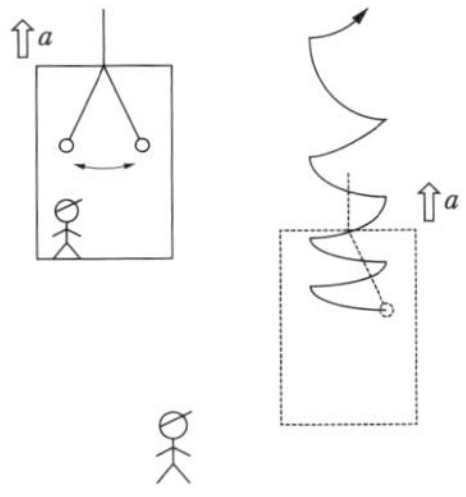

図 47－1

●遠心力

加速度運動の 1 つとして，観測者が等速円運動をする場合を考えよう。図 47-2 のように，ターンテーブル上で等速円運動する物体を，ターンテーブル上の観測者から見る。このとき，観測者から見て物体は静止している。これは面から受ける静止摩擦力 f と慣性力がつりあっているためと考える。円運動の加速度は中心方向を向くため，慣性力は外側を向いており，回転の中心から物体までの距離を r，角速度を ω とすると，加速度 a の大きさは $r\omega^2$ もしくは，$\dfrac{v^2}{r}$ と書けるため，慣性力の大きさは $mr\omega^2$ もしくは，$m\dfrac{v^2}{r}$ である (図 47-3)。

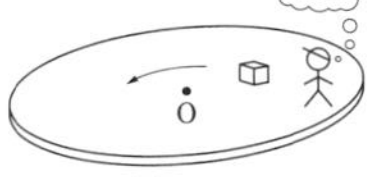

図 47－2

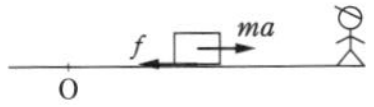

$ma = mr\omega^2 = m\dfrac{v^2}{r}$：遠心力

図 47－3

このように，円運動する観測者が観測する慣性力を，遠心力という。日常的に用いる言葉だが，正しく使われていない場合もある。例えば，回転するメリーゴーラウンドに乗っているときに外側に感じる力を遠心力と呼ぶのは物理的にも正しいが，それを外から見ている人が，「遠心力がはたらいているね」というのは物理的には正しくない。

なお，回転台上を物体が運動する場合は，遠心力の他にコリオリ力という見かけの力も生じるが，それは高校物理の範囲外である (図 47-4)。

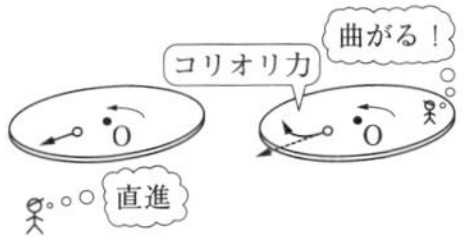

図 47－4

練習問題

問 1　右図のように，角速度 ω〔rad/s〕で等速円運動する粗い面上の中心Oに，自然長 l〔m〕で，ばね定数 k〔N/m〕のばねの一端が固定されており，他端に質量 m〔kg〕の物体が固定されているとする。これを面上の観測者 A から観察すると，ばねは自然長から x〔m〕だけ伸び，物体は静止していた。面と物体の間の静止摩擦係数を μ，重力加速度の大きさを g〔m/s²〕として次の問いに答えよ。

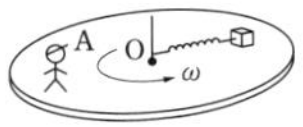

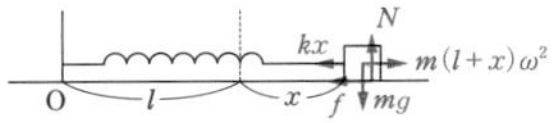

(1)　A から見て，物体にはたらく力のカベクトル図を，垂直抗力を N〔N〕，静止摩擦力を f〔N〕として上図に描け。

(2)　ω を大きくしていくと，物体はすべり出した。このときの角速度 ω_1〔rad/s〕を求めよ。

ω が大きいとき，f は中心方向を向く。力のつりあいより

$f=m(l+x)\omega^2-kx=\mu mg$ のときすべり出すので

$\omega_1=\sqrt{\dfrac{\mu mg+kx}{m(l+x)}}$〔rad/s〕

答 $\sqrt{\dfrac{\mu mg+kx}{m(l+x)}}$〔rad/s〕

(3)　ω を小さくしていくと，物体はすべり出した。このときの角速度 ω_2〔rad/s〕を求めよ。

ω が小さいとき，f は外側を向く。力のつりあいより

$f=kx-m(l+x)\omega^2=\mu mg$ のときすべり出すので

$\omega_2=\sqrt{\dfrac{kx-\mu mg}{m(l+x)}}$〔rad/s〕

答 $\sqrt{\dfrac{kx-\mu mg}{m(l+x)}}$〔rad/s〕

問 2　右図のように，質量 m〔kg〕の物体がなめらかな円錐面の内側で半径 r〔m〕，角速度 ω〔rad/s〕の等速円運動をしている。鉛直線と斜面のなす角を θ，重力加速度の大きさを g〔m/s²〕とする。以下の問いに物体とともに運動する観測者Aの立場から答えよ。

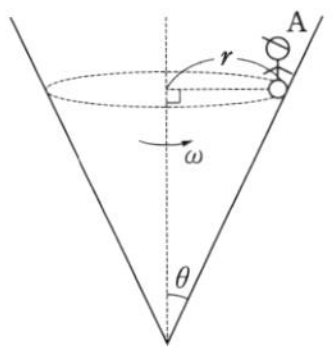

(1)　A から見て，物体にはたらく垂直抗力を N〔N〕として，物体にはたらく力のカベクトル図を右下図に描け。

(2)　角度 θ について成り立つ式を，g，r，ω を用いて表せ。

(1)より　$\tan\theta=\dfrac{mg}{mr\omega^2}$　　$\tan\theta=\dfrac{g}{r\omega^2}$

答 $\tan\theta=\dfrac{g}{r\omega^2}$

(3)　垂直抗力の大きさを m，g，θ を用いて表せ。

(1)より　$N\sin\theta=mg$　　$N=\dfrac{mg}{\sin\theta}$〔N〕

答 $\dfrac{mg}{\sin\theta}$〔N〕

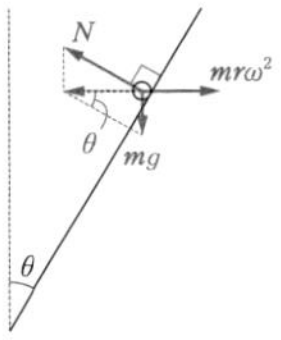

「遠心力」はよく聞くけど，見かけの力の一種なんだね！ ▶▶▶

48 単振動

解答編 ▶ p.50

月／日

扱うグラフ

・x-t グラフ，v-t グラフ，a-t グラフ…

振動現象において，その位置 x〔m〕，速度 v〔m/s〕，加速度 a〔m/s^2〕の時間変化のグラフは特徴的なものとなる。これを描くことで振動現象を視覚的に理解することができる。

●単振動の位置 x

角速度 ω〔rad/s〕である平面上を等速円運動する物体に，平面上のある方向から光をあてたとき，x 軸上に映る影（正射影）の運動を単振動という。円運動の振幅を A〔m〕とすると，時刻 t〔s〕で $\theta=\omega t$ だけ回転するので，位置 x〔m〕は図 48-1 より $x=A\sin\omega t$ と表せる。物体が 1 往復するのにかかる時間を周期 T〔s〕とよび，ω は角振動数ともよぶ。

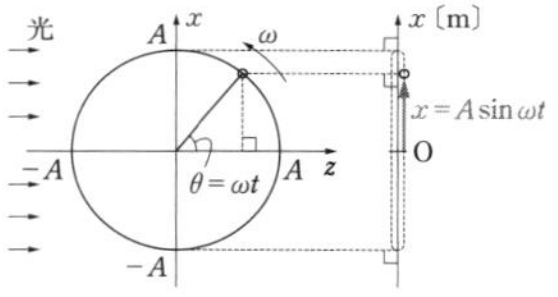

図 48－1

●単振動の速度・加速度

位置 x と同様に，等速円運動の速度と加速度を x 軸上に射影すると，単振動の速度 v，加速度 a が求められる。円運動の速度は接線方向，加速度は中心方向であることに注意すると，図 48-2 より，それぞれ，

$v=A\omega\cos\omega t$,　　$a=-A\omega^2\sin\omega t$

と求めることができる。よって，単振動の x，v，a は三角関数を用いて表せる。横軸に時刻 t をとって表すと，図 48-3，4，5 のようになる。

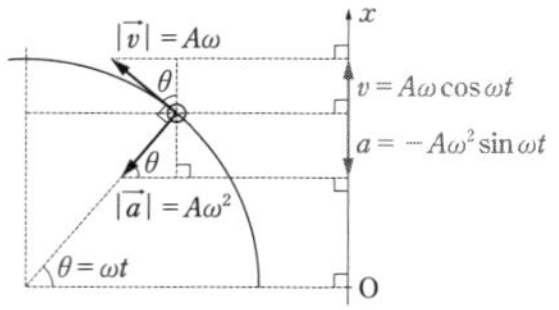

図 48－2

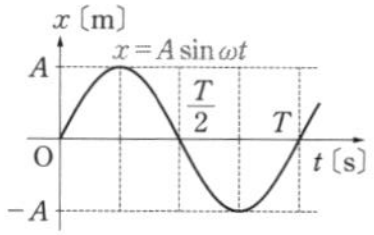

図 48－3

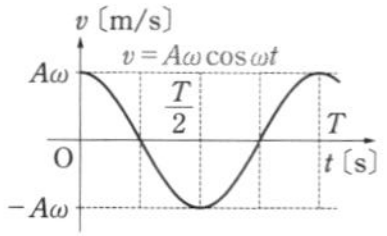

図 48－4

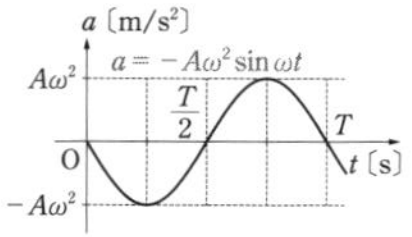

図 48－5

●ばねの運動

上で求めた x と a の式をよく見ると，どちらも $A\sin\omega t$ を用いているため，$a=-\omega^2 x$ と書ける。これを一般の運動方程式に代入すると，物体の質量を m〔kg〕とするとき

$ma=-m\omega^2 x=-Kx$　　($K=m\omega^2$ とおいた)

となる。これが単振動の運動方程式である。ばねの運動は単振動の代表例のひとつである。一般に，$F=-Kx$ と書ける力を復元力という。$\omega=\sqrt{\dfrac{K}{m}}$ より，単振動の周期 T は，$T=\dfrac{2\pi}{\omega}=2\pi\sqrt{\dfrac{m}{K}}$ で求められる。

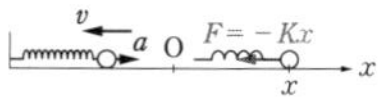

図 48－6

練習問題

右図のように，ばね定数 $2.0\times10^2\times\pi^2$〔N/m〕のばねの一端を壁に固定し，他端に質量 2.0 kg の物体を固定して，なめらかな水平面上に静止させた。ばねを自然長の位置 O から x 軸方向（正方向）に 0.20 m 伸ばして時刻 $t=0$ s で静かにはなすと物体は単振動をした。このとき次の問いに答えよ。円周率を π とする。

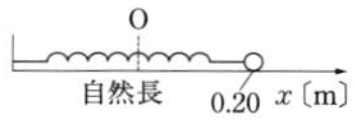

(1) 単振動の周期 T〔s〕を求めよ。

このばねのばね定数を k〔N/m〕，物体の質量を m〔kg〕とすると

$$T=2\pi\sqrt{\frac{m}{k}}=2\pi\sqrt{\frac{2.0}{2\times10^2\times\pi^2}}=\frac{2\pi}{10\pi}=0.20\text{ s}$$

答 0.20 s

(2) 自然長からの物体の位置を x〔m〕，単振動の速度を v〔m/s〕，単振動の加速度を a〔m/s^2〕，時刻を t〔s〕として，x-t，v-t，a-t グラフの概形をそれぞれ下図に描け。また，それぞれのグラフの縦軸の最大・最小値と横軸の特徴的な値を計算し，グラフに記せ。円周率は π とする。

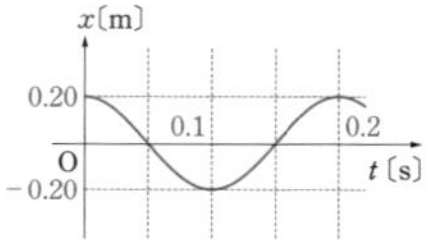

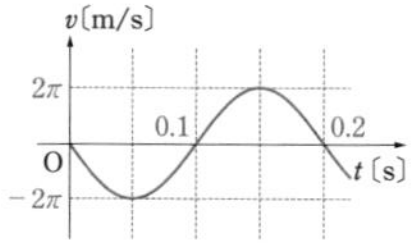

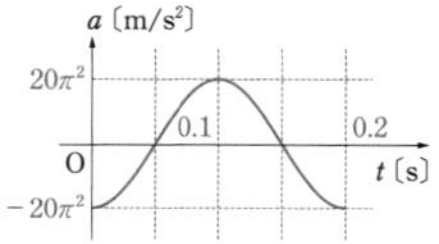

振幅 $A=0.20$ m，角振動数 $\omega=\sqrt{\dfrac{k}{m}}=10\pi$，速度の最大値 $A\omega=2\pi$，

加速度の最大値 $A\omega^2=20\pi^2$

これらより運動の向きを考えると，上のグラフのようになる。

(x：cos のグラフ，v：$-$sin のグラフ，a：$-$cos のグラフ)

(3) 物体の正方向の最大速度 $v_{\max}$〔m/s〕を求めよ。また，最大速度になるときは x，a がそれぞれどのような値をとるときか。

(2)の v-t グラフから　$v_{\max}=2\pi$〔m/s〕

このとき $t=0.15$ s であるから，x-t グラフ，a-t グラフより，$x=0$，$a=0$ である。

答 最大速度 2π〔m/s〕，$x=0$ m，$a=0$ m/s^2

単振動は，一般に sin と cos を使って表せるんだね！sin しか使えない，というわけではないので注意しておこう。

▶▶▶

49 振動の中心がずれる単振動

解答編 ▶ p.51

月／日

扱うグラフ

・x-t グラフ，v-t グラフ…

振動の中心がずれた時の単振動の x-t グラフは，水平ばねの単振動のグラフを x 軸方向に平行移動したグラフとなる。しかし速さ v は 0 と最大値の間で変化するのは変わらないため，水平ばねのグラフと同じになる。

●鉛直ばねの振動

質量 m の物体をばね定数 k のばねを用いて天井からつるす（図 49-1）。自然長の位置を原点Oとし，鉛直下向きを正として x 軸をとり，重力加速度の大きさを g とすると，この物体の運動方程式は，

$$ma=-k\left(x-\frac{mg}{k}\right)=-kx' \quad \left(x'=x-\frac{mg}{k}\right)$$

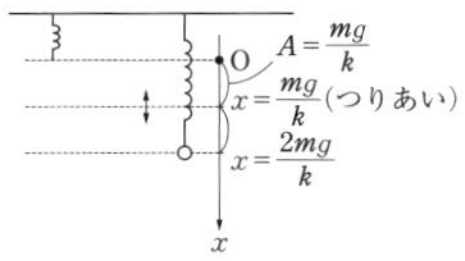

図 49－1

と書ける。すなわち，$x'=0\ \left(x=\frac{mg}{k}\right)$ の点を振動の中心とする単振動を行う。$a=-\frac{k}{m}x'$ より，$\omega=\sqrt{\frac{k}{m}}$ と書け，角振動数 ω や周期 T は水平ばねのときと変わらない。$t=0$ で，$x=\frac{2mg}{k}$ の位置から物体を静かにはなすとき，振幅 A は振動の中心までの距離なので $A=\frac{mg}{k}$ と計算できる。よって周期を T とすると，物体の x-t グラフは図 49-2 のようになる。式では $x=\frac{mg}{k}\cos\sqrt{\frac{k}{m}}t+\frac{mg}{k}$ と表せる。このように，振動の中心がずれる場合は，x-t グラフの x 軸上で sin または cos の関数をずらせばよい。

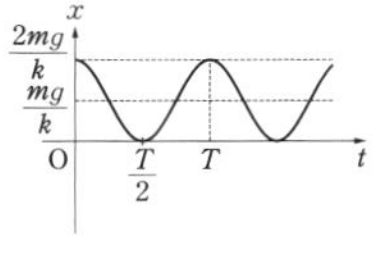

図 49－2

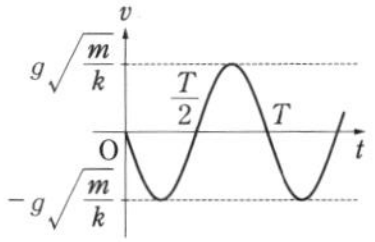

図 49－3

一方，速度 v はどうなるだろうか。速さの最大値 v_{max} は，振動の中心を通るとき $v_{max}=A\omega=\frac{mg}{k}\sqrt{\frac{k}{m}}=g\sqrt{\frac{m}{k}}$ と計算できる。また，物体をはなした後，x 軸負の方向に加速していくので，v-t グラフは図 49-3 のようになる。式では，$v=-g\sqrt{\frac{m}{k}}\sin\sqrt{\frac{k}{m}}t$ と表せる。このように，振動の中心はずれていても，v-t グラフや a-t グラフの中心はずれることはない。

練習問題

問　右図のように，質量 0.10 kg の物体をばね定数 10 N/m のばねにつなぎ天井からつるした。自然長の位置で静止させておき，ぱっと手をはなすと物体は鉛直方向に単振動した。自然長の位置を原点Oとし，鉛直下向きを正として x 軸をとり，重力加速度の大きさを $g=9.8\ \mathrm{m/s^2}$ として以下の問いに答えよ。

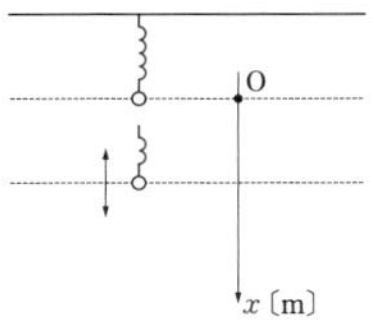

(1) 振動のつりあいの位置 x〔m〕を求めよ。

力のつりあいより，物体の質量を m〔kg〕，ばね定数を k〔N/m〕とすると，

$$mg=kx \qquad x=\frac{mg}{k}=\frac{0.1\times9.8}{10}=0.098=9.8\times10^{-2}\ \mathrm{m}$$

答　9.8×10^{-2} m

(2) 角振動数 ω〔rad/s〕と周期 T〔s〕を求めよ。円周率を π とする。

$$\omega=\sqrt{\frac{k}{m}}=10\ \mathrm{rad/s}, \qquad T=\frac{2\pi}{\omega}=\frac{\pi}{5}\ \text{〔s〕}$$

答　$\omega=10$ rad/s，$T=\frac{\pi}{5}$〔s〕

(3) 物体の速さの最大値を求めよ。

振動の中心を通るときの速さ $v=A\omega$ が最大。また，初期位置からつりあいの位置までが振幅 A なので，$A=9.8\times10^{-2}$ m

よって　$A\omega=9.8\times10^{-2}\times10=0.98$ m/s

答　0.98 m/s

(4) 物体の速度を v〔m/s〕とするとき，x-t，v-t グラフを描き，それぞれのグラフの式を求めよ。

(1)，(2)より

$x=-0.098\cos10t+0.098$〔m〕

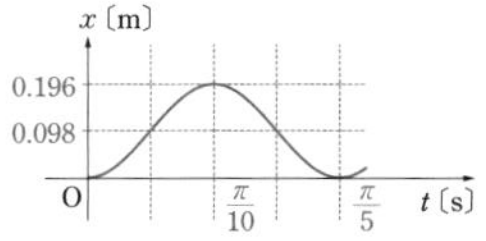

(1)，(3)より

$v=0.98\sin10t$〔m/s〕

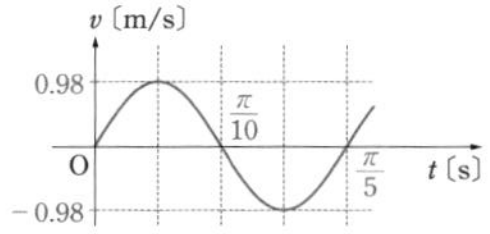

答　$x=-0.098\cos10t+0.098$〔m〕，$v=0.98\sin10t$〔m/s〕

次は，単振動の別の例を見てみよう！ ▶▶▶

50 単振り子

解答編 ▶ p.52

月／日

扱う図

・力ベクトル図… 単振り子にはたらく合力が復元力となることを，力ベクトル図を描くことで理解する。

●単振り子

質量 m〔kg〕の物体を長さ l〔m〕の糸で天井からつるし，鉛直線となす角 θ の位置で静かにはなすと，物体は原点Oを中心に振動する。θ が十分小さく，以下に示す近似式が使える場合の振動を単振り子という（図50-1）。力ベクトル図より，重力加速度の大きさを g〔m/s²〕とすると，円の接線方向にはたらく力の成分は $-mg\sin\theta$ と表せる（図 50-2）。ここで，θ〔rad〕が十分小さいとき

$\sin\theta \fallingdotseq \tan\theta \fallingdotseq \theta$

と近似できるため，

$$F=-mg\sin\theta \fallingdotseq -mg\theta=-mg\frac{x}{l}\ \text{[N]}$$

と書ける（$x=l\theta$ を用いた）。これを運動方程式に代入すると

$$ma=-\frac{mg}{l}x=-Kx \qquad \left(K=\frac{mg}{l}\right)$$

となり，単振動となることがわかる。$\omega=\sqrt{\dfrac{K}{m}}=\sqrt{\dfrac{g}{l}}$〔rad/s〕なので，

周期 $T=2\pi\sqrt{\dfrac{l}{g}}$〔s〕と求められる。よって単振り子の周期は糸の長さ l で決まり，質量 m にはよらない。これを振り子の等時性という。

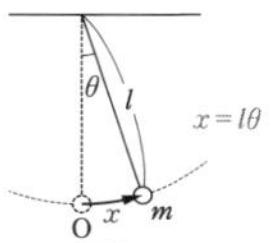

図 50－1

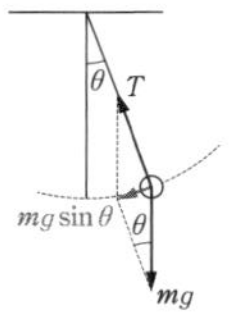

図 50－2

●$\sin x \fallingdotseq \tan x \fallingdotseq x$ の近似について

数学的にはマクローリン展開を用いて近似を説明する方がよいが，ここではグラフを用いて説明する。図 50-3 を見ると，原点付近で sin や tan は $y=x$ と十分近い挙動を示している。これがこの近似式の根拠である。これは原点付近に限っていえるため，x が十分小さいという条件が必要である。10° 程度の角度であれば，有効数字 2 桁で近似が成り立つ。三角関数表を用いて調べてみよ。

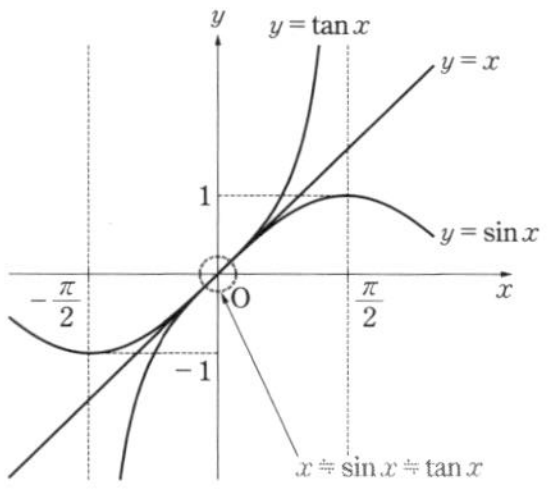

図 50－3

練習問題

問 1　右図のように，質量 1.0 kg の物体が長さ 9.8 m の糸で天井からつるされている。糸と鉛直線のなす角 θ〔rad〕が十分小さい位置から静かにはなすとき，重力加速度の大きさを 9.8 m/s² として次の問いに答えよ。

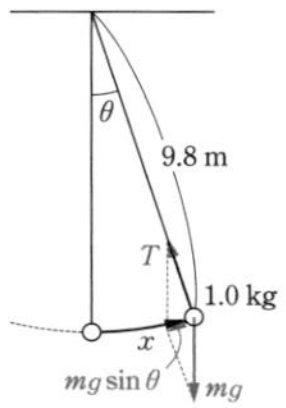

(1)　力ベクトル図を右図に描いて接線方向の力を θ を用いて求めよ。

$F=-mg\sin\theta=-9.8\sin\theta$　答　$-9.8\sin\theta$〔N〕

(2)　$\sin\theta \fallingdotseq \theta$ の近似を用いて運動方程式を立式し，単振り子の周期 T を求めよ。円周率を π とする。

物体の質量を m，加速度を a，糸の長さを l，重力加速度の大きさを g とすると

$ma=-mg\sin\theta \fallingdotseq -mg\theta=-mg\dfrac{x}{l}$　$a=-\dfrac{g}{l}x=-x$〔m/s²〕

$\omega=1.0$ rad/s　（$a=-\omega^2x$ より）　よって　$T=\dfrac{2\pi}{\omega}=2\pi$〔s〕

答　2π〔s〕

問 2　右図のように，一定の加速度 $a=\dfrac{9.8}{\sqrt{3}}$ m/s² で加速する電車の車内で，電車の天井から長さ $\dfrac{10}{\sqrt{3}}$ m，質量 1.0 kg のおもりをつけた単振り子を振動させると，おもりは鉛直方向を振動の一端とする振動を行った。これを電車内の観測者の立場から観察する。重力加速度の大きさを 9.8 m/s² として次の問いに答えよ。円周率を π とする。

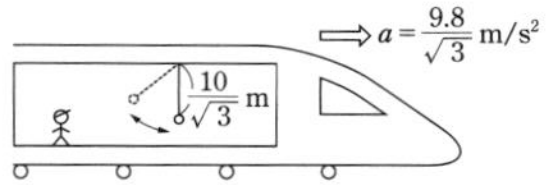

(1)　観測者からみた力ベクトル図を描き，見かけの重力の向きと鉛直線とのなす角 θ〔rad〕を求めよ。

物体の質量を m，重力加速度の大きさを g とすると

$\tan\theta=\dfrac{ma}{mg}=\dfrac{1}{\sqrt{3}}$　　$\theta=\dfrac{\pi}{6}$　答　$\dfrac{\pi}{6}$〔rad〕

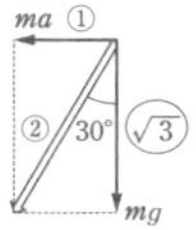

(2)　振動の最高点で糸が鉛直線となす角 θ〔rad〕を求めよ。

見かけの重力の方向を中心に振動するため(1)より，最高点のとき　$\theta=\dfrac{\pi}{3}$　答　$\dfrac{\pi}{3}$〔rad〕

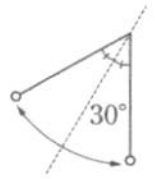

(3)　この振動を，誤差は生じてしまうが単振り子として近似的に考える。このときの周期 T〔s〕を求めよ。

$T=2\pi\sqrt{\dfrac{l}{g}}$ の g を見かけの重力加速度 $\sqrt{g^2+a^2}$ に変えればよい。

$\sqrt{g^2+a^2}=\sqrt{\dfrac{4g^2}{3}}=\dfrac{2g}{\sqrt{3}}$　よって　$T=2\pi\sqrt{\dfrac{\frac{10}{\sqrt{3}}}{\frac{2g}{\sqrt{3}}}}=2\pi\sqrt{\dfrac{1}{1.96}}=\dfrac{2\pi}{1.4}=\dfrac{10}{7}\pi$〔s〕

見かけの重力加速度と振り子の周期の関係までわかると，だいぶ理解が進んできたね！

答　$\dfrac{10}{7}\pi$〔s〕

51 ケプラーの法則

解答編 ▶ p.53

月／日

扱うグラフと図

ポイント 惑星の運動は，楕円軌道という特徴的な軌跡を描いて運動する。面積速度を用いることで，速度などの量をイメージし，計算する。

●第一法則：楕円軌道

太陽系の惑星は，どれも太陽を 1 つの焦点とする楕円軌道を描く。これがケプラーの第一法則である。楕円軌道において，長い方の直径の半分を半長軸 a，短い方の直径の半分を半短軸 b という（図 51-1）。いくつかの惑星の a と b との比を見ると表 51-1 のようになる。これらを見るとほぼ円軌道であるが，僅かにずれが生じていることがわかる。地球や金星などは有効数字 4 桁では円軌道だといってよい。

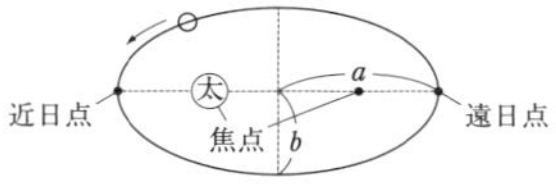

図 51－1

惑星	半長軸比 a〔地球が 1〕	a/b
水星	0.387	1.022
金星	0.723	1.000
地球	1	1.000
火星	1.52	1.004
木星	5.20	1.001

表 51-1

●第二法則：面積速度一定の法則

面積速度とは 1.0 s 間に惑星と太陽を結ぶ線分が描く面積のことである（図 51-2）。特に，近日点と遠日点においては簡単に計算でき，1.0 s 間に v 進むと近似できるので，それぞれ $\frac{1}{2}r_1v_1$，$\frac{1}{2}r_2v_2$ と求められる。これらが等しいことより $r_1v_1=r_2v_2$ が成り立つ。

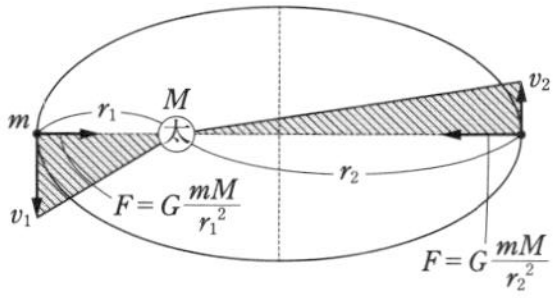

図 51－2

●第三法則：周期と半長軸

第三法則はすべての惑星において，その各々の公転周期 T と半長軸 a について，$\frac{T^2}{a^3}=k$（一定）が成り立つことをいう。地球の公転周期は 1 年なので，地球の半長軸の大きさとある惑星の a との比がわかれば，その惑星の周期も計算できる。

●万有引力の法則

ケプラーの法則が成り立つためには，惑星と太陽の間にある力がはたらいていればよいことをニュートンは考えた。これを万有引力 F とよび $F=G\frac{mM}{r^2}$ と表される。m〔kg〕は惑星の質量，M〔kg〕は太陽の質量，r〔m〕は惑星と太陽の距離であり，G は万有引力定数とよばれ，$G=6.67\times10^{-11}$〔$N\cdot m^2/kg^2$〕と測定されている。万有引力は，互いに引きあう向きにはたらき，大きさは同じである。この力は惑星と太陽の間だけでなく，質量をもつすべての物質間ではたらく。距離の 2 乗に反比例するため逆 2 乗則ともいう。

練習問題

問 1　質量 M〔kg〕の太陽のまわりを質量 m〔kg〕の地球が等速円運動しているとする。半径 r〔m〕，速さ v〔m/s〕，万有引力定数 G〔$N\cdot m^2/kg^2$〕として次の問いに答えよ。円周率を π とする。

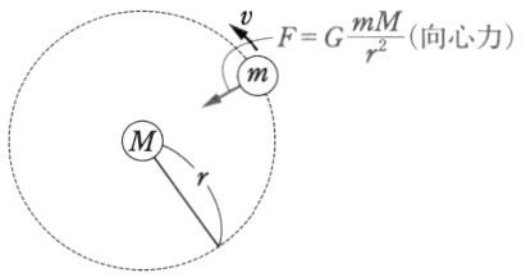

(1)　地球が受ける力を右図に描き，運動方程式を立式せよ。

加速度 $a=\frac{v^2}{r}$〔m/s^2〕より　$F=m\frac{v^2}{r}=G\frac{mM}{r^2}$

答 $m\frac{v^2}{r}=G\frac{mM}{r^2}$

(2)　地球の周期 T を r，v を用いて表せ。

等速円運動であるから，その周期は　$T=\frac{2\pi r}{v}$〔s〕

答 $\frac{2\pi r}{v}$〔s〕

(3)　(1)，(2)から $\frac{T^2}{r^3}$ が定数となることを導け。

(2)より，$v=\frac{2\pi r}{T}$ を(1)に代入して

$m\frac{1}{r}\times\frac{4\pi^2r^2}{T^2}=G\frac{mM}{r^2}$　　$\frac{T^2}{r^3}=\frac{4\pi^2}{GM}=$(定数)

問 2　質量 M〔kg〕の地球の表面近くを質量 m〔kg〕の物体が等速円運動するときの速度を，第 1 宇宙速度という。地球の半径を R〔m〕，重力加速度の大きさを g〔m/s^2〕として次の問いに答えよ。

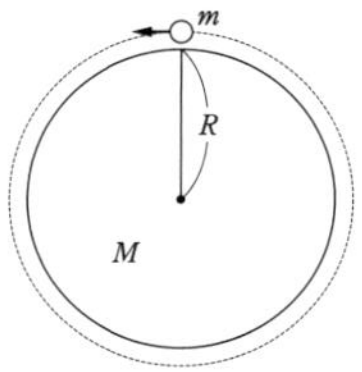

(1)　地表付近で物体にはたらく重力とは，地球に引かれる万有引力のことである。この関係式を立式し，万有引力定数を M，R，g を用いて表せ。

運動方程式より　$mg=G\frac{mM}{R^2}$　　$G=\frac{gR^2}{M}$

答 $\frac{gR^2}{M}$〔$m^3/kg\cdot s^2$〕

(2)　等速円運動の速さ（第 1 宇宙速度）v〔m/s〕を求めよ。

重力 mg〔N〕が向心力となって等速円運動するので

$m\frac{v^2}{R}=mg$　　$v=\sqrt{gR}$〔m/s〕

答 $\sqrt{gR}$〔m/s〕

惑星の運動を説明することが，古典物理学の大きな目標だったんだね！ ▶▶▶

52 万有引力の位置エネルギー

解答編 ▶ p.54

月／日

扱うグラフ

- F-x グラフ… 万有引力の大きさは物体の位置 x〔m〕によって変化する。それをグラフにし，面積を計算することで，外力のする仕事と位置エネルギーが求められる。
- U-x グラフ… 万有引力の位置エネルギーは物体の位置 x〔m〕によって変化する。それを可視化しイメージをもつためにこのグラフを用いる。

●万有引力による位置エネルギー

基準点からある位置 r〔m〕まで物体をゆっくり運ぶときに外力がする仕事を位置エネルギーという。質量 M〔kg〕の地球と質量 m〔kg〕の物体の間の万有引力 F〔N〕を考えると，F は r^2 に反比例するので図 52-1 のような F-x グラフになるが，基準点を原点Oにすると F が∞に発散して適切に計算できない。よって基準点を $F=0$ N となる無限遠方にとり，これを無限遠とよぶ。無限遠からゆっくり移動させるとき，外力と移動の向きは逆なので，負の仕事となる。

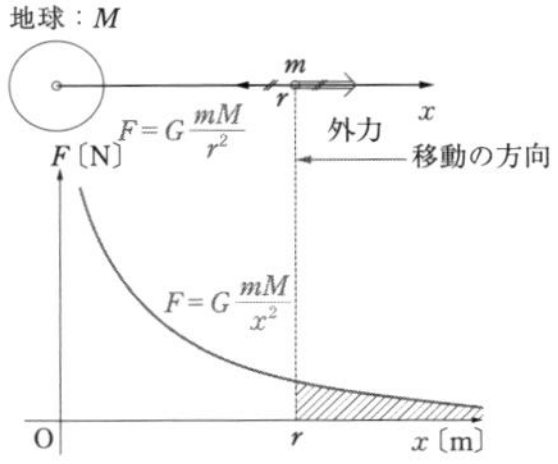

図 52－1

また，その大きさはグラフの面積から計算できるが，曲線なので細かい区間に分割し，長方形の面積に近似して計算する。縦軸についても，図 52-2 の近似を用いると，

$G=\frac{mM}{r_{i-1}{}^2}\fallingdotseq G\frac{mM}{r_i{}^2}\fallingdotseq G\frac{mM}{r_{i-1}r_i}$ と近似

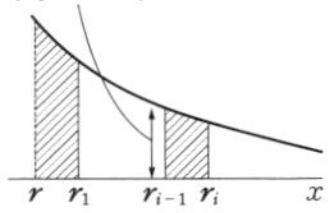

図 52－2

$$W\fallingdotseq G\frac{mM}{rr_1}(r_1-r)+\cdots+G\frac{mM}{r_{i-1}r_i}(r_i-r_{i-1})+\cdots+G\frac{mM}{r_{n-1}r_n}(r_n-r_{n-1})$$

$$=GmM\left(\frac{1}{r}-\frac{1}{r_1}+\frac{1}{r_1}-\cdots-\frac{1}{r_{n-1}}+\frac{1}{r_{n-1}}-\frac{1}{r_n}\right)$$

$$=GmM\left(\frac{1}{r}-\frac{1}{r_n}\right)$$

となり，無限遠では $r_n\to\infty$ なので　$W=G\frac{mM}{r}$　と計算できる。

これは負の仕事であったので，万有引力のエネルギーは

$$U=-G\frac{mM}{r}$$

と表せる。無限遠が基準点なので，$r\to\infty$ で $U\to 0$ となる。U-x グラフは図 52-3 のようになる。

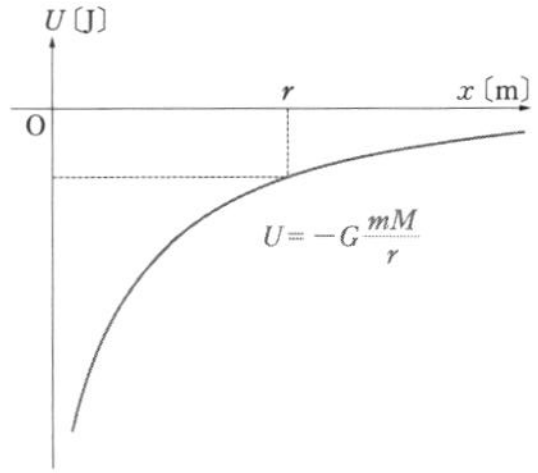

図 52－3

練習問題

問1　半径 R〔m〕，質量 M〔kg〕の地球の表面上の点Aから，初速度 v_0〔m/s〕で質量 m〔kg〕の物体を打ち上げたところ，地表からの距離が R〔m〕になった点Bで静止した。万有引力定数を G〔N·m²/kg²〕として，力学的エネルギー保存則を用いて v_0 を求めよ。

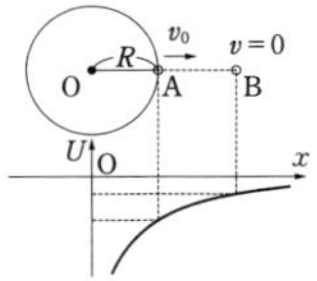

いま物体に外力ははたらかないので，力学的エネルギー保存則より

$$\frac{1}{2}mv_0{}^2-G\frac{mM}{R}=\frac{1}{2}\times m\times 0^2-G\frac{mM}{2R}\qquad \frac{1}{2}mv_0{}^2=G\frac{mM}{2R},\quad v_0=\sqrt{\frac{GM}{R}}\ \text{〔m/s〕}$$

U-x グラフより U は増加することがわかり，点Bでは物体は静止するため運動エネルギーは 0 になる。

答　$\sqrt{\frac{GM}{R}}$〔m/s〕

問2　質量 M の星のまわりを楕円運動する質量 m の物体の運動を考える。星から最も近い点 r_1 を通るときの速さを v_1，最も遠い点 r_2 を通るときの速さを v_2 とする。万有引力定数を G として次の問いに答えよ。

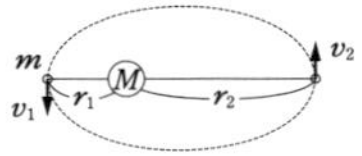

(1)　力学的エネルギー保存則を立式せよ。

答　$\frac{1}{2}mv_1{}^2-G\frac{mM}{r_1}=\frac{1}{2}mv_2{}^2-G\frac{mM}{r_2}$

(2)　U-x グラフの概形を右図に描き，v_1 と v_2 の大小を比べよ。

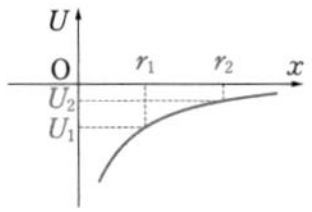

r_1，r_2 での位置エネルギーと運動エネルギーをそれぞれ U_1，K_1，U_2，K_2 とすると，$U_1<U_2$ であり，$K_1+U_1=K_2+U_2$ なので　$K_1>K_2$ である。したがって　$v_1>v_2$

答　$v_1>v_2$

(3)　面積速度一定の法則を立式し，v_1，v_2 を求めよ。

面積速度一定の法則の式は　$\frac{1}{2}v_1r_1=\frac{1}{2}v_2r_2$　より　$v_2=\frac{r_1}{r_2}v_1$　である。

これを(1)で立てた式に代入すると

$$\frac{1}{2}mv_1{}^2-\frac{1}{2}m\left(\frac{r_1}{r_2}\right)^2v_1{}^2=GmM\left(\frac{1}{r_1}-\frac{1}{r_2}\right),\quad \frac{1}{2}m(r_2{}^2-r_1{}^2)v_1{}^2=\frac{GmM\times r_2(r_2-r_1)}{r_1}$$

よって，$v_1=\sqrt{\frac{2GMr_2}{r_1(r_1+r_2)}}$，$v_2=\sqrt{\frac{2GMr_1}{r_2(r_1+r_2)}}$

答　面積速度一定の法則：$\frac{1}{2}v_1r_1=\frac{1}{2}v_2r_2$，$v_1=\sqrt{\frac{2GMr_2}{r_1(r_1+r_2)}}$，$v_2=\sqrt{\frac{2GMr_1}{r_2(r_1+r_2)}}$

万有引力も保存力の一種なんだね。宇宙開発を考えるときの基礎に，こういった知識が必要なんだよ！

〔基礎からのジャンプアップノート 物理 力学 グラフ・作図問題演習ドリル（別冊）〕猪鼻真裕 S0h047